红壤坡耕地氮磷输出与控制研究

赵洋毅　王克勤　宋娅丽　著

科学出版社
北京

内 容 简 介

本书以云南红壤坡耕地试验区已有的水土保持监测站长期定位监测数据为基础，揭示了滇中松华坝水源区迤者流域和抚仙湖一级支流尖山河流域内坡耕地的面源污染物氮磷输出及平衡特征等规律，并探讨了等高反坡阶整地与施肥、生物质土壤改良剂、生态草带措施对坡耕地径流氮磷输出的控制作用和土地垦殖对集水区氮磷输出的影响，可为红壤坡耕地的水土流失治理提供科学依据。

本书可供生态学、水土保持学、环境科学等生态环境类专业的研究人员及高等院校相关专业的师生参考。

图书在版编目（CIP）数据

红壤坡耕地氮磷输出与控制研究/赵洋毅，王克勤，宋娅丽著. —北京：科学出版社, 2021.5
ISBN 978-7-03-068704-3

Ⅰ. ①红… Ⅱ. ①赵… ②王… ③宋… Ⅲ. ①红壤–坡地–耕地–水土流失–防治–研究–云南 Ⅳ. ①S157.1

中国版本图书馆 CIP 数据核字(2021)第 079799 号

责任编辑：石 珺 朱 丽 赵 晶 / 责任校对：何艳萍
责任印制：吴兆东 / 封面设计：蓝正设计

科学出版社 出版
北京东黄城根北街 16 号
邮政编码: 100717
http://www.sciencep.com
北京建宏印刷有限公司 印刷
科学出版社发行 各地新华书店经销
*
2021 年 5 月第 一 版 开本：720×1000 B5
2021 年 5 月第一次印刷 印张：24 3/4
字数：482 000
定价：218.00 元
(如有印装质量问题，我社负责调换)

前　言

坡耕地是中国农业生产的主要耕地资源，是广大山区群众赖以生存和发展的生存用地，也是水土流失和面源污染的主要发生地。长期以来，随着人口的急剧增长和人类活动的加剧，坡耕地生产方式粗放、广种薄收、陡坡开荒，人地矛盾愈加突出，促使土地开发向深度和广度无限制拓展，造成耕地资源破坏、土壤肥力下降，生态环境恶化，坡耕地产量低而不稳，制约了生产方式转变和经济社会的发展。为了达到增产的目的，人们在农业生产中施用过量的化肥，肥料进入农田后，施入土壤的化肥被作物吸收一部分进入生物圈，另外一部分由于坡耕地的水土流失将含有大量的氮磷钾元素的化肥、农药、有机质等带入江河湖库，引起湖泊富营养化，加剧了水环境污染，对工农业生产用水特别是城市居民生活用水构成严重威胁，带来了一系列的环境问题。严重的水土流失和面源污染导致耕地资源破坏，土地生产力降低和一系列水环境问题，危及山区粮食安全、防洪安全和生态安全，制约山区农业的可持续发展，进而对生态文明建设造成严重影响。因此，以云南红壤坡耕地为例，针对坡耕地氮磷的输出规律及控制机制的研究，为我国坡耕地水土流失以及小流域环境的综合治理提供科学依据，具有重要的现实指导意义。

研究团队多年来以大量野外实地长期原位监测获取的原始资料为基础，在红壤坡耕地氮磷输出规律、面源污染控制的水土保持措施治理下的机制探寻等方面取得了丰硕成果，相关研究得到了国家自然科学基金、云南省科技攻关重点项目、云南省科技计划项目和云南省水土保持监测网络站点运行管理项目的资助。感谢研究生李英俊、宋泽芬、杨绍兵、白文忠、褚利平、王萍、邢鹏远、冉江华、张继辉和卢锦钊这些年来完成的与本书相关的课题研究工作，本书是在多位人员研究资料与成果的基础上撰写而成。

全书共分 9 章，总结了作者围绕滇中昆明松华坝水源区迤者小流域和玉溪澄江抚仙湖尖山河流域的红壤坡耕地水土流失和氮磷输出特征及其控制的研究成果，以试验区已有的水土保持监测站长期定位监测数据为基础，探讨了松华坝水源区迤者流域坡耕地氮磷输出及面源污染负荷特征，抚仙湖尖山河流域典型地类坡面地表径流氮磷输出规律，等高反坡阶整地与施肥、生物质土壤改良剂和生态草带措施对坡耕地径流氮磷输出的控制作用，此外还探讨了土地垦殖对集水区氮磷输出的影响，最后对坡耕地农田生态系统氮磷输出平衡特征进行了总结。本书由赵洋毅和王克勤负责第1章至第8章的成果整理与撰写，宋娅丽负责第9章的成果整理与撰写。赵洋毅制定撰写大纲，设计全书章节结构，负责本书的统稿并对各章节内容进行修改；最后由王克勤审定。

本书的出版得到云南省重点研发计划项目“坡耕地土壤肥力提升关键技术研究与集成”（2018BB018）、云南省基础研究计划项目“水文条件影响下的坡耕地红壤分形结构对土壤酸化临界负荷的作用机制”（202001AT070136）、国家自然科学基金项目“砷胁迫高原湖滨湿地典型植物根系分泌物对磷形态转化的影响机制”（31760149）和“干热河谷冲沟系统土壤优先流及对沟蚀发育的影响机理研究”（42067005）以及云南省万人计划青年拔尖人才专项（YNWR-QNBJ-2019-215，YNWR-QNBJ-2019-226）的资助。感谢科学出版社石珺编辑在本书出版过程中的辛勤付出。限于作者研究水平和能力，书中难免出现疏漏或不足之处，恳请广大读者批评指正。

作　者

2021年1月

目 录

第1章 绪 论

1.1 坡耕地水土流失与面源污染

坡耕地目前是广大山区群众赖以生存和发展的生存用地，但也是水土流失和面源污染的主要发生地（隋媛媛，2016）。径流是生态水文过程的重要环节，是输送面源污染物的主要途径，在径流系数高的农业山区面源污染最为突出（张千千等，2012；Jia and Chen，2010）。严重的水土流失和面源污染导致耕地资源被破坏、土地生产力降低和一系列水环境问题，危及山区粮食安全、防洪安全和生态安全，制约山区农业的可持续发展，进而对生态文明建设造成严重影响。

1.1.1 坡耕地水土流失现状及危害

1. 我国坡耕地现状

我国坡耕地量大面广，坡耕地是中国农业生产的主要耕地资源，全国现有坡耕地约 3.59 亿亩[①]，涉及 30 个省（自治区、直辖市）的 2187 个县（区、市、旗），主要分布在我国中西部地区，面积超过 1000 万亩的有云南、四川、贵州、甘肃、陕西、山西、重庆、湖北、内蒙古、广西 10 个省（自治区、直辖市），面积共 2.73 亿亩，占全国坡耕地总面积的 76.0%；坡耕地面积大于 2 万亩的有 1593 个县，其中，2 万～10 万亩的有 648 个县，大于 10 万亩的有 945 个县。全国现有坡耕地面积约占全国水土流失总面积的 8%，年均土壤流失量 14.15 亿 t，占全国土壤流失总量 45 亿 t 的近 1/3。坡耕地较集中地区，其水土流失量一般可占该地区水土流失总量的 40%～60%，西北黄土高原区、西南岩溶区、西南紫色土区一些坡耕地面积大、坡度较陡的地区可高达 70%～80%。

从水土流失类型区看，我国坡耕地主要分布在西北黄土高原区、西南岩溶区、

① 1 亩≈666.7m²。

西南紫色土区、南方红壤丘陵区和东北黑土区、北方土石山区 6 个类型区，坡耕地面积 3.49 亿亩，占全国坡耕地总面积的 97.2%；风沙区和青藏高原冻融侵蚀区有 0.1 亿亩，仅占全国坡耕地总面积的 2.8%。从坡度分布看，其以 15°以下的缓坡耕地为主。其中，5°～15°坡耕地面积 1.93 亿亩，占坡耕地总面积 54%；15°～25°坡耕地 1.20 亿亩，占 33%；25°以上坡耕地面积 0.46 亿亩，占 13%。

我国坡耕地分布情况详见表 1-1 和表 1-2。

表 1-1　各省（自治区、直辖市）坡耕地情况表

序号	省（自治区、直辖市）	耕地面积/万亩	坡耕地面积/万亩				涉及县数/个			
			小计	5°～15°	15°～25°	>25°	小计	<2 万亩	2 万～10 万亩	＞10 万亩
1	北京	349	26	18	6	2			6	
2	天津	668	0	0	0		1	1		
3	河北	9474	425	343	65	17	53	16	24	13
4	陕西	6081	1747	1056	543	148	113	10	29	74
5	内蒙古	10698	1415	1344	71	0	84	15	20	49
6	辽宁	6128	645	542	90	13	71	26	21	24
7	吉林	8303	1048	830	188	30	53	6	20	27
8	黑龙江	17746	1316	1166	121	29	105	38	29	38
9	上海	397	0				0			
10	江苏	7153	107	88	12	7	75	63	11	1
11	浙江	2875	351	160	140	51	82	35	37	10
12	安徽	8593	563	366	173	25	64	16	32	16
13	福建	2006	263	199	54	10	80	45	29	6
14	江西	4244	353	200	110	43	94	40	48	6
15	山东	11257	322	203	116	4	56	23	21	12
16	河南	11890	430	333	87	10	94	47	31	16
17	湖北	6998	1415	673	454	288	95	20	24	51
18	湖南	5681	914	609	269	36	108	26	48	34
19	广东	4324	508	437	63	8	87	41	29	17
20	广西	6321	1099	630	351	119	95	11	41	43
21	海南	1091	111	92	19	0	19	4	11	4
22	重庆	3363	1548	594	666	288	39	2	5	32
23	四川	8921	4278	2188	1710	380	178	13	44	121
24	贵州	6741	3935	1356	1606	973	87	4	11	72
25	云南	9117	5112	1733	2388	991	126		20	106
26	西藏	542	85	43	33	10	53	45	6	2
27	山西	6087	2926	1233	864	829	100	9	17	74

续表

序号	省（自治区、直辖市）	耕地面积/万亩	坡耕地面积/万亩				涉及县数/个			
			小计	5°～15°	15°～25°	>25°	小计	<2 万亩	2 万～10 万亩	>10 万亩
28	甘肃	6993	3843	1935	1544	364	83	3	10	70
29	青海	813	441	309	109	23	32	7	10	15
30	宁夏	1650	591	525	63	3	14		4	10
31	新疆	6161	111	75	36	0	40	28	10	2
合计		182664	35929	19279	11951	4699	2187	594	648	945

资料来源：《全国坡耕地水土流失综合治理“十三五”专项建设方案》。

表 1-2 各水土流失类型区坡耕地情况表

序号	类型区	土地面积/km^2	坡耕地面积/万亩			
			5°～15°	15°～25°	>25°	小计
1	西北黄土高原区	601434	4082.66	2254.57	568.7	6905.93
2	北方土石山区	463518	1703.83	512.16	91.11	2307.1
3	东北黑土区	1124338	3222.29	410.67	71.3	3704.26
4	西南岩溶区	724558	3412.73	4464.75	2101.16	9978.64
5	西南紫色土区	511499	3087.31	3036.19	1566.01	7689.51
6	南方红壤丘陵区	1185325	2963.74	1099.5	272.06	4335.3
7	风沙区	1425810	617.4	106.36	11.6	735.36
8	青藏高原冻融区	964202	188.81	66.82	17.02	272.65
合计		7000684	19278.77	11951.02	4698.96	35928.75

资料来源：《全国坡耕地水土流失综合治理“十三五”专项建设方案》。

2. 坡耕地水土流失特点及危害

1）水土流失的特点

坡耕地水土流失主要有以下特点：一是以水力侵蚀为主。据统计，全国约97%的坡耕地都分布在水力侵蚀区；剩下约2%的坡耕地分布在新疆北部、甘肃西北部、内蒙古西部的风沙区；约1%的坡耕地分布在西藏东部、青海西南部、四川西北部的冻融区。二是坡度越陡、坡长越长，水土流失越严重。据调查分析，5°～15°坡耕地土壤侵蚀模数为1000～2500t/(km^2·a)，15°～25°为3000～10000t/(km^2·a)，25°以上可高达10000～25000t/(km^2·a)。同时，坡耕地坡长越长，地表汇集径流速度和流量越大，水土流失也越严重。三是水土流失强度与耕作方式密切相关。坡耕地耕作方式不同，对微地形的扰动程度不同，产生的水土流失强度也不同。例如，顺坡垄作改成横坡垄作后，坡面径流方式发生变化，可增加降水就地入渗率，减少对坡面的径流冲刷。据实测，东北黑土区坡耕地顺坡垄作改横坡垄作后，土壤侵蚀模数可由治理前的4000t/(km^2·a)以上下降到1000t/(km^2·a)左右，下降达70%以上。

2）水土流失的危害

长期以来，随着人口的急剧增长和人类活动的加剧，且坡耕地生产方式粗放，广种薄收、陡坡开荒，人地矛盾更加突出，促使土地开发向深度和广度无限制拓展，造成土地退化及严重的水土流失等危害。具体如下：

一是破坏耕地资源。水土流失是蚕食我国耕地，特别是坡耕地的重要原因之一。据统计，新中国成立以来因水土流失毁掉的耕地达5000万亩，年均100万亩，其中绝大部分为坡耕地。同时，坡耕地水土流失极易造成耕作层变薄、土壤肥力下降。据有关资料，坡耕地水土流失严重地区，表土层每年流失可达1cm以上，比土壤形成速度快120～400倍，西南岩溶地区许多坡耕地土壤流失殆尽，已失去农业耕种价值。东北黑土区初垦时黑土层厚度一般在50～80cm，垦殖70～80年后，坡耕地黑土层厚度不到原来的一半，土壤肥力也下降了2/3左右。

二是恶化生态环境。坡耕地跑水、跑土、跑肥，生产力十分低下，长期缺乏保护性耕种，往往造成土地“沙化、石化”，基岩裸露。据调查，贵州毕节地区有基岩裸露的坡耕地23万亩，重庆市万州区近60年以来，基岩裸露的坡耕地扩大到135万亩，许多山坡已经变成光山秃岭。加之坡耕地土地肥力低下，广种薄收现象十分普遍，人地矛盾突出地区的群众被迫不断开垦新的坡地、林地，破坏原有地表植被，“山有多高，地有多高，山有多陡，地有多陡”是一些地方的真实写照。据TM影像数据分析，20世纪90年代以来，全国已有1.7万km^2林地被开垦，大面积植被遭破坏，生态环境日趋恶化。

三是制约经济发展。实践证明，坡耕地产量低而不稳，抵御自然灾害能力差。坡耕地的大量存在，造成农业基础设施薄弱，制约了现代农业发展、生产方式转变和社会经济的发展，是山丘区贫困落后的根源之一。目前，我国坡耕地集中的地区多为“老、少、边、穷”地区。据中国水土流失与生态安全综合科学考察结果，全国农村贫困人口90%以上都生活在山丘区。云南、贵州、四川等长江上游坡耕地水土流失严重地区的农民人均纯收入仅相当于平坝河谷地区的1/5～1/4。

四是危及防洪及饮水安全。据中国科学院水土流失与生态安全综合科学考察结果，黄河年均约4亿t泥沙淤积在下游河床，导致河床每年抬高8～10cm，大大增加了防洪压力；洞庭湖年均入湖泥沙1.3亿m^3，沉积泥沙达1亿m^3，湖床抬高3.5cm，湖容缩小，调蓄能力下降；长江上游各类塘堰的平均年淤积率达1.93%，年淤积泥沙0.60亿m^3。同时，坡耕地水土流失将大量的氮磷钾元素、化肥、农药、有机质等带入江河湖库，引起湖泊富营养化，加剧了水环境污染，对工农业生产用水特别是城市居民生活用水构成严重威胁。

1.1.2 农业面源污染研究

面源污染又称为非点源污染，是指时空上无法定点监测的，与大气、水文、土壤、植被、土质、地貌、地形等环境条件和人类活动密切相关的，可随时随地发生的，直接对水环境构成污染的污染物来源。和点源污染相比，面源污染由于其比较分散而更难治理（Ma et al.，2011；Zhang et al.，2012；李怀恩和李家科，2013）。

从世界范围看，面源污染是目前世界地下水和地表水的主要污染来源。而据发达国家的污染资料研究表明，农业生产和生活活动所带来的农业面源污染是水环境污染的最重要来源。美国是世界上少数几个对面源污染进行全国性系统控制研究的国家之一（Tim and Jolly，1994；Wolfem，2000；张维理等，2004a）。在美国，60%的水环境污染是由面源污染引起的，其中，农业面源污染达到75%左右，而农业面源污染的主要污染物质是氮素和磷素（USEPA，1995）。在丹麦的270条河流中，其中94%的氮负荷和52%的磷负荷都是由面源污染导致的（Kronvang，1996）。在荷兰的农业面源污染研究中，由总氮和总磷引起的水环境污染分别占水环境污染总量的60%和40%～50%（BOERSP，1996）。可见，国外的农业面源污染的形势也是非常严峻的，已经引起了许多发达国家的高度重视。

同样，我国农业面源污染的现状也非常令人担忧。我国关于面源污染的研究起步相对较晚，始于20世纪80年代的湖泊富营养化的调查（邓雄，2006）。而真正意义上的面源污染研究是北京城市径流污染研究，之后相继在上海、杭州、苏州、长沙、南京、成都等城市开展了城市面源污染研究（Jameison and Fedra，1996；张维理等，2004b；邓雄，2006；Yang et al.，2013）；同时，在于桥水库、珠海前山河流域、滇池、太湖、巢湖、晋江流域、东江流域等地方也开展了农业面源污染研究（Winlge et al.，1999；Sovan et al.，1999；邓雄，2006）。近些年来，我国很多湖泊、江河等流域的富营养化程度的趋势恶化，如污染较严重的太湖、滇池、巢湖、三峡库区等水体，主要是氮素、磷素等营养物质大量汇入这些水体所引起的富营养化，且绝大多数来自于农业面源污染。近年来，对我国三河（淮河、海河、辽河）、三湖（太湖、滇池、巢湖）和一库区（三峡库区）等重点水域的研究说明，我国农业面源污染的比重在逐年上升（柴世伟和裴晓梅，2006）。2005 年，中国农业信息网公布的数据显示，我国农作物平均化肥施肥量是世界平均水平的 3 倍多，并且我国化肥的利用率相对较低，其中氮肥的利用率为 30%～35%，磷肥为 10%～20%，钾肥 35%～50%（柴世伟和裴晓梅，2006）。崔键等（2006）和郭鸿鹏等（2008）的研究表明，大理洱海流域面源氮、磷污染负荷分别占流域污染负荷的 97.1%和 92.5%；滇池外海流域的污染负荷中，来自农业面源污染的总氮、总磷和化学需氧量分别占污染总负荷的 60%～70%、50%～60%和 30%～40%。农田过量使用化肥也是造成面源污染的主要原因之一。世界银行的研究资料证实，中国地下水有 50%以上受到农业面源污染（唐莲和白丹，2003；郭鸿鹏等，2008）。此外，中国遭受农业面源污染影响的耕地面积已将近 2000 万 hm^2。到 2005 年为止，农业面源污染已占我国全部污染的 30%，并持续恶化（郭鸿鹏等，2008）。

鉴于目前面源污染如此严重的现状，特别是对于农业面源污染而言，加强对农业面源污染的控制是解决我国水质恶化的关键所在。从世界范围来看，农业面源污染已经受到各国的高度重视，已有很多关于农业面源污染的理论性和实践性研究。就我国的情况来看，农业面源污染主要来自于耕地，因此，降低农业面源污染最好采用肥料施肥措施以及合理的土地利用方式，同时，根据具体情况采取适当的水土保持措施，使控制水质污染达到更显著的效应（王晓燕，2011）。郑应茂等（2001）研究表明，在不同坡度的坡耕地上采用不同的整地方法，起到了较明显的蓄水保土作用。王清（2008）研究结果表明，整地可以疏松土壤，增加土壤蓄水保土的能力，同时对植物的生长起到有利作用。王晓南等（2008）的研究表明，不同植物的根系能通过改善土壤渗透性能和强化土壤的抗冲性起到保水保土的作用，可见植被具有明显的水土保持效益。在降雨相对较强的坡耕地上，采用适当的整地方式对减轻水土流失无疑具有更加重要的作用。在坡面降雨—入渗—径流过程中，降雨初期，土壤入渗能力大于雨强，雨水全部入渗，土壤表层部分溶质随入渗水向下层迁移，随着降水量增加，土壤表层含水率逐渐增大，土壤入渗能力逐步下降，入渗率等于或小于雨强，地表开始积水，随之产生地表径流，同时也可能产生土壤侵蚀。这个过程就是土壤溶质溶解、随入渗水和径流水迁移的过程。当植被介入时，则可以改变降雨的地表水文过程，大大减少径流量和泥沙量，达到保水保土的目的。

氮、磷是农作物生长必需的大量元素，为了达到增产的目的，人们在农业生产中施用过量的化肥，进入农田后，施入土壤的化肥被作物吸收一部分进入生物圈，另外一部分不可避免地经过淋失、挥发等途径进入水圈和大气圈，在向环境迁移的过程中带来了一系列的环境问题（Ongley et al.，2010）。在土壤–作物系统中，氮素的作物利用率仅为 20%～35%，大部分被土壤吸附，逐渐供作物吸收利用，有5%～10%挥发到大气中。随降水径流和渗漏排出农田的氮素中有20%～25%是当季施用的氮素化肥（王超，1997a）。大量的化肥随径流进入水体，导致许多湖泊富营养化。就地表水硝态氮的污染而言，化肥占了 50%以上（隋红建和杨帮杰，1996）。国内外的众多研究表明，农业生产中过剩的氮、磷成为面源污染的重要来源。据估计，全世界每年有 300 万～400 万 t 磷从土壤迁移到水体中（刘怀旭，1987），美国每年由化肥和土壤进入水体的磷达 4.5 万 t 左右（彭近新，1988）。美国国家环境保护局 2003 年的调查结果显示，农业面源污染成为美国河流和湖泊污染的主要污染源，导致约 40%的河流和湖泊水质不合格，其是河口污染的第三大污染源，是造成地下水污染和湿地退化的主要因素（US Environmental Protection Agency，2003）。在欧洲国家和地区，农业面源污染同样是造成水体污染的首要来源，也是造成地表水中磷富集的最主要原因，由农业面源排放的磷为地表水污染总负荷的 24%～71%（Vighi and Chiaudani，1987；European Environment Agency，2003）。例如，在瑞典，来自农业的氮、磷输入占流域总输入量的 60%～87%（Lena，1994）。在爱尔兰，大多数富营养化的湖泊流域内均没有明显的点源污染（Foy and Withers，1995）。芬兰水质恶化湖泊中，农业生产排放的氮、磷占总排放量的 50%以上，农业面积比例大的湖区更容易导致氮、磷等营养物质的富集（Uunk et al.，1991；Sharpley and Withers，1994；Ministry of the Environment of Finland，2003）。

在我国，农业生产中往往靠施用过量的化肥来获得高产和丰收，其施肥量远远超过农作物的需要量，也超过国外的平均水平。例如，江苏全省化肥使用量位居全国第一，氮肥使用量高达 668.5kg/hm^2，是全国平均水平的 2 倍多，是发达国家的 8.1 倍，是世界平均水平的 6.9 倍，远远超过 225kg/hm^2 的安全上限。化肥有效利用率仅为 30%～40%，其余 60%～70%流失于环境。特别是太湖和淮河流域，农田排水中的氮、磷已成为该地区水体富营养化的主要原因（王海芹和万晓红，2006）。1995 年，进入巢湖的污染负荷中，69.54%的总氮和 51.71%的总磷来自于农业面源污染。在进入滇池外海的总氮和总磷负荷中，农业面源污染分别占 53%和 42%。太湖流域总氮的 60%和总磷的 30%来自于农业面源污染。大部分位于城区上游的水库、湖泊的面源污染比例均超过点源污染（陈吉宁等，2004）。

1. 农业面源污染的来源及特点

1）农业面源污染的来源

（1）土壤侵蚀和土壤流失。土壤侵蚀和土壤流失是造成面源污染的主要原因之一。其严重程度主要取决于降雨强度、地形、植被覆盖度以及土地利用方式等因素（王万忠和焦菊英，1996）。许多研究表明，在一定坡度内，坡度大小与土壤流失量成正比（周利，2006）。

（2）地表径流。典型降雨会导致地表径流，同时造成严重的表土流失，所以地表径流是引起面源污染的最主要来源。地表径流主要发生在矿山、林地、草地以及农田地区等（周利，2006）。

（3）化肥与农药。为提高农作物的品质，人们开始施用大量的化肥与农药，当降雨来临时，大部分化肥与农药随着降雨流入水体，导致水体被严重污染。有研究表明，喷洒的农药40%以上会重新回到土壤和水体，造成土壤和水体的污染（周利，2006）。

（4）生活污水。在农村，生活污水大多未经处理便直接排入水体或土壤中，而进入土壤中的生活污水又有10%左右渗入水体中（周利，2006；陈玲等，2013），对水体造成污染。

（5）农田污水灌溉。由于施用技术的限制，采用污水灌溉农田会造成土壤和地表水体被严重污染。在美国，1%～5%的地表水污染来源于农田污水灌溉。

此外，畜禽的粪便、大气中的有毒和有害污染物、大量水产养殖造成的水体富营养化等均可对土壤和水体造成严重的污染，其是引起面源污染不可忽视的重要来源。

2）农业面源污染的特点

（1）时空范围广、分散性。自古以来，我国就是一个农业大国，不仅从事农业生产活动的区域面积较大，而且从南到北、一年四季都存在耕作活动，相对点源污染而言，农业面源污染源多而复杂，难以获得污染个体的详细信息。因此，农业面源污染具有时空分布广、分散性的特点（易志刚，2007）。

（2）随机性。农业面源污染的产生主要受降雨的影响，随着降雨范围和降雨强度的不同，污染发生的程度也有所不同，而产生农业面源污染的农业生产活动又受到天气等自然条件的影响较大，因而，在农业生产活动中，降水量大小，耕作土壤的密度、湿度等直接影响污染源的被吸收程度，进而导致了不同程度的水体污染。天气、土壤等各种因素的综合影响使得农业面源污染无法得到准确预测，随机性特点也就更加明显（易志刚，2007）。

（3）不确定性。在农业生产活动中，为提高农作物的产量，各种农药、化肥等被大量施用于农田，并随着降雨、径流等汇入江河、湖泊等水体，引起农业面源污染，使得农业面源污染的种类、数量不断增多。因此，农药、化肥等污染物的大量使用使得农业面源污染物的种类、数量以及排放途径具有一定的不确定性特点（黄晶晶等，2006）。

（4）不易监测、难以量化。农业面源污染具有时空分布广、分散性、随机性、不确定性的特点，所以对其进行监测、量化处理就存在着很大的困难，由于监测、量化难度大，目前世界上仍未研究出彻底解决农业面源污染的有效措施（耿海涛等，2008）。

2. 农业面源污染的发生机理

1）植被覆盖及产流产沙与面源污染

有关植被与径流泥沙水文响应的研究起步较早（洪华生等，2008）。早在1877～1895年，德国土壤学家Wollny就设置了第一个土壤侵蚀小区试验，观测植被和地面覆盖物对防止降雨侵蚀和土壤结构恶化的影响（Hudson，1975）；1909年美国设置第一个对比实验，探讨森林覆被变化对流域产水量的影响（Hibbert，1969；Swank et al.，1988）。Imeson和Prinsen（2004）曾对植被与径流泥沙的相关研究进行系统分类，认为第1类研究主要揭示微尺度生物过程对可蚀性等土壤特性的影响，如土壤团聚性、土壤入渗性等（Cammeraat and Imeson，1998）；第2类研究主要集中探讨植被及枯落物对地表的保护作用，探讨植被如何减缓径流流速、减少雨滴击溅等（Tongway and Hindley，1999）；第3类研究主要探讨干旱半干旱地区空间非连续的植被分布格局与径流、泥沙源汇区的相关关系（Sánchez，1994；Cammeraat and Imeson，1999）。Lang和Mccaffrey在澳大利亚的实验资料表明，要使土壤流失与土壤侵蚀相平衡，植被覆盖应在50%～75%。植被分布格局变化多源于放牧、弃耕等人为干扰，植被空间分布格局影响径流过程的连续性，而径流、泥沙、污染物等汇集受植被空间分布格局影响，因此，理解植被空间分布格局对于生态系统健康及山坡水文学的研究具有重要意义（Puigdefabregas and Sanchez，1996；Mulligan，1996；Cammeraa，2004）。

国内的径流小区主要用于农耕地径流及土壤侵蚀研究，用于林地研究的较少（石健等，2006）。蔡崇法等（1996）在对紫色土研究时就指出养分流失有随植被覆盖度增加而减少的趋势。张兴昌等（2000a）利用模拟降雨对小流域氮素流失进行研究时得出，植被覆盖度增加时，有机质、总氮流失量减少，而土壤铵态氮和硝态氮均增加，说明植被覆盖在有效地减少土壤总氮流失的同时却增加了矿质氮的流失。彭琳等（1994）研究得出，地面植被覆盖度大的牧草地土壤养分流失量较少，覆盖度小的作物地土壤养分流失量较牧草地增加 1 倍、较荒地增加 11 倍。通过监测分析降雨后的径流样得出植被覆盖可以明显减少径流量和泥沙量，从而有效地控制农田氮磷污染物的流失（窦培谦等，2005）。

2）降雨与面源污染

降雨是影响径流和侵蚀的主要动力因素之一（陈浩，1992；吕甚悟和李君莲，1992），降水量是影响非点源污染输出的一个重要因素，随着降水量的增大，雨水和径流对坡地的冲刷作用明显加强，氮等营养元素的流失量也相应显著增加（陈欣等，1999）。程红光等（2006）的研究得出在降水量小于 400mm 的情况下，基本不产生污染物负荷；在降水量大于 400mm 的情况下，吸附态氮和溶解态氮的入河系数随着降水的增加而增加，这是由于地表径流的增加，对颗粒物的输移能力增强，从而造成吸附态氮的入河系数比溶解态氮的入河系数增加明显。

地面坡度、降雨历时、土壤性质、地表状况、土地利用方式等直接影响到坡面径流，它们构成影响坡面养分流失的主要因素。降雨是土壤侵蚀的动力，雨水是可溶性养分的溶剂，当雨水汇集成径流后，它又是挟带其他形态养分的介质（李韵珠等，1994），所以降雨强度是坡地养分流失的主要影响因素之一。一些研究得出降雨强度较降雨历时对径流中总氮含量上升影响更为明显，即中、大雨径流中总氮含量远高于小雨（赵敏慧等，2006）。窦培谦等（2005）以北京密云高岭石匣实验小区为研究对象，通过监测分析降雨后的径流样研究实验小区氮磷流失特征也得出了这个结论。

3）土地利用方式与面源污染物

土地利用方式是影响面源污染的关键因素，综合反映人类活动对自然环境作用的土地利用方式对土壤、植被、径流及化学物质输入、输出等因素具有影响，因而导致不同土地利用类型所产生的面源污染差异巨大（李俊然等，2000）。

土地利用结构对营养盐的输出具有重要影响，合理的土地利用可以改善土壤对外界环境变化的抵抗力，不合理的土地利用会导致土壤质量下降，增加土壤侵蚀。Sanchez等（2002）在委内瑞拉安第斯山地区用径流小区法选择4种植被类型对土壤侵蚀进行了定量研究，结果表明，不同植被类型及管理措施下，土壤侵蚀程度不同（Sanchez et al.，2002）。

我国学者也进行了不少径流区的试验小区的试验工作，来研究自然降雨条件下不同土地利用方式的养分输出（陈永宗，1989）。在其他条件相似时，随着研究单元内林地和基水地的增加，非点源污染减轻，而随着耕地或城镇、农村居民点比例的升高，非点源污染有逐渐增大的趋势（帅红和夏北成，2006）。农地地表径流是原森林小区的5～30倍，实施水土保持措施的小区的地表径流速率比未实施的大大减小（Hans et al.，2005）。

不同土地利用类型氮磷的输出不同（Liang et al.，2004；Li et al.，2007），随着林地面积的减少和耕地面积的增加，流域营养盐的输出强度增大（李兆富等，2007）。流域径流水中硝态氮含量是主要的，约占氮素总量的75%（杨金玲等，2001），由此可见，氮的输出以硝态氮为主，在单一土地利用结构中，不同地表径流中的溶解态氮浓度的差别较大，其中村庄最高，其次是坡耕地、林果地、荒草坡（王晓燕等，2003）。国外已有研究表明径流水中氮的含量94%与农地、林地的面积有关，径流水中氮素含量与林地面积比例呈显著的线性相关。由此表明，林地草地对氮污染物有一定的截留作用。

不同利用方式下农田土壤水土界面磷的迁移能力有较大的差别（高超等，2001），土地利用对磷的形态也有一定的影响，一般来说草地和林地径流中的磷以溶解态为主，农业用地中的磷以颗粒态为主，占75%～95%。南方红壤小流域的研究表明，磷素的流失量以竹园为最高，其次是旱地和新建果园，再次是幼龄茶园，林地和荒草地磷素的流失较小（陈欣等，2000）。因此，土地利用对磷素流失的影响除了与土壤侵蚀量密切相关外，磷肥的施用量和土壤磷的含量也是主要的影响因素。

4）肥料使用与面源污染

土壤对氮肥有一个最佳吸收量，当使用量超过最大吸收量时就会在土壤中富集形成污染。研究发现，土壤中氮素的利用效率与使用的深度和方式具有密切关系（张志剑等，2001b；陈国军和曹林奎，2003）。

前人研究已证实，施肥方式和施肥种类均会对面源污染物磷的流失产生影响（李裕元等，2004；Siddique et al.，2000；Withers et al.，2001），如：土壤中磷肥的混合均匀程度高则会促进生物有效磷（BAP）发生流失；施用化肥三重过磷酸盐、有机肥及不同处理后的污泥的坡耕地，施用了化肥的情况下面源污染物磷的释放量最大，而其他类型下则释放量较低。

5）侵蚀泥沙与面源污染

侵蚀泥沙是养分流失的主要载体，氮磷流失的 60%以上是通过泥沙带走的，对我国黄土高原的研究表明，98%的养分流失来自于泥沙（王福堂，1988；全国土壤普查办公室，1993）。部分学者在对红壤进行研究时同样指出了坡面养分以泥沙结合态流失为主，磷、钾的水溶态是养分流失的重要途径（王兴祥等，1999），氮、磷、钾在流失泥沙中有明显的养分富集现象（马琨等，2002）。不同农作方式的农田地表径流泥沙中污染物含量则表现为坡耕地最低，这可能与坡耕地地表径流冲刷剧烈、泥沙流失量大，大量粗颗粒混入有关（王晓燕等，2002）。

王晓龙等（2005）研究得出泥沙养分含量普遍高于原表土养分含量，而且不同的土地利用方式对养分的富集率也不同。总体来看，橘园和板栗园养分富集率较高，花生地和水稻田养分富集率则较低。泥沙氮、磷的富集系数与泥沙浓度有一定的关联，泥沙浓度高，氮富集系数低，磷富集系数高，但其原因还有待于进一步探讨（李宪文等，2002）。

1.2 坡耕地氮磷迁移规律及影响因素

氮是生命物质的关键组成元素，地球上的氮素很多，有 94%存在于岩石圈中，其余的 6%储存在大气中，而大气中分子态的氮不能被大多数生物利用（陈阜，1998）。农田生态系统是指由不同耕作方式、农作物种植制度、化肥和农药使用方式、灌溉等土地管理措施相互组合而共同形成的生态系统。农田生态系统的氮素循环是指不同形态的氮素通过不同途径进入农田生态系统中，再经过许多相互联系的转化和移动过程离开这一系统的过程。这一循环是开放性的，它与大气和水体等外界环境进行着极其复杂的交换（朱兆良，1992）。研究氮素在农田生态系统中的循环，对于控制农业面源污染、实现区域可持续发展具有重要的意义。施用氮肥造成的环境问题主要有：大量不合理施肥对土壤及作物的污染；反硝化作用损失的氮对大气臭氧层的破坏；硝酸盐的淋失对地下水的污染；径流汇集于水体的富营养化等。

1.2.1 坡耕地氮素的迁移规律及影响因素

1. 氮的输入

1）沉降

大气的干、湿沉降是大气化学研究的主要内容之一，其对陆地和海洋生态系统有着极其重要的影响。大气中氮沉降包括干、湿沉降两种。干沉降主要包括气态 NO、NH_3、N_2O 以及$(NH_4)_2SO_4$粒子，吸附在其他粒子上的氮。其沉降速率主要取决于气象条件，其过程取决于风速、空气动力阻力以及大气中的气体与颗粒的物理、化学性质有关的表面性质等因素。湿沉降主要包括 NO_3^-和 NH_4^+，以及少量的可溶性有机氮。氮沉降的主要来源除大气中的 N_2 外，工农业生产活动、化石燃料的燃烧所排放的大量氮氧化物也起了巨大的作用。

大气氮沉降会增加 NO_3^--N 和其他营养元素的淋失，会阻碍营养平衡、土壤酸化和生态系统退化等一系列生态环境问题。目前，有关氮沉降的研究主要集中在沉降速率大于 10kg/(hm^2·a)的区域（李志博等，2002）。干沉降对湖泊传输的污染物往往被人们忽视，事实上其传输的污染物远比一个主要公路径流传输的污染物多，且可通过远距离输送进入森林，形成累积，使得不受干扰的森林汇水区污染物输出逐年增加（Lepisto，1995）。湿沉降（即降水）向土壤中输入的硝态氮和铵态氮是补偿农田生态系统中氮素损失的重要途径之一（Haynes，1986；李世清和李生秀，1999）。

于 1982～1985 年连续 3 年在南方 6 省 10 个点进行的观测表明，湿沉降年输入的氮素为 16.5～34.95kg/hm^2，湿沉降氮素中以 NH_4^+-N 形式为主，占总氮的 2/3（龚子同，1992）。黄土旱源地区乾县试验点的部分试验结果也表明，湿沉降年输入的氮素为 14.3～29.7kg/hm^2，其中 NH_4^+-N 占 72.9%～58.4%（李生秀等，1993）。

2）肥料

通过施肥向农田生态系统输入的氮素是最主要的氮源，化肥中水溶态氮占很高的比例。作物主要吸收的氮素形态为氨和硝态氮，施用氨氮后，在土壤中很快形成 NO_3^--N。人口增长而导致的对于粮食增产的迫切需要，使得单位面积上平均氮肥输入量基本上逐年增加。1998 年我国化肥平均施用量已经超过 225kg/hm^2（李志博等，2002）；而北欧等国家化肥平均施用量要相对低一些，挪威东南农田氮肥施用量约为 110kg/hm^2。另外，施用粪肥也是氮素进入农田生态系统的重要途径。

氮素是农田生态系统中最重要的营养元素之一。在土壤–作物系统中，氮素的作物利用率仅有20%～35%。其余大部分被土壤累积、吸附，部分逐渐供作物吸收利用，有5%～10%挥发到大气中。随降雨径流和渗漏排出农田的氮素中有20%～25%是当季施用的氮素化肥（韦鹤平，1993）。

3）秸秆、根茬及凋落物还田

秸秆还田、作物根茬归还的氮是土壤中有机质的主要来源。秸秆还田的方式有很多种，主要有堆沤还田、过腹还田、直接还田（包括直接翻压返田、高留茬还田和覆盖还田）等。秸秆直接还田具有省劳力、成本低、肥源广、可就地取材等优点，近些年发展很快。有研究表明，秸秆还田后，其在土壤中的养分释放、分解快慢及其还田效益除与秸秆本身性质及土壤中微生物状况密切相关外，还与秸秆材料用量、还田方式、粉碎程度、深度、翻压时间、土壤肥力水平、碳氮比值、水分条件、翻压机具和病虫害等诸多因素有着密切的关系。以根系生物量、还田秸秆生物量各自乘以其氮素含量，然后将各部分相加来计算归还量（黄满湘等，2003）。

2. 氮的输出

当化肥施用量较大时，不同耕作方式对氮素流失的影响差异明显，如果农田中施用的化肥长期超过农作物收获时挟带的养分含量，将导致氮素在土壤中不断富集，其结果是氮素流失危险性加大（程声通，2010）；一般认为养分随径流流失在较大程度上取决于物质来源和迁移过程，在多雨季节，暴雨径流导致的氮素流失会对地表水环境造成较严重的污染。农田生态系统中化肥氮的输出，是在作物和环境条件的影响下，土壤中氮素的转化和迁移各过程的综合表现。除被作物吸收利用的部分外，其余输出的途径有很多，主要包括径流和淋洗、土壤侵蚀、作物养分吸收等（Ma et al.，2008）。

1）径流和淋洗

氮素随地表径流向水体迁移是农田生态系统氮素损失的主要途径之一。农田生态系统中土壤侵蚀及氮素养分随地表径流向水体迁移带走了养分，对农田生态系统造成了直接的损害，降低了土壤肥力、化肥利用率；同时氮、磷养分迁出农田生态系统，进入水体，也成为水体富营养化的非点源污染源。径流中营养物的输出有两种形态：一种是以溶解态的形式随径流向水体迁移；另一种是以颗粒态形式向地表水迁移。径流中氮素的含量随氮肥施用量的增加而升高。地表径流挟带的营养物质取决于地表径流流经区域的降雨强度、土壤类型和降水量、地形、地质、地表植被、肥料种类和施用量及人为管理措施等多种因素（鲍全盛和王华东，1996）。地表径流的非点源过程由降雨-径流、污染物迁移、水土流失三个环节组成（王晓燕，1996），降雨-径流过程是导致非点源污染物输出的主要动力；污染物在迁移过程中发生的降雨、溶解、截留、生物过程和化学反应等，直接影响污染物的输出量；而水土流失又是污染物的迁移载体。总之，农田径流污染既服从水文学规律，又包括污染物本身的物理运动、生化效应、化学反应，是水文、气象、地理和水土保持等多种因素综合作用的结果。

氮素的淋洗损失是指土壤中的氮素随水向下移动至根系活动层以下，不能被作物根系吸收而造成的氮素损失。淋洗损失的氮素来源于土壤中的氮、残留的肥料氮、当季施入的肥料氮。淋洗损失受到进入土壤的水量、水流强度、土壤特性、施肥制度、轮作制度、氮肥种类、氮肥施用量和氮肥施用方法等因素的强烈影响，因而具有很大的变幅。氮素通过农田土壤淋洗的主要形态是NO_3^--N的形式（陈子元等，1983），NO_3^-是地下水的重要污染物，是淋失的主要氮源。而NH_4^+-N形态的氮素，作为一种阳离子，大部分被负电性的土壤基质吸附，其在很大程度上减少了NH_4^+-N到植物的迁移和利用。地下水中NO_3^--N的迁移过程包括两个步骤，一是在土壤中的循环，二是硝酸盐迁移到含水土层。在淋洗发生之前有两个基本前提条件（沈善敏，1998）：首先，土壤溶液中NO_3^--N浓度要足够高；其次，水流的方向能足以将可利用的NO_3^--N引到植株茎部以下的地方。第二个条件是降水量明显大于蒸发量时才能发生淋洗损失。

2）土壤侵蚀

土壤侵蚀是指地表土壤在水力或风力的作用下，发生迁移和运动的现象。我国是土壤侵蚀最为严重的国家之一（彭珂珊，2000），全国土壤侵蚀面积达到492万km^2，占国土面积的51.2%，其中水蚀面积为179万km^2，风蚀面积为188万km^2，冻融侵蚀为125万km^2。土壤侵蚀是引起氮素损失的又一条重要途径。研究报道，全球每年侵蚀的土壤约为5.0×10^9t，其中农业土壤的侵蚀占1/2～3/4（马立珊，1992）。Stevenson（1986）计算出从全球陆地生态系统通过河流进入海洋中的氮素量约为1.9×10^7tN/a，占输入海洋中总氮量的1/4。氮素的土壤侵蚀导致水体发生富营养化，进而导致诸多不利的后果，其中包括藻类和水生植物的大量繁殖，底层水中O_2的耗尽以及水体清澈度的降低（Kmhiseoek et al.，1991；鲍全盛等，1997）。

土壤侵蚀与非点源污染密不可分，特别是在农业非点源污染中，土壤侵蚀是最主要的发生形式。由土壤侵蚀带来的泥沙本身是一种非点源污染物，同时泥沙（特别是细颗粒泥沙）是有机物、金属、磷酸盐以及其他有毒物质的主要携带者，故土壤侵蚀会给受纳水体的水质带来不良影响。另外也应注意到并非所有的侵蚀泥沙都会进入受纳水体，泥沙从发生地到受纳水体的传输过程中会发生种种损失，而且土壤侵蚀量和非点源污染负荷之间的关系也十分复杂。因此，国内外学者开发了多种综合性农业非点源污染模型，把侵蚀泥沙模型作为其中一个主要的子模型，目前已形成了以美国通用土壤流失方程为基础的非点源污染研究方法（李清河等，1999）。目前非点源污染问题在我国各大小流域已很普遍，尤其是在自然条件相对恶劣、水土流失严重的农业流域更为严重。土壤侵蚀的泥沙不但使河道、湖泊淤塞，其带入的氮素也是影响水体质量的重要因素。与径流相似的是，土壤侵蚀还与气候、土壤、地质、水土保持措施、人为因素等有一定的关系，其中降雨和植被是最重要的因子；其侵蚀产生规律与径流的产生是基本一致的。

3）作物养分吸收

作物收获带走的氮量与生物量、作物体氮素含量有着直接关系，也与秸秆还田率有一定的关系，其是养分支出的主要途径之一。同一种作物的养分含量受多种因素的影响，变幅很大。不同施肥条件对作物养分携出量的影响是养分含量、生物量共同作用的结果，且作物养分携出量与施肥量呈正相关关系。

3. 影响氮素迁移的因素

1）土地利用方式的影响

氮素输出以 NO_3^--N 形态为主。在单一土地利用结构中，不同地表径流中的溶解态氮浓度的差异较大，有研究表明，村庄最高，其次是坡耕地、林果地、荒草坡（王晓燕等，2003）。国外已有研究表明径流水中氮素含量 94%与农地、林地的面积有关，径流水中氮素含量与林地面积的比例呈显著的线形相关性，随林地面积的增加，硝态氮、铵态氮、总氮的平均含量都成比例地减少。随着水塘面积的减小，NO_3^--N 含量成比例地减少，而 NH_4^+-N 没有减少（陈利顶和傅伯杰，2000）。而在不同土地利用结构中，如林地-耕地、草地-耕地，随着林地在草地中所占的比例的增加，径流中 NH_4^+-N 含量减少，而随着耕地百分比的增加而升高（王超，1997b）。由此表明，不同的土地利用类型对于氮素迁移有很大的影响。

2）降雨的影响

人工模拟降雨试验研究表明，氮磷（包括总氮、水溶性总氮、总磷、水溶性总磷）的输出速率与降雨径流过程呈递减变化。总氮、总磷与径流对地表的侵蚀能力呈正相关，其浓度的递减趋势呈抛物线形，并随降雨强度的增大而增大（李俊然等，2000）。研究表明，在单次降雨-径流过程中，氮磷各种形态污染物的浓度在降雨产流初期较高，随着降雨持续时间延长而略有下降。而可溶性污染物浓度变化幅度较小，在整个降雨-径流过程中呈较平缓的波浪式变化。难溶性污染物磷在整个过程中变化剧烈。在降水量、降雨历时、最大雨强3个参数中，降水量与污染物输出量呈较好的幂指数相关关系（李定强等，1998）。

3）农田管理措施的影响

施肥的影响：土壤对氮肥有一个最佳吸收量，当施用量超过最大吸收量时就会在土壤中富集而形成污染。研究发现，土壤中氮素利用率与施用的深度和方式具有密切关系，土壤中氮素利用率越高，养分流失的潜力越小。化肥施用方式，如固态、液态对养分流失的影响较大。固态施肥，土壤中有效碳比液态方式持续的时间更长。液体施肥为农作物生长提供有效养分较为迅速，但持续的时间相对较短，到农作物生长后期将会缺乏养分。施肥后氮素在农田中的流失更加复杂。

耕作方式的影响：由于我国气候南北方存在差异，作物的种类以及耕种方式不同也会影响土壤氮素的流失。不同耕作方式下土壤氮素流失总量差异显著，袁东海等（2003a）研究结果显示：顺坡农作方式最高，其次为水平草带、水平沟农作方式，再次为等高农作、休闲处理农作方式，最低的则为等高土埂农作方式。其主要原因是不同耕作方式能有效地减少泥沙和径流流失量，从而使得随径流流失和泥沙的氮素也相应地减少。张兴昌（2002）在中国科学院安塞水土保持综合试验站的研究发现，5年轮作和1年水平沟耕作试验表明，在不同的坡度上，与传统耕作法相比较，水平沟减少产流7%，径流铵态氮浓度提高了19%，流失量达13.01kg/（km^2·a），比传统耕作多流失了1.11kg/（km^2·a）；径流硝态氮浓度减少了27%，比传统耕作减少了7.68kg/（km^2·a）；水平沟可减少6.57kg/（km^2·a）的矿质氮流失；水平沟拦截泥沙约25%，泥沙中总氮富集率提高了13%，土壤总氮流失457kg/（km^2·a），平均减少了18%。保土工作是指在一季作物后，地表留茬覆盖至少为30%，使土壤侵蚀制约在50%的耕作和种植体系（王珂等，1996）。这种耕作方式在一定程度上也可减少硝态氮的流失，同时免耕与传统耕种方式相比，硝态氮损失较少。

不同作物的影响：由于我国南北方气候的差异，作物的种类有所不同也会影响氮素的流失。植被覆盖度的增加有利于提高径流泥沙中细颗粒的富集，从而使泥沙中总氮含量有所增加。在我国北方农作物以小麦为主，另外有一些抗旱作物。林果耕作方式下总氮在泥沙中的富集率要比农作方式下高，这可能与大量的化肥和农药的施用有关（张兴昌等，2000a）。另外，有研究发现菜地中硝酸盐形态氮素淋失非常严重，粮田改种蔬菜以后 0～4m 土层的平均土壤水分质量分数由 18%增加到 23%，而硝态氮在 2m 以下的深层土壤中大量累积，在改种蔬菜前硝态氮仅分布在 0～2m 的土层（袁新民等，2000a）。袁新民等（2000a）的调查分析表明，菜地周围 57%井水中的硝酸盐氮的浓度超过了 10mg/L，而一般随机调查的井水硝酸盐氮的浓度超标率仅为 7%。在我国南方农作物以水稻为主，形成水稻田-水塘特殊的湿地景观，其具有双重性质：一方面，在中等水文条件下水稻田湿地系统能有效地吸附氮磷元素；另一方面，田间持水量在不同的生长阶段不同，当需要排水时其本身又是一个污染源，尤其是在施肥后（晏维金等，1999）。

1.2.2 坡耕地磷素的迁移规律及影响因素

1. 磷在农田土壤中的累积和淋洗

长期施用磷肥、有机肥能明显增加耕层土壤有效磷的累积，同时耕层以下各形态磷素均明显增加，尤其是当磷肥与氮肥或有机肥配施时，效果更明显（晏维金等，1999；张兴昌等，2000b；袁新民等，2020a，2000b；孙桂芳等，2011）。菜地土壤中磷肥的累积状况更为突出，我国菜地土壤生物炭土壤磷（Olson-P）含量为 36.7～300mg/kg，而土壤磷素含量一般为粮田的 5～10 倍（廖文华，2000）。随着种菜年限的增加，菜地土壤磷素含量与相邻粮田比较呈累积趋势（Ongley，1996；郭亚芬等，1999），故菜地土壤磷素对环境的潜在威胁应当引起人们的高度重视。一般有机磷农药在土壤中的残留时间较短，在土壤中累积也较少，但也有些残留期较长，如二嗪农的残留期可达数月之久（林成谷，1996；Novotny，1999）。

磷素容易被土壤固定。英国洛桑试验站 100 多年的研究发现，磷的移动每年不超过 0.1～0.5mm，它只能从施肥点向外移动 1～3cm 的距离。磷的淋溶损失很小（欧阳喜辉等，1996）。很多研究认为长期施用磷肥，磷素向下淋洗量显著增加（廖文华，2000；刘建玲等，2000）。长期大量施用磷肥对土壤底层磷素含量有一定影响，高量施用磷肥 40 年后，表层速效磷（Bray-P）高达 350mg/kg，而不施磷的处理则只有 13mg/kg，施磷处理的 45～60mm 土层 Bray-P 显著高于不施磷处理。施磷处理各层土壤中 $H_2PO_4^-$-P 的浓度明显增加，表明表层土壤磷有向下淋失的现象（Schwab and Kulying，1989）。磷素淋洗损失还与土壤质地有关，砂壤土经过施用过磷酸钙 1680～3360kg/hm^2，施肥 46～62 年后，土壤磷素渗漏深度大于 90cm（Sharpley，1985）。

有机磷较无机磷移动性大得多（Harrison，1990；周志红，1996；苏德纯等，1999；晏维金等，2000），这也是土壤发生淋洗过程中磷损失的重要因素。土壤剖面各土层土壤中有机磷占总磷的比例较低，随土层深度的增加，有机磷占总磷的比例逐渐增加，由此证明有机磷在土壤中较易移动，能随着灌溉水移动到较深的底层土壤。

2. 磷的径流与流失

施肥对磷的径流流失有很大的影响。从 20 世纪 60 年代初我国大规模施用磷肥以来，到 1992 年土壤中的磷素含量（以 P_2O_5 计）达到 6×10^7t。由此可知，农田耕层土壤处于富磷状态，通过径流、淋失等途径将加速磷向水体迁移的速度。据联合国粮食及农业组织 1993 年的统计数据，我国农田磷素进入水体的通量为 19.5kg/hm^2，比美国高出 8 倍（段水旺等，2000）。晏维金等（1999）的野外试验结果也显示，水稻田施磷处理的磷流失量是不施磷处理的 10～30 倍。段水旺等（2000）的研究结果表明，长江干流大通站近几年溶解无机氮（DIN）和 PO_4^{3-}-P 含量的上升与流域化肥施用量变化趋势一致。

土壤中的磷通过沉积物的吸附以颗粒态形式流失是磷素迁移的主要方式。晏维金等（2000）的模拟试验结果表明，在特定的土壤和降雨径流条件下，磷素流失中 80%以上是颗粒态磷，而颗粒态磷中超过 60%～90%的磷随 0.1mm 以下的颗粒物流失。磷的径流流失量与土壤的物理结构、田间持水量、植被覆盖度、降水量、灌溉方式、施肥量等有着密切的关系。地表径流中的磷迁移是壤中流的 3～4 倍，磷的输出以悬浮态总磷为主（78.5%～94.9%），溶解态总磷和正磷酸盐所占比例很小（Sharpley，1995；晏维金等，1999；单保庆等，2001；杨志平等，2007；张小莉等，2009）。

磷素通常以农田排水和地表径流的方式进入水体造成污染。随径流流失是农田土壤中磷素进入水体的主要途径（晏维金等，1999）。稻田中施用磷肥或有机无机配施均可以提高田面水总磷水平，并且其随着时间的推移其呈显著下降趋势（胡泽友等，2000；张志剑等，2001a）。在降雨强度过大或人为排水的情况下，磷素的流失量也越大，田面水与田外水之间磷含量的相关系数为0.806，达到极显著水平（胡泽友等，2000）。土壤扰动情况对磷素的径流流失也起一定的作用，传统耕作土壤中生物有效磷的流失量是免耕土壤的3倍（Sharpley，1993）。磷素流失量还与植被、地形条件有着很大关系，通常情况下盆地>丘陵>山地，丘陵山地中等坡度（25°左右）磷素流失量最大。

3. 影响磷迁移的因素

土-水界面上磷素形态变化及其化学反应机理远比氮素要复杂。

1）土地利用的影响

不同土地利用方式条件下农田土壤水土界面磷素迁移能力有较大的差别（高超等，2001），太湖地区水稻土在旱作时土壤的固磷能力低于旱地土壤，但其磷素流失风险要低于旱地土壤，而水稻土在淹水还原条件下固磷能力有着较大幅度的提高。土地利用方式对磷的形态也有一定的影响，一般来说草地、林地径流中的磷以溶解态为主，而农业用地中的磷以颗粒态为主，占75%～95%。另外，由于作物生长的需要，水稻田不能长期处在淹水条件下。南方红壤小流域的研究也表明，磷素的流失量以竹园最高，其次是旱地、新建果园，再次是幼龄茶园，林地、荒草地磷素的流失量较小（陈欣等，2000）。因此，土地利用方式对磷素流失的影响除了与土壤侵蚀量密切相关以外，磷肥的施用量和土壤中磷素含量也是主要的影响因素。

2）土壤类型的影响

Mcdowell和Sharply（2002）的研究表明，细砂（粒径<63μm）比粗砂（粒径>63μm）具有较高的磷素吸收能力。同时含有较高比例细砂的沉积物磷素最大吸收值比其他的要高，它能够降低平衡态磷浓度。最近的研究表明，可交换性钠、离子交换力和钙化合物影响磷的吸附率，高pH和低盐中碳酸根离子的存在能够显著增加磷的解吸能力（杨珏和阮晓红，2001）。Cogger和Duxbury（1984）认为，在铝铁含量（0.84%）较低的土壤中，大约有44%的肥料和矿物态磷释放流失，而铝铁含量约为1.9%的土壤中磷的释放流失小于2%，钙、铁、铝等金属化合物都能有效地降低磷的释放，但其作用的机理是不同的。

3）耕作方式的影响

磷素流失与土壤耕作方式也有一定的关系。刘方等（2001）对贵州中部黄壤丘陵地区进行研究，结果表明在土壤和降水量条件一致的情况下，梯化和未梯化黄壤旱坡地地表径流中颗粒态磷与生物有效磷含量出现显著性的差异，旱坡地经梯化后径流中颗粒态磷含量减少了 17.09%～57.94%，生物有效磷含量减少了 16.01%～36.83%；但梯化与未梯化旱坡地径流中磷酸根含量未出现明显的差异。Gaynor 和 Findlayw（1995）研究发现，免耕条件下的土壤损失降低了 49%，径流中正磷酸盐的浓度却比常规耕作土壤增加了 2.2 倍，溶解态磷和总磷的迁移量分别增加了 2.2 倍和 2.0 倍。因此，他认为免耕可减少土壤流失但不会减少磷素流失。李裕元和邵明安（2002）通过模拟降雨试验表明，翻耕与压实状况对坡地土壤中不同形态磷素流失具有显著影响。在翻耕条件下，由于土壤产流、产沙量增加，径流中溶解态磷、可提取态磷以及泥沙结合态磷的含量与流失量均显著增加，其增加幅度高达 10 倍以上。无论翻耕与否磷素流失形态均以泥沙结合态为主。雨季休闲很容易造成坡地养分的大量流失，从而导致土壤肥力的退化。

4）肥料使用的影响

Withers 等（2001）对三重过磷酸盐、液态牛粪、液态还原消化污泥、脱水污泥处理下的土壤磷的释放研究表明，施加液态还原消化污泥和脱水污泥土壤磷的释放最低，三重过磷酸盐的释放最高。Siddique 等（2000）的研究也表明，施加肥料土壤磷的释放比施加消化污泥的土壤低。对磷的流失产生影响的不仅有肥料的种类，还有施肥方式。李裕元和邵明安（2004）通过实验证明，磷肥在土壤中的混匀程度越高，生物有效磷越容易流失。施肥方法对径流中总磷含量影响较小，综合来看，3 种施肥方式的作用大小顺序为：条施>穴施>混施。

1.3 农业面源污染物氮磷输出控制研究

农业面源污染物氮磷的来源主要是化肥、农药、重金属三大类，这些污染物质主要是通过坡耕地水土流失、化肥与农药的施用、污水灌溉、畜禽养殖、生活固体废弃物堆放、生活污水排放等方式进入土壤或水体的。因此，控制面源污染氮磷输出的根本措施就是从这几个方面入手，来达到有针对性的防治目的（逯元堂等，2004；蒋鸿昆等，2006）。

1.3.1 水土流失治理

农业面源污染在源头形成以后，主要通过水土流失将污染物转移、汇入江河，因此，在污染物转移过程中可通过建立林带、草地、湿地等水土保持措施对污染物质进行截留，有效控制水土流失，减少来自于源头的面源污染物对土壤及各种水体的污染。

利用不同植被对农业面源污染物质的截留过滤作用，在农田和水田之间、地表水体岸边，按照不同的功能建立林带或草地等过滤带，防止引起水体富营养化和水质恶化的土壤养分、肥料流失，防止泥沙、禽畜粪便、悬浮物等进入水体，还可以截留地表径流，将其转化为片状流并提高入渗量，使地表径流转化为潜水，有效降低地表径流对地表的冲蚀，减少水土流失。美国的艾奥瓦州的试验表明植物隔离带有较好的环境效益及经济效益（熊汉锋和万细华，2008）。湿地作为农田和水体之间的一个过渡带，能够有效截留来自农田地表和地下径流的固体颗粒物、氮、磷和其他化学污染物，然后通过土壤吸附、植物吸收、生物降解等一系列作用，降低进入地表水中的氨氮化合物的含量，从而减轻面源污染带来的危险性。另外，湿地生态工程还具有投资少、运行费用低、易于维护管理、运行比较稳定以及处理效果好的特点（肖海涛等，2004），值得在水土流失严重的地区大力发展。

在积极对农业面源污染源头和运移过程控制的基础上，还应抓紧治理受污染的水域，不断改善水体环境。主要是在受污染水域种植浮萍、水葫芦等植物，但要适当控制这些植物的过度生长，避免堵塞河道；另外还可以适当增加对食草、浮游植物鱼种的养殖，同时达到增加收益的效果（杨斌和程巨元，1999）。

1.3.2 科学施用化肥和农药

我国是一个农业大国，由于粮食的单产很低，为了提高粮食的产量，人们在农田里施用大量的化肥和农药，导致诸多环境问题（马啸，2012）。要科学合理地施用化肥和农药，施肥的养分数量及比例与作物需求要相匹配，这样可以提高化肥的利用率。比如，集中深施基肥，而追肥采取少量多次的方式可提高肥料利用率，降低养分流失的风险。此外，依靠秸秆、作物、牲畜及人粪便、有机绿肥、豆科植物，特别是微生物型肥料来代替化肥。生物肥料可以改善土壤、培肥地力、恢复土壤自身的良性生态系统。同时，微生物型肥料中的活性菌体固氮、解磷、解钾作用及菌体活性与土壤中可利用的氮、磷、钾浓度之间的调控作用，使土壤中的供肥机制稳定而持久，最终降低养分的流失量。另外，尽量选用高效、低残留、低毒的农药，做好病虫害的预测预报工作，注意杀虫剂、除草剂、杀菌剂之间的合理比例，特别是经济作物、蔬菜瓜果等农作物应优先考虑生物防治与人工防治相结合，少用或不用农药（Nigussie and Fekadu，2003；Shu et al.，2006）。

1.3.3 合理灌溉

不同灌溉方式土壤养分流失情况不同。张水铭等采用封闭体系和磷素平衡方法来研究苏南太湖地区农业非点源污染中磷的排出负荷量以及减少磷排出负荷量的措施，结果表明，农田各种水体中磷的浓度：田面水>地表排出水>灌溉水>渗漏水。这是由于当灌溉水进入农田后，经过蒸发浓缩、土壤中养分向水层释放作用等过程，田面水中氮磷的浓度升高，特别是施肥后的几天内，田面水中养分浓度可达到较高的峰值。所以，加强田间水灌溉管理，采用干湿灌溉、浅水勤灌，可减少排水量，有效降低稻田磷污染负荷量（吴敦敖等，1998；Havens et al.，2003）。

1.3.4 培肥耕作制度

大多情况下土壤侵蚀是直行耕作而并非沿土地的自然等高线耕作所引起的。在中等坡度的土地上进行等高线耕作，可以有效减少土壤损失 50%以上。通过研究不同农作物耕作方式对氮、磷的吸收率和互补性后发现，采取不同作物的间作套种、轮作等方式可以充分提高土壤中养分利用率，并且减少损失。传统的农作方式是在收获以后去除作物残茬，使得土地在整个冬季处于裸露状态，这样土地容易受到侵蚀。虽然农田径流量与农田耕作方式并没有明显的相关关系，但在传统耕作农田中农田泥沙和养分流失量均明显高于免耕农田。

1.3.5 农田缓冲带

应用于水土保持生态治理中的常见缓冲带包括：坡地等高缓冲带、水体周边缓冲带、风蚀区缓冲带三大类。坡地等高缓冲带大致上相当于我国的等高植物篱，其应用于缓坡耕地的农作物与林草间作，设计上强调对非点源污染的控制；水体周边缓冲带一般沿河道、湖泊水库周边进行设置，强调对水质的保护功能（郭战玲等，2008）；风蚀区缓冲带相当于我国的防风、防沙林带。缓冲带不仅仅是一个植物措施的概念，而且是一个改善生态环境的战略性措施（Jonathan，2003；

Mautizio et al.，2005）。因此，各种类型的缓冲带在美国的应用也非常普遍。美国自然资源保护委员会建议，在全国所有水体周边均设置缓冲带，以控制水土流失、有效过滤吸收化学污染物（保证水质）、降低水温（保证水生生物生存）、稳定岸坡。

1.3.6 湿地去除作用

农田中适当增加湿地面积，可有效地控制养分进入水体。在滇池流域处理农田径流废水过程中就使用了人工湿地工程技术措施，由漂浮植物池、草滤带、挺水植物池所组成的人工湿地，在正常运行情况下，非点源主要污染物去除总氮率达到 60%，且具有效益好、投资少、抗面源污染负荷冲击能力强、运行管理方便等优点（刘青松等，2003）。如果农田与水体间的湿地宽度能达到 50m 以上，能减少水体中 89%的氮和 80%的磷。

1.3.7 生物质土壤改良剂控制作用

农地养分的生成实际上是土壤所有生化反应的体现，是在酶的催化下进行的，土壤改良剂的作用活性体现了土壤体内部的各种生化进程的强度和方向。Dick 等早在 1992 年就提出“土壤改良剂有助于描绘和猜测不一样生态体系的功用、质量及各体系间的相互效果”的学说；1997 年 Dick 又进一步将土壤改良剂对土壤功能的首要意义进行了概括，主张土壤改良剂可有效筛选识别外来有机质、加快土壤有机质转化、将有机物分化为植物可利用的有效矿质元素、吸收固定 N_2、降解土壤有害污染物、参加硝化和反硝化进程等；1999 年 Bandick 等通过研究指出能够用土壤改良剂来表征土壤的动态质量，因为土壤改良剂能激活土壤酶活性来参与土壤的有机质矿化过程，如土壤碳、氮、磷、硫的循环。就目前来讲，关于土壤改良剂作用于土壤环境质量的研究主要集中在污染土壤、扰动土壤和农业土壤中，土壤改良剂对不同的污染物具有不同的影响机制，如对于污水污泥、农业废弃物、相关重金属等的影响各不相同，其中由于农田土壤易扰动，其中的氮和磷的流失已被认为是引起地表水体富营养化的主要因素。为提高土壤质量，实现生态经济效益，控制农业面源污染，抑制土壤氮素和磷素流失就成为科研工作的重中之重。其主要手段可从源和流两方面进行土壤改良剂的合理施用，增强土壤肥力，减少土地养分流失，提高生产力和综合效益。相关研究表明，赤砂沸石作为土壤改良剂能够减少土壤中氮、磷、钾的流失，并提高肥料中养分的利用率（胡预生等，

1995）；氢氧化铝、石灰石粉、石膏、氯化钙和粉煤灰 5 种改良剂可明显降低土壤以及蔬菜地地表径流中有效磷和可溶性磷含量，但对 NO_3^--N 含量影响不大（麻万诸和章明奎，2012）；施用粉煤灰可显著地降低高磷土壤中速效磷和可溶性磷含量（Stout et al.，1998a）；潟湖沉积物中含较高的黏粒，通过吸附和固定可明显降低砂质土壤磷的淋失潜力（Zhang et al.，2002）；在施用家禽粪肥的同时，施用硫酸铝可明显降低径流中可溶性磷的浓度（Moore et al.，2000）。由于农作物粗放的生产方式，土壤氮磷可在短时间内产生超量积累，且远超出植物所需量和土壤氮磷流失的临界值。目前，国内外已开展了生物质土壤改良剂的相关研究，并取得了不错的进展，有研究表明生物改良剂与有效的作物轮作的结合在抑制病原菌方面具有更大的潜力（Larkin，2007）。

随着生物质土壤改良剂的开发和规模化应用，一些商业性的生物控制剂、微生物接种菌、菌根等应运而生，其改良作用主要有：改善土壤物理状况，保水保土，提高土壤营养元素的有效性；有效提高土壤酶的活性，活跃有益微生物，抑制病原微生物；降低土壤中有害重金属的迁移能力，对退化土壤进行有效修复。在获得良好改良效果的同时，也发现了一系列的漏洞急需填补：天然材料如农业废弃物可作为多功能生物质土壤改良剂对土壤进行性状改良，但在改良过程中对有害物质的控制则是未来需要攻破的难点（邵玉翠和张余良，2005；关连珠等，1992）；将不同改良剂配合施用，特别是不同生物质土壤改良剂的配合施用近年来引起了较多研究者的关注，但不同改良剂的配合施用方法及改良效果特征和改良机理则需要进一步阐明（牛花朋等，2006；刘芳等，2017；王帅等，2017）；同时，在土壤生物退化方面以及提升土壤改良效果显著性方面的研究也亟待加强。

综上所述，目前关于农业面源污染物氮磷的输出及控制研究等方面已有较多的报道，但由于各个地区存在土壤质地、轮作方式、种植结构和施肥状况之间的差异，各地区面源污染情况也有较大的差异。研究不同的农田管理措施、非点源养分流失的规律和总量，并通过将环境负荷与经济效益相比较，可以揭示出施肥措施对环境效应的影响，减少养分流失，增加经济和环境效益，可以为促进农业的可持续发展提供科学依据。

1.4 存在的问题与发展趋势

从 20 世纪 40 年代起，欧美等主要发达国家和地区就开始重视面源污染问题，并对面源污染的危害，面源污染物氮、磷等的流失机理，面源污染的管理控制措施等方面进行了长期的研究。我国关于农田面源污染物氮、磷素输出研究与欧美等国家和地区相比虽起步稍晚，但已经取得了一定进展；我国是一个农业大国，农业人口以及农业生产在国民经济中所占比重依然很大，农业面源污染形势依然严峻；我国幅员辽阔，地势复杂多变，面源污染形成因素复杂，难以单纯地借鉴国外研究成果，因此要在充分了解我国实际的基础上，开展更为深入细致地研究。

数十年来，世界各国在面源污染的产生和输出机理方面取得了一定的收获，在探讨其各种危害的同时，提出了不少切实可行的控制方法。但从总体看，由于面源污染本身的复杂特性，面源污染的研究和控制充满了各种困难，需进一步深入地努力（王静等，2016；李乐和刘常富，2020）。

（1）多学科联合，完善农业非点源污染的研究理论。

农业非点源污染是一个复杂的综合过程，涉及水文、土壤、环境、气象、地学等多学科和专业，所以对其研究必须多学科联合攻关，才能富有成效。

（2）加强模型化研究，促进农业非点源污染的定量化。

随着非点源污染研究理论的发展，今后的非点源污染模型，应建立以污染物的产生迁移转化机理为基础，兼顾不同的时空尺度，便于推广应用的非点源污染模型，促进非点源污染的定量化工作（史伟达和崔远来，2009；郝芳华和欧阳威，2010；马啸，2014）。

（3）各种新技术新方法的运用，加强对农业非点源污染的监测。

非点源污染的发生具有间歇性、随机性、不确定性等特征，且空间差异性大，所以对其监测非常困难。地理信息系统（GIS）、全球定位系统（GPS）和遥感（RS）具有对空间地理数据进行采集处理和分析的高强度综合能力，它们与非点源污染的常规监测的结合将会大大提高对非点源污染的监测和控制能力。

（4）非点源污染物的迁移转化研究更趋深入。

受目前非点源污染物迁移转化研究深度的影响，国内外考虑污染物迁移转化的非点源污染模型的预测能力普遍偏低，在传输途径上进行的非点源污染控制效果也不是很理想。为给建模、控制提供更加坚实的理论基础，非点源污染物的迁移转化机理研究将更加深入。

（5）生物技术、总量控制将在流域非点源污染控制和治理中发挥重要的作用。

地表径流的输移以流域进行，从流域角度探讨流域开发和水环境质量的关系，追踪污染物来源，实施管理措施，建立流域土地、水域最优开发和管理模式具有重要的意义。利用生物杂交、生物遗传技术培养高产、抗病、固氮作物，减少化肥、农药的施用；培养具有特殊降解、吸收能力的植物、细菌，吸收大气沉降污染物质、过滤地表径流、净化污水；利用生物操纵技术进行水体富营养化、酸化生态修复等。生物技术将在流域非点源污染的控制和治理中发挥重要的作用。有机物的总量控制并未有效地控制营养物和泥沙对水环境的威胁。特别是泥沙，其作为非点源污染物的主要载体，更应该加以严格控制。从流域尺度出发，开展生化需氧量（BOD）、营养物、泥沙总量控制将成为非点源污染控制研究的一个重要突破点。

1.5 研究区域概况

1.5.1 云南昆明概况

昆明位于中国西南云贵高原中部，南濒滇池，三面环山。昆明是中国面向东南亚、南亚乃至中东、南欧、非洲的前沿和门户，具有东连黔桂通沿海，北经川渝进中原，南下越老达泰柬，西接缅甸连印巴的独特区位优势。

1. 自然概况

1）气候

昆明属北纬低纬度亚热带-高原山地季风气候，由于受印度洋西南暖湿气流的影响，日照长、霜期短、年平均气温15℃，年均日照2200h左右，无霜期240天以上。昆明气候温和，夏无酷暑，冬无严寒，四季如春，气候宜人，年降水量1450mm左右，具有典型的温带气候特点，城区温度在0～29℃，昆明日温差较大，紫外线强度较高，一天之中有四季，有遇雨变成冬之说，在冬、春两季，冬季日温差可达12～20℃，夏季日温差为可达4～10℃，干、湿季分明，全年降水量在时间分布上明显地分为干、湿两季。5～10月为雨季，降水量占全年的85%左右；11月至次年4月为干季，降水量仅占全年的15%左右。昆明年温差为全国最小，鲜花常年开放，草木四季常青，是著名的“春城”“花城”。

2）地貌

昆明市中心海拔约 1891m。拱王山马鬃岭为昆明境内最高点，海拔 4247.7m，金沙江与普渡河汇合处为昆明境内最低点，海拔 746m。市域地处云贵高原，总体地势北部高、南部低，由北向南呈阶梯状逐渐降低，中部隆起，东西两侧较低。其以湖盆岩溶高原地貌形态为主，红色山原地貌次之，大部分地区海拔为 1500～2800m。

3）土壤

区域受高原地貌及亚热带季风的影响，地带性土壤为山原红壤，垂直地带从上至下为棕壤、黄棕壤、红壤。隐域性土壤有水稻土、冲积土、沼泽土等，各类土壤中以水稻土、红壤的面积分布较大。

4）植被

昆明地区地处滇中高原区，原生植被为亚热带半湿润常绿阔叶林，主要代表树种有高山栲、元江栲、滇青冈、滇石栎、云南松、华山松、滇油杉、桉树、柏树、桤木等；针叶林分布较广，从海拔 1800～2641m 均有分布；主要灌木有滇杨梅、小铁子、杜鹃、山茶、火把果、云南含笑、刺黄连、沙针、水麻柳、芝种花、乌饭、珍珠花、箭竹等；草本植物有白健杆、蔗茅、野古草、龙胆草、竹叶草、白茅、山姜、灰金茅、黄背草及各种蕨类。

2. 社会经济概况

2018 年，昆明年末全市常住人口 685.0 万人。其中，城镇常住人口 499.02 万人，占常住人口比重为 72.8%。其经济运行总体平稳。初步核算，全年地区生产总值（GDP）5206.90 亿元，按可比价格计算，比上年增长 8.4%①。其中，第一产业增加值 222.16 亿元，增长 6.3%；第二产业增加值 2038.02 亿元，增长 10.0%；第三产业增加值 2946.72 亿元，增长 7.3%。三次产业结构由上年 4.3∶38.4∶57.3 调整为 4.3∶39.1∶56.6，三次产业对 GDP 增长的贡献率分别为 3.3%、47.4%和 49.3%，分别拉动 GDP 增长 0.3 个百分点、4.0 个百分点和 4.1 个百分点。全市人均生产总值 76387 元，增长 7.4%，按年均汇率折算为 11543 美元。

非公经济持续活跃。全年非公有制经济实现增加值 2390.60 亿元，比上年增

① 2013～2018 年地区生产总值为研发支出核算方法改革后数据。GDP、人均地区生产总值、分产业增加值、农林牧渔业总产值绝对数按现价计算，增长速度按不变价格计算。

长 6.1%，占 GDP 比重为 45.9%。全年民间投资增长 20.4%，增速高于全市投资增速 14.9 个百分点，占全部投资的比重为 51.5%，比上年提高 9.4 个百分点。全市新设立市场主体 14.66 万户，其中私营企业 4.86 万户，个体工商户 9.38 万户。市场主体总量达 72.09 万户，增长 7.7%。

1.5.2　松华坝水源区迤者小流域概况

1. 自然概况

1）地理位置

研究区迤者小流域位于云南昆明嵩明松华坝水源保护区流域之内，昆明主城区的东北端，松华坝水源保护区流域地理位置 24°14′43″N～25°12′48″N，102°44′51″E～102°48′37″E，南北长 6.7km，东西宽 6.6km，土地总面积 21.56km^2，其中迤者小流域面积为 13.46km^2。区域内地势总体西北高东南低，最高海拔 2589.5m，位于流域西南部野猫山；最低海拔 2010m，位于流域河流出口处，相对高差 579.5m，平均海拔 2220m。迤者小流域的影像、地形及坡度坡向分布特征见图 1-1～图 1-4。

图 1-1　迤者小流域影像图

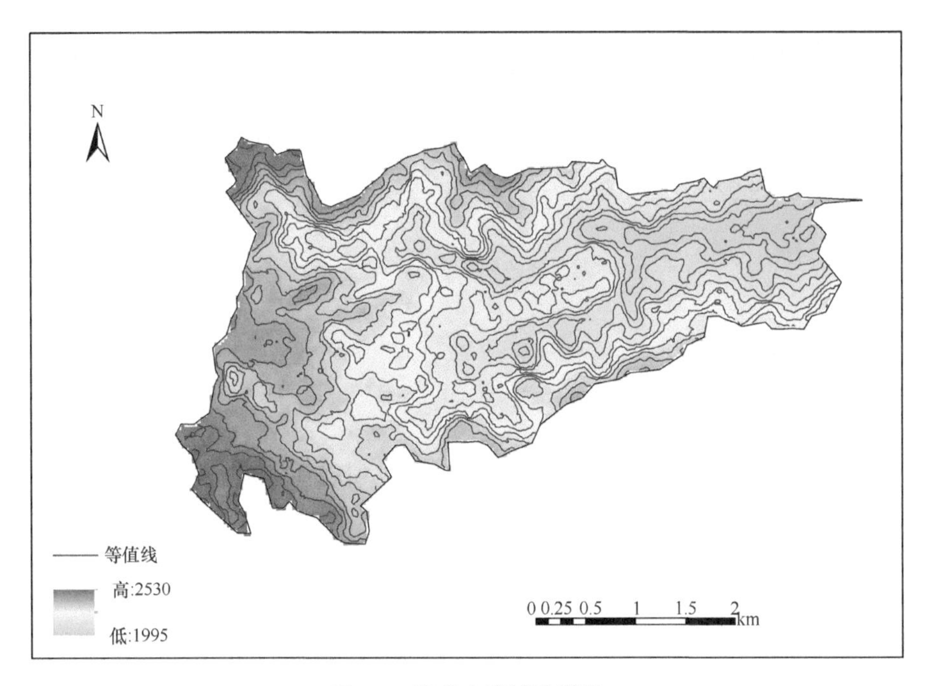

图 1-2 迤者小流域地形图

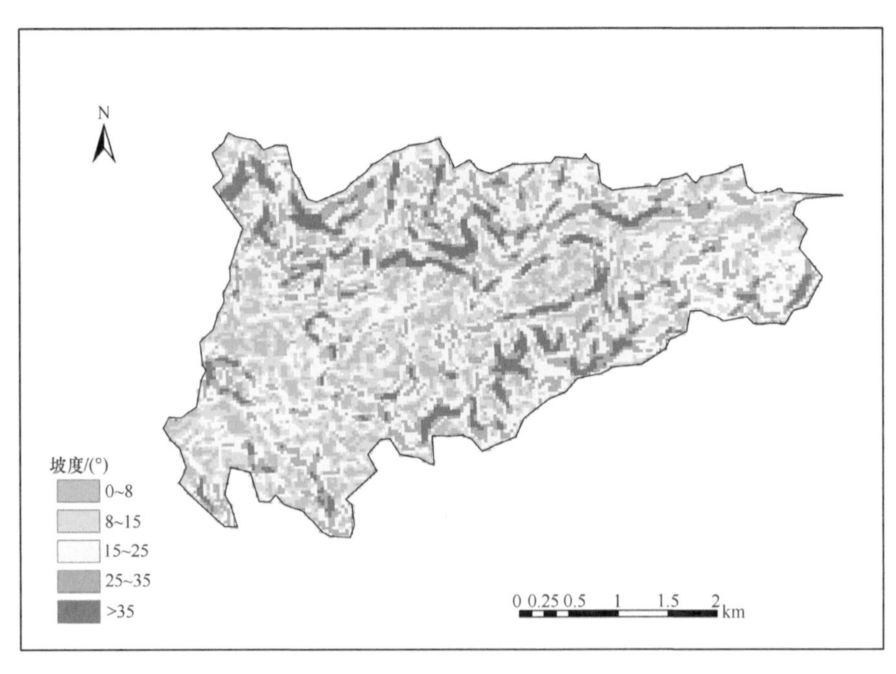

图 1-3 迤者小流域坡度图

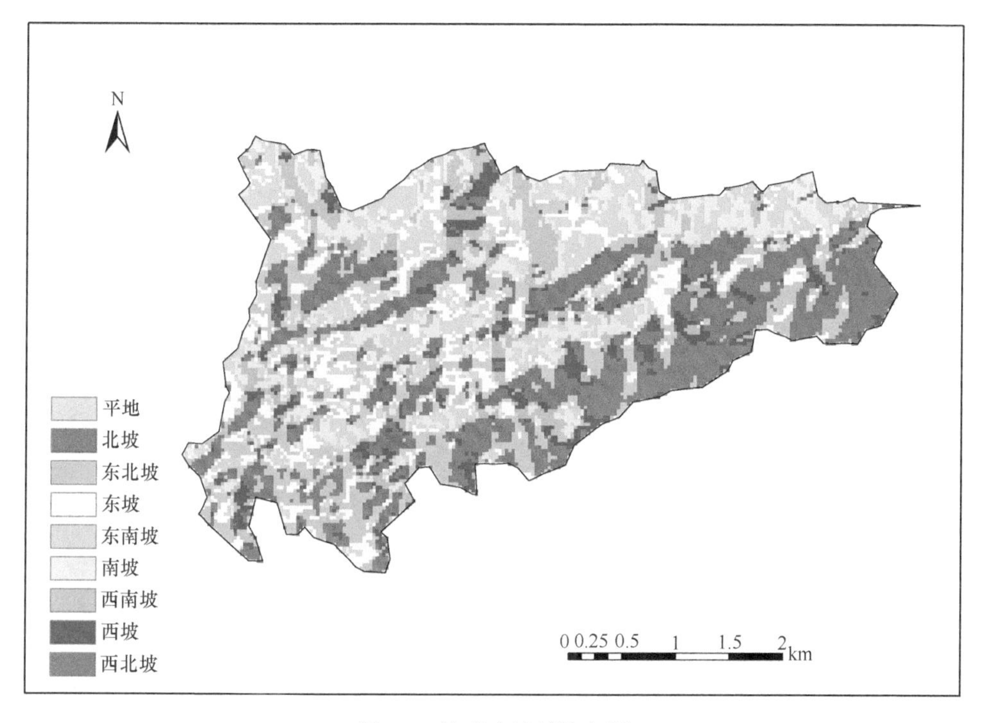

图 1-4 迤者小流域坡向图

2）气候

迤者小流域属低纬度高原山地季风气候，年平均气温 14.7℃，年降水量 900～1200mm，多年平均气温 13.8℃，最热月在 7 月，极端最高气温 34℃；最冷月在 1 月，极端最低气温–14.9℃；多年平均气温>10℃，活动积温 4091℃，年日照时数为 1800h，无霜期 234 天；流域内多年平均降水量 925.6mm，最大年降水量 1405.7mm（1968 年），最小年降水量 748.3mm（1972 年）。年内降水分布极为不均，5～10 月为雨季，降水量占全年的 87.5%；11 月至次年 4 月为旱季，降水量仅占全年的 12.5%，具有夏秋多雨、冬春干旱、干湿季分明的特点。

3）水文

迤者小流域属滇池流域盘龙江源头支流地区，年径流总量 673.5 万 m^3，主要河流牧羊河及其支流见图 1-5，在流域内全长 2.6km，河道比降 7.0%，多年平均输沙量 1.68 万 t/a。现有水利设施少，水资源利用率低。

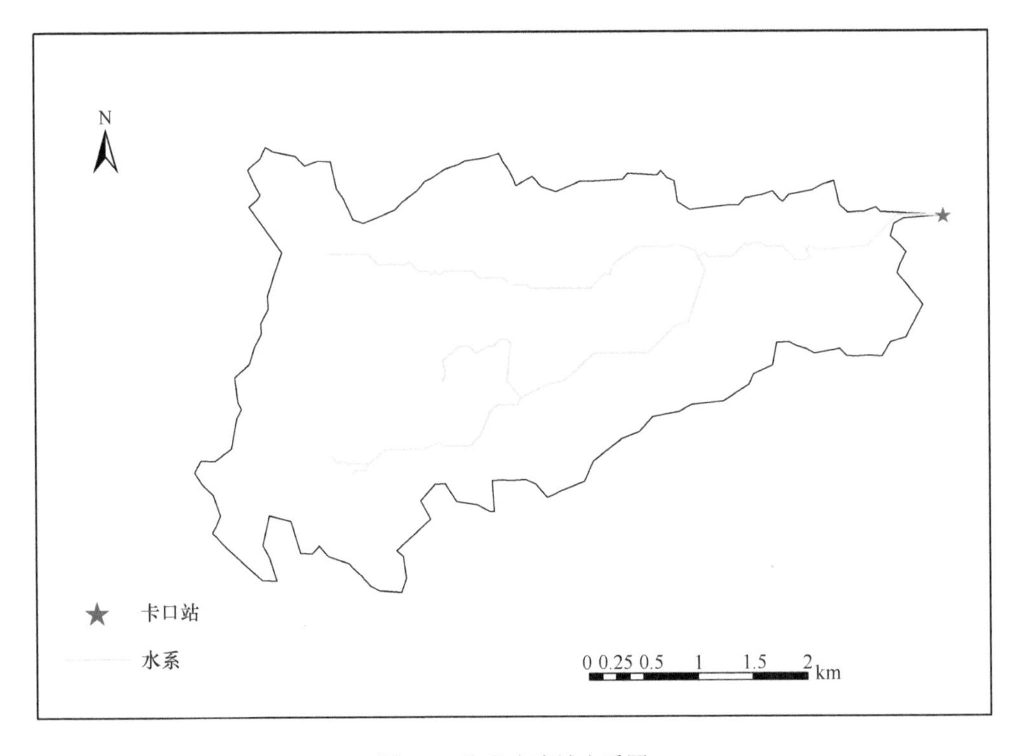

图 1-5　迤者小流域水系图

4）土壤

流域内土壤有两个土类（红壤和冲积土）、3 个亚类（红壤、红壤性水稻土、扇象冲积土）、9 个属、22 个土种。绝大部分地方分布有红壤，部分箐沟下游分布极少量的冲积土，除部分山体基岩出露、土层较薄外，其他大部分地方土层都较厚。

红壤：总面积 1925.78hm^2，占流域土地总面积的 89.3%，多分布在流域南部和东北部山上，土质疏松，土层瘠薄，土壤熟化程度低，有机质含量低。氮、磷、钾和有机质含量分别为 0.2%、0.17%、0.71%和 1.57%。

红壤性水稻土：总面积 168.33hm^2，占流域土地总面积的 7.9%，分布在流域西北部，土层稍厚，呈酸性，有机质、氮和钾速效养分含量低，难耕作，为中下等肥力土地。氮、磷、钾和有机质含量分别为 0.12%、0.29%、0.73%和 1.93%。

扇象冲积土：总面积 59.66hm^2，占流域土地总面积的 2.8%，分布于流域内部分箐沟下游，由冲积、洪积母质发育而成，呈弱碱性，质地为轻石质重壤土，呈粒块状结构，较疏松，耕性好，有机质含量高，缺速效磷，土壤熟化程度高，通透性好，保蓄力强，属中上等肥力土地。氮、磷、钾和有机质含量分别为0.13%、0.18%、0.83%和2.3%。

2. 社会经济条件

1）农村产业结构

迤者小流域农村经济收入以农业为主，经济总产值681.70万元，其中农业产值498.00万元，占总产值的73.1%；林业产值16.80万元，占总产值的2.5%；畜牧业产值162.90万元，占总产值的23.9%；渔业产值4万元，占总产值的0.5%。农业人均年纯收入1530元。林业产值低，小流域区内治理以调整产业结构、发展林业经济为重点。

2）农业生产

迤者小流域内粮食作物主要有水稻、玉米、马铃薯、豆类，坡耕地以种植玉米为主，粮食种植面积284.38hm^2，粮食单产2435kg/ hm^2。基本农田以种植水稻、玉米为主，粮食单产4500kg/hm^2。粮食总产量975.40t，人均产粮359kg。粮食作物中玉米、土豆主要满足生活需求和家畜饲养，少量余粮投入市场，由于耕地资源有限，流域区内粮食不具备市场前景。水稻占有比例较低，生活所需大米一部分需从外地购进。经济作物以烤烟为主，种植面积162.46hm^2。基本农田13414hm^2，人均0.05hm^2，受条件限制，其优势不明显，平均单产低，可以通过耕地改选提高产量，调整产业结构是增加农村经济收入的主要手段（表1-3）。

表1-3 迤者小流域粮食生产现状表

农业人口/人	播种面积		基本农田		粮食产量		基本农田粮食产量	
	总计/hm^2	平均/(hm^2/人)	总计/hm^2	平均/(hm^2/人)	总计/hm^2	播面单产/(kg/hm^2)	总计/hm^2	播面单产/(kg/hm^2)
2717	347.28	0.13	62.90	0.02	975.40	2808.68	283.05	4500.00

3）林业生产

迤者小流域内林业资源遭到严重破坏，近年来加大保护力度，禁止无序采伐，林业资源正处于生长蓄积阶段，林产品主要靠从外地购买，林业产值低。经果林面积小，多数在村庄周围发展，规模小，种植面积 14.62hm^2，产值 16.80 万元，一些优质品种需从外地引进。

4）牧业生产

迤者小流域畜牧业主要是家畜饲养，牲畜主要有牛、羊、猪，家禽主要是鸡。家畜中牛主要满足耕作需要，羊主要向市场提供，猪主要满足农户自身肉食需要。其饲养方式大都是以户为单位的自主经营。饲养牲畜数量 2040 头，产值 162.9 万元。饲料来源主要是作物秸秆、豆糠和地间饲草。根据市场需求，大力发展家畜饲养是增加农村经济收入的主要手段，以猪、羊为主的畜牧业具有广阔的市场前景。

5）渔业生产

迤者小流域地处半山区，区内水域面积较小，仅 10.53hm^2，主要是河流资源，因此渔业生产没有规模，只有少部分库塘由专人承包管理，放养少量鱼种，其管理粗放，产量较低，产值仅 4 万元。

农村各个产业产值表明，迤者小流域农村经济发展存在的主要问题是各个产业产值发展不平衡，从长远看，保护和发展林业经济、调整产业结构、发展生态农业是小流域经济发展的主要出路。

6）农村基础设施状况

迤者小流域内已基本实现村村通路、户户通电，通信网络覆盖良好。随着社会发展，群众生活燃料从过去以薪柴为主逐渐向煤炭、电力、液化气为主过渡。肥料以农家肥和复合肥相互搭配，饲料主要是玉米，辅以适量人工合成饲料。其水资源难利用，坡耕地实现水利化难度大，人畜饮水困难问题突出，流域内还有 3000 余亩的旱地需要配套灌溉设施，有近 2000 人的饮水困难未得到完全解决。现有水利设施少，未满足现代农业经济发展要求。

1.5.3 云南玉溪澄江概况

澄江隶属于云南玉溪，其位于云南省会昆明东南面，24°29′N～24°55′N，102°47′W～103°04′W，南北长 47.6km，东西宽 26km，澄江城区距昆明东站 52km，距玉溪红塔区 93km。澄江东沿南盘江与宜良为界，南隔抚仙湖与江川、华宁为邻，西与呈贡、晋宁两县接壤，北含阳宗海与呈贡、宜良两县毗连。

1. 自然概况

1）气候

澄江境内为中亚热带、北亚热带、南温带和中温带四个气候类型的立体气候。年平均气温 11.9～17.5℃，极端最高气温 33.7℃，极端最低气温–3.9℃；有霜日最多 46 天，最少 9 天，轻霜冻 5 年三遇，重霜冻 5 年两遇。年降水量 900～1200mm，相对湿度 76%；盛行西南风，年平均风速 2.3m/s；全年日照总时数 2172.3h，日照率 50%；常年总辐射量 122210cal[①]/cm^2。全市气候温和，四季如春。

2）地貌

澄江地处滇中，境内山脉多为南北走向，罗藏山自西向东横亘中部，形成澄江、阳宗两个坝子。

3）水文

澄江境内湖泊、河水、潭泉较多；南拥抚仙湖，北含阳宗海，东有南盘江过境流域 25.4km；此外，还有大小河道 16 条，大小潭泉 50 多个，水利资源丰富。南盘江过境流域落差 133m，年均过流量 68.65m^3/s，水能理论蕴藏量 5.53 万 kW。海口河是抚仙湖的出水口，湖水东流注入南盘江，全长 15.3km，平均宽 8m，落差 385m，多年平均流量 6.4m^3/s，水能蕴藏量 2.4 万 kW。

4）土壤

澄江境内土壤由于不同母质、不同气候、不同地形、不同植被和不同利用方式等因素的影响，形成棕壤、酸性紫色土、红壤、红色石灰土、冲击性旱地土、水稻土 6 个土类，10 个亚类，13 个土属，28 个土种。其以红壤为主，占陆地面积的 68.1%，酸性紫色土占陆地面积的 13.54%，其余 4 类占 18.36%。现有耕地占陆地面积的 15.67%，其中：水田占 46.55%，其余占 53.45%。有林地占陆地面积的 35.05%，荒山草地占陆地面积的 31.25%。

2. 社会经济概况

2018 年，澄江完成生产总值 100.3 亿元，按可比价格计算，同比增长 13.1%，增速在云南排名第 4 位、在玉溪全市排名第 1 位。从三次产业看：第一产业增加

① 1cal=4.1868J。

值 11.8 亿元，增长 6.0%，对 GDP 的贡献率达 5.8%，拉动 GDP 增长 0.7 个百分点；第二产业增加值 31.7 亿元，增长 14.5%，对 GDP 的贡献率达 35.6%，拉动 GDP 增长 4.7 个百分点，其中工业增加值 22.5 亿元，增长 10.9%建筑业增加值 9.2 亿元，增长 27.1%；第三产业增加值 56.8 亿元，增长 13.9%，对 GDP 的贡献率达 58.6%，拉动 GDP 增长 7.7 个百分点。

1.5.4 抚仙湖尖山河流域概况

1. 基本概况

1）地理位置

尖山河流域地处玉溪澄江西南部，位于 24°32′00″N～24°37′38″N，102°47′21″W～102°52′02″W；北接龙街镇广龙村委会，南接禄充管委会，东临抚仙湖，西接晋宁（图 1-6）。其最高海拔在流域北部，为 2347.4m，最低海拔在尖山河入抚仙湖的入

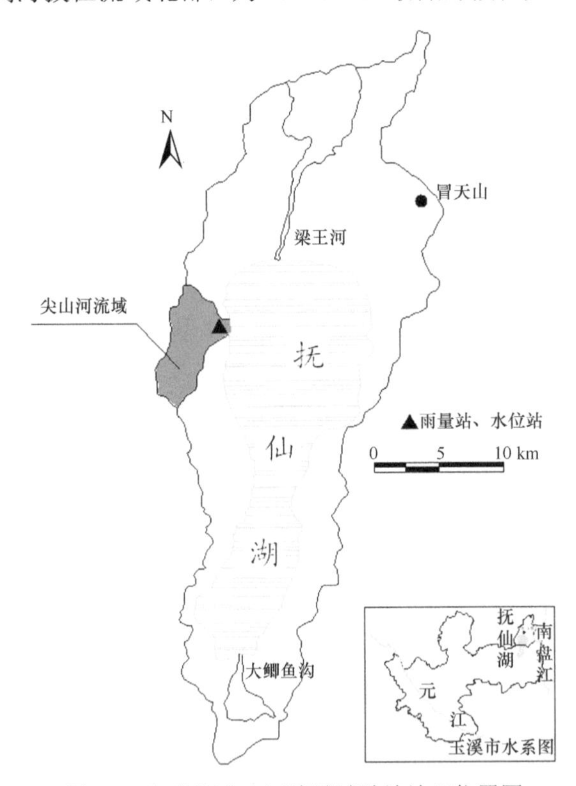

图 1-6　抚仙湖尖山河流域试验地地理位置图

口处，为 1722m，相对高差 625.4m。监测点的监测设施主要布设在流域的下游。

2）地质地貌

尖山河流域内地层主要为中侏罗世地层，地层岩石由粉砂岩、泥岩夹泥灰岩、含砾砂岩、泥岩、砂质泥岩、砂岩组成；其次是二叠系玄武岩组，地层岩石主要由玄武岩组成。流域整个西部、北部、南部为中侏罗世地层，占流域总面积的 85%。东部尖山村委会附近为二叠纪地层，占流域面积的 15%。其大部分地区属澄江中山和低山区。流域高程地形图如图 1-7 所示。据实地核查，流域内山高坡陡，河床落差大，岩石风化严重，坡积层厚，且人为开垦的>25°的坡耕地较多，水土极易流失，海拔 1800～2400m，相对高差 600m，属澄江三级阶地。地面坡度由>25°的 26hm^2、5°～15°的 13.1hm^2、15°～25°的 53.4hm^2、25°～35°的 213.6hm^2、>35°的 1.4hm^2 组成。流域内的坡度、坡向分级特征见图 1-8 和图 1-9。

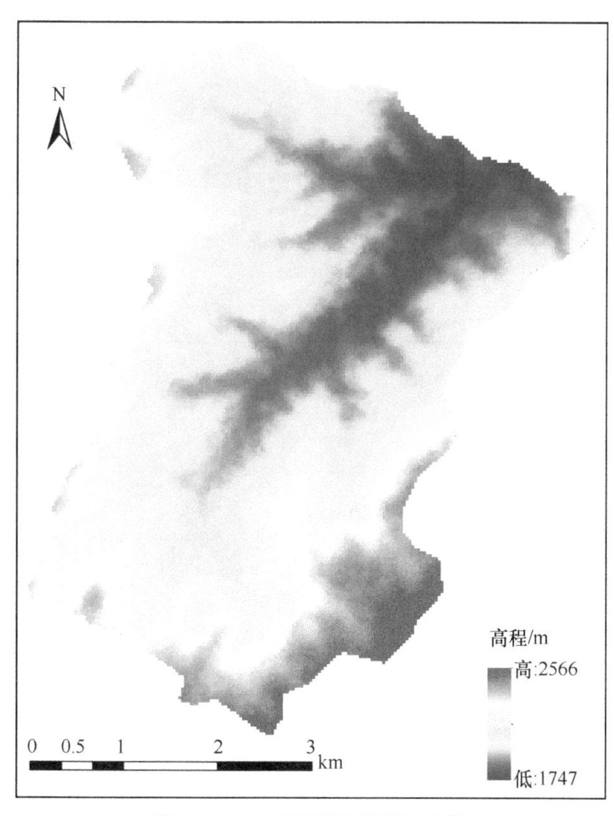

图 1-7　尖山河流域高程地形图

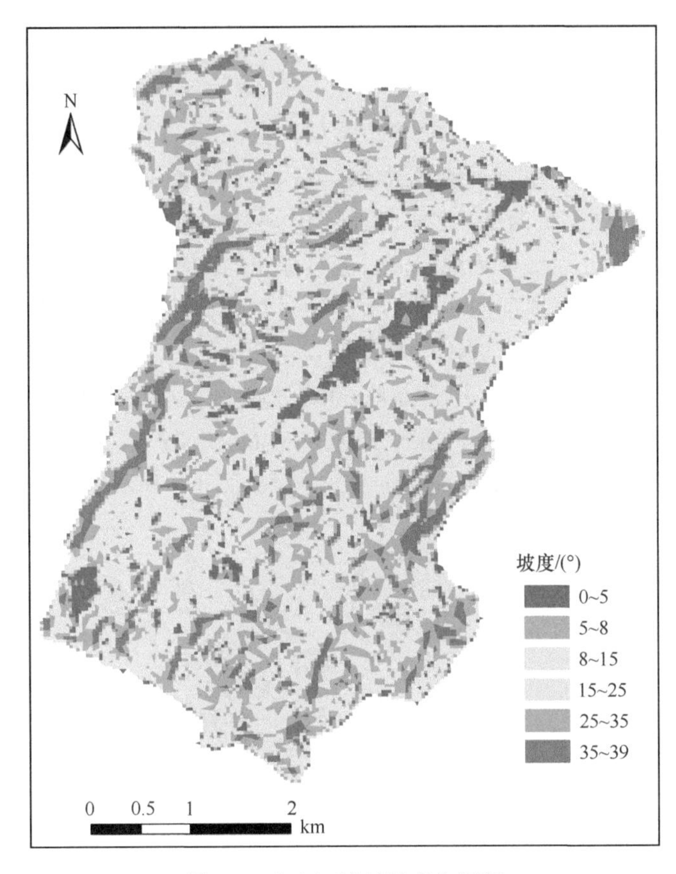

图 1-8　尖山河流域坡度分级图

3）气象特征

尖山河流域多年平均降水量 1050mm，雨季为 5 月下旬至 10 月下旬，降水量占全年总降水量的 75%，旱季为 11 月上旬至次年 5 月中旬，降水量占全年降水量的 25%。暴雨基本出现在雨季，多年最大洪峰流量均值为 $36m^3/s$。年均蒸发量为 900mm。流域内常出现单点暴雨，如遇特大暴雨时，尖山河下游常遭受洪涝灾害。流域地处低纬度高原，太阳高度角大，空气透明清晰，阳光透射率强，辐射量大，可利用时间长，使得整个流域光足质好。全年日照总时数 2172.3h，≥10℃的活动积温 3400℃，年均气温 14.2℃，多年最高气温出现在 7 月，为 30℃，最低气温出现在 1 月，平均为 0℃，形成了“冬无严寒、夏无酷暑”的低纬度高原气候，无霜期 265 天。

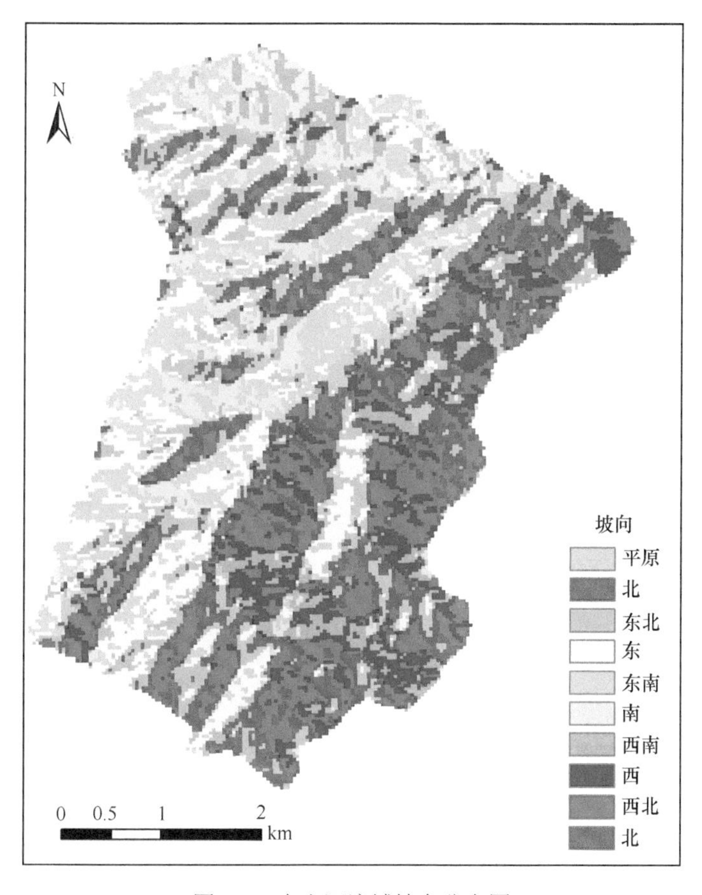

图 1-9 尖山河流域坡向分布图

4）河流水文

流域内主要河道为尖山河，河道长 8.5km，河床平均比降为 0.036。河流泥沙由雨后冲刷形成，年输沙量 4.86 万 t，平均含沙量 0.3kg/m^3，年均输沙模数 1372t/km^2。其年际分布情况为：雨季径流量占全年总降水量的 75%，旱季降水量占全年径流量的 25%，年平均径流深 300mm，见图 1-10。

5）土壤

流域内的土壤主要是红紫泥土、水稻土和红壤，其分布见图 1-11。红紫泥土主要分布在尖山河上游河道顺流左岸方向，占流域总面积的 60%以上；红壤分布在尖山河上游河道顺流右岸方向，其中石灰岩红壤分布在带头村附近、五尺埂至

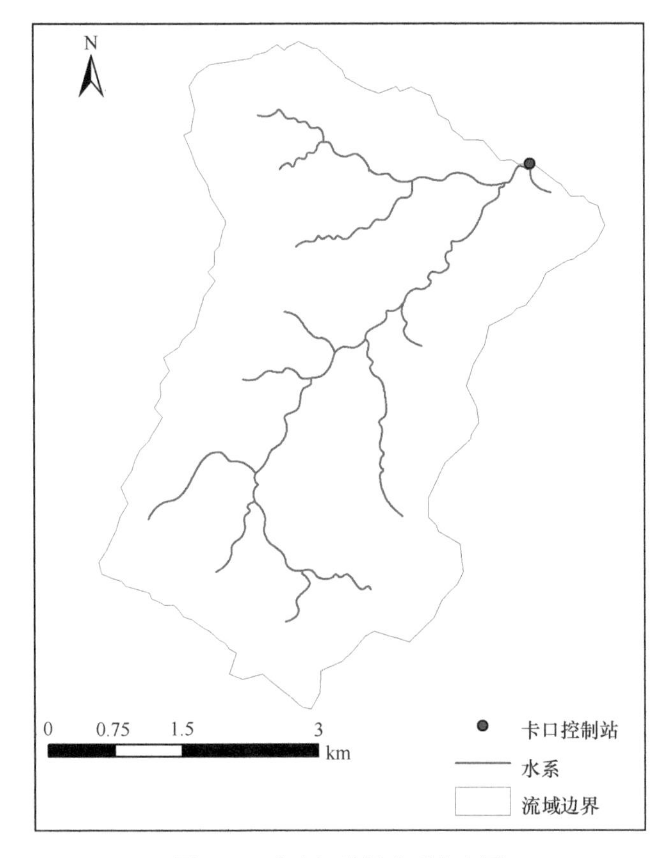

图 1-10　尖山河流域水系分布图

岔河，占流域总面积的 30%；玄武岩红壤分布在流域东部李头村附近，占流域总面积的 8%。尖山河河床两岸均为红紫泥土，占流域总面积的 2%。

6）植被

流域内森林覆盖率为 21.4%，林草覆盖率为 47.9%。主要乔木树种有云南松（*Pinus yunnanensis* Franch.）、华山松（*Pinus armandii* Franch.）、桉树（*Eucalyptus robusta* Smith）、桤木（*Alnus cremastogyne* Burk）、杉树（*Cunninghmia lanceolata* Lamb. Hook）、青冈（*Quercus glauca* Thunb.）等，灌木树有水马桑（*Weigela japonica* Thunb.var.sinica（Rehd）Bailey）、杜鹃（*Rhododendron simsii* Planch），慈竹（*Neosino calamus* affinis）等，草有紫茎泽兰（*Eupatorium edenophorum* Spreng）等，果树有板栗（*Castanea mollissima* Bl）、桃树（*Amygdalus persica* L）、柿子（*Diospydrs*

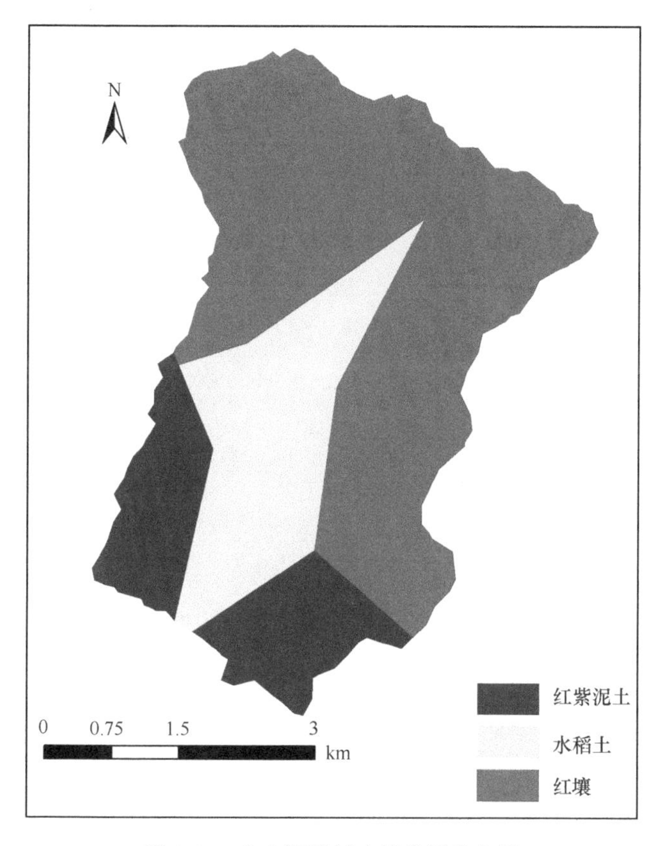

图 1-11 尖山河流域土壤类型分布图

kaki L.f)、李子（*Prunus salicina* Lindl）等。流域内林地主要分布在尖山河东西两侧海拔 1950m 以上坡地带。

7）土地利用现状

尖山河流域土地总面积 3542hm^2。据调查统计，耕地面积 1832.3hm^2，占总面积的 51.7%；林地面积 1003.3hm^2，占总面积的 28.2%；草地面积 676.6hm^2，占总面积的 15.4%；园地 16.7hm^2，占总面积的 0.5%；居民点及交通用地 13.1hm^2，占总面积的 0.4%。流域土地利用类型现状分布见图 1-12。

2. 土壤基本性质

基于采样调查和室内试验分析，获取尖山河流域典型地类的土壤本底数据，土壤的基本理化性质见表 1-4 和表 1-5。

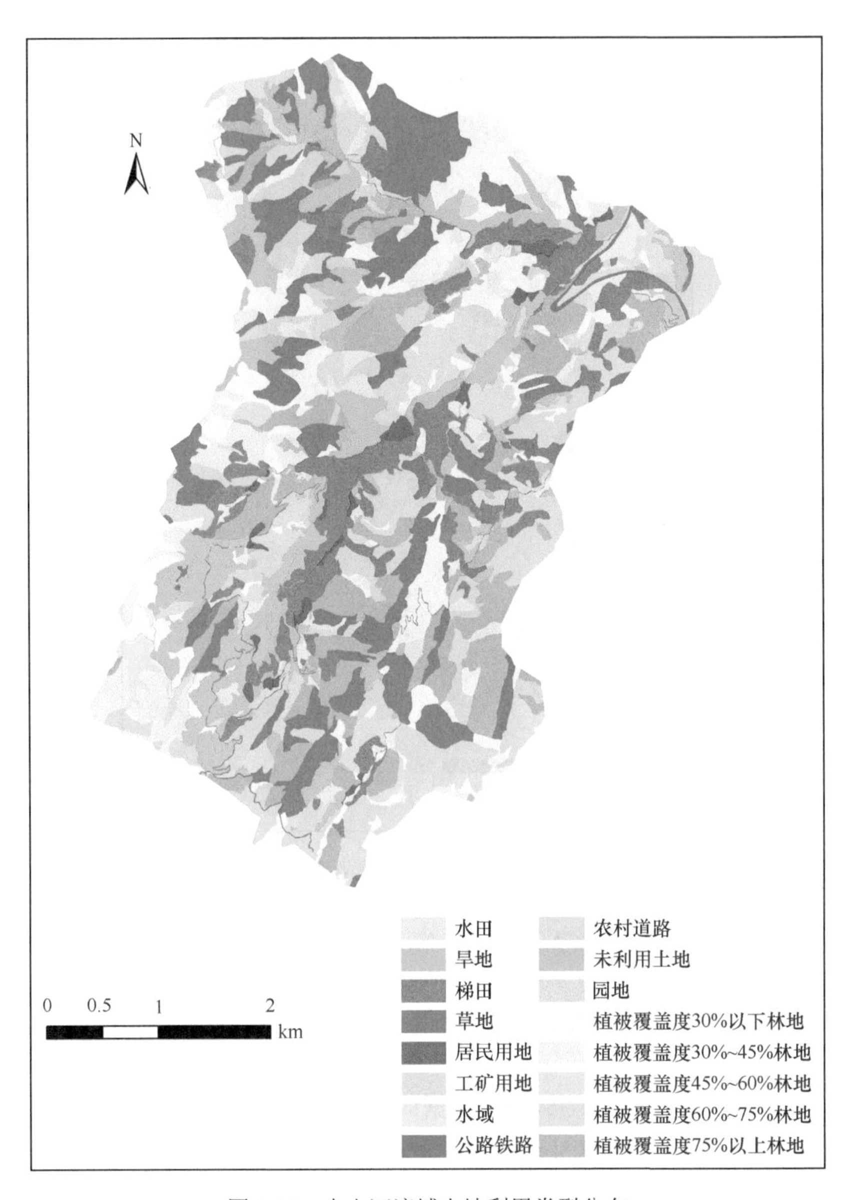

图 1-12　尖山河流域土地利用类型分布

3. 水土流失与水土保持概况

1）水土流失现状

水土流失面积、强度根据遥感土壤侵蚀分布图进行划分，并结合流域的土地

表 1-4 土壤的物理性质

土地类型	土层厚度/cm	容重/（g/cm³）	自然含水率/%	最大持水量/%	毛管持水量/%	毛管孔隙度/%	非毛管孔隙度/%	总孔隙度/%
次生林	0～20	1.35	19.98	38.76	36.29	49.49	4.34	53.83
	20～40	1.39	20.36	37.80	34.47	47.13	3.51	50.64
	40～60	1.41	21.71	35.66	33.15	46.12	2.43	48.55
人工林	0～20	1.36	13.86	37.52	33.87	46.92	3.97	50.89
	20～40	1.45	18.69	33.93	31.70	45.65	3.14	48.79
	40～60	1.48	18.77	31.31	27.93	43.19	3.03	46.22
灌草丛	0～20	1.45	14.45	31.63	27.52	46.19	2.72	48.91
	20～40	1.50	14.99	33.87	31.20	45.05	2.22	47.27
	40～60	1.57	16.85	31.88	30.17	43.08	1.98	45.06
坡耕地	0～20	1.39	17.90	38.02	33.18	48.10	3.38	51.48
	20～40	1.59	17.94	30.05	28.45	46.01	2.65	48.66
	40～60	1.71	18.96	28.45	26.96	45.29	2.54	47.83

表 1-5 土壤的化学性质

土地类型	土层厚度/cm	pH	有机质/%	总氮/%	水解氮/（mg/kg）	速效磷/（mg/kg）
次生林	0～20	6.59	2.85	0.0966	93.00	193.28
	20～40	5.81	1.38	0.0780	37.44	176.06
	40～60	5.40	0.82	0.0677	40.62	190.50
灌草丛	0～20	8.35	2.18	0.2398	74.74	78.49
	20～40	8.45	1.57	0.1913	46.64	225.83
	40～60	8.06	1.32	0.1844	46.77	98.66
人工林	0～20	8.24	1.52	0.0212	43.77	87.42
	20～40	8.51	0.84	0.0295	41.49	104.40
	40～60	8.06	0.87	0.0164	52.99	174.28
坡耕地	0～20	7.69	1.83	0.0136	165.28	2394.56
	20～40	8.19	2.21	0.0153	53.28	333.75
	40～60	8.10	1.71	0.0247	77.35	158.39

利用现状进行了部分修正，得出流域水土流失总面积为1995.4hm^2，占流域总面积的55.1%，其中轻度流失面积365.6hm^2，占流失面积的18.3%；中度流失面积828.6hm^2，占流失面积的45.1%；强度流失面积664.1hm^2，占流失面积的33.3%，极强度流失面积137.1hm^2，占流失面积的6.9%。年平均侵蚀总量约10.83万t，推算得平均侵蚀模数为2991t/(km^2·a)，流失区域主要在流域北部、西部、南部，海拔1900～2150m的地带。流域内土壤侵蚀强度分布特征见图1-13。

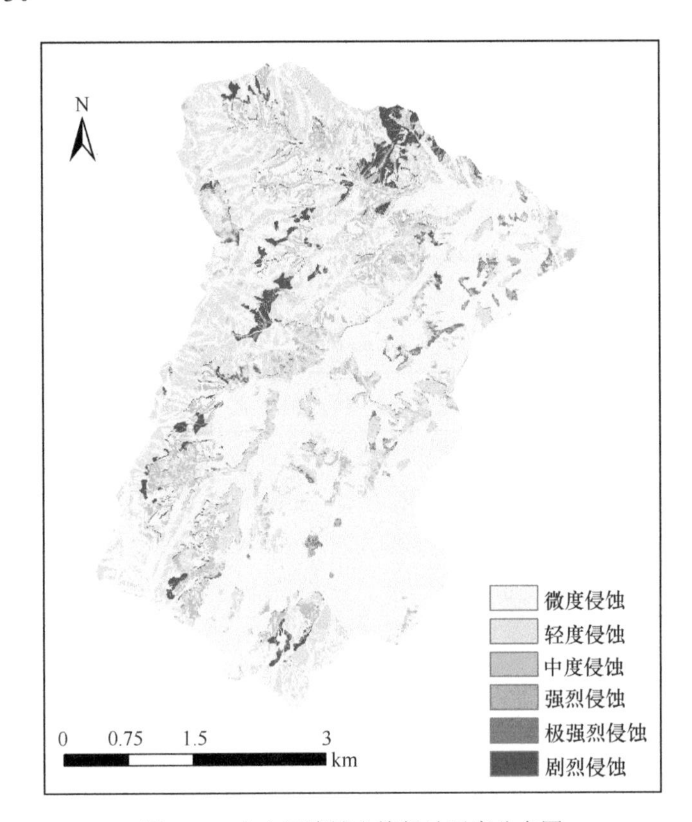

图1-13　尖山河流域土壤侵蚀强度分布图

当地水土流失造成的危害主要有以下几个方面：

（1）破坏土地资源，降低土壤肥力。

随着人口的增加、人类活动的频繁及历史上乱开荒、乱砍伐的破坏，天然植被遭到了很大程度的破坏，生态环境恶化，水土流失加剧。水土流失造成土壤土层养分的流失，使得耕作层变薄，土壤肥力下降，地力减退。农民广种薄收，严重影响到他们的生产、生活以及生态系统的安全，制约了经济社会的可持续发展，导致流域内的农民经济收入停滞不前、农民生活未能得到改善的局面。

近年来随着人口的迅速增加，为解决温饱问题，农民向荒山要粮、在陡坡开荒，土地资源的过度开垦对植被造成破坏，人为地加剧了水土流失。坡度在5°～15°的坡耕地，由于管理粗放，加之顺坡耕地等不合理的农耕制度及15°～25°的坡耕地尚未整治，荒山裸地无植被覆盖，导致该流域区内出现大量的水土流失。

（2）生态环境恶化、水质污染、河道淤积。

随着植被覆盖率的降低，生态环境不断恶化，植物的蓄水保土能力减弱，雨季遭冲蚀，旱季遭旱。大量的土壤养分随着雨水由尖山河直接流入抚仙湖，土壤中的有机质也随雨水进入抚仙湖。磷、氮是导致水体富营养化的元素，大量的水土流失将造成湖水水体富营养化，直接增加抚仙湖的污染负荷，造成抚仙湖水生态环境恶化；另一部分泥沙淤积于河道，导致河床抬高、河道发生变形。每到雨季降暴雨时，尖山河下游两岸的梯地、水田被水冲毁，当地农民的生活、生产受到了严重的影响。

2）水土保持现状

治理水土流失是当地改善生态环境、促进国民经济可持续发展的主要措施之一，因此近年来，特别是《中华人民共和国水土保持法》和《云南省实施〈中华人民共和国水土保持法〉办法》颁布以来，澄江流域水土保持工作得到了上级有关部门的大力支持和县委、县政府等其他相关部门的重视，大力进行水保宣传，争取做到全社会参与、支持、协助，以促进水土保持治理工作的顺利开展。

从尖山河流域水土流失特点、土地资源、水资源、地形地貌等自然生态条件出发，按照因地制宜，科学防治，保护、开发和有效利用水土资源的原则，“珠江流域治理工程”试点工程确定治理水土流失面积13.77km^2，其中坡改梯70.4hm^2，水保林453hm^2，经果林7.2hm^2，果木林42.8hm^2，封禁治理743.9hm^2（其中289.8hm^{2}补植），保土耕作59.9hm^2。小型水利水保工程包括拦沙坝2座，小水窖75口，沼气池53个，截、排水沟4.21km，作业便道3200m。

4. 社会经济概况

尖山河流域涉及 1 镇 2 个村委会，流域内有 19 个自然村。2004 年末总人口 4542 人，总户数 1303 户，其中农业人口 4528 人，人口密度 128 人/km^2，人口自然增长率 8.24‰，人均耕地面积 0.26hm^2，贫困人口 1012 人，少数民族 51 人，农村劳动力 2762 人。农业总产值 1246.54 万元，其中农业产值 748.65 万元，林业产值 13.89 万元，畜牧业产值 221.8 万元，副业产值 221.9 万元，其他产值 40.3 万元，分别占农业总产值的 60.1%、1.1%、17.8%、17.8%、3.2%。农民人均纯收入 1295 元。流域内基本无工业，以农业为主。

第2章　松华坝水源区迤者小流域坡耕地氮磷输出及面源污染负荷特征

迤者小流域位于昆明松华坝水源区内，是昆明最重要的饮用水水源地，占昆明供水量的一半以上，是滇池水体交换的重要水源，正常年来水占滇池年交换量的42%以上，其也是昆明防洪、供水、水土保持的一项十分重要的大型水利基础设施（赵璟，2006）。松华坝水源区上游主要支流由牧羊河、冷水河以及30多处泉眼组成，水源区内居民经济收入以种植业为主，主要种植烤烟、玉米等，区内耕地面积近6500hm^2，一半以上为坡耕地。从20世纪90年代开始，松华坝水库水质开始出现恶化迹象，水体中总氮、总磷、高锰酸盐指数超标；严重时总氮、总磷等主要指标超过水体标准指标的2～3倍，部分区域水体水质曾一度达到Ⅳ类水标准，其形势危及昆明人民的基本生活和城市可持续发展（李宗逊等，2008）。进入21世纪，在云南省政府及昆明市政府的大力治理下，松华坝水体水质恶化趋势得到了有效的控制，但水源区内氮、磷等元素大量流失，它们进入库区的现象没有得到根治。这主要是由于水源区内居民人口密度相对很大，而区内的经济收入又以种植业为主，且坡耕地占所有耕地的一半以上，大量人类生活生产活动，特别是坡耕地上的农业生产活动而导致的农业面源污染问题依然很大。如何在不影响当地居民经济发展的同时又很好地解决农业面源污染问题是当前我们急需解决的大事。本章对松华坝水源区内坡面地表径流磷素流失规律的研究，为水源区内农业面源污染的治理以及水源区内农业生产管理办法的提出提供一定的实测数据和理论支撑。此外，从流域农业面源污染的现状调查出发，采用农业面源污染模型量化流域农业面源污染产生的氮、磷污染负荷，进行农业面源污染的空间分布识别，并提出农业面源污染的控制措施。通过此项研究，能基本了解迤者小流域农业面源污染现状及其基本规律，为政府的对松华坝农业面源污染防治规划及宏观决策提供参考，对进一步研究松华坝水源区的农业面源污染、水体富营养化问题及类似水体的污染控制有重要的参考和指导作用，同时对研究区域及其他相似区域都有重要的现实和理论意义。

2.1 试验设计与研究方法

2.1.1 布设不同地类径流小区

设计选取位于迤者小流域中段的坡面，布设投影面积为 5m×20m 的标准径流小区共 8 个，小区基本情况见表 2-1，具体平面布置见图 2-1。

表 2-1 径流小区基本情况表

径流小区	地类	土壤	坡度/（°）	坡向	坡位	海拔/m
1#（烤烟地）	烤烟（K326）	红壤	12	南向坡（S）	坡中位	2067
2#（烤烟地）			12		坡中位	2067
3#（烤烟地）			12		坡中位	2066
4#（玉米地）	玉米		10	东向坡（E）	坡中位	2067
5#（玉米地）			10		坡中位	2068
6#（玉米地）			10		坡中位	2068
7#（次生林地）	次生林地（云南松纯林）		10		坡中位	2066
8#（荒地）	荒地		10		坡中位	2066

每个径流小区的出口处均布设了一个 2m×1m×2m（长×宽×高）的集流池，用于每次降雨产流过后，对小区内地表径流的收集；集流池均采用五分法收集径流（即 1/5 的径流流入集流池内，其余随排水沟排出），每个集流池均配有防雨盖一个，用以减少误差，避免降雨直接降入；径流小区内布设自记雨量计，监测降水量和降雨强度。

根据当地主要种植习惯，径流小区选取了玉米和烤烟两种作物，并分别对 3 个小区进行重复处理，另外选取邻近次生林地和荒地各一处，1#～3#小区种植烤烟、4#～6#小区种植玉米，所有的施肥量、施肥时间以及烤烟的移栽时间均按照当地习惯，一次性播撒底肥，无追肥；7#、8#不做任何处理。8 个径流小区试验预处理概况详见表 2-2。

2.1.2 布设不同施磷措施下的径流小区

设计选取位于迤者小流域中段坡面，在其上布设投影面积为 1m×1m 的标准径流小区；每个小区周围均有塑料薄膜包被，以防止小区间侧流、渗流的影响。小区基本情况见表 2-3，具体平面布置见图 2-1。

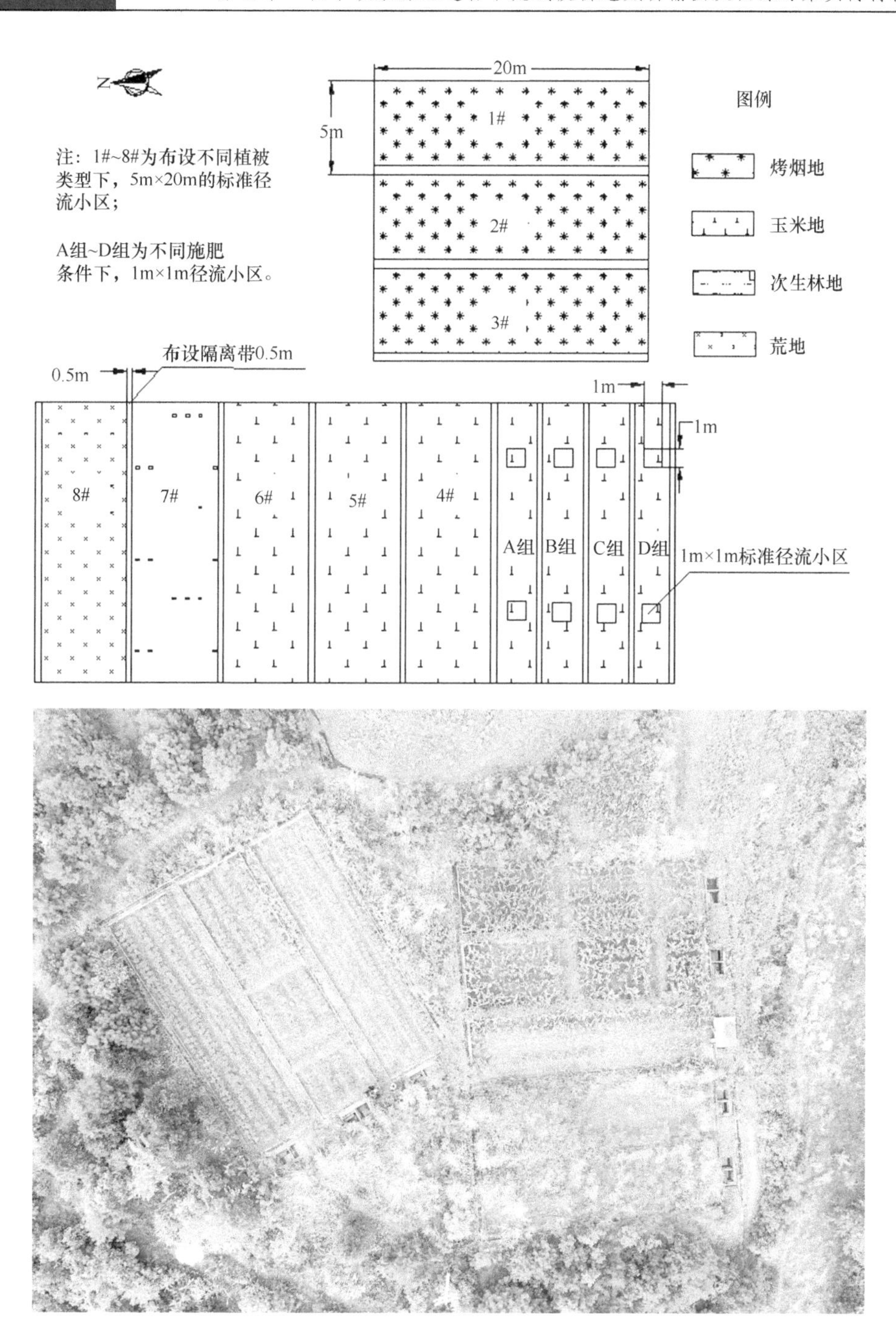

图2-1　径流小区平面布置示意图

表 2-2　径流小区试验预处理概况

径流小区	地类	种植密度/(株/hm²)	种植方式	播种方式	盖度/%	栽植及施肥时间	底肥施用量/(kg/hm²)			备注
							施磷	施氮	施钾	
1# 2# 3#	烤烟 K326	12500	顺坡种植	移栽	80 65 80	2008-5-5	70	150	200	三个重复施肥量一致，一次性施肥，无追肥
4# 5# 6#	玉米	38500	顺坡种植	穴播	80 65 80	2008-8-1	70	150	200	三个重复施肥量一致，一次性施肥，无追肥
7#	次生林地	—	—	—	70	—	—	—	—	云南松纯林，生长期在 8 年左右，树高 1.5～2m
8#	荒地	—	—	—	—	—	—	—	—	为荒废 1 年以上的坡地，有极少杂草

注：植被盖度为植物生物量最大时期的盖度。

表 2-3　径流小区基本情况表

试验地	作物（植被）类型	土壤	坡度/（°）	坡向	坡位	海拔/m
径流小区	玉米	红壤	10～12	南向坡（S）	坡中位	2060～2067

每个 1m×1m 径流小区的出口处均布设有一个收集桶，用于每次降雨过后，对地表径流的收集；径流小区内布设自记雨量计，监测降水量和降雨强度。

径流小区的施肥设计：一共分为 4 组（A、B、C、D），每组采用 2 个重复，共布设有 8 个径流小区；每组间均布设隔离带 0.5m，以避免测流、渗流的相互影响；A 组作为对照不施用磷肥，B 组单独施用（相当于当地常年习惯施磷量）无机磷肥 106kg/hm²，C 组单独施用（相当于当地常年习惯 2 倍施磷量）无机磷肥 212kg/hm²，D 组采用有机磷和无机磷肥混施 106kg/hm²，用量为（有机磷肥量∶无机磷肥量=1∶1）。有机磷肥为猪粪；无机磷肥为过磷酸钙，另外在施用磷肥的基础上，对氮和钾进行了补充；氮肥为尿素（150kg/hm²），钾肥为氯化钾（200kg/hm²），以上施肥均作为一次性基肥，不追肥。

具体的施肥及试验预处理概况详见表 2-4。

2.1.3　试验采样

根据试验区降雨监测显示，观测区内 2008 年降水量共 937.5mm，为多年当地的平均水平；其中雨季 5～10 月降水量为 748.9mm，占全年总降水量的 79.9%；采用雨季 5～10 月的降雨监测数据进行分析，2008 年 5～10 月共监测到降雨 41

次，试验选取了 5～10 月降雨中产生的径流，且具备取样条件的 12 次降雨数据进行分析，具体降雨统计见表 2-5。

表 2-4　径流小区施肥及试验预处理概况

径流小区		地类	种植密度/（株/hm²）	种植方式	播种方式	盖度/%	栽植及施肥时间	底肥施用量/（kg/hm²）			备注
								施磷	施氮	施钾	
A 组	A1 A2	玉米	28500	顺坡种植	穴播	65	2008-5-5	—	150	200	不施用磷肥
B 组	B1 B2					70		106	150	200	无机磷肥，用量为当地常年习惯施磷量
C 组	C1 C2					70		212	150	200	无机磷肥，用量为当地常年习惯施磷量 2 倍
D 组	D1 D2					70		106	150	200	施磷量同 B 组（有机磷肥量：无机磷肥量=1：1）

注：植被盖度为植物生物量最大时期的盖度。

表 2-5　12 次典型降雨统计表

日期	降水量/mm	雨强/（mm/h）	备注	日期	降水量/mm	雨强/（mm/h）	备注
5 月 2 日	13.8	3.4	未种植任何作物	7 月 26 日	21.9	5.7	
5 月 10 日	20.4	3.2	种植玉米后第一次降雨	8 月 4 日	19.8	7.6	种植烤烟后第一次降雨
5 月 17 日	16.2	6.4		8 月 9 日	18.2	5.3	
6 月 26 日	18.4	14.8		8 月 23 日	20.8	7.4	
7 月 2 日	83.6	11.2		9 月 10 日	15.3	4.2	
7 月 15 日	20.8	9.1		9 月 25 日	17.5	8.6	作物收获后第一次降雨

注：表中雨强均为最大 30min 雨强值（I_{30}）。

在每次降雨产流结束后，首先从各径流小区内的自记雨量计中读取降水量和降雨强度。

1）不同地类径流小区采样

首先测量集流池中水位，用以估算小区径流量；然后将集流池中的水充分搅浑，取 500mL 的浑水置于试剂瓶中，测定含沙量，估算小区产沙量；取 1000mL

的水样置于试剂瓶中，带回实验室测定水样中的总磷和可溶性总磷酸盐的浓度；待取样全部完成后，仔细清理集流池中的径流水和泥沙，完毕后盖好等待下次降雨径流的产生。

2）不同施磷措施下的径流小区采样

首先测量集流桶中水位，用以估算小区流失量，然后将集流桶中的水充分搅浑，取 1000mL 的水样置于试剂瓶中，带回实验室测定水样中的总磷和可溶性总磷酸盐的浓度；待取样全部完成后，重新布设好集流桶等待下次降雨径流的产生。

2.1.4 样品测定

（1）水样中总磷（TP）浓度：采用钼酸铵分光光度法，选取中性条件下过硫酸钾高温消解的方法测定（单位：mg/L）。

（2）水样中可溶性总磷酸盐浓度（DP）：采用钼锑抗分光光度法，水样经过 0.45μm 滤膜过滤后，选取过硫酸钾高温消解的方法测定（单位：mg/L）。

（3）水样中泥沙结合态磷浓度（PP）：通过计算得出，PP =TP–DP（单位：mg/L）。

（4）不同地类径流小区中，径流量（R_i）测定（单位：mm）：

$$R_i=V_i \times S^{-1} \tag{2-1}$$

式中，V_i 为每次降雨后的产流量（V_i=集流池底面积×测定的水位，集流池底面积=1m×2m）；S 为小区投影面积（S=5m×20m）。

（5）不同地类径流小区中，产沙量（M_i）测定（单位：t/hm^2）：

$$M_i=V_i \times \text{泥沙含量} \times S^{-1} \tag{2-2}$$

式中，V_i 为每次降雨后的产流量；S 为小区投影面积（S=5m×20m）；泥沙含量=烘干土重/500mL。

（6）不同地类径流小区中，TP、DP 和 PP 的流失量（Q_i）测定（单位：mg/m^2）：

$$Q_i=\rho_i \times R_i \tag{2-3}$$

式中，ρ_i 为各磷素指标浓度值；R_i 为径流量。

2.1.5 模型选择

农业面源污染负荷的研究对弄清水环境污染程度、把握水环境污染防治的方向有重要的意义。本书采用美国研发的农业面源污染模型 AnnAGNPS（annualized agricultural non-point source pollutant loading model）对迤者小流域农业面源污染氮、磷污染负荷进行量化研究。

目前，农业面源污染的研究方法主要有两类：实验方法和模型模拟法。前者由于劳动强度大、效率低、周期长、费用高，在多数情况下只是作为一种辅助手段，用于各类模型的验证和参数的校准。而当前用于农业面源污染研究的模型有：AGNPS（agriculture non-point source pollution model，其最新版本称为 AnnAGNPS）模型，CREAMS（chemicals，runoff，and from agriculture management systems）模型，ARM（agriculture runoff management model）模型等。其中，AGNPS 模型使用尤为广泛，相比较而言，其模拟值与实测值有较好的拟合（Binger et al.，1989）。AGNPS 模型最新升级版本 AnnAGNPS 模型是一个连续模拟模型，而且可按汇水区域进行不规则网格划分。本书采用现场调查、现场采样和实验室分析方法进行流域农业面源污染的现状研究；采用 GIS 技术对迤者小流域地理要素进行分析，并提取地形参数。采用美国农业部农业研究局（U.S. Agricultural Research Service，ARS）与明尼苏达州污染控制局和自然资源保护局（Minnesota Pollution Control Authority and Natural Resources Protection Agency，NRCS）共同开发的农业面源污染模型（AnnAGNPS）研究流域的农业面源污染负荷，并标识农业面源污染负荷的空间分布和时间分布。

1. AnnAGNPS 模型发展及特征

AnnAGNPS 模型是基于 AGNPS 模型发展而来的。目前，其已广泛应用于农业面源污染负荷估算、危险区域的识别、水源防护区范围的绘制、地表水监测网的设计和水资源规划，以及比较不同农业管理措施对防治农业面源污染的作用及效益等方面。AGNPS 模型是 1986 年由 ARS 连同 NRCS 共同开发的，最初用于农业水域的面源污染负荷及环境影响估算。该模型自开发以来，得到了广泛的应用，并在应用中不断得到补充和发展。但 AGNPS 模型是基于单场暴雨事件的，在实际应用中逐步显示出不足，暴露出许多局限，在发展到 AGNPS5.0 版后就停止了开发。1998 年，ARS 和 NRCS 推出了 AnnAGNPS1.0 版，AnnAGNPS 模型是 AGNPS 模型的替代模型，它是连续模拟的模型，采用标准的 ANSI FORTRAN95 编写而成，并以天为模拟计算的时间步长。该模型考虑了日常气候的影响，既维持了 AGNPS 单事件模型的简易性，又增强了持续模拟的能力。自 AnnAGNPS 模型开发以来，至今已经历了十几次升级，目前最新版本是 4.00 版。相比较于以前的各个版本，AnnAGNPS 4.00 版具有以下 7 个特征（USDA NRCS）：

（1）具备基于视窗的径流网络生成器，用于对流域进行网格划分，并从 DEM 模型中提取地理参数。

（2）具备基于视窗的输入编辑器，用于辅助产生或修改 AnnAGNPS 模型的输入数据。

（3）AnnAGNPS 模型的输入数据能以英制和公制两种单位输入，而输出也可以以两种单位显示。

（4）对划分的单元格、河段以及模拟周期的时间长度没有加以限制。

（5）将 AnnAGNPS 模型的输入数据分为水域数据和模拟周期的天气数据，易于快速地更改每日的气象输入数据。

（6）易于使旧版本的单一事件模型 AGNPS 的输入数据转换成 AnnAGNPS 模型的输入数据。

（7）在输入数据读取时，能进行数据检验，并出示错误信息，方便用户进行修改。此外，AnnAGNPS 模型还可以以单事件的模拟方式运行。

2. AnnAGNPS 模型构成

AnnAGNPS 模型由三部分组成，即数据输入模块、数据处理模块及结果输出模块。为进一步评价农业面源污染造成的环境影响，一些量化环境影响的后继模型相继与 AnnAGNPS 模型集成，形成可以直接评价农业面源污染造成环境影响的 AnnAGNPS 计算机模型。该模型框架及集成模块如图 2-2 所示。图 2-2 中与 AnnAGNPS 模型集成的模型有：①AnnAGNPS 核心模块——为优化管理措施和进行风险分析而设计的用于量化及标识流域中污染负荷的计算机模型；②CCHEID（一维河道泥沙输移模型）模块——用于集成河道发育中的特征与丘陵地负荷影响的河流网络程序；③ConCEPTS（保持河道发育和污染传输系统模块）模块——用于预测和量化堤岸侵蚀的影响、河床沉积及退化、污染物的沉积或挟带、河岸边的植被形态和污染负荷等；④SNTEMP（溪流网络水体温度模块）模块——是水域规模的，设计用于预测日平均、最大和最小水温度的模块；⑤SIDO（沉积物的侵扰和溶解氧模块）模块——是专门为评价或量化污染负荷及其他一些威胁因素对鲑科鱼产卵区、生活栖息地的影响而设计的一套鲑科鱼生命周期模型（USDA ARS，2007；Robert and Ronald，2007）。

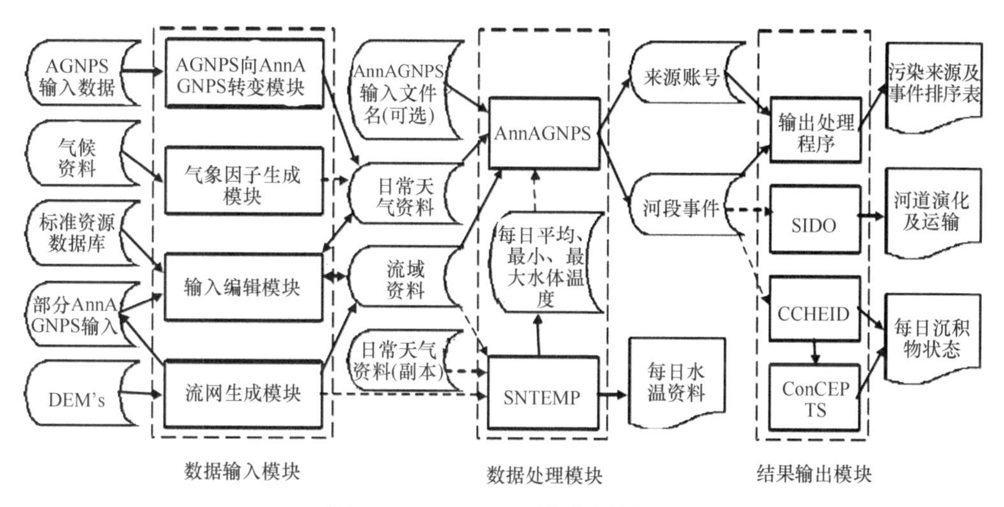

图 2-2　AnnAGNPS 模型结构框架

1）AnnAGNPS 模型数据输入模块

AnnAGNPS 模型数据输入模块：AGNPS 向 AnnAGNPS 转变模块（AGNPS-to-AnnAGNPS converter）、气象因子生成模块（generation of weather elements for multiple applications，GEM）、输入编辑模块（input editor）、流网生成模块（flownet generator）。

其中 AGNPS 向 AnnAGNPS 转变模块主要是为了方便以前版本的 AGNPS（4.03 版及 5.3 版）的模型数据文件转变成 AnnAGNPS 格式的文件。数据转化的结果可以在 AnnAGNPS 下进行单事件模拟，或者经过输入编辑模块进一步的修改进行持续模拟。

气象因子生成模块包括 GEM 和 Complete_Climate 两个程序，GEM 仅适用于美国地区，用于模拟产生综合的天气资料（包括逐日降水量、最低最高气温、太阳辐射等参数）。Complete_Climate 用于产生逐日露点温度、云量及风速等。

输入编辑模块是用 Visual Basic 编写的，基于视窗的计算机程序，用于输入或编辑 AnnAGNPS 的数据文件，也可以通过输入编辑模块从气象因子生成模块或流网生成模块中直接导入部分数据。

流网生成模块用于从 DEM 中提取地理参数。由 TopAGNPS、AGFLOW 及 VBFlonet 三部分组成。其中，TopAGNPS 又由数字高层排水模型（DEDNM）、格栅工具（RASPRO）、格栅格式化（RASFOR）三个 FORTRAN-90 程序组成，DEDNM 程序用于预处理 DEM，执行流域水文划分，并界定排水网络；RASPRO 程序在

DEDNM 执行产生的格栅数据中推断出附加的空间地形信息和参数；RASFOR 用于对格栅数据重新格式化。AGFLOW 模块主要用于提取集水区和单元网格的各种参数，产生流域的流网。VBFlonet 模块是由 Visual Basic 编写的视窗程序，用于图形显示 TopAGNPS 模型的运行结果。

AnnAGNPS 的数据准备模块将产生两个文件：AnnAGNPS.inp 输入文件和天气输入文件 Climate.inp。前者包含了描述水域及时间变化的 34 类 500 多个参数(如农药、化肥施用、土地利用、土壤类型等)。后者包含每天的天气信息资料及气象观测站的资料。这两个文件可导入 AnnAGNPS 的数据处理模块进行运算。

2）AnnAGNPS 模型数据处理模块

AnnAGNPS 模型数据处理模块仅为一个程序 AnnAGNPS.exe。该程序包含了单元处理、养殖场处理、沟渠处理、面源处理及河段处理五个过程。单元处理对单元网格潜在蒸发量、土壤潮湿度、校准曲线数、灌溉应用、沉积物产生等进行计算。养殖场处理主要计算养殖场动物营养元素产生量及发生径流事件时营养元素的溶解及迁移状况。沟渠处理主要对沉积物迁移进行处理。面源处理用于计算面源对河段产生的污染负荷。河段处理对营养物及农药的降解及迁移等进行处理。

3）AnnAGNPS 模型结果输出模块

AnnAGNPS 模型结果输出模块可根据用户的需要输出计算结果。

3. AnnAGNPS 模型机理

AnnAGNPS 模型以水文学为基础，主要考虑了流域的产汇流、基于产汇流的沉积物产生及迁移，基于产汇流和沉积物产生的养分和农药的迁移传输 4 个部分，模型的层次结构及其应用的典型区域和主要过程见图 2-3 及图 2-4（Theurer and Bingner，2001）。

1）降雨径流子模型

降雨径流是形成面源污染的直接动力，它是整个模型的基础。降雨径流子模型用来解决各类流域的产汇流问题，即推求流量过程线和径流量。AnnAGNPS 模型采用了 SCS 曲线法（curve number method）来估算径流量，该方法是由美国农业部土壤保持服务处（USDA-Soil Conservation Service），即现在的自然资源保护局发展起来的用于估算农业流域次降雨径流的方法，其考虑了灌溉、融雪、蒸发、

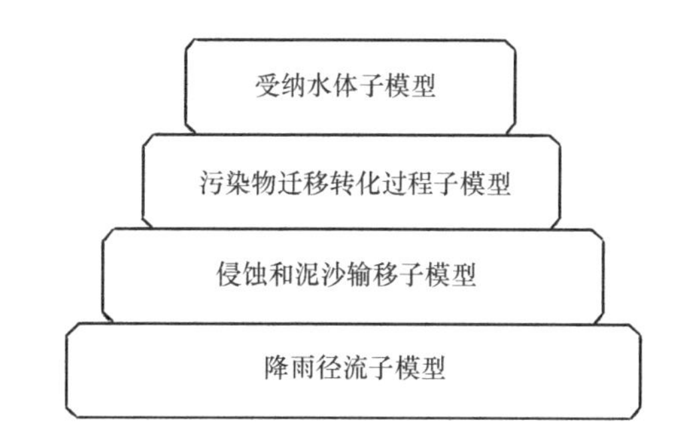

图 2-3　农业面源污染模型（AnnAGNPS）层次结构

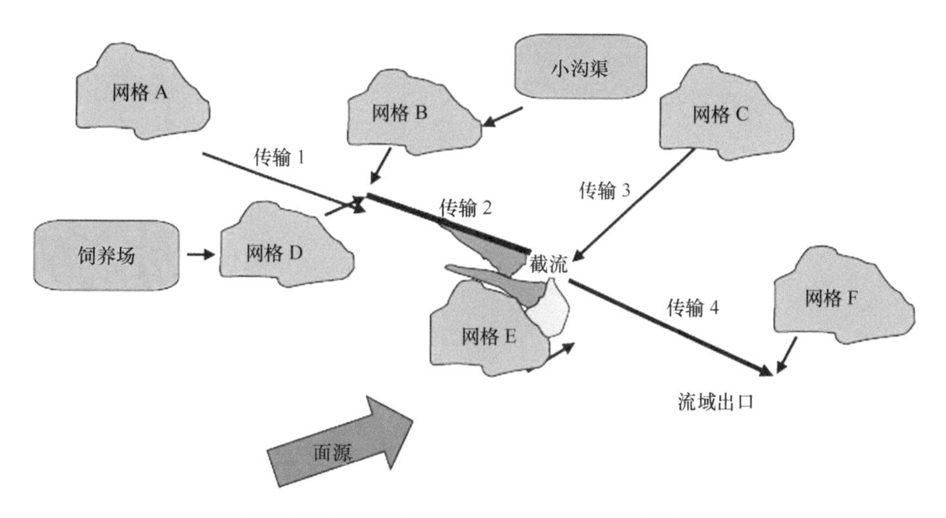

图 2-4　农业面源污染模型（AnnAGNPS）典型区域及主要过程

渗漏等，并按每日的耕作状况、土壤水分和作物情况，调整 SCS 曲线数。其中土壤前期水分条件（AMC Ⅰ 和 AMCⅢ）由 SWRRB 和 EPIC 模型计算，渗漏计算采用了 Brooks-Corey 方程，蒸发量计算采用 Penman 方程。次降雨径流量采用式(2-4)计算：

$$Q = \frac{(p - I_a)^2}{p - I_a + S} \tag{2-4}$$

式中，Q 为径流量，mm；p 为降水量，mm；S 为径流开始后潜在的最大滞留量（maximum retention）或称储留指数（storage index），mm；I_a 为初始截留量，mm。

初始截留量指径流开始前的全部降雨损失，包括表层低洼处储水、植被截获、蒸发、入渗等。结合经验公式，初始截留量与最大储留指数间存在如下关系：

$$I_a=0.2S \tag{2-5}$$

将式（2-4）代入式（2-5）即得只有 S 和 P 的径流计算公式（SCS equation）：

$$Q=\frac{(P-0.2S)^2}{P+0.8S} \tag{2-6}$$

储留指数 S 与流域土壤类型、植被、土壤水分等有关，可以通过一个无量纲的 CN 值计算，公式为

$$S=\frac{1000}{\text{CN}}-1 \tag{2-7}$$

$$S=\frac{25400}{\text{CN}}-254 \tag{2-8}$$

式中，CN 为一个由土地利用、土壤类型、水文条件决定的参数，取值范围为 0～100。式（2-7）中 S 单位为英寸（in）[①]，式（2-8）中 S 单位为 mm。模型参数手册、Technical Release 55（USDA-SCS）、Section4-Hydrology（USDA-SCS）中提供了不同条件下的 CN 值。

2）侵蚀和泥沙输移子模型

AnnAGNPS 模型地表泥沙侵蚀量采用修正的通用土壤流失方程（revised universal soil loss equation，RSULE）计算。模型对沟蚀（gully erosion）采用地表径流量估算，对河床的剥蚀（bank erosion）由泥沙迁移能力估算。

AnnAGNPS 模型采用修正的 TR55（USDA-SCS）计算各分室的汇流时间（confluence time，Tc），分室汇流时间是指径流从分室内最远的地方（水文意义）流到分室出口所需的时间。降雨到达地表后，除去入渗截留部分，首先在地表形成不连续的片状薄层流（lamellar thin laminar flow），片状薄层流在向较低部位汇聚过程中，水流不断增加而形成连续的浅层流（shallow streams），浅层流进一步汇聚则形成集中的股流、沟道流等（channel flow）。三种形态的水流流速完全不同，汇聚的时间也不一样，分室汇流时间的计算公式如下：

$$T_\text{c}=T_{t,\text{ov}}+T_{t,\text{scf}}+T_{t,\text{cf}} \tag{2-9}$$

式中，T_c 为分室汇流时间，h；$T_{t,\text{ov}}$ 为薄层流时间，h；$T_{t,\text{scf}}$ 为浅层流时间，h；$T_{t,\text{cf}}$ 为集中流时间，h。

薄层流时间 $T_{\text{t,ov}}$ 由式（2-10）计算：

① 1 in=254cm。

$$L_{ov\_max}=50$$
$$L_{ov}=\text{MIN}\left(L_{ov\_max}\times L\right) \tag{2-10}$$
$$T_{t,ov}=\frac{0.09\cdot\left(n_{ov}\times L_{ov}\right)^{0.8}}{P_2^{0.5}\times S_{ov}^{0.4}}$$

浅层流时间 $T_{t,scf}$ 由式（2-11）计算：

$$L_{ov\_max}=50$$
If $L>L_{ov\_max}$ then
$$L_{scf}=\text{MIN}\left[L_{ov\_max}\times\left(L-L_{ov}\right)\right]$$
$$V_{scf}=\text{MIN}\left[0.61\left(4.9178\times S_{ov}^{0.5}\right)\right] \tag{2-11}$$
$$T_{t,scf}=\frac{L_{scf}}{3600\times L_{scf}}$$
Otherwise
$$T_{t,scf}=()$$

集中流时间 $T_{t,cf}$ 由式（2-12）计算：

If $L_{ov\_max}+L_{scf\_max}$ then
$$L_{cf}=L-\left(L_{ov}+L_{scf}\right)$$
$$T_{t,cf}=\frac{L_{cf}}{3600\times V_{cf}} \tag{2-12}$$
Otherwise
$$T_{t,cf}=()$$

式中，n_{ov} 为曼宁粗糙度系数，无量纲；L 为分室流道总坡长，m；L_{ov} 为薄层流坡长，m；L_{ov_max} 为最大薄层流坡长，m；L_{scf} 为浅层流坡长，m；L_{scf_max} 为最大浅层流坡长，m；L_{cf} 为集中流坡长，m；V_{scf} 为浅层流流速，m/s；V_{cf} 为集中流流速，m/s；P_2 为 2 年降水量；S_{ov} 为薄层流流经坡度，m/m。

水位曲线采用式（2-13）确定：

$$Q_w=\frac{Q_p^2\times t}{20\times R\times D_a} \tag{2-13}$$

式中，Q_w 为水文时刻径流量，m^3/s；R 为上部排水区径流量深，mm；t 为开始生产径流后时间，s。

模型中地表泥沙侵蚀量的计算采用了 RUSLE：

$$E = \mathrm{EI} \times K_{\mathrm{s}} \times S_{\mathrm{f}} \times C_{\mathrm{f}} \times P_{\mathrm{f}} \times \mathrm{SSF} \tag{2-14}$$

式中，E 为年侵蚀量；EI 为降雨/径流侵蚀指数；K_{s}为土壤可蚀性参数；S_{f}为坡度因子；C_{f}为作物管理因子；P_{f}为耕作管理因子；SSF 为坡型调节因子。

模型对沟蚀采用了地表径流量估算，河床的剥蚀则由泥沙迁移能力估算。泥沙计算分为 5 个颗粒等级：黏粒（clay）、粉砂（silt）、沙粒（sand）、小团粒（small aggregates）和大团粒（large aggregates）。泥沙进入集水区后，通常需要经历 3 个过程，即泥沙的沉降、冲刷和运输。如果泥沙进入集水区的量大于集水区的输送能力，便产生了泥沙沉积。泥沙的迁移采用了 Bagnold 指数方程，分别计算基流和紊流下的泥沙量，输出结果按 3 种来源（sheet&rill、gully、gully&bank）分 5 级输出。

3）污染物迁移转化过程子模型

AnnAGNPS 模型逐日计算各单元内氮、磷和有机碳的养分平衡，包括作物对氮磷的吸收、施肥、残留的降解和氮磷的迁移等。氮磷和有机碳的输出按可溶态和颗粒吸附态分别计算，并采用了一级动力学方程计算平衡浓度。作物对可溶态养分的吸收计算，则采用了简单的作物生长阶段指数。

在 AnnAGNPS 模型中采用 GLEAMS 模型计算各种杀虫剂的质量平衡，对每一种杀虫剂按独立的方程进行计算。计算主要考虑了作物洗脱、土壤中的垂直迁移，以及降解过程，结果可按可溶态和颗粒吸附态逐日输出。

4）受纳水体子模型

受纳水体子模型主要考虑农业面源污染负荷对受纳水体的影响。AnnAGNPS 模型采用后续的集成模型 CCHE1D、SNTEMP、ConCEPTS 等对受纳水体的农业面源污染影响进行分析。

5）数据输入

模型的数据输入界面见图 2-5，AnnAGNPS 模型的运算需要两个必需的输入文件：AnnAGNPS input file 和 Climate input file。

AnnAGNPS input file 包含了八大类 31 小类数据，见表 2-6，约 500 个参数。所有的参数统一由 AnnAGNPS 数据准备模型管理，保存在 AnnAGNPS 数据文件中。对于不同的流域，并不是所有参数都是必需的，31 类输入数据中，与土壤侵

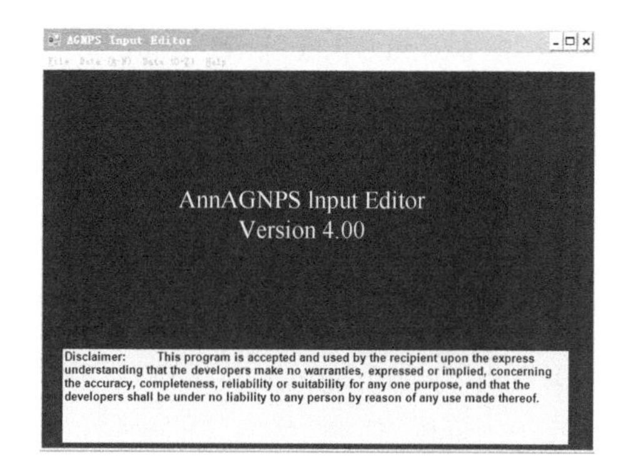

图 2-5　农业面源污染模型（AnnAGNPS）数据输入界面

表 2-6　农业面源污染模型（AnnAGNPS）输入参数

模型模块		参数的数量
File Identifer	AnnAGNPS Identifier Watershed Data	5 5
Simulation Period Data	Simulation Period Data	56
Cell Related Data	Cell Data	22
Field Related Data	Field Data Field Management Data Operations Data Operations Reference Data Contour Data Irrigation Application Data Fertilizer Application Data Pesticide Application Data Strip Corp Data	12 2 14 14 5 13 5 7 3
Reach Related Data	Reach Data Reach Geometry Coefficients Reach Nutrient Half-life Impoundment Data	27 9 3 8
Other Component Data	Feedlot Data Feedlot Management Data Gully Data Point source Data	22 9 8 6
Reference Data	Crop Data Fertilizer Reference Data Landuse Reference Data Pesticide Reference Data Runoff Curve Number Data Soil Data	36 13 7 9 6 30
Output Related Data	Global Output Specification Reach Output Specification Source Accounting Output Specification Verification Data	15 11 9 96

蚀和养分流失关系最密切的有：Simulation Period Data（模拟时段数据）、Cell Data（网格数据）、Field Data（土地利用数据）、Crop Data（作物数据）、Reach Data（集水区数据）、Soil Data（土壤数据）和 Fertilizer Application Data（化肥使用数据）。

（1）Simulation Period Data（模拟时段数据）。

Simulation Period Data 部分包含基本的气象要素、模拟起止时间、初始状态等。其中最重要的是降雨分布类型、十年一遇的降雨侵蚀力（10yr-EI）、降雨侵蚀百分比（EI Number）、Default Reach Geometry 和 CN。除了年际变异和年内变化外，自然降雨在一天内或一场降雨过程中其强度的变化也很大，一日内或一场降雨过程中的高强度降雨时段直接影响小流域径流峰值的大小和持续时间（Mishru，2004），由于每场降雨的持续时间、强度都不同，美国农业部土壤保持局将降雨分布分为四种类型，AnnAGNPS 模型研究者又增加了几种新的类型。通过对研究区两年一遇的降水量的时间分布与几种标准类型进行比较选取适当的类型。

（2）Cell Data（网格数据）。

Cell Data 包含与分室有关的各种参数共 22 项：分室编号、土壤代号、地块代号、沟边代号、水流进入沟道的位置、分室面积、坡度、平均高程、坡向和汇流时间或者薄层流、浅层流、集中流的坡长、坡度等。Cell Data 数据可由流网生成模块产生的文件 AnnAGNPS_Cell.dat 直接导入。

（3）Field Data（土地利用数据）。

Field Data 包括地块编号、土地利用类型、岩石裸露率、管理代码、相对轮作年份、P 因子、侵蚀类型等 12 项参数。

（4）Crop Data（作物数据）。

Crop Data 包括产量、不同生长期的养分吸收、需水量、根的生物量、覆盖度、冠层高度等。

（5）Reach Data（集水区数据）。

Reach Data 包括沟道比降、下一级沟道代码、末端海拔高度、底宽、顶宽、沟道长度、汇水区面积等。Reach Data 数据也可由流网生成模块产生的文件 AnnAGNPS_Reach.dat 直接导入。

（6）Soil Data（土壤数据）。

Soil Data 包含土壤类型、土壤结构分类、比重、密封层深度、土壤可侵蚀因子 K、分层厚度及其对应的有机质、氮、磷含量。

（7）Fertilizer Application Data（化肥使用数据）。

Fertilizer Application Data 包括肥料代码、单位面积使用量、施用深度等参数。

2.2 坡面地表径流磷素流失特征

2.2.1 磷素流失浓度差异

图 2-6～图 2-8 分别表示在整个监测时段内，12 次降雨产流中不同地类（荒地、次生林地、玉米地、烤烟地）下，坡面地表径流中总磷（TP）、可溶性总磷酸盐（DP）以及泥沙结合态磷（PP）浓度流失变化趋势。

表 2-7～表 2-9 分别表示在监测时段内的 12 次降雨产流中，四种地类（荒地、次生林地、玉米地、烤烟地）下，TP、DP 以及 PP 浓度流失值的基本统计量。

从图 2-6、表 2-7 所示 TP 浓度流失变化趋势中可以看出：四种地类（荒地、次生林地、玉米地、烤烟地）相比，荒地、次生林地、玉米地和烤烟地在地表径流中 TP 浓度流失值的方差分别为 0.002、0.000、0.006、0.006，标准差分别为 0.044、

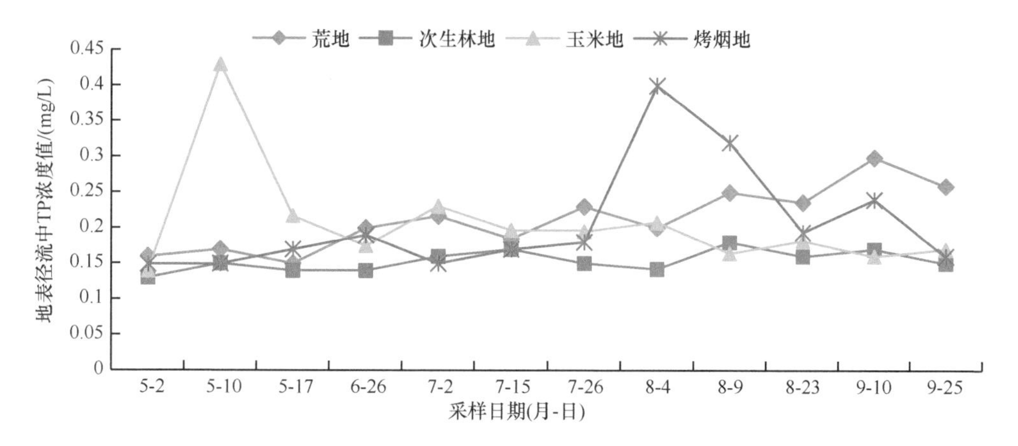

图 2-6 不同地类地表径流中 TP 浓度流失变化趋势（2008 年）

表 2-7 不同地类 TP 浓度流失值基本统计表（2008 年）

地类	样本数	最小值/（mg/L）	最大值/（mg/L）	平均值/（mg/L）	标准差	方差
荒地	12	0.15	0.30	0.21	0.044	0.002
次生林地	12	0.13	0.18	0.15	0.015	0.000
玉米地	12	0.14	0.43	0.21	0.075	0.006
烤烟地	12	0.15	0.40	0.21	0.078	0.006

0.015、0.075、0.078；表明荒地和次生林地（云南松纯林）在整个监测过程中，地表径流 TP 浓度流失变化波动较小；而玉米地和烤烟地 TP 浓度流失变化有较明显的峰值波动。

在整个监测时段内，玉米地和烤烟地的波动峰值均发生在人为栽植、施肥后的第一次降雨径流中，其中玉米地在 5 月 10 日的降雨监测中，地表径流 TP 流失浓度达到了全年的峰值 0.43mg/L，是全年平均值（0.21mg/L）的 2.05 倍；烤烟地在 8 月 4 日的降雨监测中，地表径流 TP 流失浓度达到了全年的峰值 0.40mg/L，是全年平均值（0.21mg/L）的 1.9 倍；表明在施者小流域内，人为种植及施肥活动可能是造成当地玉米地和烤烟地地表径流中 TP 浓度流失的主要因素之一。

地表径流中 TP 浓度流失基本为次生林地＜荒地＜玉米地≈烤烟地；其中，地表径流中 TP 流失浓度平均值分别为荒地（0.21mg/L）、次生林地（0.15mg/L）、玉米地（0.21mg/L）、烤烟地（0.21mg/L）。

从图 2-7、表 2-8 所示 DP 浓度流失变化趋势中可以看出：DP 的浓度流失变化趋势与 TP 的浓度流失变化趋势基本一致；李小英（2006）在对滇池流域磷素方面的研究也表明，径流中 DP 的流失变化与 TP 变化一致。

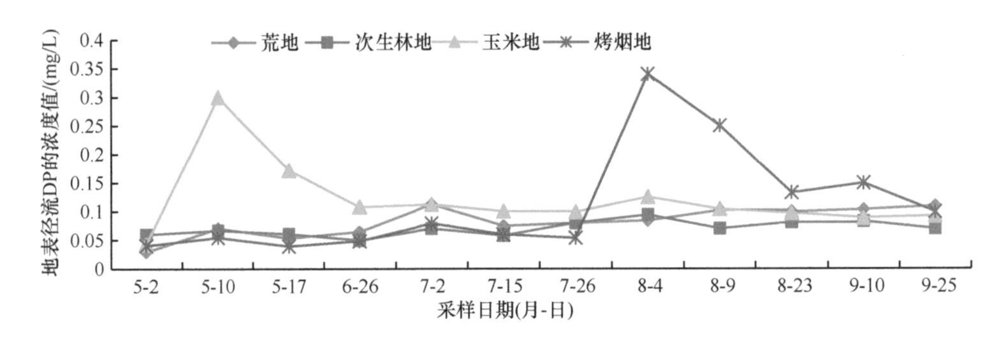

图 2-7　不同地类地表径流中 DP 浓度流失变化趋势（2008 年）

表 2-8　不同地类 DP 浓度流失值基本统计表（2008 年）

地类	样本数	最小值/（mg/L）	最大值/（mg/L）	平均值/（mg/L）	标准差	方差
荒地	12	0.03	0.11	0.08	0.025	0.001
次生林地	12	0.05	0.09	0.07	0.012	0.000
玉米地	12	0.04	0.30	0.12	0.064	0.004
烤烟地	12	0.04	0.34	0.11	0.094	0.009

在监测时段内，地表径流中 DP 浓度流失值的方差分别为荒地（0.001）、

次生林地（0.000）、玉米地（0.004）、烤烟地（0.009）；标准差分别为荒地（0.025）、次生林地（0.012）、玉米地（0.064）、烤烟地（0.094）；次生林地与荒地地表径流中 DP 的浓度流失没有较大波动，而玉米地和烤烟地则表现出一定的峰值波动趋势。

在整个监测时段内，玉米地和烤烟地的波动峰值均发生在人为栽植、施肥后的第一次降雨径流中，其中玉米地在 5 月 10 日的降雨监测中，地表径流 DP 流失浓度达到了全年的峰值 0.30mg/L，是全年平均值（0.12mg/L）的 2.5 倍；烤烟地在 8 月 4 日的降雨监测中，地表径流 DP 流失浓度达到了全年的峰值 0.34mg/L，是全年平均值（0.11mg/L）的 3.1 倍；表明人为种植及施肥活动也可能是造成当地玉米地和烤烟地地表径流中 DP 浓度流失的主要因素之一。地表径流中 DP 平均浓度流失值分别为荒地（0.08mg/L）、次生林地（0.07mg/L）、玉米地（0.12mg/L）、烤烟地（0.11mg/L），基本为次生林地＜荒地＜玉米地≈烤烟地。

从图 2-8、表 2-9 所示 PP 浓度流失变化趋势中可以看出：与图 2-6 和图 2-7 中所表现出的地表径流中 TP 和 DP 的浓度流失变化趋势基本一致相比，在整个监测时段内，四种地类（荒地、次生林地、玉米地、烤烟地）下地表径流中 PP 的流失浓度并没有表现出显著的规律趋势；PP 流失浓度方差分别为荒地（0.001）、次生林地（0.000）、玉米地（0.001）、烤烟地（0.001）；标准差分别为荒地（0.028）、次生林地（0.017）、玉米地（0.024）、烤烟地（0.029）；只是在监测后期的 8 月末至 9 月，荒地中 PP 的浓度流失要相对高于次生林地、玉米地和烤烟地。这可能是由于在作物生长后期，随着玉米地和烤烟地上植被郁闭度逐渐增大，降雨对地表土壤颗粒结构的破坏减弱，地表径流中泥沙含量下降，使得 PP 的浓度流失相对减少。

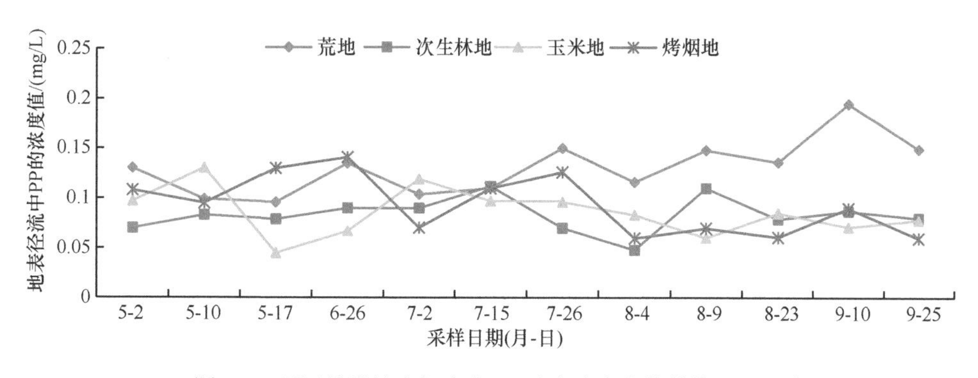

图 2-8　不同地类地表径流中 PP 浓度流失变化趋势（2008 年）

表 2-9　不同地类 PP 浓度流失值基本统计表（2008 年）

地类	样本数	最小值/（mg/L）	最大值/（mg/L）	平均值/（mg/L）	标准差	方差
荒地	12	0.10	0.20	0.13	0.028	0.001
次生林地	12	0.05	0.11	0.08	0.017	0.000
玉米地	12	0.05	0.13	0.09	0.024	0.001
烤烟地	12	0.06	0.14	0.09	0.029	0.001

地表径流中 PP 的平均浓度流失基本为次生林地＜玉米地≈烤烟地＜荒地；其中，地表径流中 PP 流失浓度平均值分别为荒地（0.13mg/L）、次生林地（0.08mg/L）、玉米地（0.09mg/L）、烤烟地（0.09mg/L）。

同时从图 2-6～图 2-8 中可以看出，在整个监测时段内，玉米地和烤烟地地表径流中 TP 和 DP 流失浓度的峰值波动均是发生在作物栽植并施肥后的 1～3 次降雨内，并在施肥后的 1～2 周内磷素流失浓度均有显著下降的趋势。

表 2-10 为玉米地施肥后的三次降雨产流后，地表径流中 TP 和 DP 的流失浓度差异。从表 2-10 中看出：在玉米地施肥过后的第一次降雨（5 月 10 日）中，地表径流中 TP 和 DP 的流失浓度均达到了全年的最大峰值（TP 为 0.43mg/L、DP 为 0.30mg/L），而在经过 1 个月后的（6 月 26 日）第三次降雨中，TP 和 DP 的流失浓度呈显著的下降趋势；其中 TP 为 0.175mg/L，与 5 月 10 日相比下降了 59.3%，DP 为 0.108mg/L，与 5 月 10 日相比下降了 64%；与 TP 的流失浓度相比，DP 的下降幅度较明显。

表 2-10　玉米地施肥后的三次降雨磷素流失浓度值（2008 年）

项目	径流中 TP 的浓度值	径流中 DP 的浓度值
5 月 10 日/（mg/L）	0.43	0.30
5 月 17 日/（mg/L）	0.217	0.172
6 月 26 日/（mg/L）	0.175	0.108
下降幅度/%	59.3	64

表 2-11 为烤烟地施肥后的三次降雨产流后，地表径流中 TP 和 DP 的流失浓度差异。从表 2-11 中也可以看出：和玉米地情况一致，烤烟地在 8 月 4 日、8 月 9 日、8 月 23 日施肥后的三次降雨中，地表径流 TP 和 DP 的流失浓度也有较显著的波动，在烤烟地施肥过后的第一次降雨（8 月 4 日）中，地表径流中 TP 和 DP 的流失浓度均达到了全年的最大峰值，其中 TP 为 0.40mg/L、DP 为 0.34mg/L；而

在经过 1～2 周后的（8 月 23 日）第三次降雨中，地表径流中 TP 和 DP 的流失浓度呈显著的下降趋势，其中 TP 下降了 51.5%、DP 下降了 60.9%。烤烟地与玉米地中 TP 流失浓度的下降幅度相比 DP 较小。这可能是由于磷肥在施入土壤后，可溶性的磷大部分会被土壤所吸附、固定，同时有效磷的含量也会迅速下降。从表 2-10 和表 2-11 可以看出，在施肥后的三次降雨中，径流中 DP 的浓度变化最为显著，TP 的递减幅度略低。这可能是因为，由玄武岩发育的红壤土对磷素的固定是比较显著的，鲁如坤和时正元（2000）对磷在土壤中有效性的衰减研究也表明，磷素在施磷后的 3h 内就会有一半以上的磷素被固定，DP 的含量会在 0～3h 内直线下降，在随后的 60 天内衰减速度渐缓。

表 2-11　烤烟地施肥后的三次降雨磷素流失浓度值（2008 年）

项目	径流中 TP 的浓度值	径流中 DP 的浓度值
8 月 4 日/（mg/L）	0.40	0.34
8 月 9 日/（mg/L）	0.32	0.25
8 月 23 日/（mg/L）	0.194	0.133
下降幅度/%	51.5	60.9

总体可知，在玉米地和烤烟地内，人为栽植及施肥等活动是造成坡面地表径流中 TP、DP 浓度流失的主要因素之一；在施肥后的第一次降雨径流中，TP、DP 的浓度值是全年平均值的 2～3 倍；相对于 TP、DP 的浓度流失变化，施肥对 PP 浓度的流失并没有表现出较高的线性关系，而植被郁闭度的增加会在一定程度上减少地表径流中 PP 的流失浓度。

在玉米地和烤烟地内，坡面地表径流中 TP 浓度流失变化趋势与 DP 浓度流失变化趋势具有一定的相似性，均在施肥后的第一次降雨径流中达到全年峰值，并在后来的 1～3 次降雨中迅速下降，表明在玉米地和烤烟地内，施肥后 1～2 周内的降雨是磷素浓度流失最大时期，也是防治磷素浓度流失最为关键的时期，这时磷素流失形态主要以 DP 的流失最为显著。因此，通过增加地表覆盖、布设等高反坡阶、布设坡面集水窖等措施来减少和收集地表径流，是防止磷素流失的方法之一。

次生林地地表径流中流失的 TP、DP、PP 浓度变化波动最小；与其他三种地类（荒地、玉米地、烤烟地）相比较，磷素流失浓度值也最小，不过并没有表现出在控制磷素浓度流失上较显著的差异（其中，TP 流失浓度次生林地为 0.15mg/L，玉米地和烤烟地为 0.21mg/L；DP 流失浓度次生林地为 0.07mg/L，荒地为 0.08mg/L；PP 流失浓度次生林地为 0.08mg/L，玉米地和烤烟地为 0.09mg/L）。

2.2.2 磷素流失形态特征

坡面地表径流中磷素的形态可分为DP和PP，即径流中的TP= DP+PP。表2-12

表2-12 不同地类下各种形态地表径流磷浓度构成

采样日期（年-月-日）	地类	不同形态磷径流浓度占TP浓度的比例/%		采样日期（年-月-日）	地类	不同形态磷径流浓度占TP浓度的比例/%	
		DP	PP			DP	PP
2008-5-2	荒地	18.8	81.2	2008-7-26	荒地	34.8	65.2
	次生林地	46.2	53.8		次生林地	53.3	46.7
	玉米地	30.7	69.3		玉米地	50.8	49.2
	烤烟地	27.5	72.5		烤烟地	30	70
2008-5-10	荒地	41.8	58.2	2008-8-4	荒地	42	58
	次生林地	44.7	55.3		次生林地	66.2	33.8
	玉米地	69.8	30.2		玉米地	60.1	39.9
	烤烟地	36.7	63.3		烤烟地	85	15
2008-5-17	荒地	36	64	2008-8-9	荒地	40.8	59.2
	次生林地	43.6	56.4		次生林地	38.9	61.1
	玉米地1	79.3	20.7		玉米地	63.4	36.6
	烤烟地	23.5	76.5		烤烟地	78.1	21.9
2008-6-26	荒地	32.5	67.5	2008-8-23	荒地	42.4	57.6
	次生林地	35.7	64.3		次生林地	53.3	46.7
	玉米地	61.7	38.3		玉米地	55.6	44.4
	烤烟地	25.8	74.2		烤烟地	68.6	31.4
2008-7-2	荒地	52	48	2008-9-10	荒地	34.8	65.2
	次生林地	43.8	56.2		次生林地	55.6	44.4
	玉米地	48.5	51.5		玉米地	54.1	45.9
	烤烟地	52.9	47.1		烤烟地	62.5	37.5
2008-7-15	荒地	40.5	59.5	2008-9-25	荒地	42.5	57.5
	次生林地	34.1	65.9		次生林地	46.7	53.3
	玉米地	50.8	49.2		玉米地	54.1	45.9
	烤烟地	35.3	64.7		烤烟地	62.5	37.5

为 12 次降雨产流后，不同地类（荒地、次生林地、玉米地、烤烟地）地表径流中 DP 浓度、PP 浓度与 TP 浓度所占的比例。

从表 2-12 中可知：在监测的 12 次降雨地表径流磷素流失中，荒地地表径流中 PP 的含量明显高于 DP 的含量，而与荒地相比，次生林地（云南松纯林）、玉米地和烤烟地均没有表现出明显的规律性。

从图 2-9～图 2-12 四种地类下地表径流磷素流失形态变化可以看出：荒地在整个监测时段内，地表径流中 PP 的含量明显高于 DP 的含量，PP 占 TP 的 61.8%；除 7 月 2 日一次降雨中，DP/TP 值（52%）略高于 PP/TP 值（48%）外，其他 11 次 DP/TP 值均远小于 PP/TP 值；其中 5 月 2 日最为突出，PP/TP 值达到 81.2%；而与荒地相比，次生林地（云南松纯林）、玉米地和烤烟地均没有表现出 PP 明显高于 DP 的趋势。

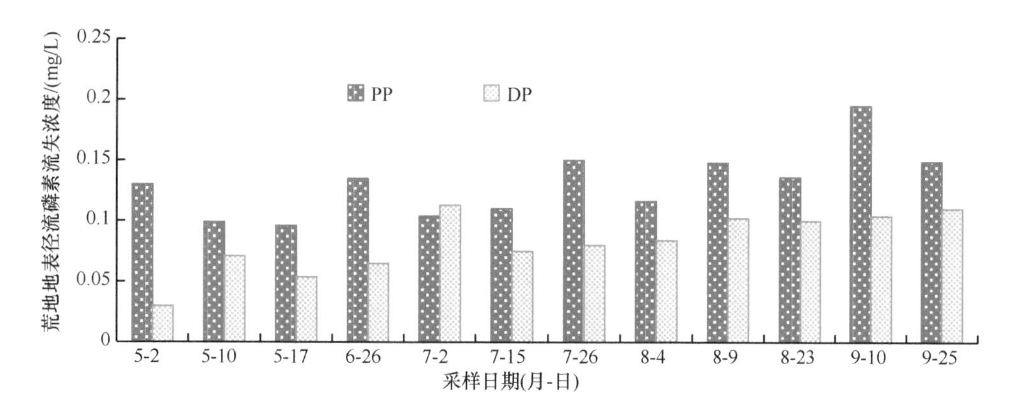

图 2-9　荒地各种形态地表径流磷浓度构成（2008 年）

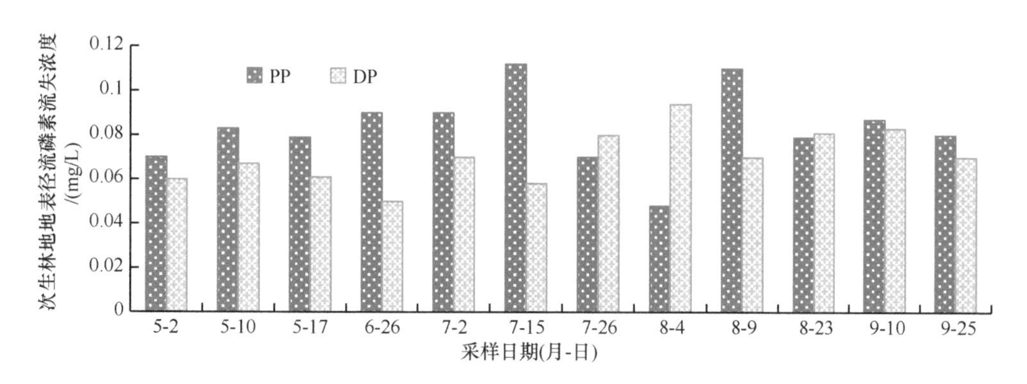

图 2-10　次生林地各种形态地表径流磷浓度构成（2008 年）

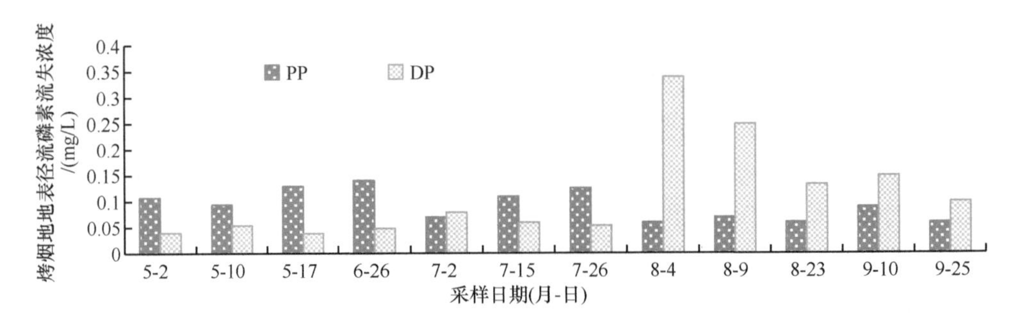

图 2-11　烤烟地各种形态地表径流磷浓度构成（2008 年）

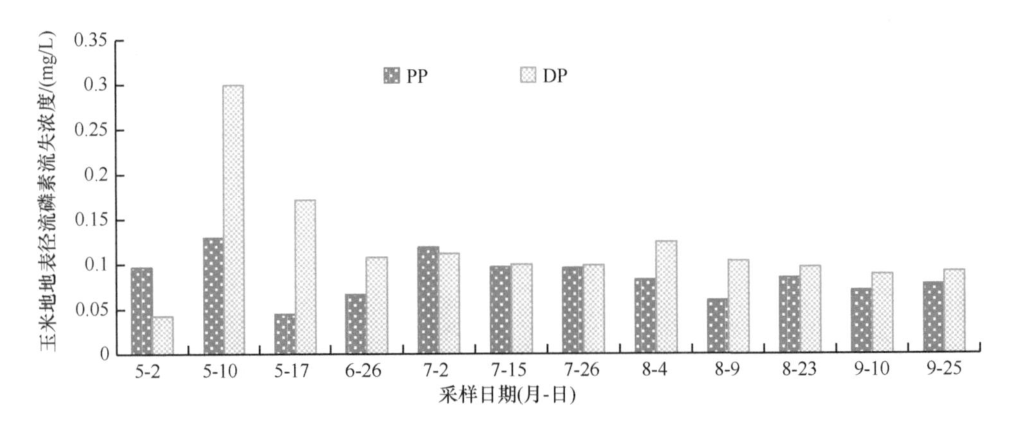

图 2-12　玉米地各种形态地表径流磷浓度构成（2008 年）

次生林地地表径流中 PP 的流失浓度总体略高于 DP 的流失浓度；而烤烟地在 8 月 4 日降雨后，DP 的流失浓度逐渐高于 PP 的流失浓度；而玉米地与次生林地恰好相反，整个监测过程中，DP 的流失浓度略高于 PP 的流失浓度。

以上结论可知，在地表径流磷素流失中，只有荒地表现出显著的 PP 流失浓度高于 DP 流失浓度的趋势，表明在荒地中磷素流失以 PP 的流失为主。而地表植被以及施肥等因素可以影响地表径流中磷素的主要流失形态。烤烟地在 8 月后表现出 DP 高于 PP 的趋势，可能是由于玉米地和烤烟地在作物的生长后期，植被郁闭度增加，以及施磷共同影响磷素流失形态的原因。

2.2.3　磷素流失量差异

图 2-13～图 2-15 分别表示了监测时段内，地表径流中 TP、DP 及 PP 的流失量变化趋势。

表 2-13～表 2-15 分别为在 12 次降雨产流中，四种地类（荒地、次生林地、玉米地、烤烟地）下地表径流 TP、DP、PP 的流失量统计值。

从图 2-13、表 2-13 地表径流中 TP 流失量变化趋势可以看出：在整个监测时段内，四种地类（荒地、次生林地、玉米地、烤烟地）地表径流中 TP 的流失量变化，次生林地地表径流 TP 流失量的变化波动最小（方差为 0.649、标准差为 0.81），荒地、玉米地、烤烟地磷素的流失量变化波动显著。

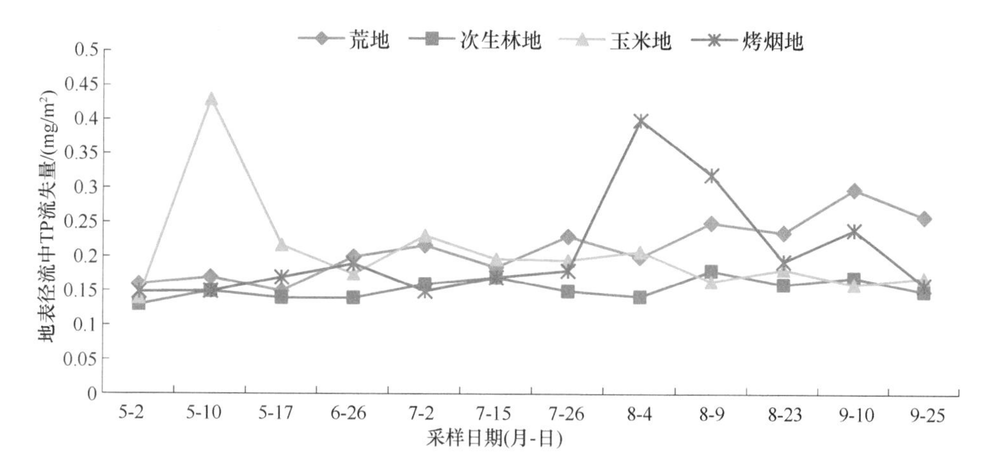

图 2-13　不同地类径流中 TP 流失量变化趋势（2008 年）

表 2-13　不同地类 TP 流失量基本统计表（2008 年）

地类	样本数	最小值/（mg/m^2）	最大值/（mg/m^2）	平均值/（mg/m^2）	标准差	方差
荒地	12	2.75	20.83	9.94	4.25	18.06
次生林地	12	1.24	4.00	1.85	0.81	0.649
玉米地	12	2.41	31.19	9.35	10.37	107.52
烤烟地	12	1.92	10.50	4.98	2.77	7.67

在整个监测时段内，玉米地和烤烟地 TP 流失量的波动峰值并没有发生在人为栽植、施肥后的第一次降雨径流中，这与 TP 浓度流失趋势并不一致；其中玉米地在 7 月 2 日和 5 月 10 日的降雨监测中，地表径流 TP 流失量达到了全年的峰值，分别为 31.19mg/m^2 和 30.96mg/m^2，分别是全年平均值（9.35mg/m^2）的 3.34 倍和 3.3 倍；烤烟地在 8 月 4 日的降雨监测中，地表径流 TP 流失量达到了全年的峰值 10.5mg/m^2，是全年平均值（4.98mg/m^2）的 2.11 倍，其中 7 月 2 日的降水量为全年最大，表明在迤者小流域内，人为种植及施肥活动是造成当地玉米地和烤

烟地地表径流中 TP 流失量的主要因素之一，但并不是唯一决定因素。这可能是降水量的增加导致径流量增大进而导致 TP 流失量增大的原因。

地表径流中 TP 流失量基本为荒地≈玉米地＞烤烟地＞次生林地；其中，地表径流中 TP 流失量的平均值分别为荒地（9.94mg/m^2）、次生林地（1.85mg/m^2）、玉米地（9.35mg/m^2）、烤烟地（4.98mg/m^2）。

图 2-14、表 2-14 表示不同地类下地表径流中 DP 的流失量变化：可以看出，玉米地和烤烟地地表径流中 DP 的流失量与 TP 的流失量的规律基本一致；在整个监测时段中，次生林地地表径流 DP 流失量的变化波动最小，方差、标准差分别为 0.143、0.378；而荒地、玉米地、烤烟地 DP 流失量变化波动显著。

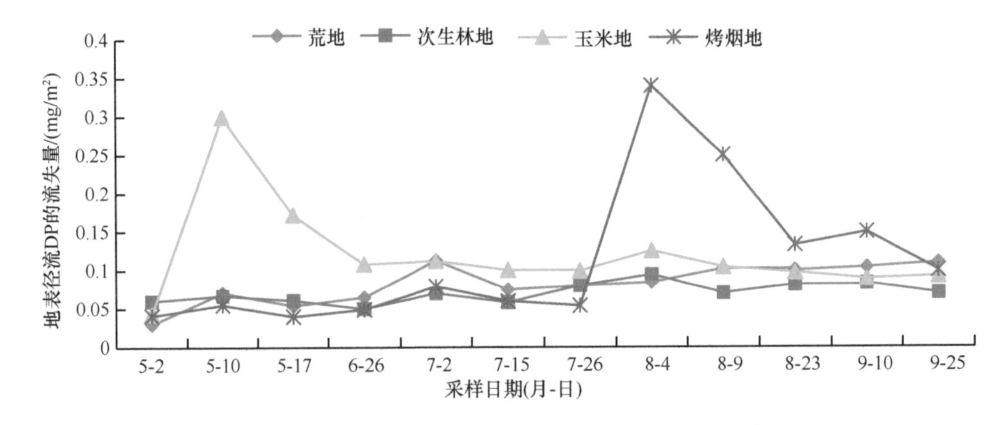

图 2-14　不同地类径流中 DP 流失量变化趋势（2008 年）

表 2-14　不同地类 DP 流失量基本统计表（2008 年）

地类	样本数	最小值/（mg/m^2）	最大值/（mg/m^2）	平均值/（mg/m^2）	标准差	方差
荒地	12	0.52	10.85	4.03	2.43	5.90
次生林地	12	0.42	1.75	0.85	0.378	0.143
玉米地	12	0.74	21.60	5.48	6.35	40.34
烤烟地	12	0.71	5.56	2.21	1.28	1.634

与地表径流 TP 流失量变化趋势一致，在整个监测时段内，玉米地和烤烟地 DP 流失量的波动峰值并没有发生在人为栽植、施肥后的第一次降雨径流中；其中玉米地在 5 月 10 日的降雨监测中，地表径流 DP 流失量达到了全年的峰值为 21.6mg/m^2，是全年平均值（5.48mg/m^2）的 3.9 倍；烤烟地在 8 月 4 日的降雨监测中，地表径流 DP 流失量达到了全年的峰值 5.56mg/m^2，是全年平均值（2.21mg/m^2）

的 2.5 倍，表明在迤者小流域内，人为种植及施肥活动是造成当地玉米地和烤烟地地表径流中 DP 流失量的主要因素之一，但并不是唯一决定因素。这与 TP 流失量的趋势一致。

地表径流中 DP 流失量平均值分别为荒地（4.03mg/m^2）、次生林地（0.85mg/m^2）、玉米地（5.48mg/m^2）、烤烟地（2.21mg/m^2），地表径流中 DP 流失量基本为次生林地＜烤烟地＜荒地＜玉米地。

从图 2-15、表 2-15 可以看出，在整个监测时段内，四种地类（荒地、次生林地、玉米地、烤烟地）下的 PP 流失量变化中，次生林地地表径流 PP 流失量的变化波动最小，方差、标准差分别为 0.226、0.48；而荒地、玉米地、烤烟地 PP 流失量变化波动显著；这与玉米地和烤烟地地表径流中 DP 的流失量、TP 的流失量规律基本一致。

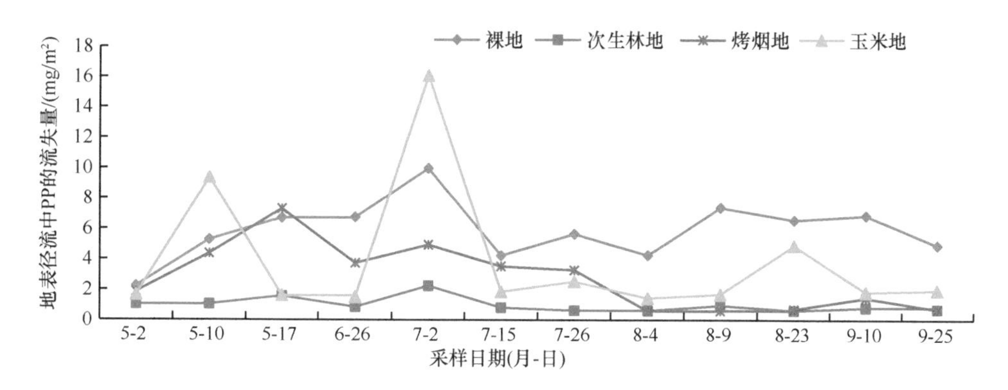

图 2-15　不同地类径流中 PP 流失量变化趋势（2008 年）

表 2-15　不同地类 PP 流失量基本统计表（2008 年）

地类	样本数	最小值/（mg/m^2）	最大值/（mg/m^2）	平均值/（mg/m^2）	标准差	方差
荒地	12	2.24	9.98	5.91	1.95	3.82
次生林地	12	0.62	2.25	0.99	0.48	0.226
玉米地	12	1.44	16.07	3.87	4.47	19.98
烤烟地	12	0.60	7.32	2.76	2.13	4.54

在整个监测时段内，玉米地在 7 月 2 日的降雨监测中，地表径流 PP 流失量达到了全年的峰值 16.07mg/m^2，是全年平均值（3.87mg/m^2）的 4.15 倍；烤烟地在 5 月 17 日的降雨监测中，地表径流 PP 流失量达到了全年的峰值 7.32mg/m^2，是全年平均值（2.76mg/m^2）的 2.65 倍。

而在整个监测时段内，地表径流中 PP 流失量基本为次生林地<烤烟地<玉米地<荒地；其中，地表径流中 PP 流失量平均值分别为荒地（5.91mg/m^2）、次生林地（0.99mg/m^2）、玉米地（3.87mg/m^2）、烤烟地（2.76mg/m^2）。

同样，从图 2-14 和图 2-15 可以看出，施肥会对坡面磷素流失量产生影响，且与坡面磷素浓度流失趋势一致。玉米地和烤烟地在监测时段内的主要流失量发生在施肥后的 1～3 次降雨径流中，且随着时间的推移 1～2 周后，流失量会迅速下降；表 2-16、表 2-17 分别为玉米地和烤烟地施肥后三次降雨的流失量。

从表 2-16 和表 2-17 中可以看出：玉米地在施肥后的三次降雨（5 月 10 日、5 月 17 日、6 月 26 日）中 TP 和 DP 的流失量有明显的波动；其中 5 月 10 日玉米地施肥过后的第一次降雨中，地表径流中 TP 和 DP 的流失量均达到峰值（TP 为 30.96mg/m^2、DP 为 21.6mg/m^2），而在第三次降雨（6 月 26 日）中，TP 和 DP 的流失量呈显著下降趋势；其中 TP 为 3.97mg/m^2，与 5 月 10 日相比下降了 87.2%，DP 为 2.45mg/m^2，与 5 月 10 日相比下降了 88.7%；与 TP 的流失量相比，DP 的下降幅度较明显。

表 2-16　玉米地施肥后的三次降雨磷素流失量（2008 年）

项目	径流中 TP 流失量	径流中 DP 流失量
5 月 10 日/（mg/m^2）	30.96	21.6
5 月 17 日/（mg/m^2）	7.75	6.14
6 月 26 日/（mg/m^2）	3.97	2.45
下降幅度/%	87.2	88.7

表 2-17　烤烟地施肥后的三次降雨磷素流失量（2008 年）

项目	径流中 TP 的流失量	径流中 DP 的流失量
8 月 4 日/（mg/m^2）	4.0	3.4
8 月 9 日/（mg/m^2）	2.87	2.24
8 月 23 日/（mg/m^2）	2.33	1.6
下降幅度/%	41.75	52.9

烤烟地施肥过后的第一次降雨（8 月 4 日）中，地表径流中 TP 和 DP 的流失量均达到峰值，其中 TP 为 4.0mg/m^2、DP 为 3.4mg/m^2；而在 8 月 23 日第三次降雨中，地表径流中 TP 和 DP 的流失量呈显著的下降趋势，其中 TP 下降了 41.75%、DP 下降了 52.9%。

与烤烟地和玉米地坡面磷素浓度流失趋势相一致；但在坡面流失量中玉米地磷素的流失量下降幅度要远远大于烤烟地磷素的流失量下降幅度，这可能是玉米地和烤烟地在种植后，相对于玉米地种植初期，烤烟地的植被郁闭度较高，而玉米地初期植被郁闭度几乎为零，导致玉米地内径流量以及产沙量均远远大于烤烟地初期，使得磷素流失初期较高，但红壤对磷素有极强的固定作用，地表径流中磷素浓度迅速下降，导致玉米地磷的流失量幅度变小。

迤者小流域四种不同地类条件下，坡面磷素流失量与磷素浓度流失规律存在一定的关系；施肥后的前三次降雨中，玉米地和烤烟地磷素流失量有较大的峰值波动；其中在玉米地施肥后的第一次降雨径流中，TP、DP 的流失量分别为 30.96mg/m^2、21.6mg/m^2，是全年平均值的 3.3 倍和 3.9 倍；其中，在烤烟地施肥后的第一次降雨径流中，DP 的流失量为 3.4mg/m^2，是全年平均值的 1.54 倍；表明磷素流失量与施肥等活动存在一定相关关系，磷素浓度流失大小是磷素流失量的重要指标之一。

在整个监测期间内，烤烟地和玉米地内磷素的流失量峰值并不是发生在施肥后的第一次降雨径流中，而是发生在降水量最大的 7 月 2 日降雨径流中，这与磷素浓度流失规律不一致，表明降水量的大小可以影响坡面地表径流中磷素流失量。四种不同地类（荒地、次生林地、玉米地、烤烟地）地表径流中，次生林地磷素流失量最小，TP、DP、PP 的流失量平均值分别为 1.85mg/m^2、0.85mg/m^2、0.99mg/m^2，分别是荒地中 TP、DP、PP 流失量的 18.6%、21.1%、16.8%。这与次生林地磷素浓度流失趋势不同，表现出在控制坡面地表径流中磷素流失量上具有显著的效果。这可能是次生林地具有相对较高的保水效益，减少了地表径流量。

在烤烟地和玉米地中，TP、DP、PP 的流失量中，烤烟地始终都小于玉米地，其中玉米地的 DP 流失量大于荒地，主要原因可能是烤烟地相对玉米地低矮的植被、较大的郁闭度在一定程度上削弱了降雨对土壤结构的破坏，减少了土壤磷素的流失。焦平金等（2009）对不同种植模式下地表径流磷素流失的研究也表明，植被覆盖度的提高可以有效地减少地表中磷素的流失。

2.3　水文条件对坡面地表径流磷素的影响

降雨既是坡地土壤水分的主要来源，同时又是养分迁移的动力所在（李裕元，2006）；在没有可控的排灌设施的农业土壤，降雨作用引起的地表径流是磷素流失的主要途径（苑韶峰和吕军，2004）。

图 2-16、图 2-17 分别为四种地类下径流量、产沙量随时间变化的趋势；可以看出：四种地类（荒地、次生林地、玉米地、烤烟地）下的径流量和产沙量在整个监测过程中均有较大的波动，并且波动的趋势与降水量的大小有正相关关系。王克勤等（2009）对不同地类下尖山河小流域面源污染物的研究以及陈奇伯等（2005）对滇西高原不同地类下产流产沙的研究都表明，不同地类下地表径流和产沙量存在巨大的差异，且降水量与产流、产沙量呈线性关系。

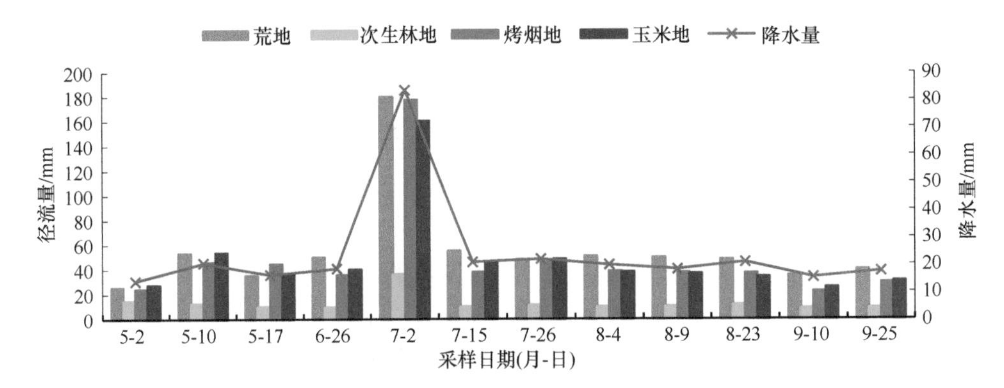

图 2-16　不同地类径流量随时间的变化（2008 年）

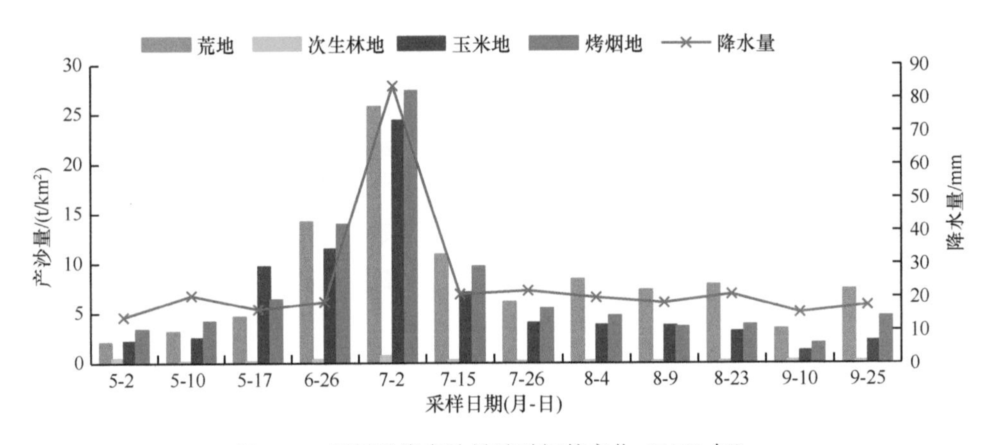

图 2-17　不同地类产沙量随时间的变化（2008 年）

对比整个监测过程中的四种地类，次生林地产生的径流量、产沙量均最小，而荒地的径流量和产沙量最大；通过 SPSS 统计软件进一步分析可以看出（表 2-18 和表 2-19）：在四种地类下，径流量、产沙量变化波动显著；在径流量上，相对于其他三种地类，次生林地在整个监测期间的径流量波动最小，径流量的平均值为次生林地（12.84mm）＜玉米地≈烤烟地＜荒地；在产沙量上，在监测期间，次生林地的产沙量波动最小，平均值为 0.29t/km^2；四种地类产沙量平均值为次生林地（0.29t/km^2）≪玉米地（6.32t/km^2）＜烤烟地（7.45t/km^2）＜荒地（8.47t/km^2）。在四种地类下，次生林地表现出相对较好的水土保持效益，这可能是由于次生林地（云南松纯林）比其他三种地类有着相对稳定的植被郁闭度，且地表的枯枝落叶层可以有效地减弱因降雨溅蚀而产生的土壤颗粒结构破坏，减少土壤侵蚀及径流量的产生。

表 2-18　不同地类径流量基本统计表（2008 年）

地类	样本数	最小值/mm	最大值/mm	平均值/mm	标准差	方差
荒地	12	25.5	180.3	56.06	40.12	1609.9
次生林地	12	8.75	36.40	12.84	7.60	57.75
玉米地	12	25.8	160.5	48.06	36.35	1321.2
烤烟地	12	22.5	177.6	48.13	41.48	1720.99

表 2-19　不同地类产沙量基本统计表（2008 年）

地类	样本数	最小值/（t/km^2）	最大值/（t/km^2）	平均值/（t/km^2）	标准差	方差
荒地	12	2.10	25.81	8.47	6.44	41.43
次生林地	12	0.15	0.77	0.29	0.18	0.03
玉米地	12	1.26	24.38	6.32	6.51	42.37
烤烟地	12	2.01	27.38	7.45	7.06	49.90

运用 SPSS 统计分析软件分别对较少人为干扰、不做任何预处理的次生林地和荒地地表径流中的三种磷素流失量（TP、DP 及 PP）与降水量、雨强、径流量、泥沙量进行了二元变量的相关性分析，分析结果见表 2-20 和表 2-21。

表 2-20　相关系数表（荒地）

指标参数	相关性参数	TP	DP	PP	降水量	雨强	径流量	产沙量
TP	相关系数	1	0.900**	0.935**	0.931**	0.413	0.838**	0.651*
	双尾显著性概率 sig.		0.000	0.000	0.000	0.182	0.001	0.022
	样本总量	12	12	12	12	12	12	12
DP	相关系数	0.900**	1	0.689*	0.844**	0.340	0.768**	0.595*
	双尾显著性概率 sig.	0.000		0.013	0.001	0.280	0.004	0.041
	样本总量	12	12	12	12	12	12	12

续表

指标参数	相关性参数	TP	DP	PP	降水量	雨强	径流量	产沙量
PP	相关系数	0.935**	0.689*	1	0.867**	0.412	0.773**	0.602*
	双尾显著性概率 sig.	0.000	0.013	.	0.000	0.183	0.003	0.038
	样本总量	12	12	12	12	12	12	12
雨量	相关系数	0.931**	0.844**	0.867**	1	0.395	0.965**	0.822**
	双尾显著性概率 sig.	0.000	0.001	0.000		0.204	0.000	0.001
	样本总量	12	12	12	12	12	12	12
雨强	相关系数	0.413	0.340	0.412	0.395	1	0.259	0.455
	双尾显著性概率 sig.	0.182	0.280	0.183	0.204		0.417	0.137
	样本总量	12	12	12	12	12	12	12
径流量	相关系数	0.838**	0.768**	0.773**	0.965**	0.259	1	0.892**
	双尾显著性概率 sig.	0.001	0.004	0.003	0.000	0.417		0.000
	样本总量	12	12	12	12	12	12	12
产沙量	相关系数	0.651*	0.595*	0.602*	0.822**	0.455	0.892**	1
	双尾显著性概率 sig.	0.022	0.041	0.038	0.001	0.137	0.000	
	样本总量	12	12	12	12	12	12	12

** 表示在显著水平为 0.01 下，有显著关系的，通常称为极显著关系；

* 表示在显著水平为 0.05 下，有显著关系的，通常称为显著关系。

表 2-21　相关系数表（次生林地）

指标参数	相关性参数	TP	DP	PP	降水量	雨强	径流量	产沙量
TP	相关系数	1	0.929**	0.955**	0.803**	0.123	0.849**	0.691*
	双尾显著性概率 sig.	.	0.000	0.000	0.002	0.703	0.000	0.013
	样本总量	12	12	12	12	12	12	12
DP	相关系数	0.929**	1	0.777**	0.719**	0.018	0.761**	0.567
	双尾显著性概率 sig.	0.000	.	0.003	0.008	0.955	0.004	0.055
	样本总量	12	12	12	12	12	12	12
PP	相关系数	0.955**	0.777**	1	0.788**	0.194	0.834**	0.720**
	双尾显著性概率 sig.	0.000	0.003	.	0.002	0.545	0.001	0.008
	样本总量	12	12	12	12	12	12	12
雨量	相关系数	0.803**	0.719**	0.788**	1	0.395	0.965**	0.822**
	双尾显著性概率 sig.	0.002	0.008	0.002	.	0.204	0.000	0.001
	样本总量	12	12	12	12	12	12	12
雨强	相关系数	0.123	0.018	0.194	0.395	1	0.259	0.455
	双尾显著性概率 sig.	0.703	0.955	0.545	0.204	.	0.417	0.137
	样本总量	12	12	12	12	12	12	12

续表

指标参数	相关性参数	TP	DP	PP	降水量	雨强	径流量	产沙量
径流量	相关系数	0.849**	0.761**	0.834**	0.965**	0.259	1	0.892**
	双尾显著性概率 sig.	0.000	0.004	0.001	0.000	0.417	.	0.000
	样本总量	12	12	12	12	12	12	12
产沙量	相关系数	0.691*	0.567	0.720**	0.822**	0.455	0.892**	1
	双尾显著性概率 sig.	0.013	0.055	0.008	0.001	0.137	0.000	.
	样本总量	12	12	12	12	12	12	12

** 表示在显著水平为 0.01 下，有显著关系的，通常称为极显著关系；

* 表示在显著水平为 0.05 下，有显著关系的，通常称为显著关系。

从表 2-20 和表 2-21 中可以看出，在有植被覆盖的次生林地和无植被覆盖的荒地内，同样的外界条件下，坡地地表径流中 TP 流失量、DP 流失量、PP 流失量与降水量、径流量、产沙量之间呈正相关关系；其中，降水量的相关关系更加显著；其中，荒地上 TP 流失量与降水量、径流量、产沙量的相关系数分别为 0.931、0.838、0.651；次生林地上 TP 流失量与降水量、径流量、产沙量的相关系数分别为 0.803、0.849、0.691；荒地上 DP 流失量与降水量、径流量、产沙量的相关系数分别为 0.844、0.768、0.595；次生林地上 DP 流失量与降水量、径流量、产沙量的相关系数分别为 0.719、0.761、0.567；荒地上 PP 流失量与降水量、径流量、产沙量的相关系数分别为 0.867、0.773、0.602；次生林地上 PP 流失量与降水量、径流量、产沙量的相关系数分别为 0.788、0.834、0.720。

2.4　施肥条件对坡面地表径流磷素流失的影响

在迤者小流域内，玉米从 5 月初种植，9 月末收获，正好经历了当地 5～10 月的整个雨季；图 2-18 和图 2-19 分别表示不同施磷措施条件下，坡地地表径流中 TP 浓度和径流中 DP 浓度随时间的变化趋势。

从图2-18中可以看出，在玉米地种植并一次性施入基肥后的第一次降雨中（即 5 月 2 日的径流中），TP 浓度值均接近全年流失浓度的最大值，其中 A 组为 0.11mg/kg，B 组为 0.34mg/kg，C 组为 0.56mg/kg，D 组为 1.35mg/kg；然后 4 组小区内的 TP 流失浓度均呈现下降趋势，特别是进入 9 月后，TP 的流失浓度趋于稳定并达到最小值。

D 组的施磷量虽然只有 C 组的一半，与 B 组施磷量相当，但是 D 组的 TP 流失浓度要远远高于其他 3 组的流失浓度，其中（在 5 月 2 日的径流中），D 组中 TP 的流失浓度是 C 组的 2.4 倍，是 B 组的 3.97 倍，这是由于 D 组有机磷和无机磷混合施用，表明在坡地内采用有机磷和无机磷混合施用的方法可以增强土壤磷素在坡地内的溶解能力，减弱土壤对磷素的固定作用。杨芳（2006）以及洪顺山和朱祖祥（1979）对不同施磷条件下旱地红壤磷素固定方面的研究也表明，有机质可以显著降低磷素的固定作用。

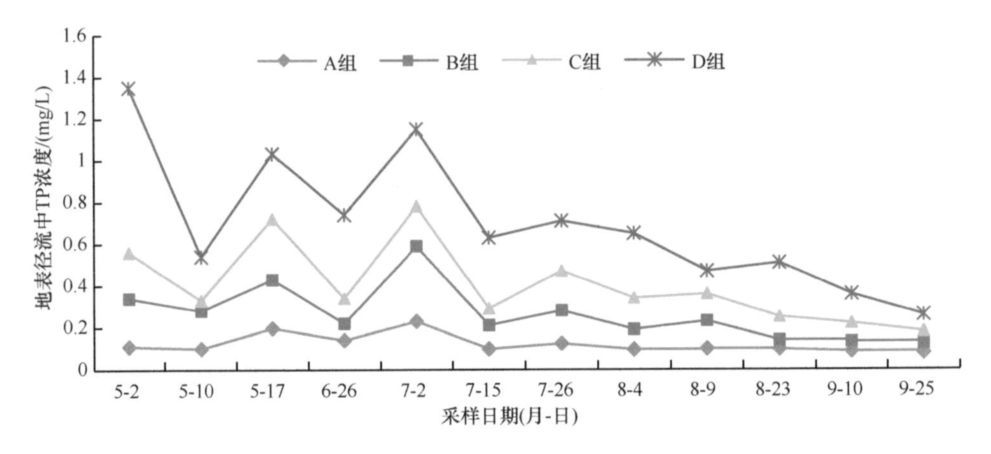

图 2-18　不同施磷条件下径流中 TP 浓度随时间的变化

从图 2-19 中也可以看出，径流中 DP 的流失浓度与图 2-18 中 TP 的流失规律基本一致；同样在玉米地种植并一次性施入基肥后的第一次降雨中（即 5 月 2 日

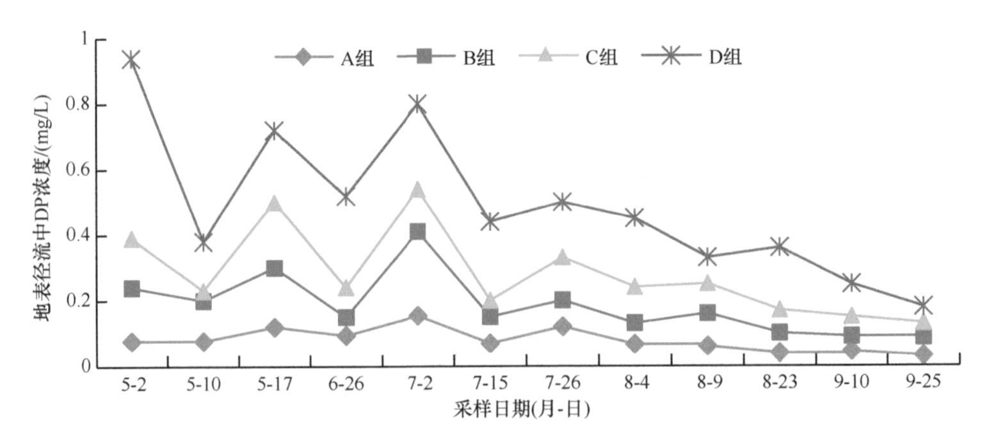

图 2-19　不同施磷条件下径流中 DP 浓度随时间的变化

的径流中)，D 组的流失浓度是其他 3 组中最大的。这就说明，在同样的施磷量下，采用有机磷与无机磷混合施用会有效地解决土壤对磷素的固定作用，会在一定程度上解决磷素当季利用率低的问题，但同样会造成迤者小流域内坡地上磷素流失潜能的增加，特别是在玉米种植的 9 月之前，即磷肥施入后的 90 天内，磷素流失的潜能增大。

从图 2-18 和图 2-19 中还可以看出，在玉米地的 5～8 月中，迤者小流域坡地内径流中的 TP 和 DT 的流失浓度与 8～9 月中的数值相比，波动幅度较大，这主要是由于玉米地受到雨季影响的结果，而到了 9 月后，一方面由于玉米植被的郁闭度逐渐增大，减少了降雨对 TP 和 DP 流失浓度的影响，另一方面也是土壤中的磷素逐渐被固定，形成难以被当季作物利用的结合态难溶性化合物的结果。同时，可以看到，迤者小流域坡地玉米地内的 TP 流失浓度在整个 5～9 月均超过了引发水体富营养化的临界值（TP 为 0.02mg/L）；并且从 A 组未施入磷肥的对照中可以看出，迤者小流域内的磷素流失背景值已经略高于引发水体富营养化的临界值，其中 A 组中 TP 流失浓度的平均值为 0.121mg/L，是国际公认引发水体富营养化临界值的 6 倍；所以，在迤者小流域内人们种植玉米地期间，每次降雨径流均有诱发附近水体富营养化的可能。

2.5　应用 AnnAGNPS 模型计算流域面源污染年负荷量

2.5.1　AnnAGNPS 模型参数准备

1. 地理参数资料

AnnAGNPS 的地理参数包括单元地理参数和河段地理参数两部分，参数的确定采用流网生成模块获得，最终将产生流域网格划分图与两个地理参数文件 AnnAGNPS_Cell.dat 和 AnnAGNPS_reach.dat。单元地理参数包括单元代码、单元土壤代码、单元土地利用代码、单元面积、单元平均高度、单元平均坡度等 22 个参数，除单元土壤代码和单元土地利用代码外，其余参数可从 AnnAGNPS_Cell.dat 中导入或由 AnnAGNPS 提供默认值，或者自动计算。河段地理参数包括河段代码、河段高程、河段坡度、河段长度、河段曼宁系数等 27 个参数，可由 AnnAGNPS_reach.dat 文件导入。地理参数确定的过程如图 2-20 所示。

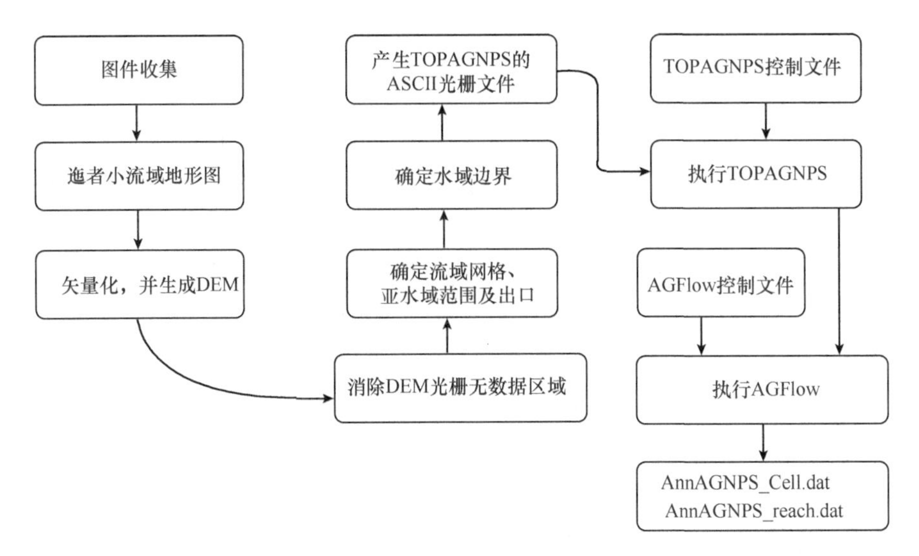

图 2-20　AnnAGNPS 地理参数确定程序

单元土壤代码和单元土地利用代码获得需将土地利用现状图和土壤类型图扫描并矢量化，经坐标校准后导入 ArcView，并分别对土地利用现状矢量图和土壤类型矢量图编辑相关属性表文件，经与流域单元网格矢量图进行均一化相交，再导出 Field_ID.txt 及 Soil_ID.txt 文件与 AnnAGNPS_Cell.dat 导入输入编辑模块生成的 celldat.tmp 文件经 Arcimpor.exe 程序运行后生成 celltem.tmp 即可得出所需数据。

经计算机处理产生的遁者小流域三维数字高程图见图 2-21。由 TopAGNPS 和 AGFlow 运行产生的非标准 ASCⅡ文件可以由 AnnAGNPS 的 VBFlonet 显示。

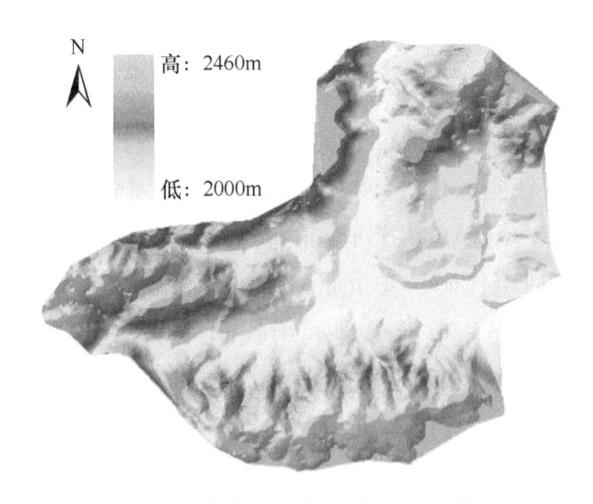

图 2-21　遁者小流域三维数字高程图

经 AGFlow 运行后，将流域范围划分为 399 个网格，产生的单元划分网络图见图 2-22。

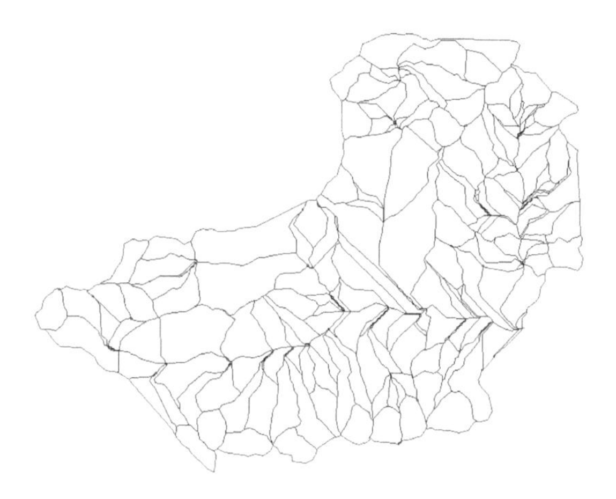

图 2-22　迤者小流域网格划分图

2. 土地利用参数资料

1）耕地

耕地面积 509.74hm^2，占总面积的 23.6%，其中水田 62.90hm^2，占耕地总面积的 12.3%，梯平地 162.46hm^2，占耕地总面积的 31.9%；坡耕地 284.38hm^2，占耕地总面积 55.8%。虽然小于 5°的耕地比重大，但多以山地小块分布，不利于规模化生产。坡耕地中零碎陡坡小块耕地所占比重较大，土地适宜性等级较差。小流域内农业人均耕地 0.19hm^2，基本农田少，人均只有 0.05hm^3。虽然牧羊河从流域东部流过，但地高水低，水资源难以利用，对山区人畜饮水和农业水利化十分不利。

2）经果林地

经果林地面积 14.62hm^2，占总面积的 0.7%；主要在村庄周围零散分布，品种以梨、李、桃为主，由于缺乏科学管理，效益不明显。

3）林地

林地面积 1425.56hm^2，占总面积的 66.0%。其中有林地 247.67hm^2，占林地面积的 17.4%，主要分布于流域西南部；灌木林 434.06hm^2，占林地面积的 30.4%，主要分布在东南部；疏幼林 743.83hm^2，占林地面积的 52.2%，主要在流域北部大面积分布。林地多为自然生长森林，由于砍伐严重，形成大量的疏林地。

4）荒山荒坡

荒山荒坡面积 154.74hm^2，占总面积的 7.2%，其中一些荒山杂草地杜绝人为破坏后能够恢复成水土保持功能较好的自然草地。

5）水域

水域面积 10.53hm^2，占总面积的 0.5%，主要是指流域内的河流资源。

6）居民及交通用地

居民及交通用地 40.95hm^2，占总面积的 1.9%。

3. 土壤资料

AnnAGNPS 的土壤参数有 30 个，部分提供了默认值。小流域内土壤有两个土类（红壤和冲积土）、三个亚类（红壤、红壤性水稻土、扇象冲积土）。各土属的性质由土属下的各土种性质按土种面积加权平均所得。各土属性质见表 2-22～表 2-24。

表 2-22　红壤

理化性质指标	平均厚度/cm	容重/(t/m^3)	有机质/%	总氮/%	速效氮/ppm	总磷/%	速效磷/ppm	pH
数值	65	1.53	1.57	0.2	125	0.17	14	6.8

注：各土属的水力渗透类别和 *K* 系数由 RULSE 查询得到。

表 2-23　红壤性水稻土

理化性质指标	平均厚度/cm	容重/(t/m^3)	有机质/%	总氮/%	速效氮/ppm	总磷/%	速效磷/ppm	pH
数值	50	1.46	1.93	0.12	117	0.29	15	6.6

注：各土属的水力渗透类别和 *K* 系数由 RULSE 查询得到。

表 2-24　扇象冲积土

理化性质指标	平均厚度/cm	容重/(t/m^3)	有机质/%	总氮/%	速效氮/ppm	总磷/%	速效磷/ppm	pH
数值	44	1.69	2.3	0.13	151	0.18	9	7.6

注：各土属的水力渗透类别和 *K* 系数由 RULSE 查询得到。

4. 农作物参考资料

迤者小流域内粮食作物主要有水稻、玉米、马铃薯、豆类，坡耕地以种植玉米为主，粮食种植面积 284.38hm^2，粮食单产 2435kg/ hm^2。基本农田以种植水稻、玉米为主，粮食单产 4500kg/hm^2。粮食总产量 975.40t。作物参数可以从 AnnAGNPS 自带的作物参数资料获得，见表 2-25 和表 2-26。

表 2-25　水稻生长的氮、磷吸收系数

项目	分蘖期	拔节期	齐蕙期	成熟期
时间	0.23	0.33	0.45	1.00
N 吸收系数	0.39	0.35	0.11	0.15
P 吸收系数	0.19	0.36	0.17	0.28

表 2-26　玉米生长的氮、磷吸收系数

项目	分蘖期	拔节期	齐蕙期	成熟期
时间	0.23	0.33	0.45	1.00
N 吸收系数	0.39	0.35	0.11	0.15
P 吸收系数	0.19	0.36	0.17	0.28

5. 化肥农药性质资料

AnnAGNPS 的化肥施用参数包括化肥的使用率，施用深度，氮、磷、有机碳的比例等。由于农药的施用种类较多，性质各异，调查统计困难。因此，本书未对农药施用进行考虑。迤者小流域各类作物化肥施用情况见表 2-27。

表 2-27　迤者小流域作物化肥施用情况（熊艳和窦晓黎，2004）

作物	产量 /（kg/hm^2）	化肥施用量折纯/（kg/hm^2）				N∶P_2O_5∶K_2O
		N	P_2O_5	K_2O	合计	
水稻	7425.0	196.5	82.5	18	297	10.92∶4.58∶1
玉米	5584.5	264	75	13.5	352.5	19.60∶5.60∶1
烤烟	186.6	186.6	142.95	295.5	625.05	0.63∶0.48∶1
土豆	13215.0	147	96	16.5	259.5	8.90∶0.39∶1
蚕豆	3867.0	30	91.5	19.5	141	1.53∶4.69∶1

6. 气候资料

AnnAGNPS 的天气资料需要每日降水量、最高温度、最低温度、露点温度、云层覆盖度、风速、风向 7 个日常气象资料，以及气象站经纬度等参数。AnnAGNPS 本身自带有气象参数的模拟模型 GEM，在区域缺乏每日的气象资料时或预测未来年的气象资料时，其用于模拟产生每日的气象资料，但该模型只适用于美国地区，当用 GEM 模拟产生气象资料时，还要有月平均云层覆盖度、月平均露点温度、月平均风速等参数。因缺乏流域的多年逐日气象参数，模拟计算所需的气象资料以当地气象站月平均气象资料为原始数据，采用模型自带的 GEM 模块生成，参数确定流程见图 2-23。

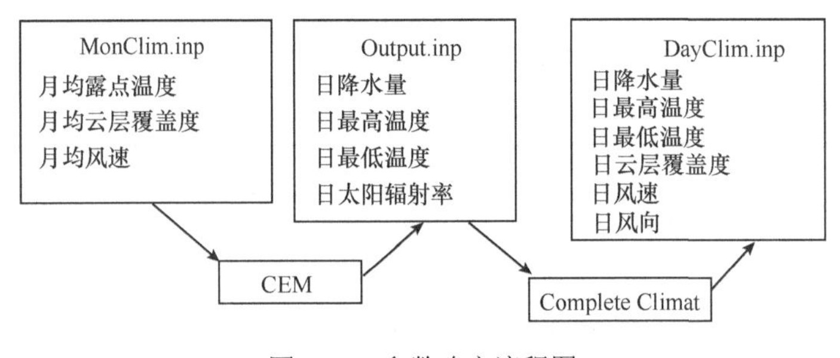

图 2-23　参数确定流程图

7. 径流曲线数资料

径流曲线数（runoff curve number，CN）是美国农业部水土保持局提出的估算降雨径流的方法 SCS 中的一个指标，其综合反映了土壤、土地利用、农业耕作方式、水利条件等因素对流域储水量的影响。按照迤者小流域的土地利用方式，参照 AnnAGNPS 的径流曲线数的参考资料确定 CN 的值，见表 2-28。

2.5.2　模拟结果分析

以上参数通过 AnnAGNPS 模型的输入编辑器（图 2-5），生成 AnnAGNPS 运行的两个输入文件 AnnAGNPS.inp 和 DayClim.inp。运行 AnnAGNPS 模拟，再经输出处理，可以得到以下模拟结果（表 2-28）。

表 2-28　径流曲线数资料

土地利用	水力类型 A	水力类型 B	水力类型 C	水力类型 D
Small Grain SR Poor	65	76	84	88
Small Grain SR Good	63	75	83	87
Fallow bare	77	86	91	94
Brush Poor	48	67	77	83
Brush Fair	35	56	70	77
Brush Good	30	48	65	73
Woods Poor	45	66	77	83
Woods Fair	36	60	73	79
Desert Shrub Fair	55	72	81	86
Residential 15% imp	68	79	86	89
Urban 85% imp	89	92	94	95
Lakes，Ponds，reservoirs	39	61	74	80

1. 污染负荷总量

经计算，迤者小流域2006年产生泥沙沉积污染物为27800.968t，其中黏粒（clay）为 7155.199t，占总量的 25.74%；粉砂（silt）为 19209.75t，占总量的 69.10%；沙粒（sand）为 1436.019t，占总量的 5.16%。各形态的泥沙沉积污染物比例见图 2-24。

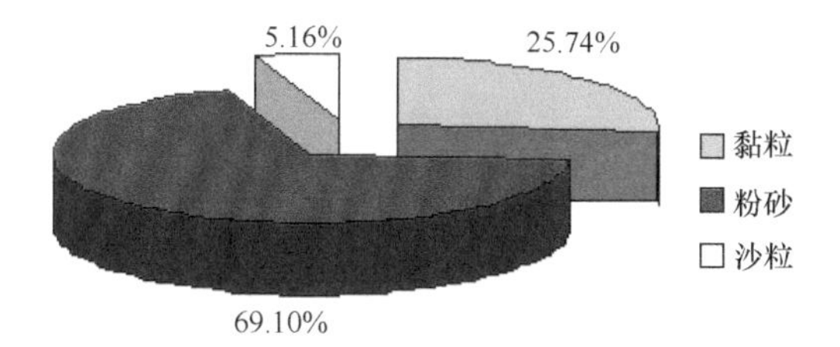

图 2-24　各形态泥沙沉积污染物比例

流域产生总氮（total nitrogen）为 18.20t，其中吸附态氮（attached nitrogen）为 13.14t，占总量的 72.20%，溶解态氮（dissolved nitrogen）为 5.06t，占总量的 27.80%，各形态的氮污染物比例见图 2-25。

产生总磷（total phosphorus）9.4t，其中吸附态磷（attached phosphorus）为 1.39t，占总量的 14.67%，溶解态磷（dissolved phosphorus）为 8.02t，占总量的 85.33%，各形态的磷污染物比例见图 2-26。

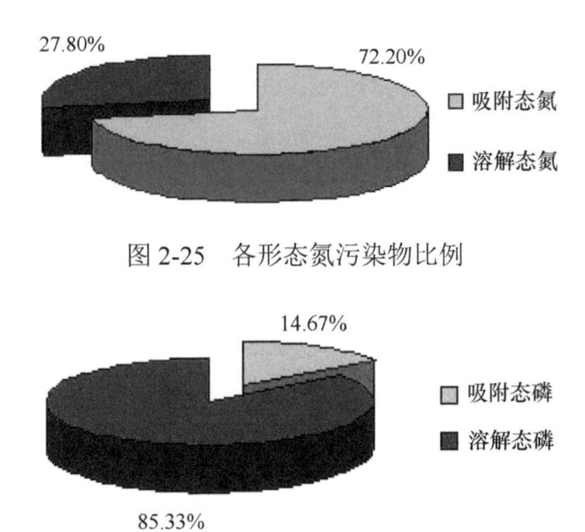

图 2-25　各形态氮污染物比例

图 2-26　各形态磷污染物比例

2. 污染负荷时间分布

根据嵩明气象局提供的 2006 年的气象资料，将模拟结果按月份进行统计，得污染负荷结果（见表 2-29）。

表 2-29　2006 年迤者小流域月份污染负荷汇总表

月份	泥沙沉积污染物/t	总氮/t	总磷/t
1	约为 0	约为 0	约为 0
2	约为 0	约为 0	约为 0
3	约为 0	约为 0	约为 0
4	约为 0	约为 0	约为 0
5	278.01	0.18	0.09
6	1946.07	1.27	0.72
7	10564.37	7.10	3.62
8	8062.28	5.09	2.80
9	5004.17	3.28	1.27
10	1668.06	0.91	0.36
11	556.02	0.34	0.18
12	约为 0	约为 0	约为 0

迤者小流域 7～9 月降水量最大，达 821mm，占全年降水量的 87%，致使 7～9 月中泥沙沉积污染物、总氮、总磷均达到最大（图 2-27～图 2-29），这表

明农业面源污染在同一年内不同季节的污染物负荷相差悬殊，汛期浓度高，负荷量大。

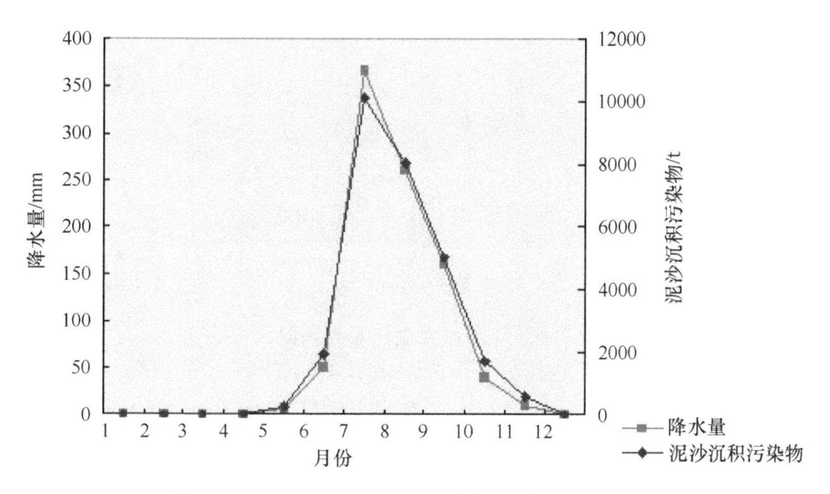

图 2-27　迤者小流域泥沙沉积污染物时间分布图

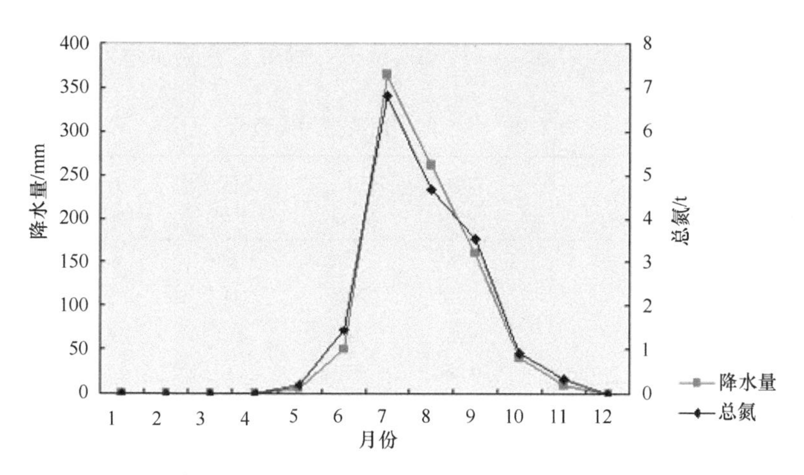

图 2-28　迤者小流域总氮污染负荷时间分布图

3. 污染负荷空间分布

由表 2-30 可见，单位面积的沉积污染物污染负荷大小依次为荒山>耕地>居民用地>园地>林地，总氮污染负荷大小依次为园地>荒山>居民用地>耕地>林地，总磷污染负荷大小依次为园地>荒山>居民用地>耕地>林地。由面源产生的沉积污染物、总氮、总磷负荷的空间分布比较近似，主要集中在坡度较大的区域。这一方

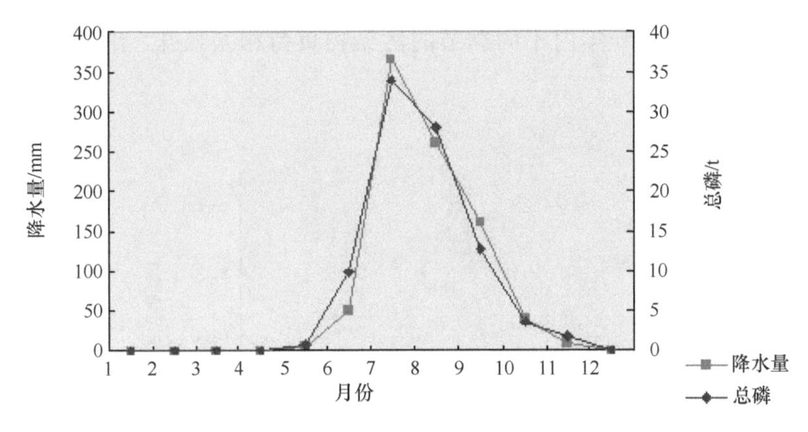

图 2-29　逛者小流域总磷污染负荷时间分布图

面表明泥沙沉积污染物与总氮、总磷负荷的产生密切相关，泥沙沉积污染物是总氮、总磷污染产生的重要载体；另一方面表明在坡度较大的地方，当降雨侵蚀发生时，雨滴到达地表，更易于分离土壤，溶解土壤中的营养物质。当降雨产生径流时，这些物质与泥沙一起进入水体。同时，主要来自于土壤的泥沙作为人类施用化肥及其他农用化合物的载体，其将大量氮、磷等营养物质带入了水体。

表 2-30　各土地利用类型污染负荷

总量	沉积污染物/(t/a)	总氮/(t/a)	总磷/(t/a)	地均	沉积污染物/[t/(hm²·a)]	总氮/[kg/(hm²·a)]	总磷/[kg/(hm²·a)]
耕地	6950.24	4.18	2.08	耕地	16.63	8.20	4.08
林地	16680.51	10.92	5.42	林地	11.7	7.67	3.80
荒山	3336.12	2.18	1.08	荒山	21.67	14.09	7.01
园地	278.01	0.36	0.18	园地	13.31	17.23	8.66
居民用地	556.02	0.55	0.27	居民用地	13.58	13.41	6.62
合计	27800.90	18.19	9.03	总平均	15.38	12.12	6.03

2.5.3　模型验证

采用 Nash-Sutcliffe 系数（Nash，1970）及相对误差来判断 AnnAGNPS 模型模拟性能度。Nash-Sutcliffe 系数计算表达为式（2-15），该系数介于 0～1，1 表明模拟结果与实测值完全吻合，数值越大则说明模拟效果越好。

$$E = \frac{\sum(x_i - x)^2 - \sum(x_i' - x_i)^2}{\sum(x_i - x)_2} \tag{2-15}$$

式中，x_i 为模拟值；x_i' 为实测值；x 为 x_i' 的平均值；$i = 1, \cdots, n$。

经计算得 E=0.81。

迤者小流域 2006 年径流总量为 673.5 万 m^3，根据实测数据，小流域出口断面的总氮、总磷平均浓度为 0.0035mg/L、0.0015mg/L，以此实测数据可计算迤者小流域产生的年总氮、总磷负荷值，见表 2-31。

表 2-31　污染负荷比较表

项目	总氮/（t/a）	总氮误差/%	总磷/（t/a）	总磷误差/%
实测	22.52	19.2	10.96	17.5
模拟	18.20		9.04	

由表 2-31 得知，总氮的模拟误差为 19.2%，总磷的模拟误差为 17.5%。总氮及总磷的污染负荷模拟量偏低，但两者误差均在 20%以内，与国外农业面源污染模拟产生的误差相近。这表明 AnnAGNPS 模型模拟的结果与实际观测的结果基本相符，相关程度较高。

2.6　讨　　论

迤者小流域地处松华坝水库上游，流域内牧羊河为松华坝水库的主要支流之一；区内 95%以上的人口从事农业生产，经济收入以种植业为主，而坡耕地又占所有耕地的一半以上，大量的人类生活生产活动，特别是坡耕地上的农业生产活动导致出现农业面源污染问题，当地居民生活水平提高的要求与水源区农业面源污染问题依然存在一些矛盾。本章在对迤者小流域坡地上四种地类（荒地、次生林地、玉米地、烤烟地）下的地表磷素流失及面源污染的年负荷量进行研究后发现，当地农业生产活动，特别是施磷活动对流域内坡耕地上的磷素流失影响显著；区内居民在施磷肥过程中，为了提高施磷效率，基本采用有机磷与无机磷混合施用的方法，这样可以在一定程度上抑制土壤中颗粒以及矿物质等对磷素的固定作用，提高施磷的当季利用率；在同等量施磷下，混合施磷对磷素的流失浓度有显著提高的影响，研究合适的混合施磷量既能够满足作物生长、磷素利用，又能够最大化减少当地坡耕地磷素流失潜能。

在遮者小流域内的四种主要地类：荒地、次生林地、玉米地和烤烟地的磷素流失上，云南松纯林次生林地在地表径流磷素流失量上相对于其他三种表现出一定的水土保持效益，在今后遮者小流域土地利用上，可以适当增加次生林地面积，减少坡面磷素流失。当地居民的玉米地和烤烟地在磷素流失浓度和流失量上与荒地并没有过多的差距，有时甚至超过荒地。当地的栽植作物从整个监测时段上看并没有表现出防止地表磷素流失的作用。在防治坡面磷素流失上，要特别注意玉米地和烤烟地在施肥后的1～2 周内的降雨径流中磷素的流失，这是坡面地表径流中磷素流失的主要时期，采用增加地表覆盖、布设反坡阶、布设坡面集水窖等水土保持措施来收集和减少地表径流，是防止磷素流失的方法之一。同时要注意对烤烟地在 8 月之前未种植时的闲置土地的综合利用，可以采用增加地表覆盖等方法减少土壤侵蚀和地表径流量的产生。

基于野外实测建立面源污染模型需要长期的动态监测资料，该区域已建立长期稳定的定位观测站，有利于更深入的研究（张超，2008）。同时，辅助进行室内模拟降雨试验或室外降雨模拟试验并对其进行验证，进行更深入的水土流失和氮磷流失复合过程研究，得到适用范围较广的氮磷流失预测模型，以校正所用 AnnAGNPS 模型涉及的参数。研究基于“长治”七期工程松华坝项目区课题遮者区域的监测数据进行分析，但仅有当年野外实测数据，其余大部分都来自相关部门，一些连续观测数据发生残缺，这样不可避免地对本书的研究结果产生影响。

本 章 小 结

选取松华坝水源区雨季中的 12 次典型降雨径流监测数据，分析了小流域内不同地类（荒地、次生林地、玉米地、烤烟地）下地表径流中磷素流失浓度和流失量的差异、径流量、产沙量与磷素流失量的关系特征以及不同施磷情况下磷素浓度流失变化规律。

（1）在整个监测时段内，四种地类（荒地、次生林地、玉米地、烤烟地）地表径流中磷素流失浓度变化规律如下：①次生林地地表径流中磷素的流失浓度值及变化波动均为最小；但与荒地、玉米地、烤烟地比较，在控制坡面地表径流磷素浓度流失上次生林地（云南松纯林）并没有体现出显著的效果（$P>0.05$）。②种植、施肥等农业活动是造成玉米地和烤烟地地表径流中 TP 浓度流失的重要因素之一。在施肥后的第一次降雨地表径流中，TP、DP 的浓度值达到全年的最大值，其中玉米地在 5 月 10 日的降雨监测中，地表径流 TP 流失浓度达到了全年的峰值

0.43mg/L，是全年平均值（0.21mg/L）的 2.05 倍；烤烟地在 8 月 4 日的降雨监测中，地表径流 TP 流失浓度达到了全年的峰值 0.40mg/L，是全年平均值（0.21mg/L）的 1.9 倍。③在玉米地和烤烟地内，施入地表土壤中的磷素在 1～2 周内会迅速被土壤吸附、固定，转变成不可溶的磷素形态。在施肥后的 1～3 次降雨径流中坡面地表磷素流失浓度均有显著下降的趋势。④相对于 TP、DP 的浓度流失变化，施肥对 PP 浓度的流失并没有表现出较高的线性关系，而植被郁闭度的增加会在一定程度上减少地表径流中 PP 的流失浓度。地表径流中 TP 和 DP 的平均流失浓度基本为次生林地＜荒地＜玉米地≈烤烟地；而 PP 的平均流失浓度基本为次生林地＜玉米地≈烤烟地＜荒地；与 TP 和 DP 的流失浓度不同，玉米地和烤烟地的 PP 流失浓度小于荒地，随着作物的生长，植被郁闭度的增加削弱了降雨对地表土壤颗粒的破坏，减少了 PP 的流失。⑤荒地地表径流磷素流失中，PP 流失浓度均高于 DP 流失浓度，PP 占 TP 的 61.8%；而次生林地、烤烟地、玉米地均没有表现出径流磷素流失中，PP 为主要流失的趋势。

（2）在整个监测时段内，四种地类（荒地、次生林地、玉米地、烤烟地）地表径流中磷素流失量变化规律为：①四种不同地类（荒地、次生林地、玉米地、烤烟地）地表径流中，次生林地磷素流失量最小，TP、DP、PP 的流失量平均值分别为 1.85mg/m^{2}、0.85mg/m^{2}、0.99mg/m^{2}，分别是荒地中 TP、DP、PP 流失量的 18.6%、21.1%、16.8%。②种植及施肥等农业活动是造成当地玉米地和烤烟地地表径流中 TP 流失量的主要因素之一，但并不是唯一决定因素；降水量的大小也是影响坡面地表径流中磷素流失量的重要因素。③在玉米地和烤烟地内，施肥后的 1～2 周内降雨径流是坡面地表磷素流失量最大时期，也是防治磷素浓度流失最为关键的时期。在烤烟地种植前期应该采取措施，减弱降雨对烤烟地地表的溅蚀作用，减少磷素流失。④地表径流中 TP 流失量平均值基本为次生林地（1.85mg/m^{2}）＜烤烟地（4.98mg/m^{2}）＜玉米地（9.35mg/m^{2}）≈荒地（9.94mg/m^{2}）；地表径流中 DP 流失量平均值基本为次生林地（0.85mg/m^{2}）＜烤烟地（2.21mg/m^{2}）＜荒地（4.03 mg/m^{2}）＜玉米地（5.48mg/m^{2}）；地表径流中泥沙结合态（PP）流失量基本为次生林地（0.99mg/m^{2}）＜烤烟地（2.76mg/m^{2}）＜玉米地（3.87mg/m^{2}）＜荒地（5.91mg/m^{2}）。

（3）不同地类地表径流量和产沙量关系为四种地类（荒地、次生林地、玉米地、烤烟地）下的径流量和产沙量与降水量有正相关关系；四种地类产沙量平均值为次生林地（0.29t/km^{2}）≪玉米地（6.32t/km^{2}）＜烤烟地（7.45t/km^{2}）＜荒地（8.47t/km^{2}）；坡面地表径流磷素流失与径流量、产沙量及降水量的关系为在有植被覆盖的次生林地和无植被覆盖的荒地内，在同样的外界条件下，坡地地表径流中 TP 流失量、DP 流失量、PP 流失量与降水量、径流量、产沙量之间有显著的正相关关系；其中，降水量的相关关系极显著（$P<0.05$）。

（4）施磷会对坡面磷素地表径流中 TP 和 DP 的流失浓度产生影响，TP 浓度值、DP 浓度值均接近全年流失浓度的最大值；其中 A 组为 0.11mg/L，B 组为 0.34mg/L，C 组为 0.56mg/L，D 组为 1.35mg/L；随后流失浓度值迅速下降，特别是进入 9 月后，TP 的流失浓度趋于稳定并达到最小值。坡地内采用有机磷和无机磷混合施用的方法，可以增强土壤磷素在坡地内的溶解能力，减弱土壤对磷素的固定作用。在同样的施磷量下，采用有机磷与无机磷混合施用的方法，会有效地解决土壤对磷素的固定作用，会在一定程度上解决磷素当季利用率低的问题，但同样会造成迤者小流域内坡地上磷素流失潜能的增加，特别是在玉米种植的 9 月之前，即磷肥施入后的 90 天内，磷素流失的潜能增大。

（5）基于 AnnAGNPS 模型模拟计算流域面源污染年负荷量可知：①采用 AnnAGNPS 模型模拟迤者小流域的总氮、总磷，所得总氮的模拟误差为 19.2%，总磷的模拟误差为 17.5%。其中，总氮及总磷的污染负荷模拟量偏低，但两者误差均在 20%以内，与国外农业面源污染模拟产生的误差相近，表明 AnnAGNPS 模型模拟的结果与实际观测的结果基本相符，相关程度较高。AnnAGNPS 模型在迤者小流域的应用基本可行，能较好地模拟出迤者小流域的面源污染负荷，所得的模拟结果能较好地反映流域的面源污染情况。②经模拟计算，迤者小流域 2006 年产生泥沙沉积污染物为 27800.968t，其中黏粒为 7155.199t，占总量的 25.74%；粉砂为 19209.75t，占总量的 69.10%；沙粒为 1436.019t，占总量的 5.16%。流域产生总氮为 18.20t，其中吸附态氮为 13.14t，占总量的 72.20%，溶解态氮为 5.06t，占总量的 27.80%。流域产生总磷 9.4t，其中吸附态磷为 1.33t，占总量的 14.67%，溶解态磷为 7.71t，占总量的 85.33%。③由模拟结果得知，农业面源污染与降水量密切相关，迤者小流域 7～9 月降水量最大，达 821mm，占全年降水量的 87%，致使 7～9 月中泥沙沉积污染物、总氮、总磷、有机碳污染物均达到最大，这表明农业面源污染在同一年内不同季节的污染物负荷相差悬殊，汛期浓度高，负荷量大。④经统计流域各土地利用的面源污染负荷可得，迤者小流域单位面积的沉积污染物污染负荷大小依次为荒山>耕地>居民用地>园地>林地，总氮污染负荷大小依次为园地>荒山>居民用地>耕地>林地，总磷污染负荷大小依次为园地>荒山>居民用地>耕地>林地。迤者小流域面源污染产生的沉积污染物、总氮、总磷负荷的空间分布比较近似，主要集中在坡度较大的区域。

第 3 章　抚仙湖尖山河流域典型地类坡面地表径流氮、磷输出规律

抚仙湖的主要污染来自地表径流和生活污水构成的面源污染（陈源高等，2004）。山地开垦和磷矿开采引起森林植被的严重破坏和大面积水土流失，径流区内林地覆盖率仅为27.1%，荒山、荒地和坡耕地面积占55%，水土流失中度侵蚀面积达 $64.9km^2$，每年流失入湖的泥沙约 346000t。加上滨湖平坝区高强度的农作和大量施用化肥农药，以及居民生活污水和垃圾污染，径流区每年输入抚仙湖的氮、磷污染负荷分别达到 338.3t 和 43.7t，这是引起抚仙湖富营养化加速发展的根本原因（李荫玺等，2003）。尖山河是抚仙湖的一条入湖河流，入湖河流的外源污染对受纳湖泊的水质有直接影响（金相灿等，2007）。研究表明，抚仙湖的主要污染来自地表径流和生活污水构成的面源污染，其总氮、总磷分别占全流域陆源总氮、总磷污染负荷的 99%和 98%，而且主要经北岸和南岸河流输入湖泊（侯长定等，2004）。土地利用/覆被变化（land use/cover change，LUCC）对区域生态环境的影响是目前土地利用变化研究的热点之一。研究 LUCC 对流域尺度上的元素输移过程及其通量的影响并定量评估其生态环境效应，提出与国家可持续发展目标相协调的土地利用调控策略具有重要意义（郭旭东等，1999），而其影响最主要表现在不同土地利用方式下营养盐随地表径流的迁移（李俊然等，2000）。LUCC 对元素（尤其是营养元素）输移影响最主要的途径是非点源污染（梁涛等，2002）。小流域往往是一些河流的源头，小流域的水土流失不仅会产生河道淤塞，而且径流和泥沙挟带的养分元素往往造成河流、湖泊富营养化、水质退化等（袁东海等，2003a），因此控制小流域面源污染输出具有重要意义。本章主要通过观测尖山河流域不同土地类型自然降雨条件下，地表径流、泥沙非点源污染物的输出规律，找出此流域的最佳土地利用方式，为此流域的生态恢复工作提供基础资料。

3.1 试验设计与研究方法

3.1.1 试验地的选取与坡面小区布置

试验地选在澄江尖山河流域，基本概况见 1.5.4 节。

径流小区的选定和设置遵守：①在试验区的植被、土壤、坡度及水土流失等应有代表性，使其试验所得的结论具有一定的推广意义；②在天然条件下，布置各种观测设备；③其面积一般满足研究单项水文因素和对比需要这几条原则。经过踏查，根据不同的土地利用方式共布设四个水平投影面积为 5m×20m 的径流小区，分别建在农地、灌草丛、人工桉树林和云南松天然次生林四种地类上。

地表径流与坡面侵蚀产沙采用小区定位观测方法。小区的选择应遵循在措施类型上具典型性、地貌类型和部位上具代表性、同一小区内部又具相似性、小区尺寸具规范性等原则。

经过踏查，根据项目区自然环境条件及当地农业种植情况，并结合科研目的，选取在流域出口附近一块坡度均匀、干扰较小的坡地设置径流小区，尺寸为水平投影面积 5m×20m。小区观测期为 2007 年 5 月～2009 年 12 月，观测时段为每年雨季 5～10 月。

小区顺坡设置，垂直投影宽 5m 和长 20m。小区用 24cm 单砖隔开，小区上方设排水渠，以防上方来水进入小区。在小区整修过程中，要尽量保持小区内的原始状态，埋设隔砖时把沟槽内挖出的土堆在小区外侧，内外侧填土时要填实，以防小区内流失的土壤和径流进入。小区下方用水泥抹面修筑集流槽，使径流和泥沙通过集流槽汇入集流池，集流池 1m×1m×1m 见方。径流泥沙采用四分法观测，3/4 排出径流池外，1/4 在径流池进行径流量算和泥沙取样。小区左右两边留出至少 1m 的小区保护带（图 3-1）。小区建成后，对小区内的植被、土壤及小区所在位置的地貌部位等自然情况进行调查。

在径流小区附近设置简易雨量观测站，安装 1 台自记雨量计和 1 只雨量筒，与小区泥沙、径流同步观测。每次产流后，测定集流池水面深度，计算产流量。泥沙观测在每次产流后取样，取样方法是把集流槽中的浑水搅匀后，取满 3 个标准取样容器，用于测定泥沙含量。

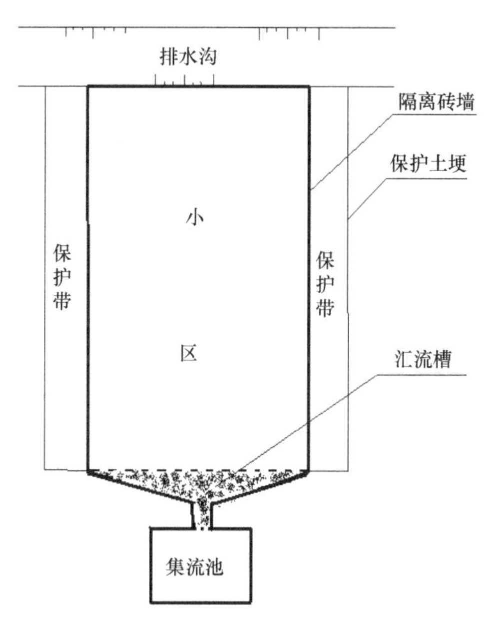

图 3-1 径流小区设置示意图

在小区四周用水泥砖块围埂，埋入地表下 15cm，地表外露 10cm，径流小区上方挖截水沟，以防客水侵入。在小区的下端分别建了量水建筑物，其中有径流积水池容积 $1m^3$，并配置安装了自记水位计。在径流小区的汇流槽处采用混凝土和铁板，防止下渗，并采用 1/4 分流法，在小区的围埂外分别留了 0.5m 宽的保护带，并用铁丝圈着，以防人畜进去破坏（农地除外，农地依然进行日常的耕作）。径流小区内的主要植物有紫茎泽兰（*Eupatorium adenophorum* Spreng）、扭黄茅[*Heteropogon contortus* （L.） Beauv. ex Roem. & Schult]、鬼针草（*Bidens pilosa* Linn. ）、云南松（*Pinus yunnaneneis* Franch）、桉树（*Eucalyptus globulus* Labill）、旱冬瓜（*Alnus nepalensis* D.Don.）等。径流小区区域特征见表 3-1。

表 3-1 径流小区区域特征

小区名称	坡位	坡度/（°）	坡向	土壤类型	主要植物种	海拔/m	盖度/%
灌草丛	坡中下部	20.84	南北向	红紫壤	紫茎泽兰、扭黄茅、鬼针草等	1790	95
人工林	坡中下部	18.58	南北向	红紫壤	云南松、桉树、紫茎泽兰等	1788	65
次生林	坡中下部	24.62	东西向	红紫壤	云南松、旱冬瓜、紫茎泽兰等	1787	90
农地	坡中下部	18.58	南北向	红紫壤	种植烟草	1773	

3.1.2 试验样品采集与数据观测

1. 降水量测定

在径流小区的附近安置自记雨量计（型号：JDZ-1，重庆水文仪器厂）一个，采用自记雨量计和雨量筒对2007～2009年项目区的降水量进行观测。

2. 坡面径流、泥沙的观测

每次降雨后立即测出沉沙池的泥水总量，搅匀水池中的泥沙，并取一定体积水样，重复取样3次，取完样后放出沉沙池的泥水。所取水样带回实验室称重，经澄清后收集泥沙置于固定的烧杯内，测泥沙的比重。根据沉沙池内的泥水总量、泥沙样品比重，得出小区的径流量和泥沙量。

3. 污染物分析

每次降雨过后取径流样500mL，在4℃条件下保存并于24h内测定其中的总氮、总磷、氨氮、化学需氧量（COD）等值。在径流小区周围挖掘土壤剖面取表层20cm土样，并将其带回实验室进行土壤污染物背景值的测定。取径流小区内沉沙池中的泥沙，自然风干后测定其中的污染物含量。

4. 泥沙和土壤养分的测定

每次降雨产流后，通过径流小区的集水池（1m×1m×1m）收集池内的径流而得到径流泥沙样品，进行风干后取样。

pH采用电位法测定；土壤有机质采用重铬酸钾容量法测定；土壤含水量采用烘干法测定；土壤总氮采用凯氏蒸馏法测定；水解氮采用凯氏蒸馏法测定；总磷采用浓硫酸-高氯酸消化，抗坏血酸还原比色法测定（分光光度计型号：721，上海精密科学仪器有限公司）；速效磷根据土壤的pH，采用盐酸–氟化铵提取剂提取土壤中的速效磷，然后用氯化亚锡还原比色测定；中性及石灰性土壤用碳酸氢钠浸提，钼锑抗混合显色剂还原比色测定（分光光度计型号：721，上海精密科学仪器有限公司）；速效钾采用中性醋酸铵浸提，火焰光度计测定（型号：6400A型火焰光度计，山东高密彩虹分析仪器有限公司）。

5. 径流采样及养分测定

每次降雨过后取径流样 500mL，在 4℃条件下保存并于 24h 内测定其中的总氮、总磷、氨氮、硝态氮、磷酸根含量、COD 等。

COD 采用水样与 HACH 试剂在 HACH-COD 加热器中加热，用 HACH2010 测定；总氮采用碱性过硫酸钾消解，用紫外分光光度法（GB 11894-89）测定（分光光度计型号：721，上海精密科学仪器有限公司）；总磷采用过硫酸钾消解，抗坏血酸和钼酸铵发色后用紫外分光光度法（GB 11894-89）测定（分光光度计型号：721，上海精密科学仪器有限公司）；氨氮采用纳氏试剂比色法（GB 7479-87）测定（分光光度计型号：721，上海精密科学仪器有限公司）。

3.2　降雨及典型地类坡面的产流产沙特征

3.2.1　降雨特征

1. 降雨的日变化及月变化特征

2007～2009 年试验期间日降水量分布见图 3-2。2007 年试验区降水总量为 887.3mm，2008 年降水总量为 923.3mm，与多年平均降水量 1050mm 相比，均属于平水年。2009 年尖山河流域共有 96 天降雨，年降水量仅为 577.1mm，远低于多年平均降水量（1050mm），属于 50 年一遇的特大干旱年。2007 年试验区共降雨 99 次，降水总量为 887.3mm，2007 年最大日降水量为 55.8mm（2007 年 8 月 11 日），占全年总降水量的 6.29%，其次为 7 月 19 日降水量为 50.5mm，占全年降水量的 5.69%，2007 年 5～9 月降水量为 692.1mm，占全年降水量的 78.0%。从表 3-2 中可以看出，2007 年 8 月降水量最大，为 224.6mm，占 2007 年降水总量的 25.3%。

2008 年尖山河流域共有 124 天降雨，年降水量为 923.3mm，其中日降雨最大是 7 月 2 日，降水量为 53.2mm。2008 年超过 50mm 降雨有 2 次，分别是 2008 年 7 月 2 日和 11 月 1～2 日，降水量分别为 53.2mm、50.3mm，各占 2008 年总降水量的 5.76%、5.45%，2008 年 5～9 月降水量为 677.1mm，占全年降水总量的 73.3%。2008 年 7 月降水量最大，为 220.2mm，占 2008 年总水量的 23.8%，而 8 月降雨偏少，仅 108.0mm，居全年第四。

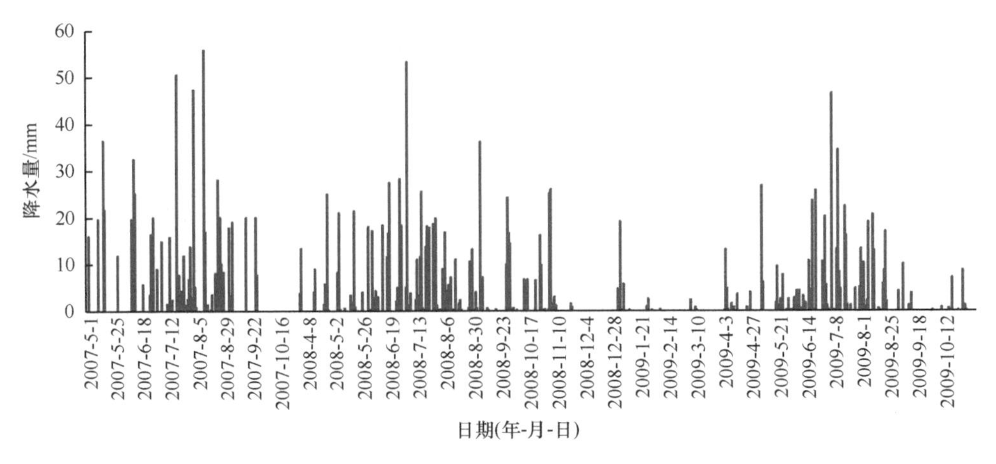

图 3-2　尖山河流域试验期日降水量

表 3-2　2007～2009 年月降水量和降雨天数分布

年份	项目	月份												合计
		1	2	3	4	5	6	7	8	9	10	11	12	
2007	降水量/mm	21.6	24.9	0.0	58.9	105.8	122.8	146.5	224.6	92.4	47.7	41.7	0.4	887.3
	降雨天数/天	8	12	0	9	7	7	15	19	9	7	5	1	99
2008	降水量/mm	14.6	16.4	12.4	64.8	80.0	155.1	220.2	108.0	113.8	54.6	59.6	23.8	923.3
	降雨天数/天	5	10	5	9	11	12	21	21	11	9	8	2	124
2009	降水量/mm	10	0.4	16.8	16	68	161.8	159.4	82.3	5.2	19.4	19.1	18.7	577.1
	降雨天数/天	6	1	5	7	15	17	19	10	3	8	2	3	96
平均	降水量/mm	15.4	13.9	9.7	46.6	84.6	146.6	175.4	138.3	70.5	40.6	40.1	14.3	795.9

2009 年降雨主要集中在 5～8 月，降水量为 471.5mm，占全年降水量的 81.7%，较往年所占降雨平均比例较大。其中日降水最大的是 6 月 30 日，降水量为 46.6mm，历时 21h18min，降雨强度很小，为 2.19mm/h。

综上，各月降水量分布基本走势相当，且降雨主要集中在 5～9 月（表 3-2）。

2. 降雨类型分布与降雨频度

表 3-3 为 2009 年降雨类型分布和发生的频度。从表 3-3 中可以看出，日降水量为 0.1～1mm 的降雨发生 39 次，发生频度为全年最高，但降水量占全年的比例为 2.65%，为全年最低；日降水量为 1～10mm 的降雨发生 38 次，发生频度为 38.38%，降水量占全年的比例为 25.88%。10～20mm、20～30mm、>30mm 的降

雨发生次数逐渐减少，大于 10mm 的降雨频度仅有 22.22%，但降水量占全年的比例为 71.47%，为 2009 年降雨发生的主要类型。根据对多年现场观测资料的分析和对已有资料的分析（张玉珍，2003；王少平，2001），单场降雨低于 10mm 基本不会产生地表径流，以此为依据计算得出该流域的年均产流日数在 22 天左右。

表 3-3　2009 年降雨类型分布和发生的频度

降雨类型	降雨次数/次	降雨频度/%	降水量/mm	占全年的比例/%
0.1～1mm	39	39.40	16.6	2.65
1～10mm	38	38.38	162.4	25.88
10～20mm	12	12.12	167.6	26.71
20～30mm	7	7.07	163.6	26.08
>30mm	3	3.03	117.2	18.68
合计	99	100	627.4	100

3. 降雨侵蚀力因子 R 值

降雨侵蚀力因子 R 是表征降雨侵蚀力的综合指标，按照美国通用土壤流失方程，降雨侵蚀力因子 R 值能够很好地反映降雨侵蚀程度。其方程表达如下（张玉珍，2003）：

$$R=-1.5527+0.1792P_i$$

式中，R 为年降雨侵蚀力指标；P_i 为各月降水总量，mm。

试验区内各微型小区的坡度、坡向、土壤条件基本一致，在同等条件下，降雨特征是径流和泥沙产生量大小的决定因素（王克勤等，2009）。根据上式计算出降雨侵蚀力，得到表 3-4。从表 3-4 中可以看出，该流域 2009 年降雨侵蚀力因子 R 值为 98.38，6～9 月降雨侵蚀力最高，特别是在 6 月，它的侵蚀力比 8 月要高出 2 倍以上。降雨侵蚀力越高该月份产生地表径流、发生土壤侵蚀的概率越大，以便研究其径流量、泥沙流失量。

表 3-4　2009 年澄江尖山河流域降雨侵蚀力因子 R 分布

月份	1	2	3	4	5	6	7	8	9	10	11	12	总计
R 值	0.24	0	1.46	1.31	8.84	27.44	27.05	11.46	18.84	1.74	0	0	98.38
百分比/%	0.24	0	1.48	1.33	8.99	27.89	27.50	11.65	19.15	1.77	0	0	100
降水量	10	0.4	16.8	16	58	161.8	159.6	72.6	113.8	18.4	0	0	627.4

3.2.2 地表产流量

土壤表层溶质随地表径流的迁移是一个十分复杂的过程，其受到众多因素的影响，但是直接决定因素是化学元素、土体和水三者。其中水是土壤溶质的溶剂和载体，也是溶质随地表迁移的驱动者。它不仅使土壤溶质随径流水迁移，而且使溶质随侵蚀而迁移。因此，水的迁移过程制约和决定着土壤溶质的迁移过程，坡面降雨－入渗－径流过程，就是土壤溶质溶解、随入渗水和径流水迁移的过程，在降雨过程中，降雨初期的雨滴打击作用使土壤表层溶质与雨水混合，当土壤入渗能力大于雨强时，雨水全部入渗，土壤表层部分溶质随入渗水向下层迁移，而迁移量多少取决于溶质本身的化学性质，如土壤吸附性、水溶解性和流动性等。这样表层土壤溶质含量逐渐减少。随着降水量的增加，土壤表层含水率逐渐增大，土壤入渗能力逐步下降，入渗率等于或小于雨强，地表开始积水，并随之产生地表径流，同时也可能产生土壤侵蚀。植被的介入改变了降雨的地表水文过程，大大减少了径流量和泥沙量，并且不同植被类型的保水保土效益各不相同。

从表 3-5 中可以看到，在相同的降水量条件下，灌草丛和次生林都有较好的调节径流作用。2006 年农地总的产流量是人工林的 1.60 倍，分别是次生林和灌草丛的 12.45 倍和 5.52 倍；项目区 4 个坡面径流小区 2007 年 5～10 月共 32 场产流降雨的特征值统计结果如下：农地产生 32 场，人工林 26 场，灌草丛 24 场，次生林 24 场。观测结果显示，2007 年 5～10 月 32 场共计 494.2mm 产流降雨，各径流场产流量分别为：农地 318.16mm、人工林 59.84mm、灌草丛 12.848mm、次生林 16.18mm，农地的产流量最多，灌草丛产流量最少。灌草丛和次生林比农地多涵养水分 305.312mm 和 301.98mm，比人工林多涵养水分 46.992mm 和 43.66mm。

表 3-5 2006～2007 年不同地类产流量

日期（年-月-日）	降水量/mm	产流量/cm			
		农地	人工林	次生林	灌草丛
2006-7-9	48.0	28.00	24.00	2.80	4.76
2006-7-13	52.4	41.20	20.00	1.56	7.20
2006-7-17	15.8	4.00	2.76	0.40	1.52
2006-9-6	24.5	2.20	2.00	0.80	0.40
2006-9-20	27.6	3.80	1.20	0.80	0.48
2007-5-30	11.9	7.2	0.4	0.32	0.24

续表

日期（年-月-日）	降水量/mm	产流量/cm			
		农地	人工林	次生林	灌草丛
2007-6-10	19.6	17.2	0.8	0.6	0.4
2007-6-11	32.4	19.6	3.2	1.2	0.4
2007-6-12	25.2	12	1.2	0	0.32
2007-6-26	3.5	0.8	0.04	0	0
2007-6-27	16.4	9.2	0.8	0.8	0.32
2007-6-28	20.0	29	2.8	0.8	0.4
2007-7-2	9.0	4.8	0.2	0.04	0.08
2007-7-6	14.9	13.2	0.8	0.36	0.32
2007-7-13	15.8	8.4	0.4	0.12	0.2
2007-7-16	2.4	1.2	0	0	0
2007-7-19	50.5	15.2	4	1.68	1.6
2007-7-23	4.2	0.8	0	0	0
2007-7-26	11.9	2.8	0.8	0.4	0
2007-7-28	6.8	0.2	0	0	0
2007-7-31	13.8	0.6	1.8	1.2	0.4
2007-8-1	3.0	0.4	0	0.8	0.6
2007-8-3	47.3	32.6	7.2	1.6	1.8
2007-8-4	5.2	1.2	0.4	0	0
2007-8-5	0.9	0.2	0	0	0
2007-8-12	55.8	54	11.2	2	2.6
2007-8-13	16.9	10.4	1.8	0.6	0.72
2007-8-19	3.5	0.16	0	0	0
2007-8-21	8.1	2	0.8	0.06	0.08
2007-8-25	10.9	24	6	1.2	0.8
2007-8-26	20.0	10	3.6	0.6	0.32
2007-8-27	10.1	17.2	6.8	0.6	0.4
2007-8-28	3.5	2.8	0.6	0.2	0.02
2007-8-29	8.4	3.2	0.8	0.04	0.008
2007-9-3	3.3	1.8	0.2	0.04	0.02
2007-9-4	19.0	14	1.6	0.6	0.4
2007-9-25	20.0	2	1.6	0.32	0.4

2008 年 5～9 月共统计了 18 场产流降雨（日降水量≥10mm）的特征值和统

计结果，见表 3-6。从表 3-6 可以看出，2008 年 5～9 月 18 场产流降雨共计 455.10mm。产流量坡耕地、人工林、次生林和灌草丛分别为 285.10cm、42.10cm、16.99cm、9.89cm，坡耕地的产流量最多，灌草丛产流量最少。灌草丛和次生林比坡耕地多涵养水分 275.21cm 和 268.11cm，比人工林多涵养水分 32.21mm 和 25.11mm。坡耕地的产流量最大、灌草丛最小。灌草丛的产流量远远小于坡耕地和人工林，与次生林相差不大。坡耕地和人工林持续了较长时间的产流，灌草丛和次生林降雨强度减小后，产流过程随即停止。究其原因，坡耕地的坡度较大，种植的农作物水土保持效果较差，人工林结构单一，植被覆盖度低，土壤容重较大，总孔隙度低，这些都不利于径流的下渗，说明植被的覆盖度和生物量大小直接影响降雨产流过程。

表 3-6　2008 年不同地类产流量

序号	日期（年-月-日）	降水量/mm	产流量/cm			
			坡耕地	人工林	次生林	灌草丛
1	2008-5-4	23.60	18.10	1.50	1.10	0.80
2	2008-5-18	22.10	13.40	2.20	0.80	0.80
3	2008-6-2	17.20	7.20	0.40	0.32	0.24
4	2008-6-11	18.40	17.20	0.80	0.60	0.40
5	2008-6-16	28.20	16.80	2.00	0.80	0.40
6	2008-6-17	27.40	38.50	3.80	1.60	0.70
7	2008-6-26	39.00	20.50	1.80	1.00	0.55
8	2008-7-2	53.20	60.40	12.10	4.20	2.00
9	2008-7-12	16.60	8.50	0.60	0.15	0.20
10	2008-7-14	11.60	8.20	1.00	0.50	0.38
11	2008-7-15	26.30	13.60	2.80	1.20	0.60
12	2008-7-20	31.50	6.40	1.20	0.20	0.00
13	2008-7-22	18.10	4.60	0.30	0.00	0.00
14	2008-7-25	23.40	3.40	0.40	0.10	0.00
15	2008-7-27	20.20	3.80	1.60	0.30	0.10
16	2008-8-8	13.20	9.10	1.60	0.60	0.72
17	2008-9-3	38.10	31.40	6.40	3.20	1.60
18	2008-9-27	27.00	4.00	1.60	0.32	0.40
合计		455.10	285.10	42.10	16.99	9.89

灌草丛小区的产流量最小，次生林小区次之，坡耕地小区最大，其原因是，

植被对地表径流的影响是由植被的树冠和植物群体、枯枝落叶层和土壤层综合效能决定的。灌草丛小区与天然次生林小区植被覆盖度分别比人工林地和坡耕地大。另外，这两个小区的林冠、下层植被以及枯枝落叶层对降水有截持和缓冲作用，同时自身也吸收一部分水分，而且还能增加土壤下渗，这些因素都有助于前两个小区减小地表径流量。人工林小区的产流量随降雨的增加而增长，而且总产流量也较大。

人工林的产流量比灌草丛大，是由于人工林小区，结构单一，枯枝落叶很少，地表裸露，容易板结。人工林丧失了森林对降雨的再分配功能，尤其是丧失了对降雨动能的阻截和减弱作用，使表土裸露，直接承受雨滴的冲击，土壤孔隙易被阻塞，不利于雨水下渗，加剧了地表径流的形成，从而导致年径流量增加；另外，人工林受到的雨滴冲击力增大，对土粒会产生严重的破坏性影响，使土壤团粒结构崩解，进而引起土壤理化性状劣变，加剧水土流失。而灌草丛的覆盖度很高，根系发达，土壤表层疏松，土层也较厚，吸收水分的能力比人工林强，反而径流量比人工林小。

植被的覆盖有保护土壤侵蚀的良好作用，植被对地表径流的影响是由枯枝落叶层、冠层和土壤层的综合效能决定的。次生林和灌草丛的覆盖度分别达到 90% 和 95%，远大于农地和人工林。次生林小区的林冠对降雨起到了良好的阻隔作用，森林截留降水，地面覆盖一层枯枝落叶，防止了雨滴击溅，避免了土壤分散和表面结皮，促进入渗。灌草丛也可以有效地降低雨滴对地面的击溅，灌草丛较多的根系也对土壤有较好的固定作用，因此这两个小区的径流量和泥沙量是四种土地利用类型中较小的。农地的土层深厚，地表覆盖少，烟草的根系不发达，再加上人为活动的影响，其产流量最大。可见，次生林和灌草丛拦蓄径流的效果要比人工林好，农地的开垦和种植加大了坡面的水土流失。

3.2.3　侵蚀产沙量

土壤侵蚀是指在水、风、冰或重力等营力作用下对陆地表面的磨损或者造成土壤、岩屑的分散与移动（美国土壤保持学会），坡地土壤侵蚀过程在土粒运移、降低土地生产力、物理性淤积水库渠道、抬高河床的同时，还伴随着土壤养分的流失。

从表 3-7 中可以看到，在相同的降水量下，灌草丛和次生林都有较好的减少土壤流失的作用。2006 年农地总的产沙量远大于其余几种土地利用类型，农地总产沙量是人工林的 8.41 倍、是次生林的 53.06 倍、是灌草丛的 41.90 倍。

表 3-7　2006～2007 年不同地类产沙量

日期（年-月-日）	降水量/mm	产沙量/（t/km²）			
		农地	人工林	次生林	灌草丛
2006-7-9	48.0	177.15	24.53	3.82	2.78
2006-7-13	52.4	230.59	21.41	2.13	4.21
2006-7-17	15.8	39.32	3.49	0.47	1.85
2006-9-6	24.5	2.03	2.73	1.21	0.62
2006-9-20	27.6	2.96	1.58	0.89	1.33
2007-5-30	11.9	194.3	0.34	0.50	0.48
2007-6-10	19.6	345.3	1.07	1.16	0.69
2007-6-11	32.4	219.3	6.34	2.76	0.88
2007-6-12	25.2	109.9	0.9	0	0.21
2007-6-26	3.5	23.34	0	0	0
2007-6-27	16.4	173.4	0.9	2.10	0.67
2007-6-28	20.0	982.7	4.2	1.84	1.03
2007-7-2	9.0	84.8	0.25	0.13	0.17
2007-7-6	14.9	389.4	0.86	0.83	0.6
2007-7-13	15.8	133.6	0.39	0.39	0.56
2007-7-16	2.4	21.84	0	0	0
2007-7-19	50.5	129.4	5.57	4.86	4.03
2007-7-23	4.2	7.581	0	0	0
2007-7-26	11.9	25.63	1.58	1.03	0
2007-7-28	6.8	1.863	0	0	0
2007-7-31	13.8	5.396	3.18	3.28	1.63
2007-8-1	3.0	3.79		2.18	1.83
2007-8-3	47.3	298.4	9.25	4.88	6.55
2007-8-4	5.2	10.99	1.03	0	0
2007-8-5	0.9	1.702	0	0	0
2007-8-12	55.8	954	27	5.46	7.52
2007-8-13	16.9	96.88	3.47	1.73	2.35
2007-8-19	3.5	1.49	0	0	0
2007-8-21	8.1	30.94	2.23	0.28	0.33
2007-8-25	10.9	206.9	14.8	5.78	3.08
2007-8-26	20.0	153.1	9.25	2.38	1.52
2007-8-27	10.1	208.1	20.4	2.73	1.31
2007-8-28	3.5	27.28	1.48	0.88	0.08
2007-8-29	8.4	31.69	1.84	0.07	0.02
2007-9-3	3.3	13.01	0.48	0.06	0.03
2007-9-4	19.0	251.8	4.63	1.35	0.96
2007-9-25	20.0	18.63	3.6	0.62	0.77

2007 年土壤侵蚀量分别为农地 5608.50t/km²、人工林 178.78t/km²、灌草丛 55.80t/km²、次生林 48.09t/km²。农地土壤侵蚀量最大，灌草丛保持土壤效果最好。天然次生林和灌草丛分别比农地减少土壤侵蚀量 99.01%和 99.14%，比人工林减少土壤侵蚀量 68.79%和 73.10%。

2008 年 5～9 月共统计了 18 场产流降雨（日降水量≥10mm）的产沙量统计结果，见表 3-8。从表 3-8 可以看出 2008 年所统计的 18 场降雨中，坡耕地、人工林、次生林和灌草丛的产沙量（土壤侵蚀量）分别为 4471.31t/km²、67.59t/km²、43.14t/km²、15.44t/km²，坡耕地土壤侵蚀量远远大于人工林、次生林和灌草丛，

表 3-8　2008 年降水量与产沙量统计表

序号	日期（年-月-日）	降水量/mm	产沙量/（t/km²）			
			坡耕地	人工林	次生林	灌草丛
1	2008-5-4	23.60	322.60	3.56	3.82	0.90
2	2008-5-18	22.10	351.41	6.88	2.74	1.10
3	2008-6-2	17.20	137.80	1.50	1.60	0.52
4	2008-6-11	18.40	87.52	0.90	1.00	0.40
5	2008-6-16	28.20	141.83	4.20	2.70	0.80
6	2008-6-17	27.40	155.43	2.86	2.00	0.74
7	2008-6-26	39.00	334.22	8.10	8.90	3.40
8	2008-7-2	53.20	1031.85	5.16	2.72	0.72
9	2008-7-12	16.60	88.15	1.48	1.50	0.66
10	2008-7-14	11.60	100.83	2.79	2.04	0.76
11	2008-7-15	26.30	322.51	3.88	3.64	1.11
12	2008-7-20	31.50	285.90	2.38	2.00	1.12
13	2008-7-22	18.10	58.32	0.84	1.13	0.22
14	2008-7-25	23.40	110.98	1.88	1.43	0.37
15	2008-7-27	20.20	220.10	2.96	1.17	0.54
16	2008-8-8	13.20	200.04	10.10	1.68	1.00
17	2008-9-3	38.10	333.11	4.90	1.27	0.42
18	2008-9-27	27.00	188.71	3.22	1.80	0.66
合计		455.1	4471.31	67.59	43.14	15.44

次生林和灌草丛保持土壤侵蚀效果最好。灌草丛比坡耕地减少土壤侵蚀量99.65%，比人工林减少土壤侵蚀量77.16%，比次生林减少土壤侵蚀量64.21%。次生林比坡耕地减少土壤侵蚀量99.04%，比人工林减少土壤侵蚀量36.17%。在相同的降雨条件下，灌草丛和次生林地都有较好地调节径流和减少土壤侵蚀及流失的作用，说明植被的覆盖有保护土壤侵蚀的良好作用，植被对地表径流的影响是由枯枝落叶层、冠层和土壤层的综合效能决定的。次生林和灌草丛的覆盖度分别达到90%和95%，远大于坡耕地和人工林。次生林小区的林冠对降雨起到了良好的阻隔作用，森林截留降水，地面覆盖一层枯枝落叶，防止了雨滴击溅，避免了土壤分散和表面结皮，促进入渗。灌草丛也可以有效地降低雨滴对地面的击溅，灌草丛较多的根系也对土壤有较好的固定作用，因此这两个小区的泥沙量是四种土地利用类型中较小的。坡耕地的土层深厚，地表覆盖少，所种植的烟草根系也不发达，再加上人为活动的影响，其产流产沙量最大。可见，次生林和灌草丛拦蓄径流和泥沙的效果要比人工林好，坡耕地的开垦和种植加大了坡面的水土流失。

3.2.4 降雨与产流产沙之间的关系

降雨引起的地表径流造成坡耕地大量的水土流失，同时也使大量的营养物质进入水体。通过对产流产沙量较大的坡耕地进行相关性分析可以看出，在降雨过程中，随着降雨强度的增加，产流产沙量也相应地增加，降雨强度和产流产沙量之间具有较好的线性相关关系，主要是因为随着降雨强度的增大，产流历时缩短，径流提早发生（张和喜等，2008），包气带几乎被蓄满，稳渗以外的所有降雨都可以以地表径流的形式流走，因而增加了降雨随坡面流失的量，径流的增加也加大了对坡面土壤的冲刷作用，相应地增加了土壤侵蚀，因此，在强降雨天气应当做好坡耕地水土保持工作，可通用坡面拦蓄和减少雨季对地表的扰动来减少坡面水土流失，增加坡面入渗。

将降雨按照从小到大的顺序排列，每一降水量对应一产流产沙量，如图3-3所示。由图3-3可以看出，降水量与产流产沙量之间存在着一定的正相关关系，即降水量越大，产流产沙量越大，但不同地类之间却差别很大，坡耕地产流产沙量远远大于人工林、次生林和灌草丛，说明植被对地表径流的影响是由植被的树冠和植物群体、枯枝落叶层和土壤层的综合效能决定的。灌草丛小区植被覆盖率高，几乎高达100%，草的根系发达，延长了径流下渗时间，也减少了土壤免遭暴雨和地表径流的打击和冲刷，因此灌草丛小区的泥沙侵蚀量小于人工林。因此，建立生态系统相对稳定、群落结构合理、生物量大的乔灌混交林明显好于单一的人工林和坡耕地。

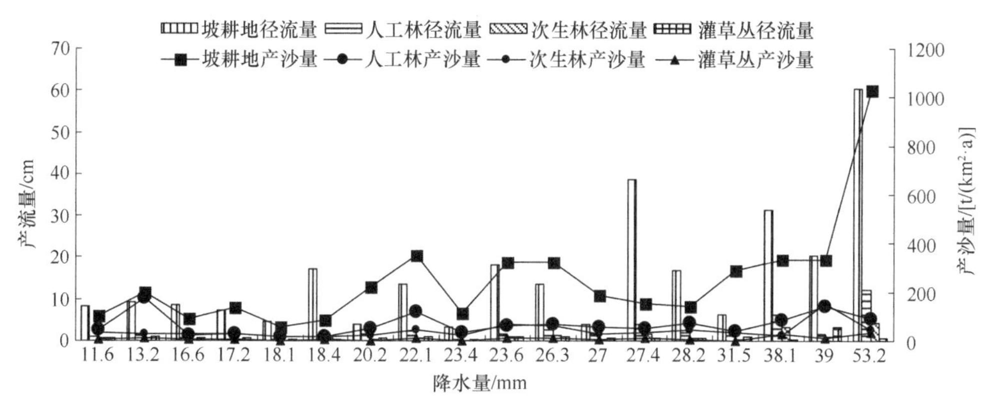

图 3-3　降水量与产流产沙量的关系

据有关资料显示，坡耕地是水土流失的最大来源地。根据本次监测结果推断，坡耕地因地表裸露、土层疏松、坡度较大，土壤的抗冲和抗蚀性很小，因此当降水量和降雨强度只要大于某一临界值，坡耕地就会产生水土流失。当发生暴雨或大暴雨时，坡耕地的水土流失便会加剧。坡耕地开垦后破坏了原有坡面的植被与坡面的稳定性，雨水不能正常地滞留和下渗，因此坡面一旦开垦，水土流失将会加剧。人工林的年产沙量次之，但较次生林和灌草丛都要大，这主要是因为林地和灌草丛植被覆盖率较高，枯落物保存相对较好，枯枝落叶层能降低径流速度，使径流在坡面上滞留的时间变长，增加了雨水入渗时间，更为重要的是保护和改良土壤结构，从根本上增加了土壤抗冲和抗蚀能力。另外，植物根系盘结，水土不易流失，因此次生林和灌草丛产沙量较小。

综上所述，不同径流小区因土地利用方式、植被类型以及盖度等因子不同，其蓄水保土、调节径流和抗侵蚀能力存在差异，从 4 个小区的产流产沙规律可以看出，次生林和灌草丛的水土保持效果最好，植被结构单一、枯枝落叶少的人工林和坡耕地土壤侵蚀较严重。因此在建造人工林时，应该考虑其复层林以及混交林。

3.3 不同地类地表径流中面源污染物输出规律

3.3.1 地表径流面源污染物氮磷浓度输出特征

降雨条件下表层土壤中的农业化合物（氮、磷、钾）等养分和农药，因雨滴击溅和径流冲刷作用，向地表径流迁移并随之流出田块汇入河流、湖泊、水库等水体，引起水体的富营养化或污染，这一问题既属于养分流失以及土壤质量退化，又属于水环境非点源污染。土壤流失过程实际上是表层土壤养分与降雨、径流相互作用的过程，土壤养分流失的多少主要受其相互作用的限制（陈泽健，2004）。因此，研究降雨条件下农田化合物随径流迁移的机制，对制定农业生产管理措施、改善水体环境具有指导意义（Smith et al.，1995）。

1. 总磷的输出浓度

表 3-9 为不同地类径流小区总磷输出浓度表，2006 年与 2007 年各次采样中总磷的输出浓度并未表现出明显的规律，但从表 3-9 中 2006 年的数据可以看出：总磷在灌草丛中的浓度普遍高于其他土地利用类型，7 月三次所采集的样品总磷浓度均为灌草丛＞次生林＞人工林＞农地，而 9 月两次所采的径流样中农地中总磷的含量均比较高，这可能是种植豆类时施肥所引起的肥料中磷随地表径流流失所致。

表 3-9 不同地类径流小区总磷输出浓度

采样日期（年-月-日）	降水量/mm	总磷输出浓度/（mg/L）			
		次生林	农地	人工林	灌草丛
2006-7-9	48.0	0.24	0.21	0.23	0.43
2006-7-13	52.4	0.36	0.24	0.27	0.38
2006-7-17	15.8	0.54	0.49	0.50	0.58
2006-9-6	24.5	0.19	0.31	0.26	0.29
2006-9-20	27.6	0.09	0.14	0.11	0.30
2007-6-11	32.4	0.24	0.39	0.11	0.22
2007-6-27	16.4	0.21	0.06	0.14	0.25
2007-6-28	20.0	0.17	0.15	0.12	0.18
2007-7-6	14.9	0.15	0.24	0.31	0.52

续表

采样日期（年-月-日）	降水量/mm	总磷输出浓度/（mg/L）			
		次生林	农地	人工林	灌草丛
2007-7-19	50.5	0.15	0.10	0.06	0.18
2007-7-31	13.8	0.11	0.12	0.06	0.19
2007-8-12	55.8	0.16	0.24	0.17	0.22
2007-8-25	10.9	0.15	0.18	0.13	0.25
2007-9-4	19.0	0.11	0.39	0.11	0.21
2007-9-25	20.0	0.18	0.30	0.24	0.29

对 2007 年采样数据分析后得出，6 月 11 日采集的径流样中总磷表现为农地＞次生林＞灌草丛＞人工林，6 月 27 日为灌草丛最大，其次是次生林和人工林，农地最小。6 月 28 日则表现为灌草丛最大，其次是次生林和农地，人工林最小。7 月采样也表现出灌草丛和次生林较大，人工林和农地较小。8 月、9 月径流样则是农地和灌草丛总磷的输出浓度较大，次生林和人工林的输出浓度较小。因此，总的来说，灌草丛和农地径流小区总磷的输出浓度较大，其次为次生林，人工林地中总磷输出浓度最小。

2. 总氮的输出浓度

表 3-10 为不同地类径流小区总氮输出浓度表，由表 3-10 可以得到 2006 年总氮输出浓度规律：7 月 9 日，总氮的输出浓度次生林＞灌草丛＞农地＞人工林，7 月 13 日为次生林＞灌草丛＞农地＞人工林，7 月 17 日为灌草丛＞次生林＞农地＞人工林，9 月 6 日为灌草丛＞次生林＞农地＞人工林，9 月 20 日为灌草丛＞次生林＞农地＞人工林。总体上来看，灌草丛和次生林总氮输出浓度较大，农地和人工林较小。

表 3-10　不同地类径流小区总氮输出浓度

采样日期（年-月-日）	降水量/mm	总氮输出浓度/（mg/L）			
		次生林	农地	人工林	灌草丛
2006-7-9	48.0	8.13	5.13	3.15	7.24
2006-7-13	52.4	9.28	8.84	8.02	9.12
2006-7-17	15.8	6.89	4.06	4.00	7.32
2006-9-6	24.5	4.96	4.00	3.80	9.35
2006-9-20	27.6	3.86	3.57	1.07	5.38

续表

采样日期（年-月-日）	降水量/mm	总氮输出浓度/（mg/L）			
		次生林	农地	人工林	灌草丛
2007-6-11	32.4	7.15	8.17	4.10	5.34
2007-6-27	16.4	11.20	18.75	5.57	7.82
2007-6-28	20.0	1.31	1.97	0.41	1.58
2007-7-6	14.9	1.8	1.67	1.81	1.47
2007-7-19	50.5	1.66	0.77	0.64	0.82
2007-7-31	13.8	8.6	1.59	6.36	7.33
2007-8-12	55.8	3.54	1.10	1.34	2.70
2007-8-25	10.9	3.20	0.42	1.53	2.06
2007-9-4	19.0	2.50	1.86	1.89	1.92
2007-9-25	20.0	6.51	5.13	6.02	6.45

2007 年 6 月三次所采集的样品中农地总氮的输出浓度是最大的，其次是灌草丛和次生林，而人工林的输出浓度最小。这是因为 6 月刚种植烤烟不久，此地烤烟种植时都会施氮肥，并用薄膜覆盖，6 月是雨季，所施的氮肥随雨水径流流失，所以农地总氮的输出浓度是最大的。7 月 6 日所采集的样品中总氮的输出浓度与 7 月 19 日、7 月 31 日规律不同，但是总氮的输出浓度在四种土地利用类型中相差不大，因此，总体上来看，7 月三次所采集的样品中总氮的浓度在次生林和灌草丛中的浓度较高，而人工林和农地输出浓度较低。8 月和 9 月四次取样总氮都为次生林＞灌草丛＞人工林＞农地。

3. 氨氮的输出浓度

表 3-11 为不同地类径流小区氨氮输出浓度表，2006 年各不同地类径流中氨氮浓度总体规律呈现出人工林＞农地＞次生林＞灌草丛，这说明氨氮浓度和植被覆盖度的关系基本是呈正相关的，植被的覆盖度越大，氨氮随径流流失浓度越小。

2007 年 6 月上旬所采集的样品中，氨氮表现为人工林最大，其次是次生林和灌草丛，农地中氨氮输出浓度较小。这是由于 6 月初正是烤烟的生长期，烤烟以氨氮形式吸收氮素，因此虽然六月份取样中农地全氮输出浓度最大，但是氨氮输出浓度较低。总体上来看，7 月上旬所采集的径流中氨氮浓度为人工林较高，其次为次生林和农地，灌草丛中的输出浓度是最低的。8 月和 9 月四次取样氨氮输出浓度则表现为农地＞人工林＞次生林＞灌草丛。这可能是此时烤烟收获，大量的氨氮返还给地表和种植豆类时施加氮肥所致。

表 3-11　不同地类径流小区氨氮输出浓度

采样日期（年-月-日）	降水量/mm	氨氮输出浓度/（mg/L）			
		次生林	农地	人工林	灌草丛
2006-7-9	48.0	0.93	3.05	4.85	0.77
2006-7-13	52.4	1.17	2.52	4.89	0.81
2006-7-17	15.8	1.93	7.03	5.97	1.73
2006-9-6	24.5	0.61	2.23	4.49	0.37
2006-9-20	27.6	1.73	4.17	4.57	0.97
2007-6-11	32.4	2.03	1.90	4.75	1.91
2007-6-27	16.4	6.67	5.96	8.66	3.25
2007-6-28	20.0	5.56	11.60	14.70	5.33
2007-7-6	14.9	3.74	2.69	4.79	2.41
2007-7-19	50.5	2.06	2.18	2.34	1.40
2007-7-31	13.8	1.55	1.46	1.51	0.96
2007-8-12	55.8	1.80	4.05	2.37	1.64
2007-8-25	10.9	4.03	10.20	5.82	2.19
2007-9-4	19.0	3.42	12.70	4.03	2.37
2007-9-25	20.0	1.71	4.58	2.11	0.80

4. COD 输出浓度

2006 年径流样中 COD 输出浓度大体上表现为人工林、次生林和农地较大，灌草丛 COD 的输出浓度较小。2007 年径流样中，次生林的 COD 输出浓度是最大的，其次是人工林，农地和灌草丛的输出浓度较小（表 3-12）。

表 3-12　不同地类径流小区 COD 输出浓度

采样日期（年-月-日）	降水量/mm	COD 输出浓度/（mg/L）			
		次生林	农地	人工林	灌草丛
2006-7-9	48.0	22	30	24	23
2006-7-13	52.4	14	17	31	18
2006-7-17	15.8	29	22	24	15
2006-9-6	24.5	49	40	53	25
2006-9-20	27.6	20	19	36	5
2007-6-11	32.4	96	24	65	28
2007-6-27	16.4	82	34	51	38

续表

采样日期（年-月-日）	降水量/mm	COD 输出浓度/（mg/L）			
		次生林	农地	人工林	灌草丛
2007-6-28	20.0	44	20	35	35
2007-7-6	14.9	41	14	20	8
2007-7-19	50.5	129	81	103	104
2007-7-31	13.8	38	2	16	2
2007-8-12	55.8	40	30	26	16
2007-8-25	10.9	42	31	17	36
2007-9-4	19.0	39	28	38	25
2007-9-25	20.0	49	37	55	19

总体上来看，农地和灌草丛的 COD 输出浓度是较小，而次生林和人工林的输出浓度较大。这可能是由于在相同的降水量下，农地的径流量远大于其余几种土地利用类型，较多的径流稀释了 COD 的浓度，因此农地的 COD 输出浓度较小，次生林的径流量较小，因此次生林的 COD 输出浓度较大。次生林径流量大于灌草丛，但是次生林的 COD 输出浓度较大，由此可见，灌草丛抵御污染的能力大于次生林。

3.3.2 地表径流面源污染物氮磷的输出总量特征

降雨-入渗-径流与土壤相互作用过程是坡面养分流失的重要过程，水土流失在带走大量径流和泥沙的同时，大量的土壤氮素和磷素养分也随之流失。土壤中的氮素和磷素不但是作物生长所必需的营养物质，同时也是重要的非点源污染来源，氮磷的流失不但使肥料资源浪费，而且会对下游地表水和地下水造成污染（USDA，1994）。

土壤侵蚀受植被覆盖度、坡度、土地利用类型、土壤结构、水文气象、土地空间利用、人为活动等各种因素的影响（李玉山等，1993；江忠善等，1996）。由于所选径流小区坡度、坡位、坡向、海拔、土壤类型等相似，因此土地利用类型和植被覆盖度成为影响地表径流的主要因素。

1. 总磷的输出量

图 3-4 是 2006 年不同地类径流中产流量和总磷输出量的关系图，不同地类面

源污染物输出量有明显差异，植被类型不同，产生的径流量和非点源污染物浓度也不同，因此非点源污染物输出量就有明显变化。

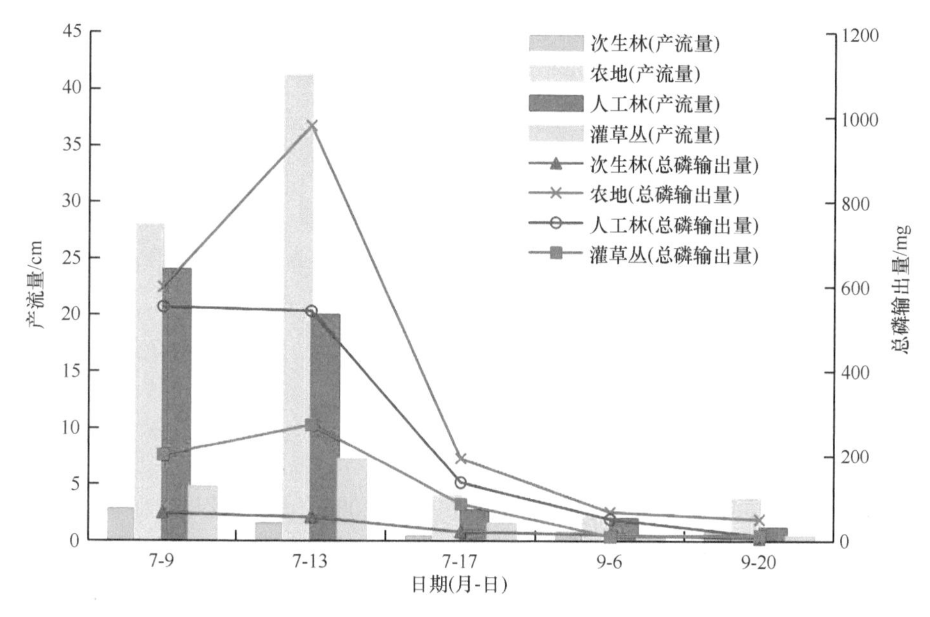

图 3-4　2006 年不同地类径流中产流量和总磷输出量关系

2006 年 7～9 月共采集了五次产流较大的径流样，由图 3-4 可以看到，总磷的输出量为农地＞人工林＞灌草丛＞次生林，其与径流量的关系较密切，即径流量大时总磷的输出量大。农地总磷输出量是次生林的 4.4～17.4 倍。

图 3-5 所示是四种土地利用类型 2007 年总磷的输出量图，从图 3-5 中可以看出农地总磷的输出量是最大的，其变化幅度也是最大的，其次是人工林，再次是灌草丛和次生林。由图 3-4 中可以看到，总磷的输出量与产流量的大小关系更为密切，产流量较大，随径流输出的总磷输出量就越多。总氮的输出量在雨季开始时输出量较大，而到了后期即使降水量大于初期，其总氮的输出量也较小。而总磷的输出规律则不同，其与降水量的关系更为密切。

虽然灌草丛和次生林总磷的输出浓度大，但由于其产流量小，因而总磷输出量就较农地少。人工林由于植被结构简单，覆盖度小，因此总磷的输出量和产流量都较次生林和灌草丛大。农地由于受到人为影响较大，且植被覆盖度小，因此其产流量和总磷输出量是四种土地利用类型中最大的。

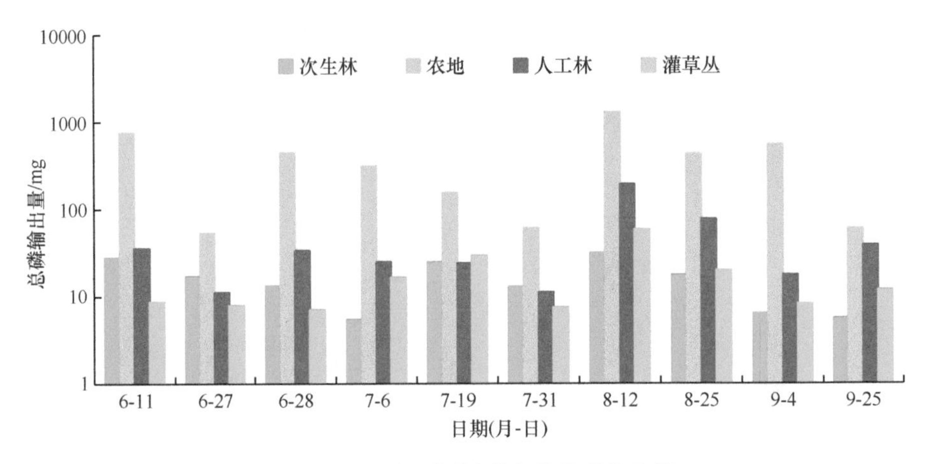

图 3-5　2007 年不同地类径流总磷输出量

2. 总氮的输出量

图 3-6 为不同土地利用类型径流小区径流中 2006 年产流量与总氮输出量的关系，从图 3-6 中可以看到，不同土地利用类型中总氮的输出量差异显著，总氮的输出量表现为农地＞人工林＞灌草丛＞次生林。农地总氮的输出量受径流量的影响较大，其次是人工林，而次生林和灌草丛受径流量的影响波动较小。

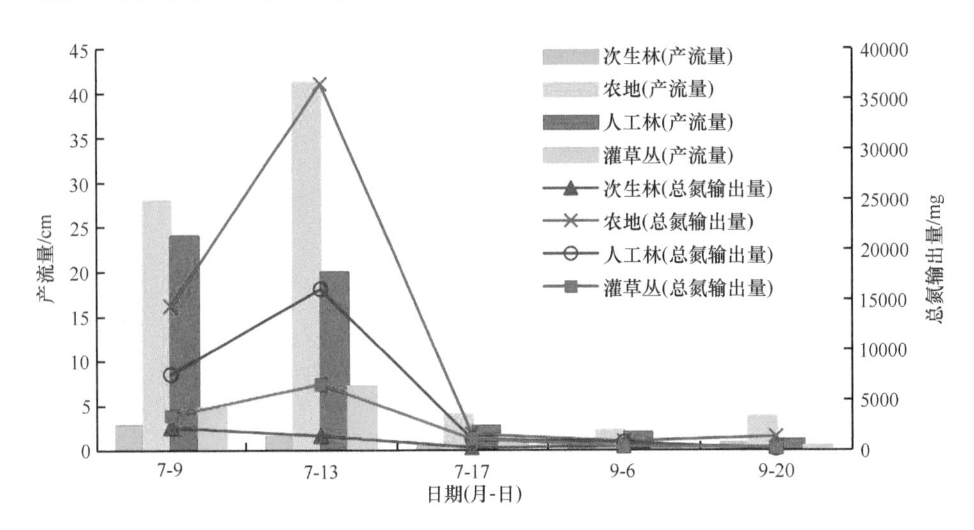

图 3-6　2006 年不同地类径流中产流量和总氮输出量关系

不同地类非点源污染物输出量有明显差异，植被类型不同，产生的径流量和非点源污染物浓度也不同，因此非点源污染物输出量就有明显变化。2007年6～9月共采集了十次产流较大的径流样，图3-7为2007年不同地类径流总氮输出量图，由图3-7中可以看到，总氮的输出量为农地＞人工林＞次生林＞灌草丛，农地的变化幅度远大于其余几种土地利用类型。

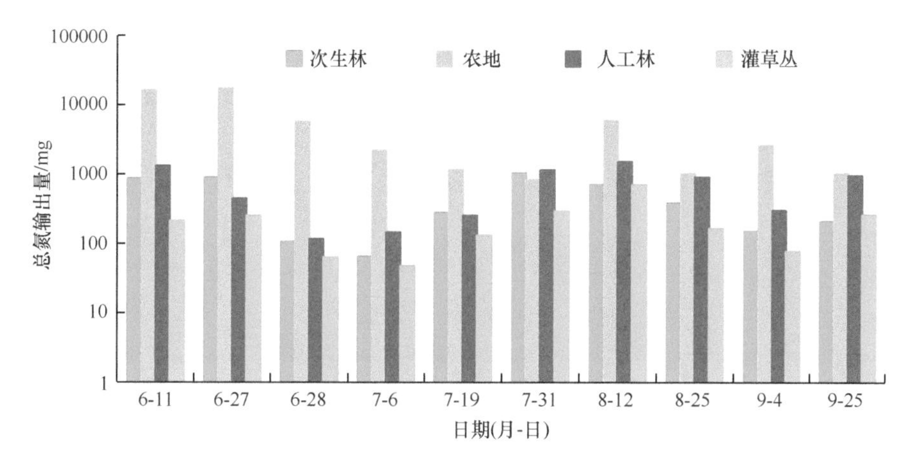

图3-7 2007年不同地类径流总氮输出量

从图3-7还可以看出，6月11日、6月27日与8月12日几次降雨过程中农地总氮的输出量远大于其他几种地类。6月11日降水量32.4mm，农地产流19.6mm；6月27日降水量16.4mm，农地产流9.2mm；由此可以看见产流量和降水量成正比。8月12日降水量55.8mm，农地产流达到54mm，但其总氮的输出量却远小于6月两次降雨过程中农地的总氮输出量，这可能是8月降雨频繁，而农地地表植被覆盖较少，没有植物对营养元素的选择作用，因此土壤中总氮的含量较小导致。

总体上看来，次生林、灌草丛、人工林等植被覆盖较好的小区总氮输出量较小，农地小区地表缺少覆被，雨滴的打击和冲刷作用使得径流量和总氮的输出量大于其他几种地类。

3. 氨氮的输出量

不同土地利用类型2006年氨氮输出量没有显著趋势（图3-8）。从总体上来看，氨氮的输出量和产流量有一定相关性，即产流量大时氨氮输出量大，反之则小。次生林的氨氮的输出量是四种土地利用类型中最小的，其次是灌草丛，农地和人工林地的输出量都高于次生林和灌草丛，这是由于次生林的植被覆盖度和植物种类起主要作用。

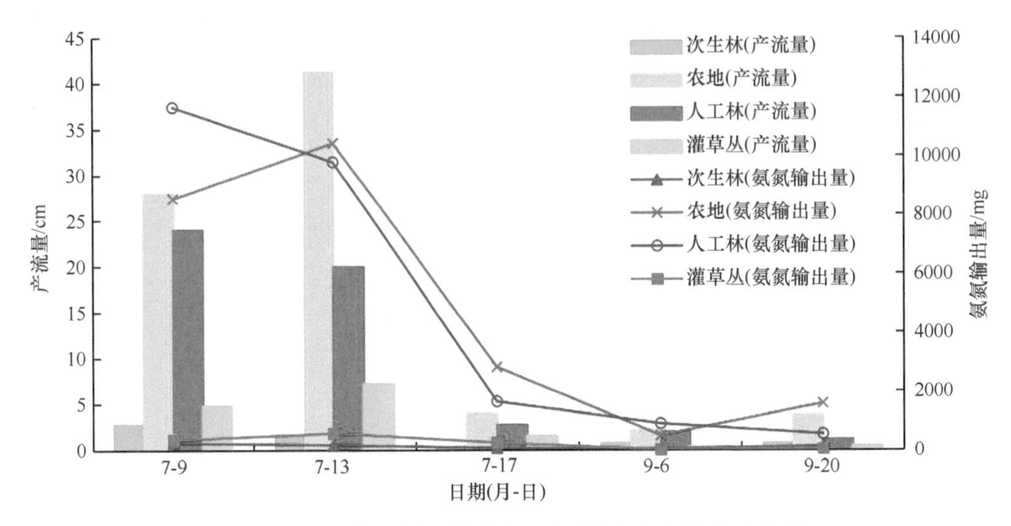

图 3-8　2006 年不同地类径流中产流量和氨氮输出量关系

不同土地利用类型 2007 年氨氮输出量有显著趋势（图 3-9）。灌草丛的氨氮的输出量是四种土地利用类型中最小的，其次是次生林，再次是人工林，农地的输出量是四种土地利用类型中最大的。

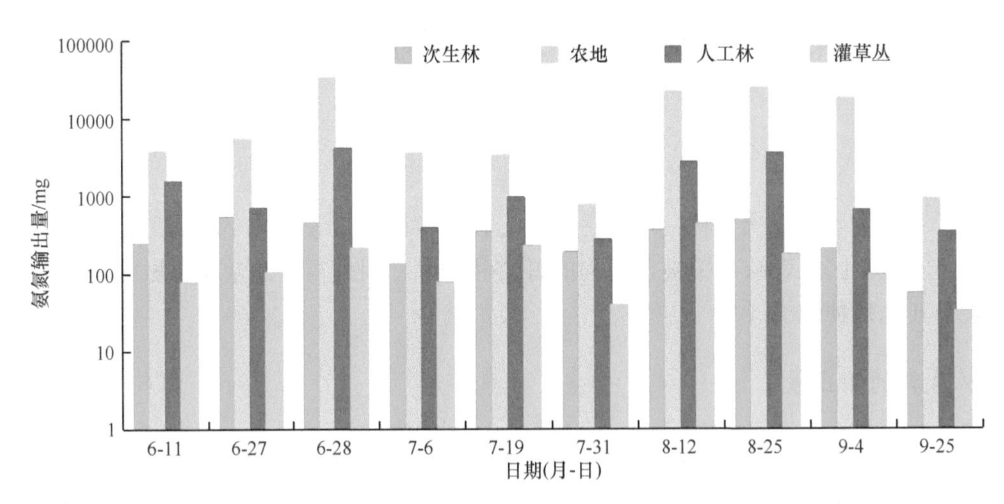

图 3-9　2007 年不同地类径流氨氮输出量

氨氮多随径流迁移，同等雨量下，农地产流大于其他几种地类，因此农地的氨氮的输出量是最大的。6 月 28 日降水量小于 6 月 11 日，但是降雨强度大，致使其产流量大于 6 月 11 日，因此，氨氮的输出量与产流量的关系较为密切。降雨冲刷地表，使地表土壤大量侵蚀入径流池，氮素在雨水的溶解下进入水体，再加上 6 月施用氨氮肥，因此农地的氨氮量输出最大。

4. COD 输出量

COD 是水体中能被氧化的物质在规定条件下进行化学氧化反应所消耗的氧化物的量，其用于表征水体受有机污染的一个指标。从图 3-10 中可以看出，2006 年 COD 输出量的大致规律为农地＞人工林＞灌草丛＞次生林。

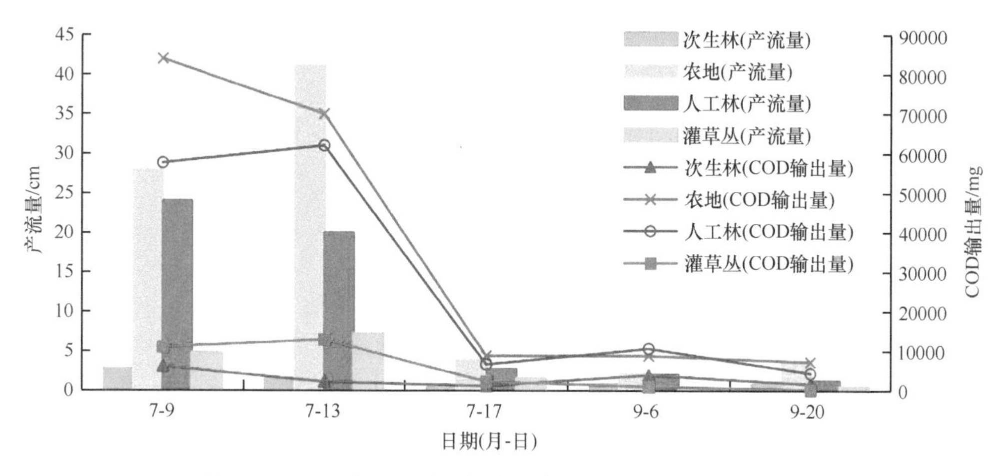

图 3-10　2006 年不同地类径流中产流量和 COD 输出量关系

从 2007 年不同地类径流 COD 输出量（图 3-11）可以得到，COD 在不同土地利用类型地类中输出规律差异明显，COD 输出量的规律为农地＞人工林＞次生林＞灌草丛。

COD 的输出量是地类、降水量、降雨强度、持续时间等因素综合作用的结果。从总体上来看，在相同的降水量下，农地 COD 输出量是四种土地利用类型中变化幅度最大的，其次是人工林，而次生林和灌草丛受降雨的影响较小，这说明次生林和灌草丛抵御污染的能力大于农地和人工林。

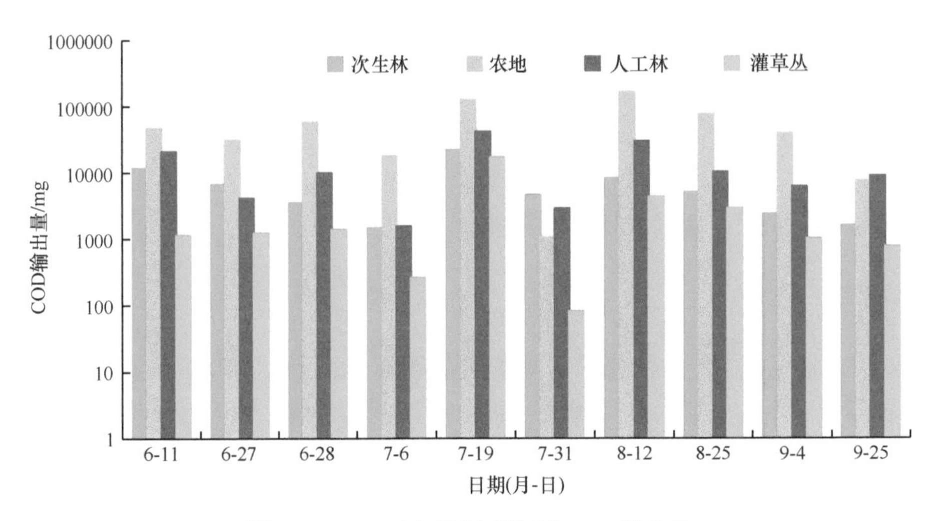

图 3-11　2007 年不同地类径流 COD 输出量

3.4　不同地类泥沙中面源污染物氮磷输出与泥沙养分的富集规律

磷的输出以泥沙结合态为主，泥沙是磷的主要载体，梁涛等（2002）的研究也证明：在坡耕地农田利用方式中，侵蚀泥沙是养分流失的主要载体，氮磷流失的 60%以上是通过泥沙带走的。这是因为磷主要是由悬浮固体运输，它以不溶于水的磷酸氢钙等化合物存在于自然界，在降雨的冲刷下，磷被悬浮颗粒挟带进入径流。而总氮的主要成分是可溶态氮，因此氮在径流中的输出量更大（张宇，2006）。

3.4.1　坡面侵蚀产沙中的面源污染物氮磷的输出特征

由不同地类 2006 年泥沙中非点源污染物输出特征（表 3-13）得到，总氮量依次为农地＞人工林＞灌草丛＞次生林，农地径流小区输出的总氮量是最大的，而且远大于次生林地，是次生林的 48.6 倍；而速效氮为农地＞人工林＞次生林＞灌草丛，农地速效氮输出量是灌草丛的 40 倍；总磷输出规律为农地＞人工林＞灌草丛＞次生林，农地磷输出量是次生林的 34 倍；不同土地利用类型速效磷输出量依次为农地＞人工林＞次生林＞灌草丛，农地的输出量是灌草丛的 50.5 倍。

表 3-13　2006 年不同土地利用类型泥沙中面源污染输出量均值比较

采样点	总氮/g	速效氮/μg	总磷/g	速效磷/μg
农地	3.89	716.95	9.22	113.65
人工林	0.51	88.94	0.87	15.84
次生林	0.08	40.95	0.27	3.99
灌草丛	0.12	17.90	0.31	2.25

尽管地表水质的影响因子很复杂，但当排除点源污染后，不适当的土地利用方式和管理模式会导致过量的氮、磷随地表径流流失，从而形成对河流、湖泊的大面积非点源污染。

由表 3-14 可以看出，2007 年泥沙中总氮输出量依次为农地＞人工林＞次生林＞灌草丛，农地径流小区输出的总氮量是最大的，而且远大于灌草丛，是灌草丛的 71.4 倍；而速效氮为农地＞人工林＞次生林＞灌草丛，农地输出量是灌草丛的 76.9 倍；总磷输出规律为农地＞人工林＞次生林＞灌草丛，农地总磷输出量是灌草丛的 66.7 倍；不同土地利用类型速效磷输出量依次为农地＞次生林＞人工林＞灌草丛，农地的输出量是灌草丛的 5337.5 倍；而灌草丛和次生林总磷的输出量相差不大，次生林输出量为灌草丛的 1.34 倍。

表 3-14　2007 年不同土地利用类型泥沙中面源污染输出量均值比较

采样点	总氮/g	总磷/g	速效氮/mg	速效磷/mg
农地	6.999	47.836	1189.696	80.062
人工林	0.260	1.102	27.205	0.018
次生林	0.130	0.963	19.889	0.020
灌草丛	0.098	0.717	15.461	0.015

图 3-12 为不同地类径流小区 2006 年泥沙挟带的总氮输出量图，从图 3-12 中可以看到，农地的总氮输出量是四种土地利用类型中最大的，其变化幅度也远大于次生林和灌草丛。人工林的输出量大于次生林和灌草丛，其变化幅度不及农地。次生林和灌草丛的总氮输出量是四种地类中最小的，而且随降水量变化的趋势也不明显。

澄江尖山河流域的降雨主要集中在 6～9 月，从图 3-12 中可以看到，总氮的输出量也集中在雨季前期（6 月、7 月），而到了 8 月和 9 月，总氮的输出量变化不及 6 月、7 月明显。因此，雨季初期是非点源污染物输出量较严重的，应采取一定的措施加以防治。

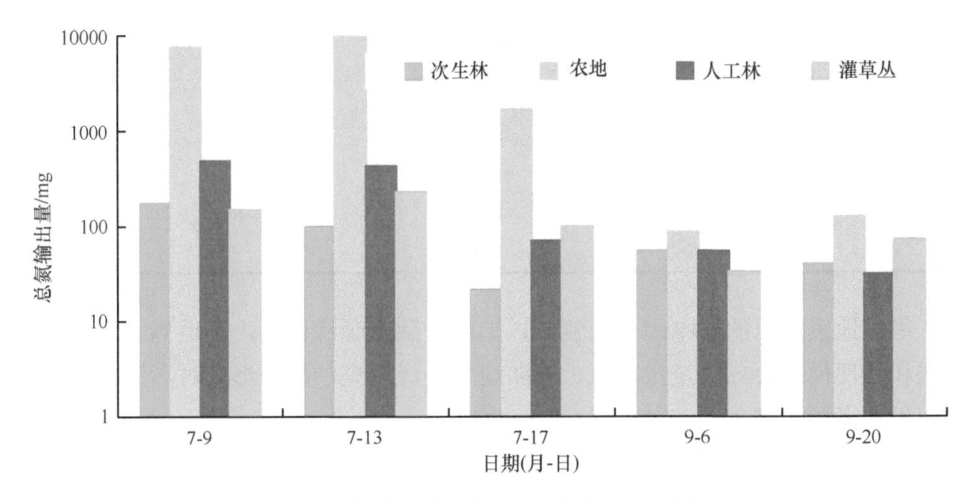

图 3-12　不同地类径流小区 2006 年泥沙中总氮输出量

图 3-13 为 2007 年不同地类径流小区泥沙中总氮的输出量图，从图 3-13 中可以看到，总氮的输出量在农地小区和其他几个小区中的输出差异很大。农地小区泥沙中总氮的输出量远大于其他几个类型小区，其次是人工林小区。而次生林和灌草丛小区差别不是很明显，为四种土地利用类型中非点源输出较小的小区。从图 3-13 中可以看到，6 月 28 日与 8 月 12 日是农地总氮输出量最大的两次，6 月

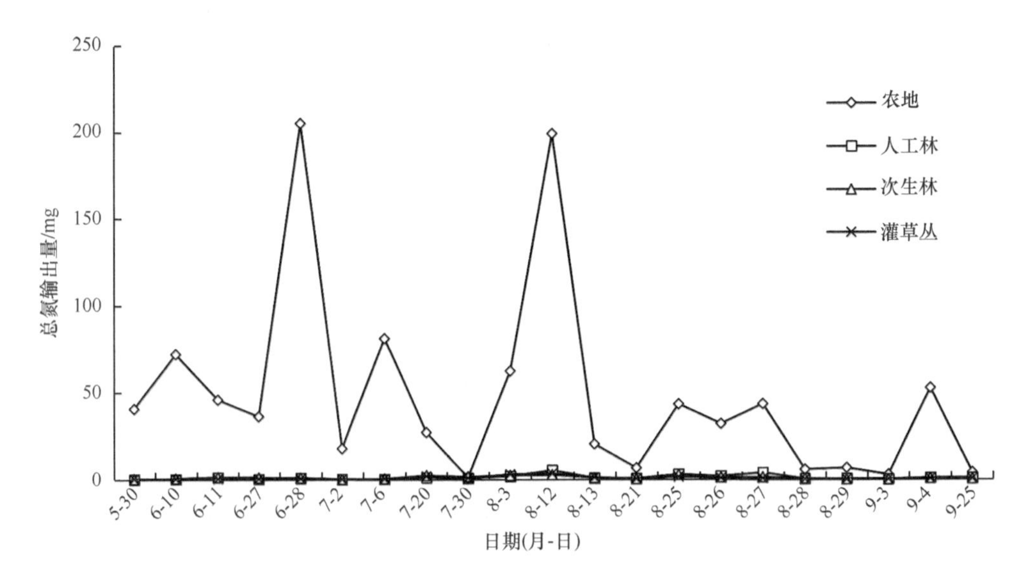

图 3-13　不同地类径流小区 2007 年泥沙总氮输出量

28 日降水量 20mm，产沙量 982.7t/km^2，8 月 12 日降水量 55.8mm，产沙量 954t/km^2，而虽然 7 月 19 日降水量 50.5mm，但产沙量仅为 129.4t/km^2。由此可见，产沙量和泥沙中总氮的输出量关系更为密切。而 8 月 26 日与 9 月 4 日虽然产沙量大于 7 月 19 日，但其总氮输出量却小于 7 月 19 日，这可能是因为农地地表缺少覆盖，土壤的结构性较差，所以在雨季初期，富含养分的细颗粒随径流流失而得不到补充，致使后期泥沙养分含量较低，因此，即使产沙量很大，总氮的输出量也不大。

图 3-14 为 2006 年不同土地利用类型径流小区中泥沙所挟带的总磷输出量图。如图 3-14 所示，农地总磷输出量最大，其次为人工林，而次生林和灌草丛泥沙中输出的总磷量远小于农地，其变化幅度也不及农地明显。

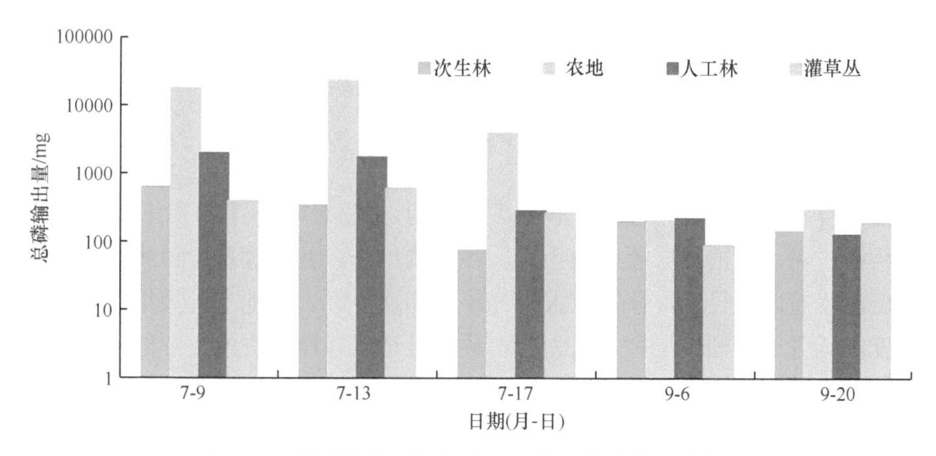

图 3-14　不同地类径流小区 2006 年泥沙中总磷输出量

图 3-15 为 2007 年不同地类径流小区泥沙中总磷的输出量，从图 3-15 中可以得到，农地径流小区总磷的输出量是四种土地利用类型中最大的，并且随径流的变化很明显。而次生林、人工林和灌草丛小区随径流的变化较小，其产沙量和总磷输出量都较小。

与图 3-14 相同，各不同土地利用类型径流小区中总磷的输出量也是雨季初期的变化幅度大于后期，总磷的输出量也同泥沙量的输出有密切关系，并且总磷的输出量比泥沙中总氮的输出量变化幅度更明显。因此，泥沙是磷流失的主要载体。

总磷的输出量变化大于总氮的输出变化，泥沙中总磷的输出量大于总氮的输出量。农地表层土壤中总氮含量是最小的，总磷含量也不大。但是，农地总氮、总磷的输出量远大于其余几种地类，这是因为次生林和灌草丛的植被覆盖度最大，植被的介入，改变了土壤的理化性质，增加了土壤的渗透性，植物的根系对土壤

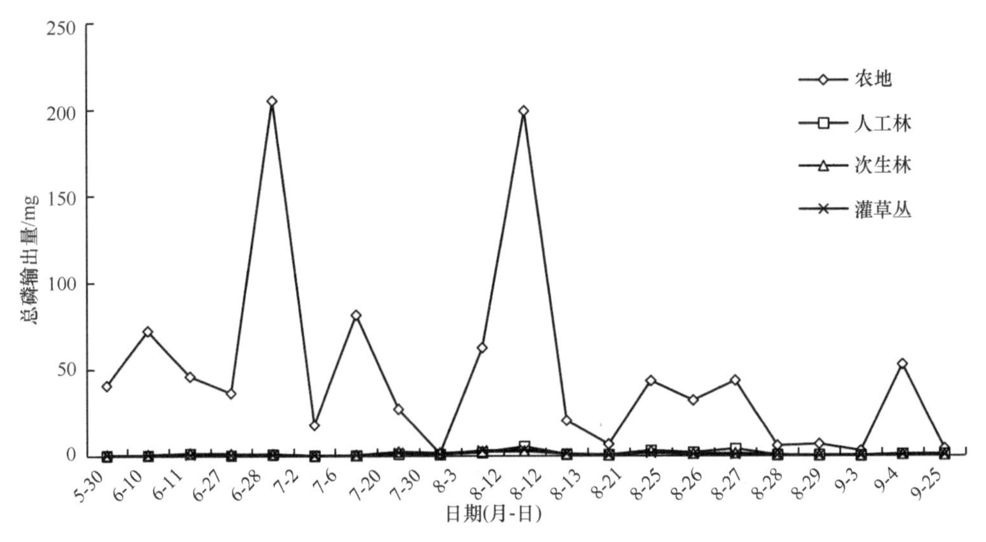

图 3-15　不同地类径流小区 2007 年泥沙中总磷输出量

的固结作用，加上地表枯枝落叶层的保护作用，使泥沙不易随地表径流流失。人工林种植桉树，其植被覆盖度较小、树种结构单一、林内灌草层植物较少，因而降雨后泥沙随地表径流迁移的量大于灌草丛和次生林。农地上种植烟草，其植被覆盖度低，再加上顺坡耕种，人为影响频繁是造成土壤流失的主要原因。烟草地上覆盖薄膜有一定防止泥沙侵蚀的作用。

3.4.2　坡面侵蚀泥沙养分富集特征

泥沙中的养分富集现象主要是由表层土壤的侵蚀引起的，其一般受植被覆盖度和施肥的影响，表层土壤养分含量往往高于底层，其次植被覆盖度的增加使得细颗粒土壤聚集于地表，因而和原土壤相比，侵蚀泥沙往往会富集养分（周祖澄等，1985；张水铭等，1993）。

土壤有机质的不同形态通常总是与土壤不同粒级颗粒组成相结合，与不同颗粒结合的有机质形态也因侵蚀特性在泥沙中产生再分配。在泥沙传递过程中，泥沙在径流中的搬运特性决定了首先搬运土壤表层细颗粒，其原因在于土壤细颗粒容易在径流液中运移，使侵蚀泥沙中出现黏粒和所吸附的化学元素富集的现象（郑剑英等，1999）。

由表 3-15 可以看到，径流泥沙对养分有富集特性，总氮的富集率（ER）为灌草丛＞农地＞人工林＞次生林，速效氮为次生林＞灌草丛＞人工林＞农地；总

表 3-15　不同土地利用类型 2006 年侵蚀泥沙养分富集率（ER）

		次生林	农地	人工林	灌草丛
总氮 /（g/kg）	原表土	0.42	0.37	0.42	0.44
	泥沙	0.46	0.43	0.47	0.54
	ER	1.10	1.16	1.12	1.23
速效氮 /（mg/kg）	原表土	78.55	68.17	57.72	58.93
	泥沙	240.31	79.3	82.75	105.07
	ER	3.06	1.16	1.43	1.78
总磷 /（g/kg）	原表土	0.46	0.94	0.77	13.5
	泥沙	16.2	10.2	0.81	14.3
	ER	35.22	10.85	1.05	1.06
速效磷 /（mg/kg）	原表土	9.03	350.97	7.34	5.66
	泥沙	23.39	12.57	14.74	10.43
	ER	2.59	0.04	2.01	1.84
速效钾 /ppm	原表土	185.97	227.74	191.31	126.55
	泥沙	232.45	229.94	216.54	175.54
	ER	1.25	1.01	1.13	1.39

注：1ppm=10^{-6}mg/kg。

磷富集率为次生林＞农地＞灌草丛＞人工林，速效磷为次生林＞人工林＞灌草丛＞农地；速效钾的富集率为灌草丛＞次生林＞人工林＞农地。从总体上来看，次生林和灌草丛的养分富集率较高，农地的富集率较低。

次生林和灌草丛由于植被覆盖度大，地表径流量小，土壤结构不易被破坏，泥沙以养分含量较高的细颗粒为主，因此泥沙的养分含量大。农地由于植被覆盖度小，经常受到人为活动的影响，土壤颗粒的选择性作用小，因此泥沙的养分含量小。张兴昌等（2000a）采用 17 种植被对土壤侵蚀和氮素流失的影响进行研究，发现有植被覆盖地的总氮富集率比荒地增加 13.8%～114%，植被地表对水土流失起到了良好的抑制作用。本书研究也得出了次生林和灌草丛的养分富集率较高、农地的富集率较低的结论。

3.4.3　土壤养分与径流及泥沙中面源污染物输出的关系

表层土壤中总氮含量与径流及泥沙中面源污染物的输出量呈负相关关系

（表 3-16），表层土壤中总氮含量与径流中氨氮输出量的相关系数为 0.661，而与泥沙中总氮、速效氮输出的相关系数都大于 0.95。表层土壤中速效氮含量与径流中氨氮输出量的相关系数为 0.367，因此表层土壤中的氮随径流流失的量大于泥沙中的量。表层土壤中的磷与径流及泥沙中的磷输出量呈正相关，表层土壤中总磷与径流中总磷的相关系数为 0.628，而与泥沙中磷的相关系数绝对值皆大于 0.99，相对于氮而言，表层土壤中的磷更易于随径流流失，磷的输出以泥沙结合态为主，特别是速效磷。

表 3-16　表土养分与径流中面源污染物输出量的相关关系

	径流总磷	径流氨氮	径流 COD	泥沙总氮	泥沙速效氮	泥沙总磷	泥沙速效磷
表土总氮	−0.736	−0.661	−0.782	−0.958*	−0.966*	−0.956*	−0.964*
表土速效氮	−0.410	−0.367	−0.300	0.096	0.138	0.124	0.110
表土总磷	0.628	0.377	0.506	0.606	0.577	0.602	0.588
表土速效磷	0.727	0.564	0.728	0.994**	0.996**	0.998**	0.994**

*表示显著水平 $P<0.05$；**表示极显著水平 $P<0.01$。

3.5　不同地类坡面产流、产沙量与氮磷输出特征的关系

通过对 2006 年产流量、产沙量与径流及泥沙中总氮总磷输出量进行相关分析（表 3-17）可以得到，产流量和产沙量之间呈正相关，即产流量越大，产沙量也就越大。从总体上来看，泥沙中总氮总磷输出量与产沙量的相关系数大于径流中总氮总磷输出量与产流量的相关系数。因此，泥沙是氮磷流失的主要载体。产流量与径流中总氮的输出量在 0.01 显著水平时相关系数为 0.937，说明径流中带走的总氮量更大。泥沙中总氮总磷的输出量与产沙量在显著水平 0.01 时相关系数分别为 0.998 和 1.000，远大于与径流中的总氮总磷的相关性，因此磷的输出以泥沙结合态为主。

表 3-17　2006 年产流量、产沙量与径流及泥沙中总氮总磷输出量相关分析

		产流量	产沙量	泥沙总氮	泥沙总磷	径流总磷	径流总氮
产流量	相关系数	1	0.875*	0.847**	0.864*	0.979*	0.937**
	显著概率		0.000	0.000	0.000	0.000	0.000
	样本数	20	20	20	20	20	20
产沙量	相关系数	0.875*	1	0.998**	1.000**	0.792**	0.878*
	显著概率	0.000		0.000	0.000	0.000	0.000
	样本数	20	20	20	20	20	20

*表示显著水平 $P<0.05$；**表示极显著水平 $P<0.01$。

前面分析得出在相同的降水量下，次生林和灌草丛的产流量都远小于农地，人工林的输出量仅次于农地。因此，农地的总氮输出量是四种地类中最大的，而次生林和灌草丛的输出量较小。磷流失的主要载体是泥沙，而农地的产沙量是次生林的 1.68～108.26 倍，因此农地磷的输出量也是最大的。

通过对 2007 年产流量、产沙量与径流及泥沙中总氮总磷输出量进行相关分析（表 3-18）可以得到，产流量和产沙量之间相关性极其显著（显著水平为 0.01 时相关系数达到 0.900），径流是泥沙侵蚀的主要载体，径流流失的量决定了泥沙量的多少。

表 3-18 2007 年产流量、产沙量与径流及泥沙中总氮总磷输出量相关分析

		产流量	产沙量	泥沙总氮	泥沙总磷	径流总磷	径流总氮
产流量	相关系数	1	0.900**	0.901**	0.897**	0.940**	0.472*
	显著概率		0.000	0.000	0.000	0.000	0.000
	样本数	40	40	40	40	40	40
产沙量	相关系数	0.900**	1	1.000**	1.000**	0.434**	0.816**
	显著概率	0.000		0.000	0.000	0.000	0.000
	样本数	40	40	40	40	40	40

*表示显著水平 $P<0.05$；**表示极显著水平 $P<0.01$。

从总体上来看，泥沙中总氮总磷输出量与产沙量的相关系数大于径流中总氮总磷输出量与产流量的相关系数。因此，泥沙是氮磷流失的主要载体。产流量与径流中总磷的输出量在 0.01 显著水平时相关系数为 0.940。泥沙中总氮总磷的输出量与产沙量在显著水平 0.01 时相关系数都为 1.000，大于与径流中的总氮总磷的相关系数。

3.6 讨 论

在相同的降水量下，灌草丛和次生林地都有较好地调节径流和减少土壤流失的作用。农地是其中产流产沙量最大的，其次是人工林，而次生林与灌草丛是几种土地利用类型中产流产沙量较小的。农地剖面总的土壤物理性质最差，覆盖率也较差，过快的坡面径流流速，使径流入渗土壤的机会大大减小，因此其产流量和产沙量远大于其他几种土地利用类型。一些研究也证实了农地是坡面侵蚀的主要土地利用类型，天然次生林与灌丛的防蚀效应大于人工林（刘卉芳等，2005；陈奇伯等，2005）。植被变化引起流域产流变化，流域产沙也随之变化。荒地土壤往往由于土壤结皮的存在而降低入渗率，产生地表径流；而植被覆盖的土壤则因改善的土壤特性，入渗率增大，成为降水吸收区，从而导致径流泥沙源汇区的产生。

6 月农地中刚种植烤烟不久，而在澄江尖山河流域种植烤烟时都会施氮肥，并用薄膜覆盖，6 月是雨季，所施的氮肥随雨水径流流失，因此 6 月取的样中农地总氮输出浓度最大，而 6 月是烤烟的生长期，烤烟以氨氮形式吸收氮素，因此氨氮输出量较低。到了雨季后期，灌草丛与次生林径流中总氮、总磷输出浓度较高，农地和人工林输出浓度较低。这是由于灌草丛的植被覆盖度高，植被的介入，改变了土壤的物理结构，使富含养分的细颗粒团聚体集聚地表，从而随地表径流流失所致。

农地非点源污染物的输出量最大，其次是人工林，次生林和灌草丛的输出量较小。由于农地植被覆盖度较低，加上耕作等人为影响，降雨产生的径流较大，因此即使当径流样中农地的氮磷浓度不高，但是其总氮、总磷的输出量却是最大的，次生林和灌草丛氮磷的浓度较高，但是植被覆盖度的不同改变了降雨与地表的水文过程，林冠层或枯枝落叶层减少了到达地面的降水量和降雨强度，减小了降雨对地表的击溅作用，从而减小了径流深，减少了径流量，因此总氮总磷的输出总量较低。已有研究表明，地表水体中氮磷质量浓度的来源主要是农业生产（Simth et al.，1995；Johnes et al.，2007）。对于人工林而言，整地不仅增加了入渗，而且增加了填洼量，也减小了径流深，从而使总氮、总磷的输出量减少。COD 的输出量是地类、降水量、降雨强度、持续时间等因素综合作用的结果。从总体上来看，在相同的降水量下，农地受到的有机污染最严重，而次生林、灌草丛受到的有机污染最小。农地是四种土地利用类型中变化幅度最大的，其次是人工林，而次生林和灌草丛受降雨的影响较小，这说明次生林和灌草丛抵御污染的能力大于农地和人工林。

在抚仙湖尖山河流域，次生林和灌草丛较人工林和农地更有利于减少水土流失、降低非点源污染。在农地上采取一定的水土保持措施有利于水土保持。表层土壤中氮含量与径流及泥沙中氮的输出量呈负相关关系，而表层土壤中的磷与径流及泥沙中的磷输出量呈正相关，即表层土壤中的氮含量越高，其越不容易随径流和泥沙流失，表土中的磷含量越高，其磷越容易随径流及泥沙流失。

本 章 小 结

（1）在相同的降水量下，灌草丛和次生林地都有较好地调节径流和拦蓄泥沙的作用。2006 年农地总的产流量最大，是人工林的 1.60 倍，分别是次生林和灌草丛的 12.45 倍和 5.52 倍；农地的产沙量也远大于其余几种土地利用类型，农地总产沙量是人工林的 8.41 倍、是次生林的 53.06、是灌草丛的 41.90 倍。2007 年土壤侵蚀量分别为农地 5608.50t/km^2，人工林 178.78t/km^2，灌草丛 55.80t/km^2，次生林 48.09t/km^2。农地土壤侵蚀量最大，灌草丛保持土壤效果最好。天然次生林和灌草丛分别比农地减少土壤侵蚀量 99.01%和 99.14%，比人工林减少土壤侵蚀量 68.79%和 73.10%。

（2）径流中总磷的输出浓度未表现出明显规律，2006 年 7 月三次所采集的样品总磷浓度均为灌草丛＞次生林＞人工林＞农地，而 9 月两次所采的径流样农地中总磷的含量均比较高。对 2007 年采样数据分析后得出，6 月 11 日径流样总磷输出浓度表现为农地＞次生林＞灌草丛＞人工林，6 月 27 日则为灌草丛最大，其次是次生林和人工林，农地最小。6 月 28 日则表现为灌草丛最大，其次是次生林和农地，人工林最小。7 月径流样也表现出灌草丛和次生林较大，人工林和农地较小。8 月、9 月采集的径流样中则是农地和灌草丛总磷的输出浓度较大，次生林和人工林的输出浓度较小。因此，总的来说，灌草和农地丛径流小区总磷的输出浓度较大，其次为次生林，人工林地中总磷输出浓度最小。

2006 年总氮输出浓度规律为：7 月 9 日与 7 月 13 日，总氮的输出浓度为次生林＞灌草丛＞农地＞人工林，7 月 17 日、9 月 6 日、9 月 20 日都表现为灌草丛＞次生林＞农地＞人工林。总体上来看，灌草丛和次生林总氮输出浓度较大，农地和人工林较小。2007 年 6 月三次所采集的样品中，农地的总氮浓度最大，其次是灌草丛和次生林，而人工林的输出浓度最小。7 月三次所采集的径流中总氮的浓度在次生林和灌草丛中的浓度较高，而在人工林和农地中的浓度较低。8 月和 9 月四次取样总氮输出浓度都为次生林＞灌草丛＞人工林＞农地。2006 年各不同地类径流中氨氮浓度均显示出人工林＞农地＞次生林＞灌草丛，这说明氨氮浓度和植被覆盖度的关系基本是呈正相关的，植被的覆盖度越大，氨氮随径流流失的浓度越小。2007 年 6 月氨氮则表现为人工林最大，其次是次生林和灌草丛，农地中氨氮输出浓度较小。7 月氨氮浓度为人工林较大，其次为次生林和农地，灌草丛中的输出浓度是最小的。8 月和 9 月四次径流样中氨氮输出浓度为农地＞人工林＞次生林＞灌草丛。径流样中 COD 大体上表现为次生林和人工林较大，灌草丛和农地的 COD 的输出浓度较小。

（3）径流中总氮、总磷输出量为农地最大，其变化幅度也是最大的，其次是人工林，再次是灌草丛和次生林。不同土地利用类型中氨氮输出量有显著趋势。次生林和灌草丛的氨氮的输出量是四种土地利用型中最小的，其次是人工林，农地的输出量是四种土地利用类型中最大的，2006 年 COD 输出量的大致规律为农地＞人工林＞灌草丛＞次生林。2007 年 COD 输出量的大致规律为农地＞人工林＞次生林＞灌草丛。

（4）2006 年不同土地利用类型侵蚀泥沙中总氮和总磷的输出量依次为：农地＞人工林＞灌草丛＞次生林；速效氮和速效磷则为：农地＞人工林＞次生林＞灌草丛。速效氮和速效磷在次生林中的输出量大于灌草丛，与总氮和总磷输出量相反。农地侵蚀泥沙中面源污染物输出量远大于次生林和灌草丛。2007 年不同土地利用类型小区侵蚀泥沙中，总氮输出量依次为农地＞人工林＞次生林＞灌草丛，农地径流小区输出的总氮量是最大的，而且远大于灌草丛地，是灌草丛的 71.4 倍；而速效氮为农地＞人工林＞次生林＞灌草丛，农地输出量是灌草丛的 76.9 倍；总磷输出规律为农地＞人工林＞次生林＞灌草丛，农地总磷输出量是灌草丛的 66.7 倍；不同土地利用类型速效磷输出量依次为农地＞次生林＞人工林＞灌草丛，农地的输出量是灌草丛的 5337.5 倍；而灌草丛和次生林总磷的输出量相差不大，次生林输出量为灌草丛的 1.34 倍。

（5）径流泥沙对养分有富集特性，总氮的富集率为灌草丛＞农地＞人工林＞次生林，速效氮为次生林＞灌草丛＞人工林＞农地；总磷富集率为次生林＞农地＞灌草丛＞人工林，速效磷为次生林＞人工林＞灌草丛＞农地；速效钾的富集率为灌草丛＞次生林＞人工林＞农地。从总体上来看，次生林和灌草丛的养分富集率较高，农地的富集率较低。次生林和灌草丛由于植被覆盖度大，地表径流量小，土壤结构不易被破坏，泥沙以养分含量较高的细颗粒为主，农地由于植被覆盖度小，经常受到人为活动的影响，土壤颗粒的选择性作用小，因此泥沙的养分含量小。

（6）表层土壤中总氮含量与径流及泥沙中总氮的输出量呈负相关关系，总氮含量与径流中氨氮输出量的相关系数为 0.66，而与泥沙中总氮、速效氮输出的相关系数都大于 0.95。表层土壤中速效氮含量与径流中氨氮输出量的相关系数为 0.37。表层土壤中的磷与径流及泥沙中的磷输出量呈正相关，表层土壤中总磷与径流中总磷的相关系数为 0.7，而与泥沙中磷的相关系数皆大于 0.99，侵蚀泥沙引起的面源污染更大。相对于氮而言，表层土壤中的磷更易于随径流流失，磷的输出以泥沙结合态为主，特别是速效磷。径流中总氮输出量与产流量的相关系数大于总磷的，径流中带走的总氮量更大；泥沙中总氮总磷输出量与产沙量的相关系数大于径流中总氮总磷输出量与产流量的相关系数，泥沙是氮磷流失的主要载体。2007 年泥沙中总氮总磷的输出量与产沙量在显著水平 0.01 时相关系数达到 1.000，远大于与径流中的总氮总磷的相关系数，因此磷的输出以泥沙结合态为主。

第 4 章　等高反坡阶整地与施肥对烤烟地径流氮磷输出的影响

烤烟是重要的经济作物，在国民经济中占有较大比重。云南是全国最大的烟叶产区，种植面积约 35 万 hm^2，烟叶产量占全国总产量的 1/3 以上，云南也是我国重要的优质烤烟产地（王树会等，2006），其多为坡地种植，云南典型的高原气候特征之一就是雨旱季分明，降雨 80%集中在雨季，坡地水土流失及氮磷元素流失也主要发生在雨季，所以研究云南烤烟坡地施肥与氮磷流失特征，对云南烤烟种植合理施肥及烤烟产业的可持续发展具有十分重要的意义。肥料为农作物生长提供必需的营养元素，但其本身又是环境污染的潜在因素，可能对环境造成压力。我国农业化肥的投入量逐年增加，我国几种主要作物氮肥的利用率一般为 25%～55%（有些城郊蔬菜基地与高产地区氮肥利用率降至 10%～20%）（朱兆良和文启孝，1990）。也就是说，有 45%～75%的氮肥没有被作物吸收利用，可能在土壤中富积，并通过各种途径进入环境，其中水环境是主要的受体。因此，弄清氮磷在农地中的流失规律，为防止土壤氮磷元素流失、保持肥效的基本前提，从而为合理施肥提供依据。

反坡台阶作为坡耕地水土保持控制措施之一，其蓄水保土及减少坡耕地面源污染效果显著，适用于降雨季节分配严重不均的云南山区（武军等，2016；王帅兵等，2017）。国内外学者为了深入研究不同降雨下径流、泥沙及养分流失的差异，根据降水量、降雨历时和降雨强度等将降雨分为 3 类（秦伟等，2015；常松果等，2016）或 4 类雨型（陈玲，2013；Wang et al.，2016；马星等，2017），分别探讨了不同雨型下坡地土壤侵蚀的差异、产流产沙和氮磷流失特征，以及坡度对坡地产流产沙和氮磷流失的影响等。但研究不同雨型下反坡台阶对坡耕地氮磷流失的控制效应仍鲜有报道。同时，当前研究主要通过室内模拟降雨手段来研究不同雨型下氮磷流失特征，难以揭示自然农田中氮磷的流失机理。本章研究区域位于抚仙湖的尖山河流域，抚仙湖目前尚属I类水质［《地表水环境质量标准》(GB3838—2002)](莫绍周和侯长定，2004)。研究表明，农耕区地表径流及生活污水等面源污染分别占抚仙湖陆源氮、磷污染负荷的99.1%和98.5%，是主要的污染源(侯长定，2002)。通过监测流域内烤烟坡地产流产沙、氮磷流失等特征，并结合田间施肥试验，研究不同施肥水平和施肥时间下烤烟坡地地表径流、壤中流及泥沙中氮磷流失的规律，同时研究反坡台阶在对红壤坡耕地氮磷流失的影响，以期深入地揭示反坡台阶控制坡耕地面源污染的机理，并全面评价反坡台阶对于控制坡耕地氮磷流失的效益，为源头控制山区水土流失和农业面源污染提供科学依据和技术支撑，其对指导科学合理施肥、防治农业面源污染的发生具有重要意义，同时对降低农业面源污染、保护抚仙湖水质、防止湖泊水体富营养化具有现实意义。

4.1　试验设计与研究方法

4.1.1　试验材料的选取

1. 烤烟品种

试验地种植烤烟品种为 K326，该品种的生物学特性为：耐肥性强，苗期 60～70 天，4 月下旬至 5 月中旬移栽，种植密度 16492 株/hm^2，氮肥施用量(以氮计)105～135kg/hm^2，施肥比例 N∶P_2O_5∶K_2O 为 1∶0.5∶2.5～3，所有肥料在移栽后 25 天内全部施完。

2. 试验地土壤

试验地土壤为红紫壤，表层土壤理化性质如下：含水率 2.93%，容重 1.39g/cm^3，pH4.93，有机质含量 1.08%，总氮含量 0.68g/kg，总磷含量 0.94g/kg，水解氮含量 68.17mg/kg，速效磷含量 23.51mg/kg。

3. 施肥品种

施肥品种(底肥和追肥)主要为云南红河恒林化工有限公司生产的烟草专用复混肥(N-P-K 百分含量分别为 12-6-24)，每 100kg 含硝态氮约 50kg。提苗肥为云南满好肥料有限公司生产的烤烟提苗肥(N-P-K：28-0-5)，施用量 45kg/hm^2。

4.1.2 试验地布置

1. 试验地选取

试验地位于澄江尖山河流域出口附近的大冲村，海拔 1773m，位于坡中下部，坡度 18.58°，坡向北南向，为坡旱地，历年种植植物主要为烤烟、大豆、苦荞、小麦等，2007 年、2008 年均种植烤烟。

2. 径流小区布设

土壤侵蚀与地表径流采用小区定位观测方法。小区的布设方式及地表径流和泥沙的监测方法等与第 3 章坡面径流小区的设置和方法相同。为便于进行田间试验，2008 年在标准径流小区周围选取坡度、坡向等相似的 3 个地块布设 1m×1m 微型小区 9 个进行施肥田间试验，每个地块各设置 3 种施肥水平。

4.1.3 整地方式及施肥处理

1. 等高反坡阶整地

等高反坡阶沿等高线自上而下里切外垫，修成一台面，台面外高里低，以尽量蓄水，减少流失，其常在山石多、坡度大（10°～25°）坡面上采用。2008 年在试验地标准径流小区内中部和下部分别开挖两条反坡阶进行对照试验，反坡阶规格：宽 1.2m，反坡 5°。反坡阶布设示意图见图 4-1。

2. 施肥处理方法

试验采用不同施肥水平进行田间试验，标准径流小区采用当地标准施肥处理，9 个微型小区分 3 组各 3 个水平施肥，分别是：1 水平为当地最佳施肥量，2 水平=1 水平×1.5；3 水平=1 水平×2.5。

施肥采用玉溪市烟草专卖局发布的《玉溪市优质烤烟生产技术手册》（云南省烟草公司玉溪市公司和玉溪市烟草专卖局，2007）上的施肥要求并结合当地施肥方法进行，施氮量（以氮计）为 105～135kg/hm^2，本试验施氮量（以氮计）135kg/hm^2，施磷量（以磷计）67.5kg/hm^2，按每公顷种植 16500 株，即每株烤烟施氮量为 8.18g，施磷量为 4.09g。

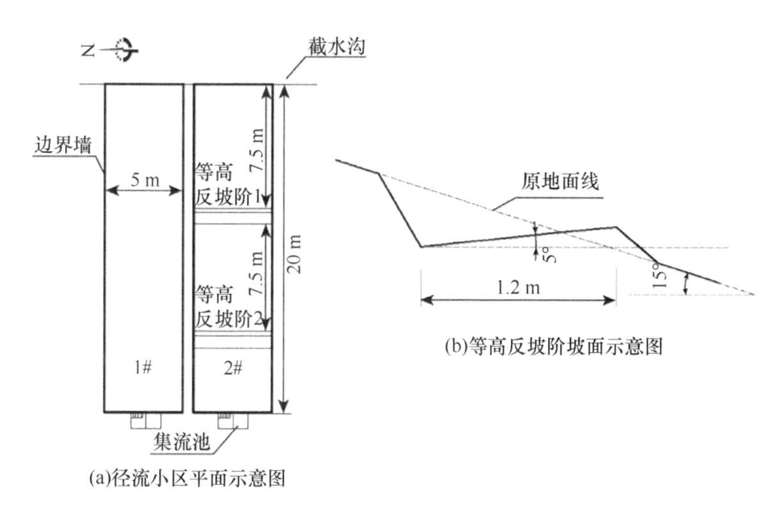

图 4-1　径流小区及反坡阶示意图

肥料施用情况（常规施肥量）：底肥施用烟草专用复混肥（12-6-24）247.5kg/hm^2，含氮量 29.7kg/hm^2，含磷量 14.85kg/hm^2；提苗肥施用烤烟提苗肥（28-0-5）45kg/ hm^2，含氮量 12.6kg/hm^2；追肥烟草专用复混肥（12-6-24）772.5kg/hm^2，含氮量 92.7kg/hm^2，含磷量 46.35kg/hm^2。合计施氮量 135kg/hm^2，施磷量 61.2kg/hm^2。微型小区各水平施肥料量见表 4-1。

表 4-1　试验地施肥量

小区	水平	面积/m^2	施氮量/g	施磷量/g
微型小区	水平 1（1.0×常量）	1.0	13.5	6.12
	水平 2（1.5×常量）	1.0	20.25	10.125
	水平 3（2.5×常量）	1.0	33.75	16.875
标准径流小区	1.0×常量	100.0	1350.0	612.0

施肥方法采用穴施，肥料均匀分布于烤烟根部 15～20cm 周围，一次性施入。烤烟移栽时间为 2008 年 5 月 10 日，同时施底肥，5 月 20 日施提苗肥（兑水浇施），6 月 4 日施追肥（标准径流小区施追肥时间为 5 月 27 日）。2007 年和 2008 年试验各区均采用标准施肥，2009 年采用不同施肥水平进行田间试验，烤烟移栽时间为 2009 年 5 月 16 日，同时施底肥，5 月 23 日施提苗肥（兑水浇施），6 月 6 日施追肥。标准径流小区采用当地标准施肥处理，T1 区、T2 区和 T3 区分别为 3 个施肥水平，分别是：T1 水平为当地最佳施肥量，T2 水平＝T1 水平×1.5；T3 水平＝T1

水平×2。各地块施肥量见表 4-2。

表 4-2　2009 年试验地施肥量

小区	水平	施氮量/（kg/hm^2）	施磷量/（kg/hm^2）
T1	T1 水平（1.0×常量）	135	61.2
T2	T2 水平（1.5×常量）	202.5	91.8
T3	T3 水平（2.0×常量）	270	122.4

4.1.4　野外定位观测与样品采集

1. 野外定位观测

1）降水量观测

在径流小区的附近安置自记雨量计（型号：JDZ-1，重庆水文仪器厂）一个，采用自记雨量计和雨量筒（人工读书记录）对 2005～2008 年项目区的降水量进行连续观测。

2）地表径流观测

分别观测产流量、产沙量、径流及泥沙氮、磷含量变化等指标。

3）土壤管和土壤水分管（陶瓷多孔杯）的布设

试验地采用陶瓷多孔杯（Grossmann et al.，1991）采样器采集土壤溶液（陶瓷多孔杯外径 4.8cm，高 6.2cm，杯微孔约 2.9 μm，空气进入量 0.1mPa）。陶瓷多孔杯采样器（以下简称多孔杯）由 PVC 管和陶瓷多孔杯组成。在安装前先用稀盐酸淋洗陶瓷多孔杯，然后用蒸馏水彻底冲洗干净。

坡中部和坡下部都布设有多孔杯和土壤管，坡中部仅布设四种多孔杯，即 32cm、47cm、77cm、107cm，共 4 个；坡下部布设 7 种多孔杯，即 32cm、47cm、77cm、107cm、137cm、166cm、200cm，共 7 个。坡中部和坡下部的土壤管规格分别有四种，即 20cm、40cm、60cm、80cm。

以径流小区为中心，上部左侧 T1 区布设多孔杯，坡下部 7 个，坡中部 4 个；上部右侧布设土壤管，坡下部和坡中部各 4 个，分别与径流小区上部左侧对应的多孔杯在同一高度。径流小区下部左侧 T2 区和下部右侧 T3 区布设的多孔杯和土壤管数量规格一样，在坡下部布设多孔杯 7 个，土壤管 4 个；在坡中部同一高度位置设有多孔杯 4 个，土壤管 4 个。每组重复坡中部和坡下部垂直距离为 3.5m（图 4-2）。

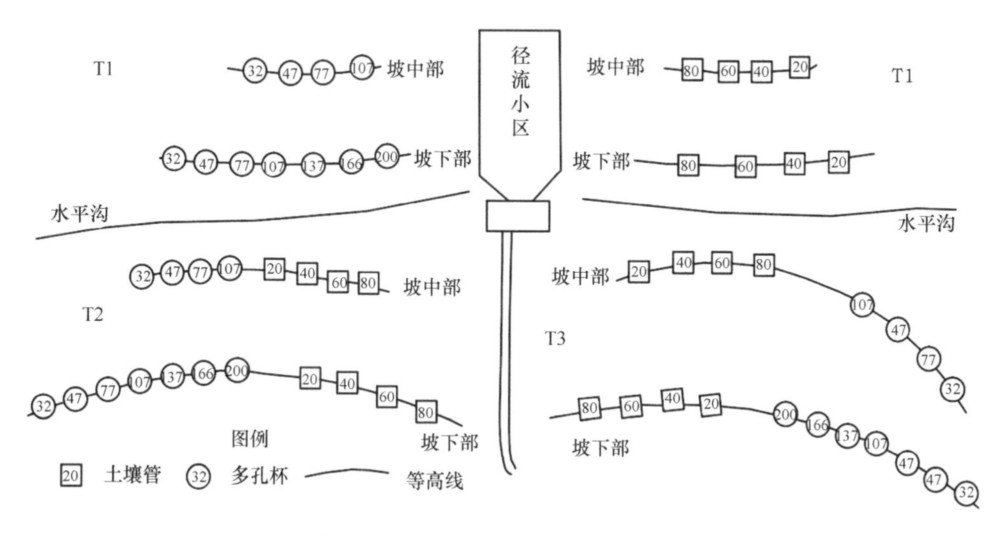

图 4-2　土壤管和多孔杯布设示意图

根据降雨情况，每半月左右抽取土壤溶液 1 次，取样负压为 0.8MPa。每次收集土壤溶液时，提前 24h 用真空泵对多孔杯进行抽气。试验分析在室内实验室进行。水样送回实验室后，立即进行预处理，然后储存在 4℃冰箱中，于 24h 内进行分析，分析指标为总氮、总磷、铵态氮（NH_4^+-N）、硝态氮（NO_3^--N）、磷酸根（PO_4^{3-}）。2007 年主要对前三个指标进行测定，2008 年和 2009 年新增对后两个指标的测定。

2. 取样方法

1）径流取样

每次产流降雨停止后立即测出集流池的水位，然后搅匀水池中的泥沙，各取 3 瓶水样分别测定泥沙含量及径流中氮、磷养分含量，取样完后放干集流池中的泥水并将集流池冲洗干净。微型小区收集径流用 25L 塑料桶，产流停止后分别称重计算产流量，然后摇匀各取 2 份水样测定其泥沙含量及氮、磷养分含量，剩余泥水倒入塑料桶沉淀取径流泥沙样。

2）泥沙取样

每次降雨产流后，通过沉淀微型小区（1m×1m）径流收集桶内的径流而得到径流泥沙样品，进行风干后取样，以测定不同施肥水平、不同施肥时间径流泥沙中的氮、磷含量；从标准径流小区集流槽及反坡阶沟内采集径流推移质及反坡阶截流的泥沙进行氮、磷养分测定；在不同时间分取径流小区及微型小区表层土壤并测定其氮、磷含量。

4.1.5 室内试验方法

1. 泥沙含量测定

利用置换法求泥沙含量。测量方法：①将 100mL 清水准确注入 100mL 容量瓶，然后将其放在电子天平（精确到 0.01g）称重得清水重 W_w；②将取回的泥水样充分摇匀后准确注入 100mL 容量瓶至刻度，称重得泥水重 W_{ws}；③每种水样重复测验 3 次，记录数据，按式（4-1）计算泥沙重：

$$W = \gamma_s (W_{ws} - W_w)/(\gamma_s - \gamma_w) \tag{4-1}$$

式中，γ_s 为泥沙的比重；γ_w 为水的比重；W_w 为清水重，g；W_{ws} 为泥水重，g；W 为泥沙重，g。

2. 径流养分测定

每次降雨过后取径流样 500mL，在 4℃条件下保存并于 24h 内测定其中的总氮、总磷、氨氮、硝态氮、磷酸根含量等。总氮：碱性过硫酸钾消解，紫外分光光度法测定。总磷：过硫酸钾消解，抗坏血酸和钼酸铵发色后用分光光度计测定。氨氮：钠氏试剂比色法测定。硝态氮：酚二磺酸法测定。磷酸根：抗坏血酸和钼酸铵发色后用分光光度计测定。

3. 泥沙养分测定

采集试验地标准小区及微型小区表土和径流泥沙，风干后磨细，分别过 1mm 和 0.25mm 筛，测定其中的 pH、土壤含水率、有机质、总氮、水解氮、总磷、速效磷等含量。其中，pH：用电位法测定（型号：pHS–4C^{+}酸度计，成都方舟科技开发公司）。有机质：重铬酸钾容量法测定。土壤含水量：烘干法测定。总氮：浓硫酸-高氯酸消解，蒸馏出的氨用硼酸混合指示剂吸收后用硫酸滴定。水解氮：碱解扩散法测定（在密封的扩散皿中，直接加碱于土壤中，于恒温条件下，在一定时间内土壤中部分有机物被碱水解，释放出氨，连同土壤中的铵态氮在碱性条件下转化为氨气，并不断扩散逸出，被硼酸溶液吸收，用标准酸滴定硼酸吸收液中的 NH_3 后，可计算出土壤中水解氮的含量）。总磷：浓硫酸-高氯酸消化，抗坏血酸还原比色法测定。速效磷：盐酸–氟化氨法测定（用盐酸-氟化铵提取剂提取土壤中的速效磷，然后用氯化亚锡还原比色测定）。

4.2　施肥及整地下的烤烟地坡面地表产流产沙特征

4.2.1　产流产沙量

径流通常分成三个部分，即地表径流、壤中流和地下径流。地表径流与高强度的降雨相对应，其流量大，持续时间短。壤中流相对滞后于地表径流，滞后时间受到降雨类型和下垫面性质的影响，有长有短，但有时难以与地表径流区分，地下水径流持续时间长，流量小并经常呈间歇状。

降雨强度与土壤侵蚀之间存在密切的关系，降雨强度是降雨侵蚀力的一个十分重要的潜在参数（吴钦孝，2005）。有很多人研究降雨强度与水土流失之间的关系（哈德逊等，1976；王玉宽，1990；王万忠和焦菊英，1996），显然不同下垫面和降雨条件，使降雨强度与土壤侵蚀的关系变得十分复杂，所以描述降雨强度与坡面产流产沙之间规律性或普遍性的关系问题十分必要的（王玉宽，1990）。

通过对 2007～2008 年产流产沙量的连续观测，降雨特征和产流产沙的关系如下：2007 年降水总量为 887.3mm，烤烟坡地共产生径流 35 场，产流降水量为 595.8mm，占全年降水量的 67.1%，径流深总计 298.2mm，径流系数平均达到 0.50，产生径流总量 29.82 万 m^3/km^2，35 场产流降雨中径流泥沙含量平均为 10.588kg/m^3，产沙总量达 3157.24t/km^2，全年最大 10min 降雨强度为 108.0mm/h（8 月 11 日），最大 30min 降雨强度为 63.2mm/h（8 月 11 日），其中超过 50mm 的降雨有两场，时间为 7 月 19 日（50.5mm）和 8 月 11 日（55.8mm），这两场降水量分别占统计 35 场产流降水总量的 8.48%和 9.37%，径流系数分别为 0.3 和 0.9，其产流产沙也有很大的差别：7 月 19 日产流量为 1.52 万 m^3/km^2，8 月 11 日产流量为 5.00 万 m^3/km^2，前者只占后者的 30.4%，产沙量分别为 165.19t/km^2、784.50t/km^2，前者只占后者的21.06%。比较这两场较大的降雨数据可以看出，7月19日降雨历时长（15.33h），最大10min降雨强度（39.4mm/h）和最大30min降雨强度（25.6mm/h）都较小；8月11日降雨历时短（11.12h），最大10min降雨强度达到106.8mm/h，最大30min降雨强度达到63.2mm/h，均为全年之最，从而导致其产流量达统计35场降雨总产流量的16.77%（7月19日为5.10%），产沙量占统计35场降雨总产沙量的24.85%（7月19日为5.23%），降水量基本相同的两场降雨产生的径流量和侵蚀量差别如此之大，充分说明强降雨对水土流失具有十分明显的促进作用。

2008年在径流小区设置两条等高反坡阶整地处理后，烤烟坡地产流产沙量明显减少，降雨产流产沙结果如下：2008年降水总量为923.3mm，烤烟坡地共产生径流17场，产流降水量为458.0mm，占全年降水量的49.6%，径流深总计113.64mm，径流系数平均为0.25，产生径流总量11.364万m^3/km^2，17场产流降雨中径流泥沙含量平均为6.289kg/m^3，产沙总量为717.7t/km^2。其中超过50mm的降雨也有两场，时间为7月2日和11月1～2日，降水量分别为53.2mm、50.3mm，最大10min降雨强度分别为25.2mm/h和24.0mm/h，最大30min降雨强度均为15.6mm/h。两场降雨径流深分别为22.0mm和17.2mm，产流量分别为2.20万m^3/km^2和1.72万m^3/km^2，产沙量分别为174.86t/km^2和60.13t/km^2，产沙量相差较大主要是由于两次降雨径流泥沙含量不同，7月2日和11月1～2日径流中泥沙含量分别为7.95kg/m^3和3.50kg/m^3。

2007～2008年降水量与产流量、产沙量的关系图见图4-3和图4-4。

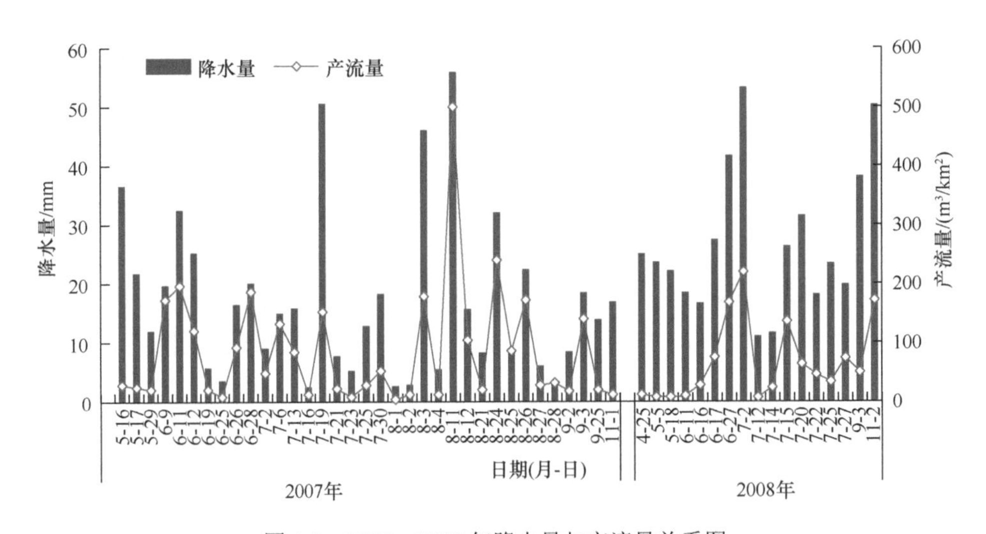

图4-3 2007～2008年降水量与产流量关系图

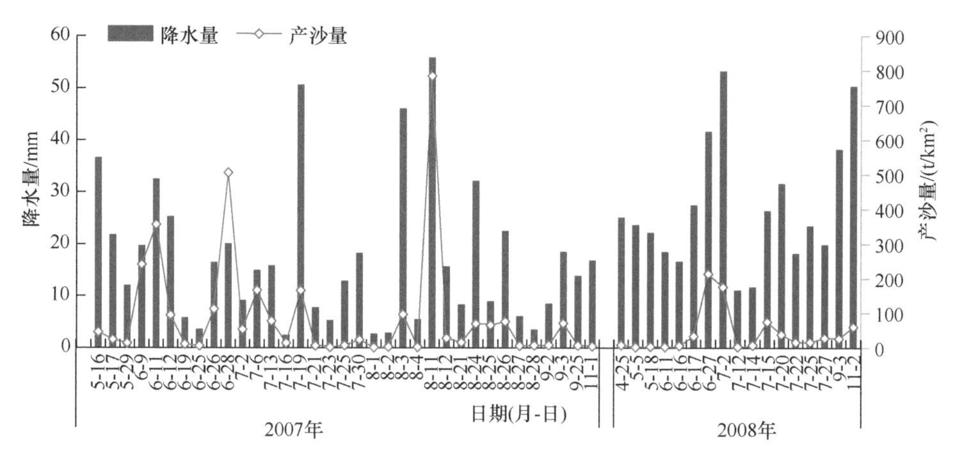

图 4-4　2007～2008 年降水量与产沙量关系图

从图 4-3 可以看出，降水量和产流量大致存在相互消长的关系，每年开始几场降雨产流量都很小，主要是长期没有降雨，土壤前期含水量较小，因而降雨大部分被土壤吸收和下渗，导致产流量较小，而在 6～9 月降水量偏多的月份，产流量和降水量相互消长的趋势十分明显，主要是降雨比较频繁，土壤含水量增加，入渗减弱，大部分以地表径流的形式流走。2008 年设置反坡阶后，小区产流仅 17 场，且径流系数都很小，主要是反坡阶起到了对径流拦蓄的作用，同时增加了水分入渗，因此产流急剧下降；产沙量也与产流量有大致的规律。从图 4-4 可以看出 2008 年产沙量也明显降低。

4.2.2　产流产沙与降雨强度

降雨引起的地表径流造成坡地大量的水土流失，同时也使大量的营养物质进入水体。在降雨过程中，随着降雨强度的增加，产流产沙量也相应地增加，降雨强度和产流产沙量之间具有较好的线性相关关系，主要是随着降雨强度的增大，产流历时缩短，径流提早发生（张和喜等，2008），包气带几乎被蓄满，稳渗以外的所有降雨都可以以地表径流的形式流走，因而增加了降雨随坡面流失的量，径流的增加也加大了对坡面土壤的冲刷作用，相应地增加了土壤侵蚀；因此，在强降雨天气应当做好坡地水土保持工作，可采取坡面拦蓄（反坡阶）和减少雨季对地表的扰动以减少坡面水土流失，增加坡面入渗。

对 2007 年降雨强度与产流量、产沙量进行相关性分析，其结果见图 4-5 和图 4-6。从图 4-5 可以看出，产流量与最大 10min（I_{10}）和最大 30min（I_{30}）降雨强度都具有较好的线性相关关系，产流量（y_1）与最大 10min 降雨强度（x_1）的关系式为y_1=450.06x_1–2033.3，与最大30min降雨强度（x_2）的关系式为y_1=793.04x_2–1970.8，R^2分别为0.7224和0.7505。可见，产流量与最大30min降雨强度线性相关性更好。

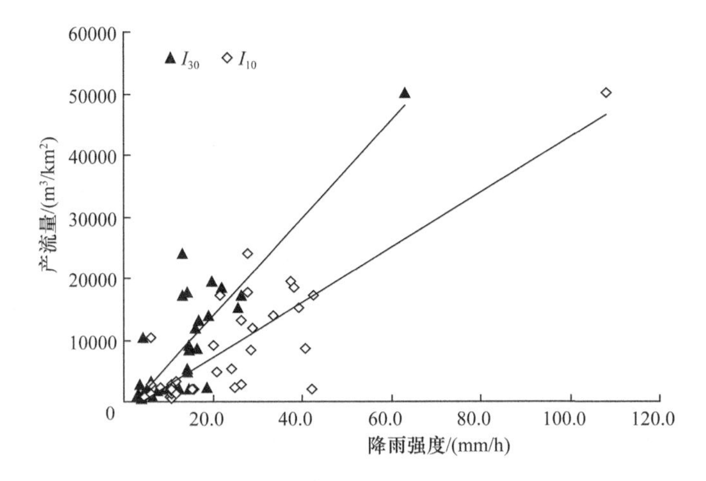

图4-5 产流量与降雨强度之间的关系

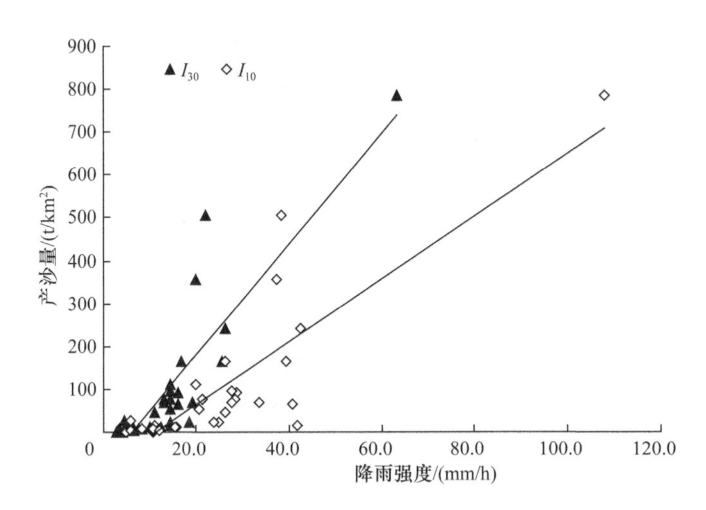

图4-6 产沙量与降雨强度之间的关系

从图4-6可以看出，产沙量与最大10min和最大30min降雨强度也都具有较好的线性相关关系，产沙量（y_2）与最大10min降雨强度（x_1）的关系式为y_2=7.3118x_1–81.246，与最大30min降雨强度（x_2）的关系式为y_2=13.007x_2–81.957，R^2分别为0.7249和0.7675。可见，产沙量也是与最大30min降雨强度线性相关性更好。对

2007 年降雨与产流产沙量进行 Pearson 相关性分析，结果见表 4-3。

表 4-3　降雨特征与产流产沙相关性分析

		径流深/mm	径流系数	产流量/（m^3/km^2）	泥沙含量/（kg/m^3）	产沙量/（t/km^2）
降水量/（mm）	Pearson 相关系数	0.771**	0.171	0.771**	0.432**	0.625**
	sig.（2-tailed）	0.000	0.325	0.000	0.009	0.000
I_{10}/（mm/h）	Pearson 相关系数	0.850**	0.479**	0.850**	0.578**	0.851**
	sig.（2-tailed）	0.000	0.004	0.000	0.000	0.000
I_{30}/（mm/h）	Pearson 相关系数	0.866**	0.461**	0.866**	0.596**	0.876**
	sig.（2-tailed）	0.000	0.005	0.000	0.000	0.000
泥沙含量/（kg/m^3）	Pearson 相关系数	0.468**	0.370*	0.468**		0.728**
	sig.（2-tailed）	0.005	0.029	0.005		0.000
产沙量/（t/km^2）	Pearson 相关系数	0.869**	0.535**	0.869**	0.728**	
	sig.（2-tailed）	0.000	0.001	0.000	0.000	

**表示极显著，$P<0.01$，*表示显著，$P<0.05$。

从表 4-3 可以看出：降水量与径流深、产流量、泥沙含量及产沙量之间都有显著的相关性，相关性系数分别为 0.771（sig.=0.000）、0.771（sig.=0.000）、0.432（sig.=0.009）、0.625（sig.=0.000）； I_{10} 与径流深、产流量、泥沙含量及产沙量相关性都极显著，相关性系数分别为 0.850（sig.=0.000）、0.850（sig.=0.000）、0.578（sig.=0.000）、0.851（sig.=0.000）；I_{30} 与径流深、产流量、泥沙含量及产沙量之间的相关性也都极显著，相关性系数分别为 0.866（sig.=0.000）、0.866（sig.=0.000）、0.596（sig.=0.001）、0.876（sig.=0.000）。同时，产流量与产沙量之间也有极显著的相关关系，Pearson 相关系数为 0.869（sig.=0.000）。

综上分析可以得出：产流量和产沙量都与 I_{10} 和 I_{30} 具有较好的相关关系，与 I_{30} 相关性更好。

4.3　烤烟地坡面地表径流及侵蚀泥沙中的氮磷输出特征

4.3.1　地表径流氮素输出特征

1. 径流氮素输出含量

通过对 9 个微型小区 3 个不同施肥水平 2008 年 6 月 12 日～9 月 27 日共 14

场径流进行养分含量分析，分别测定其总氮、氨氮、硝态氮含量等指标，以分析其氮素输出特征，结果见表 4-4～表 4-6。

表 4-4　不同施肥水平径流总氮输出含量　　（单位：mg/L）

日期（年-月-日）	地块 A			地块 B			地块 C		
	1	2	3	1	2	3	1	2	3
2008-6-12	10.634	11.653	12.813	9.643	11.342	11.521	7.936	7.191	9.709
2008-6-17	5.455	5.172	6.172	2.615	6.643	5.681	2.474	5.077	4.662
2008-6-27	4.836	5.252	7.040	4.118	6.231	9.033	3.058	3.662	5.964
2008-7-3	2.489	5.228	7.590	3.200	9.625	7.191	2.206	4.672	6.587
2008-7-12	4.606	6.262	3.502	4.266	8.694	4.662	3.955	5.757	2.697
2008-7-15	—	6.181	6.282	4.238	5.842	9.098	4.389	5.736	4.134
2008-7-16	3.792	2.625	3.172	2.947	3.040	5.030	2.379	2.351	3.530
2008-7-20	3.464	4.030	4.992	2.691	5.398	9.143	1.587	2.398	5.351
2008-7-26	3.200	2.634	3.672	3.068	4.502	4.615	2.294	1.502	3.634
2008-8-8	2.087	4.002	—	1.785	—	5.549	1.417	2.011	5.068
2008-8-13	3.474	4.181	1.492	3.530	5.030	4.351	3.738	2.785	2.342
2008-8-26	—	1.464	0.030	0.162	3.804	9.096	2.351	2.898	4.483
2008-9-4	3.153	4.030	5.898	2.436	4.049	6.143	2.285	3.011	4.489
2008-9-27	4.096	5.568	2.511	3.125	3.436	10.659	2.342	1.275	1.832
平均	4.274	4.877	5.013	3.416	5.972	7.269	3.029	3.595	4.606

注：表中“—”为没取到样，数据缺失。

表 4-5　不同施肥水平径流氨氮输出含量　　（单位：mg/L）

日期（年-月-日）	地块 A			地块 B			地块 C		
	1	2	3	1	2	3	1	2	3
2008-6-12	0.147	0.400	0.582	0.706	0.647	0.476	0.835	1.029	1.782
2008-6-17	0.641	0.741	0.809	0.715	0.582	0.806	0.618	0.624	1.003
2008-6-27	0.715	0.841	1.000	0.512	0.653	2.435	0.776	0.256	1.006
2008-7-3	0.527	0.739	0.913	0.777	0.811	0.888	0.518	0.270	0.814
2008-7-12	0.721	0.901	1.301	0.570	0.632	0.922	0.739	0.996	0.539
2008-7-15	—	0.651	0.797	0.519	0.649	0.875	0.712	0.821	0.881
2008-7-16	0.693	0.792	0.800	0.573	0.788	0.840	0.598	0.352	0.499
2008-7-20	0.704	0.712	0.922	0.815	1.083	1.916	0.680	1.408	1.662
2008-7-26	0.707	0.774	1.073	0.515	0.649	0.954	0.547	0.846	0.960
2008-8-8	0.596	0.957	—	0.675	—	0.634	0.451	0.893	0.718

续表

日期（年-月-日）	地块 A			地块 B			地块 C		
	1	2	3	1	2	3	1	2	3
2008-8-13	0.425	0.841	0.380	0.700	0.706	0.686	0.558	0.586	0.894
2008-8-26	—	0.715	1.151	0.657	0.818	1.096	1.085	1.192	1.303
2008-9-4	0.587	0.454	0.500	0.539	0.626	1.474	0.486	0.567	0.992
2008-9-27	0.901	0.660	0.762	0.634	0.500	3.119	0.910	0.919	0.971
平均	0.614	0.727	0.845	0.636	0.703	1.223	0.680	0.769	1.002

注：表中“—”为没取到样，数据缺失。

表 4-6　不同施肥水平径流硝态氮输出含量　　（单位：mg/L）

日期（年-月-日）	地块 A			地块 B			地块 C		
	1	2	3	1	2	3	1	2	3
2008-6-12	3.593	3.593	3.614	3.164	3.482	3.614	3.257	3.504	3.593
2008-6-17	1.410	1.701	2.068	0.723	0.644	1.787	0.315	0.835	0.645
2008-6-27	0.824	0.774	1.077	0.556	1.521	1.935	1.145	1.203	2.363
2008-7-3	0.320	0.385	0.567	0.330	0.446	0.578	0.388	0.431	0.611
2008-7-12	1.127	1.303	1.425	0.996	1.031	1.110	0.435	0.908	2.698
2008-7-15	—	1.425	1.683	0.537	0.923	1.371	0.363	0.398	3.275
2008-7-16	0.906	1.480	3.301	0.526	0.581	1.647	0.639	1.033	2.632
2008-7-20	2.032	2.551	2.221	1.078	1.070	1.598	0.443	0.526	3.744
2008-7-26	0.183	0.951	1.100	0.135	0.116	0.637	0.114	0.386	3.261
2008-8-8	0.956	1.118	—	1.056	—	1.304	0.154	0.259	2.878
2008-8-13	0.977	1.101	1.512	1.269	1.490	1.558	0.541	0.973	2.335
2008-8-26	—	0.563	0.759	0.522	0.507	4.418	0.508	1.034	3.507
2008-9-4	0.292	0.545	3.491	0.326	0.423	1.362	0.454	0.805	4.037
2008-9-27	1.593	1.104	2.109	0.497	0.351	1.907	0.398	0.846	3.469
平均	1.184	1.328	1.917	0.837	0.968	1.773	0.654	0.939	2.789

注：表中“—”为没取到样，数据缺失。

2. 径流氮素输出与施肥量之间的关系

施肥量的高低对径流中总氮、氨氮、硝态氮的输出浓度均有影响，氮素输出平均浓度随施肥量的增加而递增，分别见图 4-7～图 4-9。

从图4-7可以看出，地块A中3个施肥水平总氮平均输出浓度分别为：4.274mg/L、

4.877mg/L、5.013mg/L，水平 2 和水平 3 分别是水平 1 的 1.14 倍和 1.17 倍，地块 B 中 3 个施肥水平总氮平均输出浓度分别为：3.416mg/L、5.972mg/L、7.270mg/L，水平 2 和水平 3 分别是水平 1 的 1.75 倍和 2.13 倍，地块 C 中 3 个施肥水平总氮平均输出浓度分别为：3.029mg/L、3.595mg/L、4.606mg/L，水平 2 和水平 3 分别是水平 1 的 1.19 倍和 1.52 倍。从图 4-8 可以看出，地块 A 中 3 个施肥水平氨氮平均输出浓度分别为：0.614mg/L、0.727mg/L、0.845mg/L，水平 2 和水平 3 分别是水平 1 的 1.18 倍和 1.38 倍，地块 B 中 3 个施肥水平氨氮平均输出浓度分别为：0.636mg/L、0.703mg/L、1.223mg/L，水平 2 和水平 3 分别是水平 1 的 1.11 倍和 1.92 倍，地块 C 中 3 个施肥水平氨氮平均输出浓度分别为：0.679mg/L、0.768mg/L、

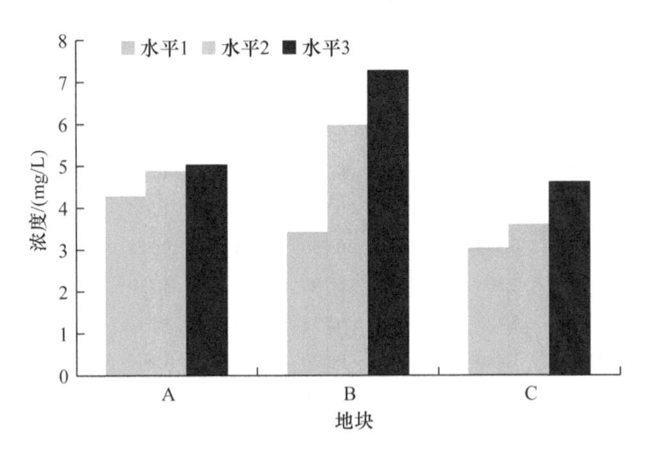

图 4-7　不同施肥水平总氮输出浓度

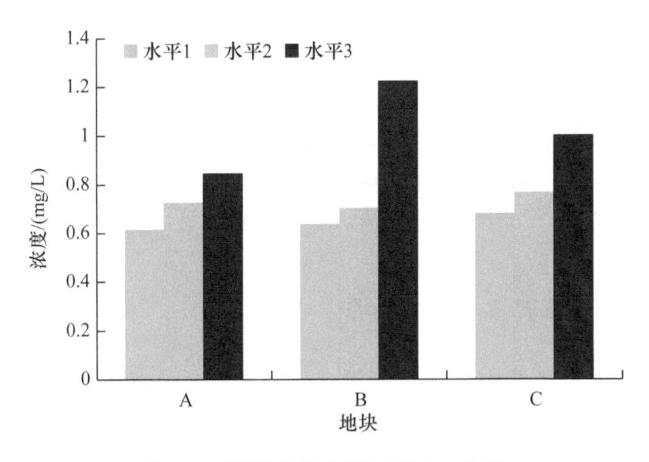

图 4-8　不同施肥水平氨氮输出浓度

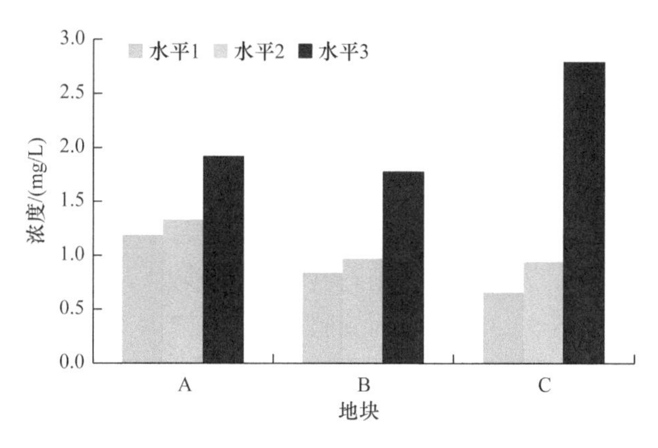

图 4-9　不同施肥水平硝态氮输出浓度

1.002mg/L，水平 2 和水平 3 分别是水平 1 的 1.11 倍和 1.92 倍。从图 4-9 可以看出，地块 A 中 3 个施肥水平硝态氮平均输出浓度分别为：1.184mg/L、1.328mg/L、1.918mg/L，水平 2 和水平 3 分别是水平 1 的 1.12 倍和 1.62 倍，地块 B 中 3 个施肥水平硝态氮平均输出浓度分别为：0.837mg/L、0.968mg/L、1.773mg/L，水平 2 和水平 3 分别是水平 1 的 1.16 倍和 2.12 倍，地块 C 中 3 个施肥水平硝态氮平均输出浓度分别为：0.654mg/L、0.939mg/L、2.789mg/L，水平 2 和水平 3 分别是水平 1 的 1.44 倍和 4.26 倍。

综上所述，施肥水平增加 1.5 倍和 2.5 倍，烤烟地地表径流中总氮输出浓度增加 1.35 倍和 1.58 倍，氨氮输出浓度增加 1.14 倍和 1.59 倍，硝态氮输出增加 1.21 倍和 2.42 倍，这充分说明了径流中氮素输出浓度与施肥量呈显著的正相关关系。

3. 径流氮素输出与施肥时间之间的关系

微型小区中径流氮素输出浓度与施肥时间的关系，分别见图 4-10～图 4-12。从图 4-10～图 4-12 可以看出，径流中氮素输出浓度基本上随施肥时间的延长而逐渐降低，总氮输出浓度 6 月 12 日最高，3 个施肥水平平均含量分别为 9.404mg/L、10.062mg/L、11.348mg/L，到 6 月 17 日分别降到 3.515mg/L、5.631mg/L、5.505mg/L，分别下降了 62.6%、44.0%、51.5%，到 9 月 27 日 3 个施肥水平总氮平均含量分别为 3.188mg/L、3.426mg/L、5.001mg/L，相对于 6 月 12 日分别下降了 66.1%、66.0%、55.9%，说明随施肥时间的延长，径流中总氮的浓度随之降低，6 月 12 日总氮含量最高主要是因为刚施肥不久，肥料中氮流失较大（图 4-10）。氨氮输出浓度变化不大，基本在 0.7mg/L 上下波动，施肥水平 3 氨氮含量在 6 月 27 日、7 月 20 日、9 月 27 日含量偏高，可能与施肥量及肥料种类有关，水平 3 施肥较多，肥料为复合肥，养分释放时间较长，9 月 27 日地表经扰动，土壤中未分解完的肥料发生反硝化作用形成氨氮而随径流大量流失，因而含量偏高（图 4-11）。硝态氮含量在施肥前期含量较高，6 月 12 日达 3.5mg/L 左右，至 6 月 27 日下降到 1.5mg/L 以下，下降了 58.4%～75.6%，说明施肥对硝态氮含量影响较大，后期硝态氮含量施肥水平 1 和水平 2 均在 0.5～1.3mg/L，而施肥水平 3 在 7 月 3 日降到最低 0.585mg/L 后又逐渐有上升趋势，至 9 月 4 日达到 2.963mg/L，这可能与施肥量和肥料种类有关，也说明了施肥水平对径流中硝态氮含量影响明显（图 4-12）。

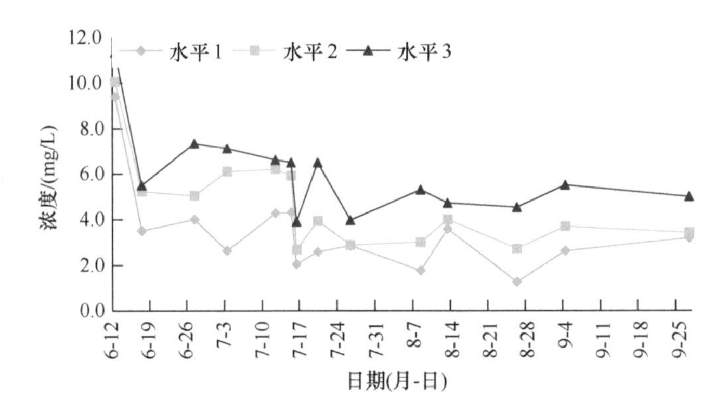

图 4-10　径流中总氮输出浓度随时间变化关系

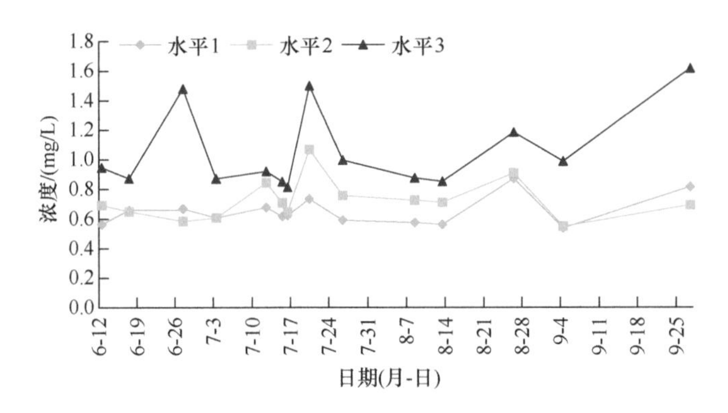

图 4-11　径流中氨氮输出浓度随时间变化关系

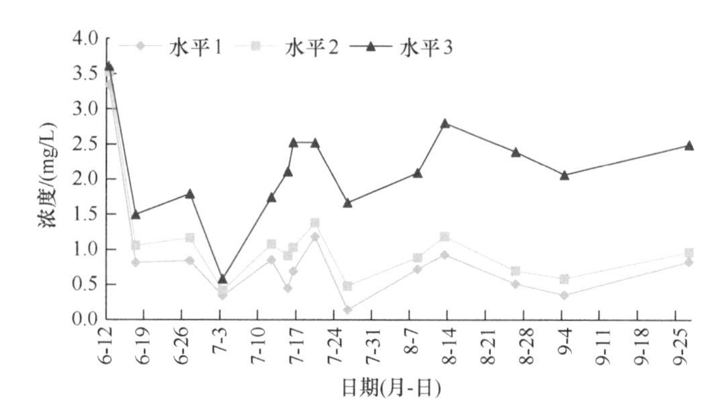

图 4-12　径流中硝态氮输出浓度随时间变化关系

4.3.2　地表径流磷素输出特征

1. 径流磷素输出含量

通过对 9 个微型小区 3 个不同施肥水平 2008 年 6 月 12 日～9 月 27 日共 14 场径流进行养分含量分析，分别测定其总磷、PO_4^{3-} 含量等指标，以分析其磷素输出特征，结果见表 4-7 和表 4-8。

表 4-7　不同施肥水平径流总磷输出含量　　（单位：mg/L）

日期（年-月-日）	地块 A			地块 B			地块 C		
	1	2	3	1	2	3	1	2	3
2008-6-12	0.238	0.226	0.132	0.042	0.038	0.116	0.011	0.026	0.018
2008-6-17	0.379	0.701	0.434	0.132	0.205	0.361	0.038	0.032	0.038
2008-6-27	0.427	0.380	0.356	0.113	0.150	0.299	0.010	0.008	0.010
2008-7-3	0.381	0.309	0.347	0.148	0.136	0.142	0.075	0.065	0.079
2008-7-12	0.412	0.309	0.263	0.354	0.438	0.397	0.100	0.096	0.025
2008-7-15	—	0.332	0.395	0.228	0.347	0.573	0.251	0.134	0.021
2008-7-16	0.596	0.312	0.247	0.142	0.212	0.247	0.068	0.054	0.015
2008-7-20	0.269	0.253	0.273	0.429	0.178	0.274	0.165	0.140	0.017
2008-7-26	0.371	0.305	0.297	0.238	0.300	0.280	0.370	0.074	0.015
2008-8-8	0.457	0.757	—	0.807	—	0.623	0.686	0.895	0.184
2008-8-13	0.410	0.512	0.280	0.219	0.232	0.328	0.134	0.134	0.069
2008-8-26	—	1.272	0.358	0.926	1.002	1.290	1.018	0.450	0.512
2008-9-4	0.916	0.439	0.251	0.560	0.236	0.590	0.251	0.094	0.021
2008-9-27	1.137	0.964	1.060	0.709	0.157	3.300	0.119	0.134	0.042
平均	0.499	0.505	0.361	0.361	0.279	0.630	0.235	0.167	0.076

注：表中“—”为没取到样，数据缺失。

表 4-8　不同施肥水平径流 PO_4^{3-} 输出含量　　（单位：mg/L）

日期（年-月-日）	地块 A			地块 B			地块 C		
	1	2	3	1	2	3	1	2	3
2008-6-12	0.220	0.223	0.129	0.041	0.039	0.113	0.012	0.020	0.012
2008-6-17	0.352	0.571	0.397	0.094	0.109	0.212	0.033	0.027	0.037
2008-6-27	0.236	0.343	0.317	0.111	0.147	0.280	0.027	0.034	0.034
2008-7-3	0.379	0.302	0.289	0.142	0.131	0.138	0.075	0.060	0.064
2008-7-12	0.390	0.303	0.223	0.346	0.426	0.388	0.094	0.087	0.023
2008-7-15	—	0.326	0.387	0.219	0.339	0.559	0.231	0.120	0.019
2008-7-16	0.372	0.254	0.217	0.118	0.173	0.217	0.061	0.043	0.011
2008-7-20	0.059	0.174	0.254	0.217	0.118	0.173	0.147	0.126	0.016
2008-7-26	0.547	0.298	0.292	0.231	0.286	0.277	0.032	0.070	0.014
2008-8-8	0.353	0.589	—	0.107	—	0.478	0.145	0.097	0.064
2008-8-13	0.366	0.444	0.252	0.216	0.224	0.327	0.112	0.126	0.064
2008-8-26	—	0.257	0.350	0.137	0.223	0.309	0.402	0.259	0.316
2008-9-4	0.551	0.361	0.245	0.168	0.228	0.419	0.197	0.092	0.017
2008-9-27	1.282	0.730	0.792	0.510	0.137	1.398	0.045	0.092	0.033
平均	0.426	0.370	0.319	0.190	0.198	0.378	0.115	0.090	0.052

注：表中“—”为没取到样，数据缺失。

2. 径流磷素输出与施肥量之间的关系

通过对微型小区 2008 年 3 个地块中的径流总磷、PO_4^{3-} 输出浓度进行统计，结果见图 4-13 和图 4-14。

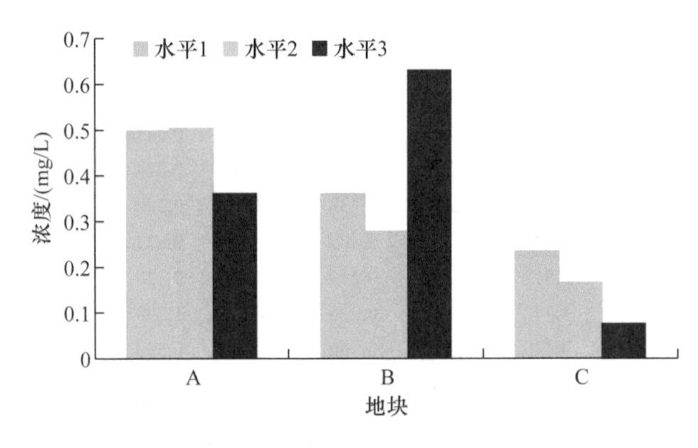

图 4-13　不同施肥水平总磷输出含量

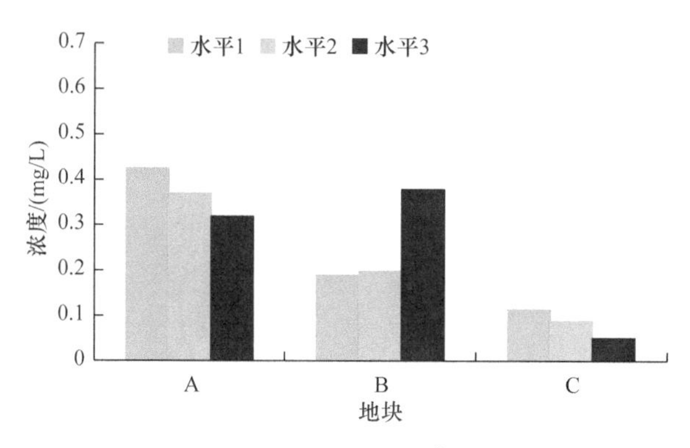

图 4-14　不同施肥水平 PO_4^{3-} 输出含量

从图 4-13 和图 4-14 可以看出，总磷和 PO_4^{3-} 输出含量与施肥水平相关关系不明显，主要是 3 个微型小区土壤的差异，且所施肥料为烤烟专用复合肥，含磷量很低（仅含 P6%），导致径流中磷素含量没有随施肥量的增加而增加，地块 A 和 C 的相反，有随施肥量的递增而减少的趋势，当然，这主要是土壤理化性质的差异导致的，而不是由施肥量引起的，同时也说明了烤烟地施肥中的磷素随地表径流流失的量是比较微弱的，径流中磷含量平均也仅 0.3mg/L 左右，因为磷素的流失主要是通过颗粒态流失，而不是可溶态的形式流失。

3. 径流磷素输出与施肥时间之间的关系

通过对微型小区 2008 年 3 个地块中的径流总磷、PO_4^{3-} 输出浓度与施肥时间之间的关系进行统计，结果见图 4-15 和图 4-16。

从图 4-15 和图 4-16 可以看出，总磷和 PO_4^{3-} 输出含量都呈随施肥时间增长而增大的趋势，主要原因在于：一是所施肥料为烤烟专用复合肥，含磷量很低；二是肥料施用方法为穴施，施于表土层以下，肥料中的磷释放比较缓慢；三是 8～9 月时值烤烟烟叶采收季节，增大了地表裸露，且采收烟叶时会扰动表土，所以后期磷含量会有所增加，9 月 27 日烟叶已采完，且已除茬，地表经严重扰动，因而磷含量远远高于前面的含量。

4.3.3　坡面侵蚀泥沙氮素输出特征

1. 泥沙氮素输出含量

通过测定 2008 年 6 月 12 日～11 月 2 日沉积微型小区径流泥沙中总氮和水解

氮含量变化，来分析泥沙中氮素输出特征，结果见表 4-9 和表 4-10。

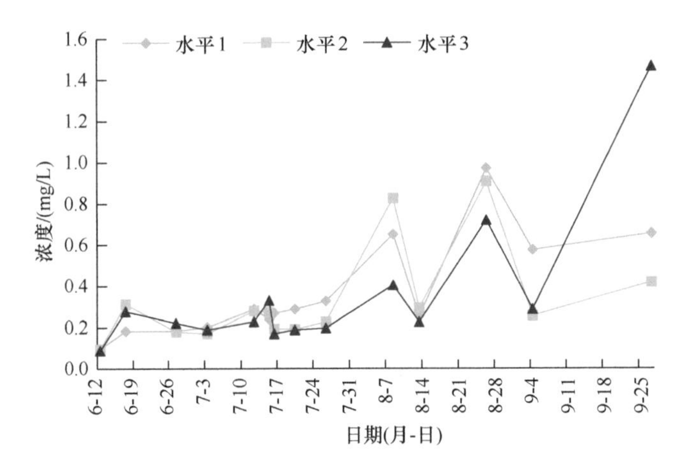

图 4-15　径流总磷输出随施肥时间变化关系

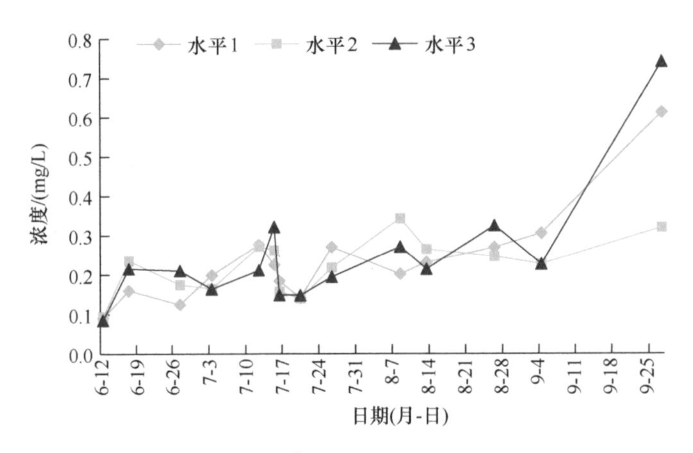

图 4-16　径流 PO_4^{3-} 输出随施肥时间变化关系

表 4-9　不同施肥水平径流泥沙总氮输出含量　（单位：g/kg）

日期（年-月-日）	地块 A			地块 B			地块 C		
	1	2	3	1	2	3	1	2	3
2008-6-12	—	—	—	—	—	—	0.431	0.436	0.461
2008-6-17	—	—	—	0.446	0.486	0.482	0.468	0.502	0.581
2008-6-27	0.413	0.463	0.562	0.529	0.360	0.443	0.300	0.241	0.486
2008-7-12	—	—	—	—	0.605	0.654	0.518	0.360	0.405

续表

日期（年-月-日）	地块 A			地块 B			地块 C		
	1	2	3	1	2	3	1	2	3
2008-7-15	—	—	—	—	0.410	0.612	0.486	0.430	0.556
2008-7-16	0.817	0.918	1.150	0.476	0.688	0.568	0.428	0.577	0.620
2008-7-20	0.838			0.456*			0.430*		0.542*
2008-7-23		0.847*	0.941*		0.556*	0.528*		0.567*	
2008-7-26	0.420*			0.440*			0.259*		0.465*
2008-8-13								0.412	
2008-8-26	0.535	0.664	0.807	0.477	0.502	0.612	0.638	0.921	0.978
2008-9-4	0.580	0.579	0.610	0.401	0.591	0.662	0.638	0.658	0.569
2008-11-2	0.425	0.510	0.510	0.334	0.462	0.644	0.576	0.698	0.466
平均	0.575	0.664	0.763	0.445	0.518	0.578	0.470	0.527	0.557

注：表中“—”为没取到样，数据缺失，加“*”的数据为多次样品混合后的测值。

表 4-10　不同施肥水平径流泥沙水解氮输出含量　（单位：mg/kg）

日期（年-月-日）	地块 A			地块 B			地块 C		
	1	2	3	1	2	3	1	2	3
2008-6-12	—	—	—	—	—	—	45.46	45.29	59.63
2008-6-17	—	—	—	34.67	41.99	42.78	45.52	49.99	51.66
2008-6-27	31.86	33.45	66.38	31.31	31.18	37.04	34.75	30.45	47.52
2008-7-12	—	—	—	—	39.64	77.48	51.87	52.92	78.33
2008-7-15	—	—	—	—	36.63	68.53	54.52	83.16	82.29
2008-7-16	51.80	53.73	63.48	33.91	37.31	67.45	35.19	36.58	41.65
2008-7-20	41.73			50.55*			51.24*	58.85*	61.22*
2008-7-23		55.28*	66.48*		53.96*	64.55*			
2008-7-26	46.85*			37.16*			44.75*	47.64*	47.34*
2008-8-13									
2008-8-26	28.87	38.13	48.61	30.94	43.01	47.17	34.61	36.30	37.27
2008-9-4	38.94	41.63	49.64	28.22	34.43	73.87	36.60	50.18	38.01
2008-11-2	16.31	25.45	31.67	25.03	25.26	29.99	33.93	24.09	36.55
平均	36.62	41.28	54.38	33.97	38.16	55.54	42.59	46.86	52.86

注：表中“—”为没取到样，数据缺失，加“*”的数据为多次样品混合后的测值。

2. 泥沙氮素输出与施肥量之间的关系

通过对微型小区 2008 年径流泥沙中总氮和水解氮含量与施肥量之间的关系

进行分析，结果见图 4-17 和图 4-18。从图 4-17 可以看出，地块 A 中 3 个施肥水平径流泥沙中总氮平均输出含量分别为：0.575g/kg、0.663g/kg、0.763g/kg，水平 2 和水平 3 分别是水平 1 的 1.15 倍和 1.33 倍，地块 B 中 3 个施肥水平总氮平均输出浓度分别为：0.445g/kg、0.518g/kg、0.578g/kg，水平 2 和水平 3 分别是水平 1 的 1.16 倍和 1.30 倍，地块 C 中 3 个施肥水平总氮平均输出浓度分别为：0.470g/kg、0.528g/kg、0.557g/kg，水平 2 和水平 3 分别是水平 1 的 1.12 倍和 1.19 倍。从图 4-18 可以看出，地块 A 中 3 个施肥水平径流泥沙中水解氮平均输出浓度分别为：36.62mg/kg、41.28mg/kg、54.38mg/kg，水平 2 和水平 3 分别是水平 1 的 1.13 倍和 1.48 倍，地块 B 中 3 个施肥水平水解氮平均输出浓度分别为：33.97mg/kg、38.16mg/kg、55.54mg/kg，水平 2 和水平 3 分别是水平 1 的 1.12 倍和 1.63 倍，地块 C 中 3 个施肥水平水解氮平均输出浓度分别为：42.58mg/kg、46.86mg/kg、52.86mg/kg，水平 2 和水平 3 分别是水平 1 的 1.10 倍和 1.24 倍。

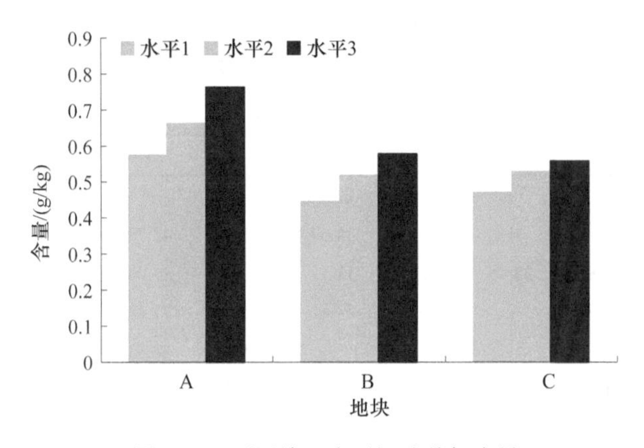

图 4-17　不同施肥水平泥沙总氮含量

综上所述，施肥水平增加到常量的 1.5 倍、2.5 倍，烤烟地地表径流泥沙中总氮含量分别增加到常量施肥的 1.15 倍、1.27 倍，水解氮含量增加到 1.12 倍、1.44 倍，这充分说明了泥沙中氮素输出浓度与施肥量呈显著的正相关关系。

3. 泥沙氮素输出与施肥时间之间的关系

通过对微型小区 2008 年径流泥沙中总氮和水解氮含量与施肥时间之间的关系进行分析，结果见图 4-19 和图 4-20。从图 4-19 可以看出，泥沙中总氮含量在 0.4～0.8g/kg 变动，随施肥时间延长，没有出现明显下降的趋势，相反在 7 月 16

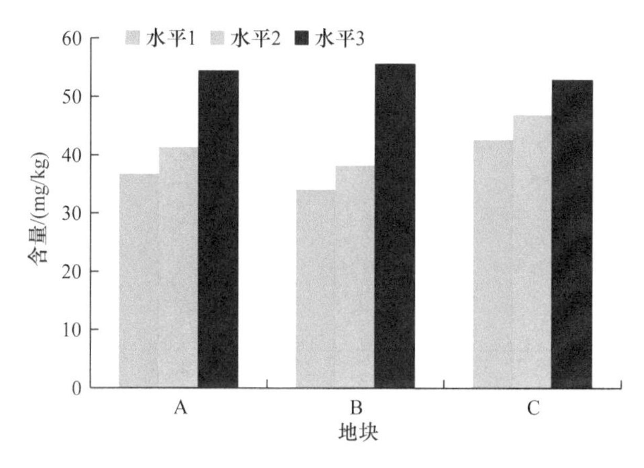

图 4-18　不同施肥水平泥沙中水解氮含量

日和 8 月 26 日两次降雨中泥沙中总氮含量出现升高的趋势，7 月 16 日降水量 26.3mm，最大 10min 和最大 30min 降雨强度分别为 49.2mm/h 和 30.8mm/h，雨强较大，且离施肥时间（6 月 4 日）仅 42 天，大雨强对泥沙冲刷能力较强，因而其总氮含量较高。

从图 4-20 可以看出，泥沙中水解氮含量总体有随施肥时间下降的趋势，3 个施肥水平的水解氮平均含量从 6 月 12 日到 11 月 2 日各下降了 44.81%、44.95%、45.10%。7 月 12 日、15 日两次降雨泥沙中水解氮含量较高，可能与所施肥料品种有关。

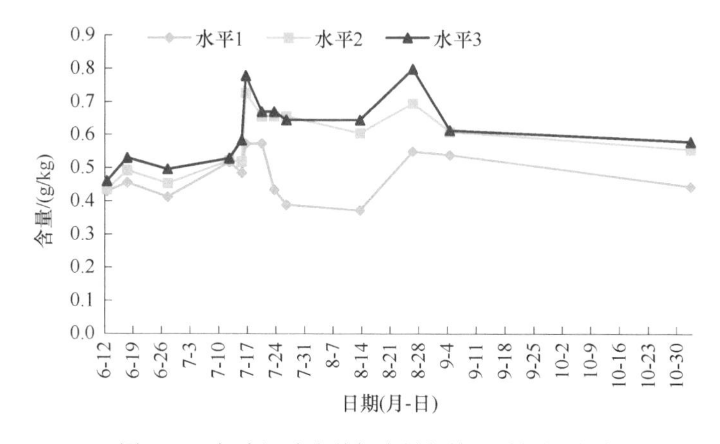

图 4-19　径流泥沙中总氮含量与施肥时间的关系

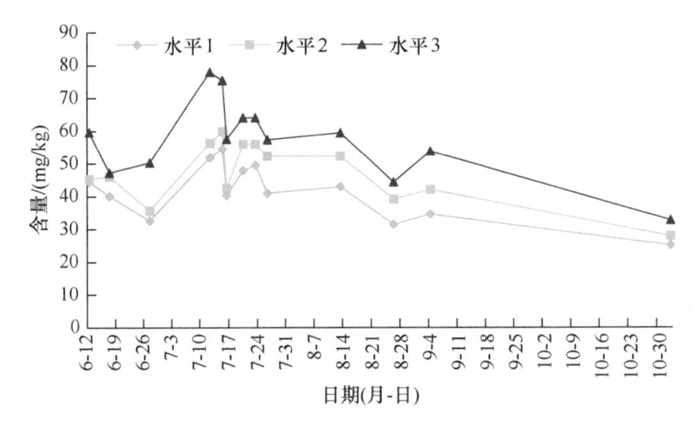

图 4-20 径流泥沙中水解氮含量与施肥时间的关系

4.3.4 坡面侵蚀泥沙磷素输出特征

1. 泥沙磷素输出含量

通过测定 2008 年 6 月 12 日～11 月 2 日沉积微型小区径流泥沙中总磷和速效磷含量变化，来分析泥沙中磷素输出特征，结果见表 4-11 和表 4-12。

表 4-11 不同施肥水平径流泥沙总磷输出含量 （单位：g/kg）

<table>
<tr><th rowspan="2">日期（年-月-日）</th><th colspan="3">地块 A</th><th colspan="3">地块 B</th><th colspan="3">地块 C</th></tr>
<tr><th>1</th><th>2</th><th>3</th><th>1</th><th>2</th><th>3</th><th>1</th><th>2</th><th>3</th></tr>
<tr><td>2008-6-12</td><td>—</td><td>—</td><td>—</td><td>—</td><td>—</td><td>—</td><td>0.525</td><td>0.543</td><td>0.557</td></tr>
<tr><td>2008-6-17</td><td>—</td><td>—</td><td>—</td><td>0.582</td><td>0.610</td><td>0.667</td><td>0.514</td><td>0.479</td><td>0.541</td></tr>
<tr><td>2008-6-27</td><td>0.517</td><td>0.522</td><td>0.634</td><td>0.486</td><td>0.550</td><td>0.611</td><td>0.513</td><td>0.478</td><td>0.530</td></tr>
<tr><td>2008-7-12</td><td>—</td><td>—</td><td>—</td><td>—</td><td>—</td><td>—</td><td>0.504</td><td>0.639</td><td>0.544</td></tr>
<tr><td>2008-7-15</td><td>—</td><td>—</td><td>—</td><td>—</td><td>0.559</td><td>0.684</td><td>0.534</td><td>0.540</td><td>0.545</td></tr>
<tr><td>2008-7-16</td><td>0.480</td><td>0.502</td><td>0.763</td><td>0.494</td><td>0.552</td><td>0.709</td><td>0.540</td><td>0.469</td><td>0.579</td></tr>
<tr><td>2008-7-20</td><td>0.460</td><td rowspan="4">0.535*</td><td rowspan="4">0.569*</td><td rowspan="2">0.544*</td><td rowspan="4">0.500*</td><td rowspan="4">0.544*</td><td rowspan="2">0.526*</td><td rowspan="3">0.530*</td><td rowspan="2">0.561*</td></tr>
<tr><td>2008-7-23</td><td rowspan="3">0.515*</td></tr>
<tr><td>2008-7-26</td><td rowspan="2">0.464*</td><td rowspan="2">0.352*</td><td rowspan="2">0.546*</td></tr>
<tr><td>2008-8-13</td><td>0.502*</td></tr>
<tr><td>2008-8-26</td><td>0.590</td><td>0.511</td><td>0.488</td><td>0.543</td><td>0.553</td><td>0.628</td><td>0.478</td><td>0.530</td><td>0.559</td></tr>
<tr><td>2008-9-4</td><td>0.505</td><td>0.571</td><td>0.556</td><td>0.557</td><td>0.569</td><td>0.604</td><td>0.508</td><td>0.584</td><td>0.524</td></tr>
<tr><td>2008-11-2</td><td>0.540</td><td>0.546</td><td>0.496</td><td>0.544</td><td>0.543</td><td>0.684</td><td>0.519</td><td>0.485</td><td>0.502</td></tr>
<tr><td>平均</td><td>0.515</td><td>0.531</td><td>0.584</td><td>0.527</td><td>0.555</td><td>0.641</td><td>0.501</td><td>0.525</td><td>0.544</td></tr>
</table>

注：表中“—”为没取到样，数据缺失，加“*”的数据为多次样品混合后的测值。

表 4-12 不同施肥水平径流泥沙速效磷输出含量 （单位：mg/kg）

<table>
<tr><th rowspan="2">日期（年-月-日）</th><th colspan="3">地块 A</th><th colspan="3">地块 B</th><th colspan="3">地块 C</th></tr>
<tr><th>1</th><th>2</th><th>3</th><th>1</th><th>2</th><th>3</th><th>1</th><th>2</th><th>3</th></tr>
<tr><td>2008-6-12</td><td>—</td><td>—</td><td>—</td><td>—</td><td>—</td><td>—</td><td>16.567</td><td>20.228</td><td>24.423</td></tr>
<tr><td>2008-6-17</td><td>—</td><td>—</td><td>—</td><td>23.181</td><td>24.930</td><td>35.094</td><td>12.211</td><td>16.992</td><td>23.298</td></tr>
<tr><td>2008-6-27</td><td>49.826</td><td>55.251</td><td>68.996</td><td>22.753</td><td>24.772</td><td>48.256</td><td>14.600</td><td>19.546</td><td>25.152</td></tr>
<tr><td>2008-7-12</td><td>—</td><td>—</td><td>—</td><td>—</td><td>35.520</td><td>45.872</td><td>17.181</td><td>15.781</td><td>23.109</td></tr>
<tr><td>2008-07-15</td><td>—</td><td>—</td><td>—</td><td>—</td><td>25.383</td><td>43.257</td><td>17.885</td><td>21.101</td><td>22.464</td></tr>
<tr><td>2008-7-16</td><td>54.642</td><td>60.750</td><td>65.287</td><td>20.525</td><td>28.785</td><td>41.342</td><td>11.925</td><td>18.339</td><td>23.220</td></tr>
<tr><td>2008-7-20</td><td>51.113</td><td rowspan="4">30.722*</td><td rowspan="4">16.366*</td><td rowspan="2">17.712*</td><td rowspan="4">29.087*</td><td rowspan="4">29.757*</td><td rowspan="2">10.982*</td><td rowspan="3">16.679*</td><td rowspan="2">27.176*</td></tr>
<tr><td>2008-7-23</td><td rowspan="3">23.786*</td></tr>
<tr><td>2008-7-26</td><td rowspan="2">18.698*</td><td rowspan="2">8.140*</td><td rowspan="2">17.670*</td></tr>
<tr><td>2008-8-13</td><td>14.761</td></tr>
<tr><td>2008-8-26</td><td>20.269</td><td>—</td><td>62.154</td><td>34.393</td><td>33.033</td><td>45.274</td><td>10.115</td><td>11.525</td><td>11.449</td></tr>
<tr><td>2008-9-4</td><td>14.022</td><td>30.341</td><td>57.540</td><td>25.493</td><td>28.794</td><td>36.230</td><td>10.839</td><td>12.053</td><td>16.388</td></tr>
<tr><td>2008-11-2</td><td>17.549</td><td>39.186</td><td>78.316</td><td>22.012</td><td>23.140</td><td>33.115</td><td>25.550</td><td>30.728</td><td>18.564</td></tr>
<tr><td>平均</td><td>33.030</td><td>43.250</td><td>58.110</td><td>23.096</td><td>28.160</td><td>39.800</td><td>14.181</td><td>17.976</td><td>21.174</td></tr>
</table>

注：表中“－”为没取到样，数据缺失，加“*”的数据为多次样品混合后的测值。

2. 泥沙磷素输出与施肥量之间的关系

通过对微型小区 2008 年径流泥沙中总磷和速效磷含量与施肥量之间的关系进行分析，结果见图 4-21 和图 4-22。从图 4-21 和图 4-22 可以明显看出，泥沙中总磷含量和速效磷含量与施肥水平有密切关系，施肥量越多，泥沙中磷含量也越大。从总磷含量变化可以看出，地块 A 中 3 个施肥水平径流泥沙中总磷平均输出浓度分别为：0.515g/kg、0.531g/kg、0.584g/kg，水平 2 和水平 3 分别是水平 1 的 1.03 倍和 1.13 倍，地块 B 中 3 个施肥水平总磷平均输出浓度分别为：0.520g/kg、0.555g/kg、0.641g/kg，水平 2 和水平 3 分别是水平 1 的 1.07 倍和 1.23 倍，地块 C 中 3 个施肥水平总磷平均输出浓度分别为：0.501g/kg、0.525g/kg、0.544g/kg，水平 2 和水平 3 分别是水平 1 的 1.05 倍和 1.15 倍。三个施肥水平总磷平均含量为：水平 1 为 0.512g/kg、0.537g/kg、0.590g/kg，施肥水平 2 和水平 3 分别是水平 1 的 1.05 倍和 1.15 倍，说明磷素输出以泥沙为主，且磷含量与施肥量关系密切。

从速效磷含量变化图可以看出，地块 A 中 3 个施肥水平径流泥沙中速效磷平均输出浓度分别为：33.03mg/kg、43.25mg/kg、58.11mg/kg，水平 2 和水平 3 分别是水平 1 的 1.31 倍和 1.76 倍，地块 B 中 3 个施肥水平速效磷平均输出浓度分别为：23.096mg/kg、28.160mg/kg、39.800mg/kg，水平 2 和水平 3 分别是水平 1 的 1.22 倍和 1.72 倍，地块 C 中 3 个施肥水平速效磷平均输出浓度分别为：14.181mg/kg、17.976mg/kg、21.174mg/kg，水平 2 和水平 3 分别是水平 1 的 1.27 倍和 1.49 倍。三个施肥水平速效磷平均含量为：水平 1 为 23.44mg/kg、29.80mg/kg、39.69mg/kg，施肥水平 2 和水平 3 分别是水平 1 的 1.27 倍和 1.69 倍。

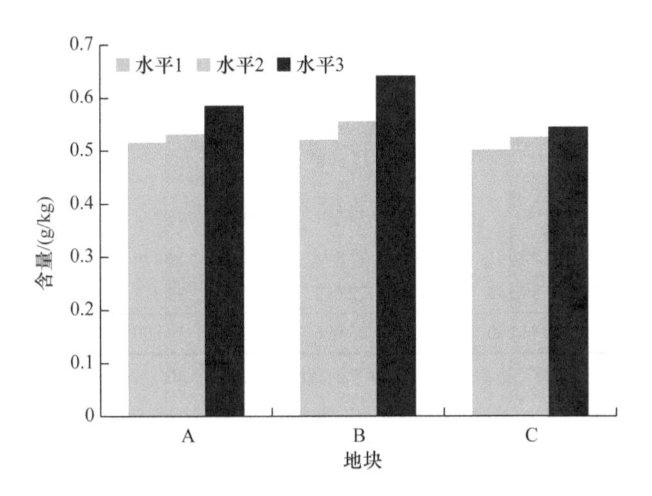

图 4-21　不同施肥水平泥沙总磷含量变化

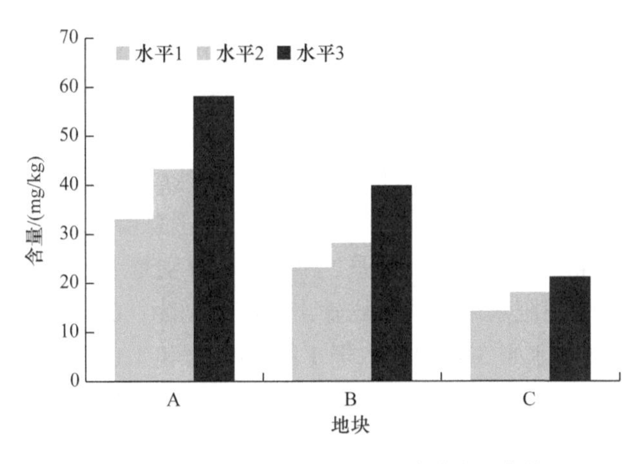

图 4-22　不同施肥水平泥沙速效磷含量变化

3. 泥沙磷素输出与施肥时间之间的关系

通过对微型小区 2008 年径流泥沙中总磷和速效磷含量与施肥时间之间的关系进行分析，结果见图 4-23 和图 4-24。从图 4-23 可以看出，泥沙中总磷含量变化不大，基本维持在 0.5～0.6g/kg，其变化随施肥时间变化也不明显，图 4-24 中速效磷含量变化量随施肥时间变化明显，施肥后一个月内速效磷含量逐渐增大，至 6 月 27 日后又逐渐降低，至 7 月 16 日出现一个较高值，之后又开始下降，至 8 月 26 日后又开始缓慢升高，这可能与施肥种类有关，复合肥养分释放缓慢，并且烤烟烟叶基本覆盖微型小区上部，肥料中磷素随径流流失也比较缓慢。

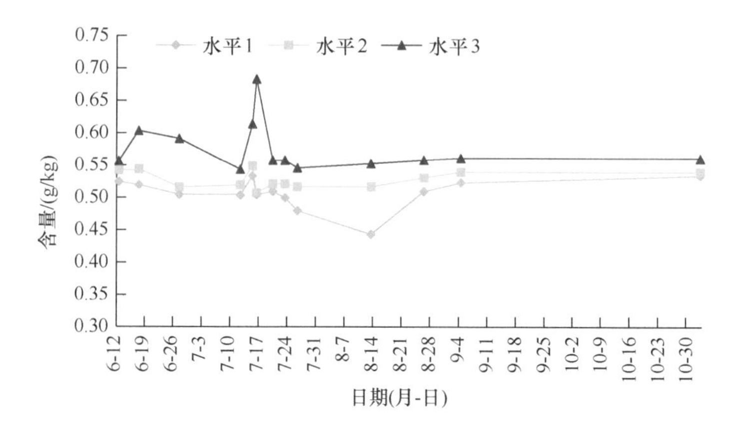

图 4-23　泥沙总磷含量随施肥时间变化

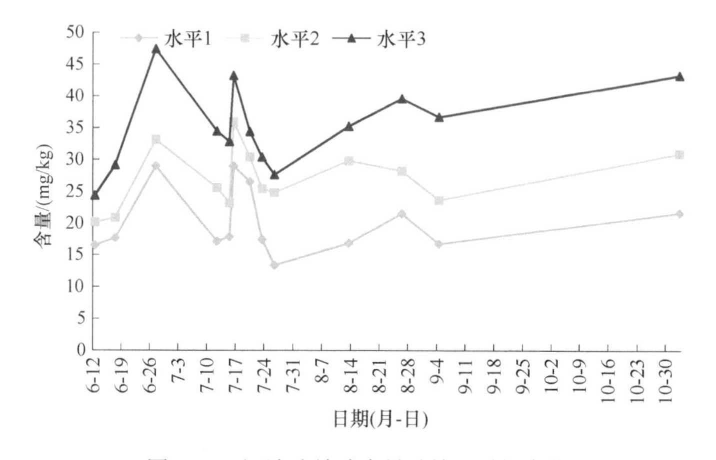

图 4-24　泥沙速效磷含量随施肥时间变化

4.4 烤烟地壤中流的氮磷输出的时空特征

4.4.1 不同季节（旱、雨季）壤中流总氮、总磷浓度输出特征

对烤烟坡地200cm深度处土壤壤中流氮、磷浓度监测数据与日降水量和累计降水量采用SPSS16.0统计软件进行相关分析，得到的结果见表4-13和表4-14，从表4-13和表4-14中可以看出，氮磷浓度与次降水量和累计降水量的Pearson相关系数和偏相关系数变化规律并不一致，说明氮磷浓度不仅受取样前的次降水量多少的影响，还与前期累计降水量的多少有关。因此，从取样前的最后一次降水量和前期累计降水量的角度对降水量对氮磷浓度的影响进行偏相关分析，以利于更准确地判断变量之间的相关关系和相关程度。

表4-13 总氮浓度与降水量的相关分析

控制要素			雨季			旱季		
			T1	T2	T3	T1	T2	T3
-none-[a]	次降水量	相关系数	−0.546	−0.541	−0.459	−0.500	-0.576	−0.560
		sig.	0.205	0.210	0.300	0.253	0.176	0.191
	累计降水量	相关系数	−0.196	−0.119	−0.038	−0.394	−0.435	−0.446
		sig.	0.674	0.799	0.936	0.382	0.330	0.316
累计降水量	次降水量	相关系数	−0.524	−0.532	−0.464	−0.445	−0.587	−0.494
		sig.	0.286	0.277	0.354	0.377	0.221	0.320
次降水量	累计降水量	相关系数	−0.077	0.016	0.086	0.310	0.452	0.342
		sig.	0.884	0.977	0.871	0.550	0.368	0.507
TN平均浓度/（mg/L）			5.41	6.05	7.08	7.93	7.39	7.51

注：旱季为2008年10月～2009年4月，常规施肥处理；雨季为2009年5～9月，三种施肥处理。
a为零级（皮尔逊）相关性。

表4-14 总磷浓度与降水量的相关分析

控制要素			雨季			旱季		
			T1	T2	T3	T1	T2	T3
皮尔逊相关系数	次降水量	相关系数	−0.540	−0.051	0.023	0.874	0.611	0.288
		sig.	0.460	0.949	0.956	0.053	0.198	0.579
	累计降水量	相关系数	−0.876	−0.032	0.115	0.786	0.733	0.473
		sig.	0.124	0.968	0.785	0.115	0.097	0.344

续表

控制要素			雨季			旱季		
			T1	T2	T3	T1	T2	T3
累计降水量	次降水量	相关系数	–0.780	–0.044	-0.006	–0.287	–0.317	–0.499
		sig.	0.430	0.972	0.990	0.713	0.604	0.392
次降水量	累计降水量	相关系数	–0.933	0.018	0.113	0.658	0.580	0.603
		sig.	0.234	0.989	0.809	0.342	0.306	0.281
TP 平均浓度/（mg/L）			0.015	0.015	0.016	0.016	0.013	0.014

注：旱季为 2008 年 10 月～2009 年 4 月，常规施肥处理；雨季为 2009 年 5～9 月，三种施肥处理。

2009 年年降水量仅为 577.1mm，属于 50 年一遇的特大干旱年，降雨主要集中在 5～8 月，旱季几乎无雨。2009 年采用不同施肥处理，但长期不降雨，导致坡地干旱，不同深度的壤中流在旱季几乎都抽取不到，因此无法分析旱季降雨对不同施肥水平的氮、磷素浓度的影响关系，而 2008 年采取常规施肥，因此只能从 2008 年 10 月～2009 年 4 月这段旱季分析在常规施肥下降雨对氮、磷素浓度的影响。

1. 不同季节的降水量对壤中流氮素浓度的影响

1）雨季降水量对壤中流氮素浓度的影响

2007 年雨季，在常规施肥情况下，从次降水量和累计降水量与氮素浓度的关系看，当控制变量为次降水量时，累计降水量与总氮浓度的偏相关系数为–0.793（sig.=0.207）；当控制变量为累计降水量时，次降水量与氮素浓度的偏相关系数为–0.373（sig.=0.627），可见在常规施肥情况下，氮素的浓度与次降水量和累计降水量的偏相关关系呈负相关，且相关性均不显著（sig.值都在 0.05 以上），这可能除受降雨因素影响外，还受施肥时间的长短、土壤养分背景值大小等因素影响。

2009 年采用三种不同的施肥水平，其中，T1 水平为常规施肥，雨季总氮浓度与次降水量和累计降水量的偏相关系均呈负相关关系，这与 2007 年雨季的情况一致。随施肥量的增加，雨季总氮浓度和次降水量的偏相关关系仍呈负相关，但与累计降水量之间的偏相关关系改变呈正相关，T2、T3 水平的偏相关系数分别为 0.016、0.086。在雨季总氮浓度与施肥之间的关系存在一个施肥临界值，低于这个临界值，总氮浓度在次降水量一定的条件下与累计降水量呈负相关，高于这个临界值，总氮浓度则与累计降水量呈正相关，两者相关性均不显著。这与前人研究的氮素流失负荷与降水量呈正相关不同（Bergstrom and Brink，1986）。因为降雨虽增加了氮流失负荷，但大量降雨反而对壤中流氮素浓度起到稀释作用，导致浓度降低，因此不管施肥量大小都与取样前的最后一次次降水量偏相关关系呈负相关。但氮素浓度与取样前的累计降水量的偏相关关系与施肥量的大小有关，究其原因，可能是因为氮素较易淋溶，施肥量大时，如果累计降水量也大，则更多的氮素养分向下淋溶到更深层，其含量变大，在次降水量一定的条件下浓度变大，从而其与累计降水量呈正相关。

关于不同的施肥水平与总氮浓度的关系将在本章 4.5 节做详细论述。

2）旱季降水量对壤中流氮素浓度的影响

在常规施肥条件下，当控制变量为取样前的前期累计降水量时，旱季壤中流总氮浓度与次降水量偏相关关系呈负相关，这与雨季表现的规律相同；当控制变量为次降水量时，旱季总氮浓度与累计降水量的偏相关关系呈正相关，这与雨季表现的规律相反（表 4-13）。

从表 4-13 还可看出，在常规施肥条件下，旱季 T1、T2、T3 三个小区壤中流 200 cm 处的总氮浓度平均值为 7.39～7.93mg/L，三个小区平均总氮浓度为 7.61mg/L，雨季 T1 区也采用的常规施肥，其平均浓度为 5.41mg/L，旱季平均总氮浓度是雨季的 1.47 倍，比两倍常规施肥水平时的雨季总氮平均浓度 7.08mg/L 还略高，分析其原因，可能与温度有关。由于土壤水分蒸发影响着土壤垂直剖面上的氮浓度变化，这一点干旱时期特别明显（李娜等，2005）。张玉珍（2003）研究表明温度是影响氮素渗漏的重要因素之一，因为土壤温度高，土壤微生物活性较大，土壤氮素处于一个比较活跃的动态平衡状态下，土壤中的氮素较容易下渗。王胜佳等（1997）对水稻田土壤的研究也进一步显示，渗滤液中氮素浓度与同期 0～5cm 表层土壤的温度有关，表层土壤温度越高，渗滤液中氮浓度也越高。在国外旱地土壤中也观察到淋溶渗出液中氮浓度的季节性变化（Kazuo，1988；Tzanava，1984）。

2. 不同季节的降水量对壤中流磷素浓度的影响

1）雨季降水量对壤中流磷素浓度的影响

2007 年雨季，在常规施肥情况下，从次降水量和累计降水量与磷素浓度的关系看，在次降水量一定的条件下，总磷浓度与累计降水量的偏相关系数为–0.994（sig.=0.006）；在累计降水量一定的条件下，次降水量与总氮、总磷浓度的偏相关系数为–0.207（sig.=0.793）。2009年采用三种不同的施肥水平，其中，T1水平为常规施肥，雨季总磷浓度与次降水量和累计降水量的偏相关系均呈负相关关系，这也与2007年雨季的情况一致，可见在常规施肥情况下，磷素的浓度与次降水量和累计降水量的偏相关关系呈负相关，且相关性均不显著（sig.值都在0.05以上）。这可能除受降雨因素影响外，还受施肥时间的长短、土壤养分背景值大小等因素影响。随施肥量的增加，雨季总氮浓度和次降水量的偏相关关系仍呈负相关，但与累计降水量之间的偏相关关系变为正相关，T2、T3水平的偏相关系数分别为0.018、0.113。

在雨季总磷浓度与施肥之间的关系存在一个施肥临界值，低于这个临界值，总磷浓度在次降水量一定的条件下与累计降水量呈负相关；高于这个临界值，总磷浓度则与累计降水量呈正相关，两者相关性均不显著，这一点和氮素的相同。因为降雨虽增加了磷素流失负荷，但大量降雨反而对壤中流磷素浓度起到稀释作用，导致浓度降低，因此不管施肥量有多少，都与取样前的最后一次次降水量偏相关关系呈负相关。但磷素浓度与取样前的累计降水量的偏相关关系还与施肥量的大小有关，究其原因，可能是因为磷素较难淋溶，施肥量小、累计降水量大时，只能将磷素养分平行向下淋溶，并不能增加养分累计，施肥量大时，如果累计降水量大，则更多的磷素养分向下淋溶到更深层，其含量变大，在次降水量一定的条件下浓度变大，从而其与累计降水量呈正相关。

2）旱季降水量对壤中流磷素浓度的影响

在常规施肥条件下，当控制变量为取样前的前期累计降水量时，旱季壤中流总磷浓度与次降水量偏相关关系呈负相关，这与雨季表现的规律相同；当控制变量为次降水量时，旱季总磷浓度与累计降水量的偏相关关系呈正相关，这与雨季表现的规律相反（表4-14）。这可能由于土壤和磷素之间的反应为吸热反应（吕家珑等，1999），旱季土壤温度较高，有利于土壤对磷的释放，而水又是土壤可溶性磷向下迁移的载体和动力，降水有助于磷的下渗累积。从表4-14还可看出，在常规施肥条件下，旱季T1、T2、T3三个小区壤中流200cm处的总磷浓度平均值都在0.013～0.016mg/L，三个小区总磷平均浓度为0.014mg/L，雨季T1区也采用的常规施肥，其平均浓度为0.015mg/L，旱季与雨季总磷平均浓度接近。不同施肥水平条件下，总磷浓度接近，差异不显著。由于土壤固磷量大，且固定过程十分迅速，磷在土壤中的扩散移动极弱（扩散系数为0.0005～0.001$cm^2 \cdot s^{-1} \cdot 10^{-5}$），较难穿透较厚的土层（Hesketh and Brookes，2000）。在一年的降雨强度下，在棕壤土中施入土壤中的水溶性磷能迁移到20cm土层（李同杰等，2006），谢学俭等

（2003）研究得出可溶性磷施入水田后，0～30cm 的土层中均有 ^{32}P 的痕迹。也有研究表明，大空隙产生的优势流的出现，使磷能够迁移到深层土壤（章明奎和王丽平，2007）。优势流过后，磷的向下迁移还是比较困难。土壤对磷素具有强烈的吸持能力，当季施肥不可能下渗到 200cm 深处，这也可能是不同施肥水平下，200cm 处壤中流磷素浓度差异不显著的原因。

4.4.2 不同坡位及土层的壤中流总氮、总磷浓度动态变化特征

通过野外原位连续采样监测的方法，于 2007 年 6～9 月对烤烟坡地不同坡位不同深度处的壤中流总氮、总磷浓度进行了监测。2007 年试验期间 5 次取到壤中流，分别为 7 月 19 日（暴雨 50.5mm），7 月 30 日（中雨 13.8mm），8 月 11 日（暴雨 55.8mm），9 月 3 日（大雨 17.8mm），9 月 25 日（大雨 20mm）（我国气象部门规定的降雨强度标准：按 12h 计，小雨≤5mm，中雨 5～14.9mm，大雨 15～29.9mm，暴雨≥30mm）。坡面尺度不同坡位不同层次的土壤壤中流总氮、总磷浓度的动态分布见图 4-25，为了反映土壤养分氮、磷水平动态变化情况，用变异系数（*CV*）

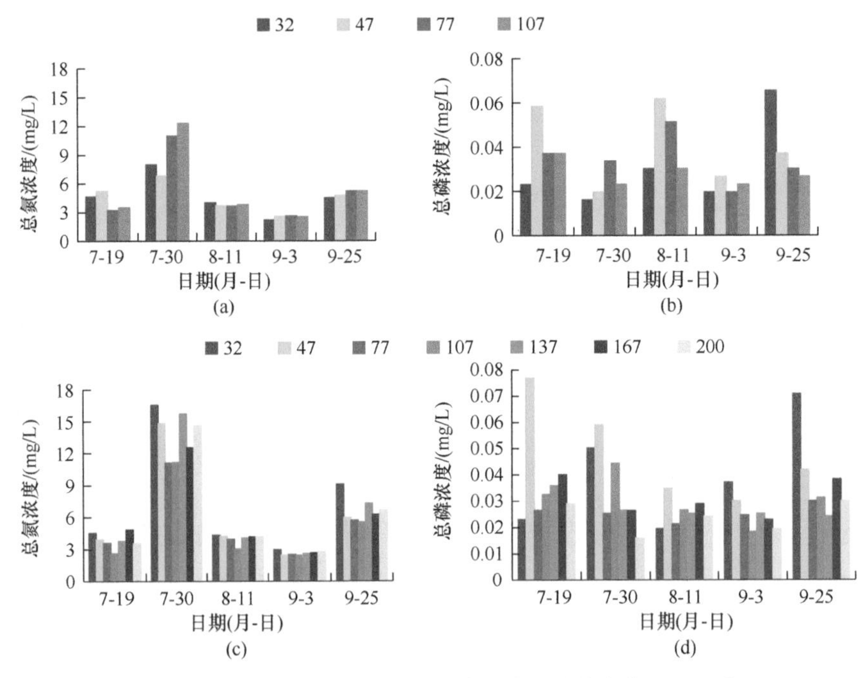

图 4-25 土壤壤中流总氮、总磷浓度的水平动态变化（2007 年）

（a）和（b）为坡中部；（c）和（d）为坡下部

表示其变化情况，*CV* 为土壤壤中流中氮、磷浓度样本的标准差与样本平均值的比值。*CV* 越大表示土壤壤中流中氮、磷浓度变化越剧烈，反之表示壤中流中氮、磷浓度差异越小。2007年烤烟坡地不同坡位各个时期不同层次氮磷浓度平均的统计特征值与变异系数变化趋势见表4-15。

表4-15　土壤壤中流不同时期的总氮、总磷浓度统计特征及变异系数（*CV*）（2007年）

坡位	日期（月-日）	总氮				总磷			
		均值/（mg/L）	标准差	95%置信区间	*CV*	均值/（mg/L）	标准差	95%置信区间	*CV*
坡中部	7-19	4.118	0.947	±1.507	0.230	0.039	0.015	±0.023	0.375
	7-30	9.499	2.559	±4.073	0.269	0.023	0.008	±0.012	0.332
	8-11	3.762	0.157	±0.250	0.042	0.043	0.016	±0.025	0.367
	9-03	2.451	0.206	±0.327	0.084	0.022	0.003	±0.005	0.153
	9-25	4.896	0.345	±0.549	0.070	0.040	0.018	±0.028	0.444
坡下部	7-19	3.828	0.723	±0.668	0.189	0.038	0.018	±0.017	0.474
	7-30	13.79	2.202	±2.036	0.160	0.035	0.016	±0.015	0.457
	8-11	3.986	0.447	±0.413	0.112	0.026	0.005	±0.005	0.192
	9-03	2.635	0.189	±0.174	0.072	0.025	0.006	±0.006	0.240
	9-25	6.638	1.242	±1.148	0.187	0.038	0.016	±0.014	0.421

1. 不同坡位及土层壤中流氮素随时间的水平动态变化

烤烟坡地不同坡位（坡中部和坡下部）不同深度处的壤中流产出的总氮浓度随时间的变化情况见图4-25（a）和图4-25（c）。从图4-25（a）和图4-25（c）中可以看出：坡中部和坡下部不同层次的壤中流产出的总氮浓度的时相波动趋势基本一致，氮素在不同层次的壤中流含量随烤烟生长进程的推进表现为先增加后递减的趋势，而且尽管壤中流初期（7月19日）不同层次的氮素含量有较大差异（原因可能在于供试土壤氮素的基础含量与水分含量的差异），但是在后期（9月3日）随着氮的固定与被吸收，各层次壤中流的总氮含量差距缩小。在烤烟坡地的5次取样中，坡中部和坡下部的前2次壤中流总氮浓度的变异系数较后几次的大（表4-15），说明在烤烟追肥覆膜后的一个多月，施肥效果明显，壤中流的总氮浓度变化具有较大的波动性。随时间的推移，变异系数变小，趋于稳定，说明随施肥时间的延长，氮肥发挥的效力越来越小。

本试验于2007年6月对烤烟根部进行穴状追肥并加以覆膜，随后进行抽取壤中流，但并未取到，直到7月19日才抽取到各层壤中流。自施肥以后，7月连绵降雨，肥料养分逐渐矿化溶解进入土壤，各层总氮浓度逐渐达到峰值。烤烟在7月中旬前处于幼苗生长阶段，根系浅，对肥料的吸收利用较少，之后烤烟进入快速生长期，大量吸收养分，导致土壤溶液氮浓度开始下降。

据研究表明，氮肥在7～10天就可以有大量的硝酸根态氮形成（谢学俭等，2007），也就是说，到7月中旬，土壤上层（施肥层）有大量的硝酸根态氮；而从降水量看，7月一直有降雨，尤其是7月中旬有一次大的降雨（超过50mm），7月19日采集的样品中氮磷的含量都比较低。分析其原因，不断的降雨导致氮、磷素的不断淋溶渗漏，植物根系浅、吸收的也较少，此阶段是氮、磷损失量最大的时候，但频繁的降雨使壤中流流量增大，对溶液起到了稀释作用，因此浓度比较低。

而从次降水量和累计降水量与氮素浓度的关系看，在次降水量一定的条件下，累计降水量与总氮浓度的偏相关系数为–0.793（sig.=0.207）；在累计降水量一定的条件下，次降水量与氮素浓度的偏相关系数为–0.373（sig.=0.627），可见氮素的浓度与降水量呈负相关，这与前人研究的氮素流失负荷与降水量呈正相关不同（Bergstrom and Brink，1986）。因为降雨虽增加了氮磷流失负荷，但大量降雨反而对壤中流氮、磷素浓度起到稀释作用，导致浓度降低。

9月25日各层浓度有所回升，而9月3日和25日的次降水量和累计降水量接近，结合农事管理来考虑，这主要是烤烟9月10日采收完毕，除去地膜并进行除茬、翻耕等人为活动因影响土壤矿化和水分运动而影响氮素的淋失，导致后期土壤各层壤中流总氮浓度大幅增高。耕作因影响土壤矿化和水分运动而影响硝态氮的淋失，耕作增加硝态氮淋失21%（Wang et al.，1995）。Weed和kanwar（1996）研究认为，耕作影响土壤扰动程度和残留物的存在，进而影响土壤水分运动。耕地休整导致高的淋洗潜力，秋季耕翻的比免耕的土壤氮淋失潜力高（Solberg et al.，1995）。在除膜、翻耕半月后，坡中部和坡下部壤中流层次平均的总氮浓度分别高达4.896mg/L和6.638mg/L，分别为翻耕前（9月3日）的2.0倍和2.5倍左右，其中坡下部32cm和200cm处总氮浓度分别是翻耕前的3.1倍和2.4倍，翻耕使0～200cm壤中流氮素浓度均有不同程度的增大，其对表层影响最大。

2. 不同坡位及土层壤中流磷素随时间的水平动态变化

图4-25（b）和图4-25（d）分别为烤烟坡地坡中部和坡下部不同深度的壤中

流产出的总磷浓度随时间的变化情况。从图 4-25（b）和图 4-25（d）中可以看出：坡中部和坡下部壤中流产出的总磷浓度随时间的变化趋势总体表现为在一定范围内呈波动性。坡中部不同层次的壤中流磷含量随时间的变化表现为在一定范围内呈波动趋势，波动范围为 0.016～0.067mg/L，表现出低而稳定状态；坡下部总磷浓度变化范围为 0.015～0.081mg/L。

从次降水量和累计降水量与磷素浓度的关系看，在次降水量一定的条件下，累计降水量与总氮、总磷浓度的偏相关系数为–0.994（sig.=0.006）；在累计降水量一定的条件下，次降水量与总氮、总磷浓度的偏相关系数分别为–0.207（sig.=0.793），可见磷素的浓度与降水量呈负相关，且与前期累计降水量负相关性极显著。因为降雨虽增加了磷流失负荷，但大量降雨反而对壤中流磷素浓度起到稀释作用。

在 9 月 3 日和 9 月 25 日的 2 次大雨中，9 月 25 日浓度高于 3 日的，从图 4-25（b）可以看出，坡中部 32cm 处总磷浓度在整个烤烟生长季为 0.015～0.030，只是在烤烟采收后，浓度有大幅度增大，变为 0.065mg/L。据张志剑等（2000）的研究发现，扰动土层在一定程度上可以释放土壤中的磷。扰动土层的结果是使土壤的物理环境发生变化，如土壤孔隙状况及相应的通气状况等。这些变化的结果可以促使好气土壤生物活动加剧，当这个过程与土壤结构的物理性破坏同时作用时，导致一部分土壤磷得以释放。由于 9 月 3 日和 25 日的次降水量和累计降水量接近，说明除降雨外，主要是受除茬、翻耕等农作活动影响。其中，9 月 25 日坡下部 32cm、200cm 深度处的磷素浓度是翻耕前 9 月 3 日的 1.9 倍、1.5 倍。翻耕使 0～200cm 壤中流磷素浓度均有不同程度的增大，对表层壤中流磷素浓度的影响更为明显，这也与施肥后大部分磷仍集中滞留于表层土壤有关（谢学俭等，2003）。

3. 不同坡位土壤壤中流氮、磷浓度随深度的垂直动态分布

坡面尺度不同坡位各个时段土壤壤中流总氮、总磷浓度随深度的垂直分布见图 4-26，为了反映土壤养分氮、磷垂直动态变化情况，用变异系数（*CV*）表示其变化情况，*CV* 越大表示土壤壤中流中氮、磷浓度变化越剧烈，反之表示壤中流中氮、磷浓度差异越小。2007 年烤烟坡地不同坡位各层次氮磷浓度平均的统计特征值与变异系数见表 4-16。

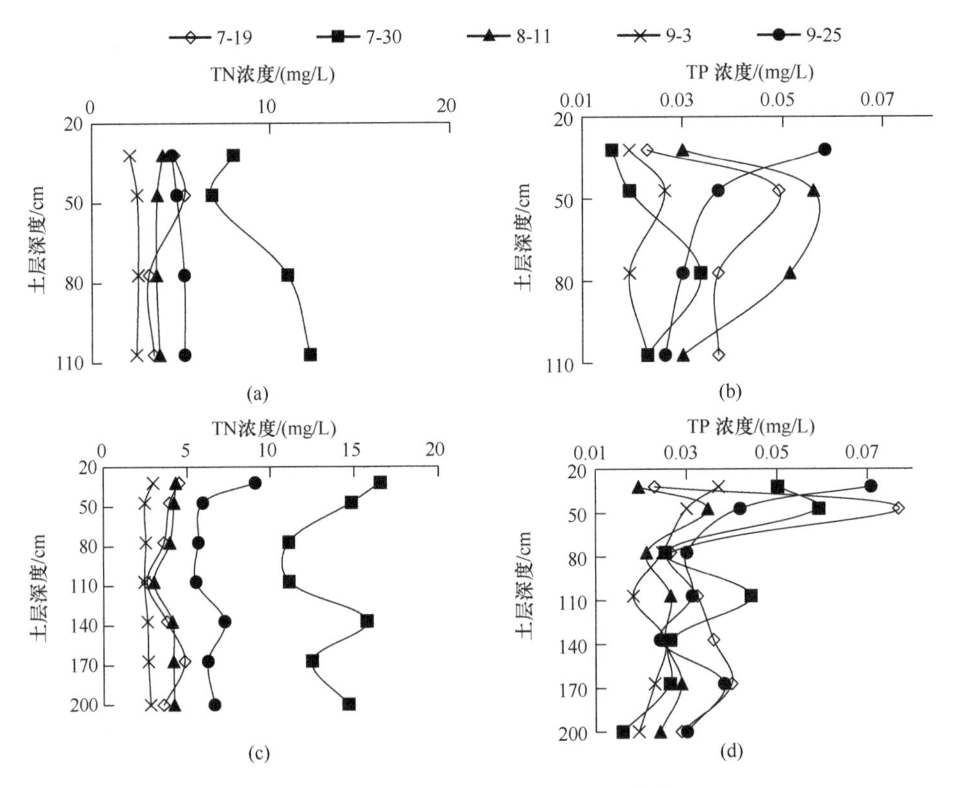

图 4-26 土壤壤中流总氮、总磷浓度垂直动态变化（2007 年）

（a）和（b）为坡中部；（c）和（d）为坡下部

表 4-16 土壤壤中流总氮、总磷浓度剖面统计特征及变异系数（*CV*）（2007 年）

坡位	土层深度/cm	总氮			总磷		
		均值/（mg/L）	标准差	*CV*	均值/（mg/L）	标准差	*CV*
坡中部	32	4.639	2.111	0.455	0.031	0.02	0.645
	47	4.586	1.591	0.347	0.041	0.019	0.463
	77	5.118	3.419	0.668	0.035	0.013	0.371
	107	5.438	3.933	0.723	0.028	0.006	0.214
坡下部	32	7.486	5.569	0.744	0.040	0.021	0.525
	47	6.281	4.94	0.786	0.049	0.019	0.388
	77	5.37	3.404	0.634	0.026	0.003	0.115
	107	4.938	3.68	0.745	0.031	0.009	0.290
	137	6.697	5.341	0.798	0.028	0.005	0.179
	167	6.085	3.823	0.628	0.031	0.007	0.226
	200	6.371	4.852	0.762	0.024	0.006	0.250

1）不同坡位壤中流氮素随深度的垂直动态分布

不同坡位壤中流中总氮浓度从土壤表层到深层，前期波动幅度较大，后期各层浓度趋于一致[图 4-26（a）和图 4-26（c）]。在 0～110cm 土层坡下部总氮浓度随深度的增加基本呈递减趋势，而坡中部未观测出稳定的规律。其中，0～50cm 层坡下部总氮浓度明显大于坡中部浓度，是坡中部浓度的 1.4～1.6 倍，标准差和变异系数也均大于坡中部的（表 4-16），说明坡地壤中流总氮含量在坡中部和坡下部 0～50cm 层空间分布差异较大，坡下部壤中流中总氮浓度大于坡中部的，且变化幅度也较坡中部的大。而 50～110cm 层坡中部和坡下部的总氮浓度几乎重叠，标准差和变异系数均相近，从图 4-26（a）和图 4-26（c）也可以看出，在 50～110cm 层坡中部和坡下部总氮垂直时空分布基本相同，这说明总氮在坡中部和坡下部 50～110cm 空间分布无差异。究其原因，坡地土壤养分侧渗使得坡下部 0～50cm 壤中流总氮浓度达到坡上部的 1.50 倍左右，变异系数是坡上部 2 倍左右，这说明坡位对 0～50cm 的壤中流总氮浓度响应度高，对土层 50cm 以下的影响较小。烤烟的主根可下扎 2m 以上，但 70%～80%的根系集中于 16～50cm 的土层内（高家合等，2007），坡下部有利于养分表层积累，有利于烤烟根系对养分的吸收利用。因此，在施肥时可根据不同坡位确定最佳施肥量。

坡下部在 130～200cm 层总氮的迁移浓度较高，各层波动幅度相似，变化范围为 2.613～15.738mg/L，平均值是 6.385mg/L。在 200cm 层总氮浓度的变化范围为 2.791～14.656mg/L，平均值为 6.371mg/L，远远高于我国淡水水体总氮水平的管理标准。土壤中原有的和施肥带入的氮都存在随渗漏流失而污染地下水的风险（单艳红等，2005）。红壤坡耕地氮素有较高的淋溶率，是氮素损失的主要途径之一（王兴祥等，1999）。在整个抚仙湖地区，坡耕地是主要土地利用类型之一，加之该地区的丰沛的降水，壤中流过程持续时间长，土壤养分借助壤中流进入相邻收纳水体，是除了地表径流传输外的另一个很重要的方式。

2）不同坡位壤中流磷素随深度的垂直动态分布

从图 4-26（b）和图 4-26（d）和表 4-16 中可以看出，坡中部 0～110cm 层壤中流总磷平均浓度表现为在 0～50cm 层浓度递增，50cm 以下基本呈递减趋势，均值浓度变化范围为 0.028～0.041mg/L，说明表层壤中流磷素浓度迁移较下层浓度较高。坡下部 0～200cm 层壤中流总磷含量随深度的变化并不是持续呈直线增加或降低，而是从表层到深层呈现波浪状递减趋势，均值浓度表现为低而稳定的状态，变化范围为 0.024～0.049mg/L。这从图 4-26（d）也可进一步反映，在不同时期各层次的壤中流总磷浓度也呈现波动递减趋势，只是不同时期的波动幅度有所差异。这也证明磷在垂直方向上有迁移。

由于土壤固磷量大，且固定过程十分迅速，磷在土壤中的扩散移动极弱（扩散系数为 $0.0005\times10^{-5}\sim0.001\times10^{-5}cm^2/s$），较难穿透较厚的土层（Hesketh and Brookes，2000）。在 9 月 3 日和 9 月 25 日的两次大雨中，9 月 25 日浓度高于 3 日的，说明除降雨外，农业耕作措施对磷的流失有重要影响，这可能与大空隙产生的优势流有关。优势流的出现，使磷能够迁移到深层土壤。优势流过后，磷的向下迁移还是比较困难。

虽然坡中部和坡下部的不同土层壤中流中各磷素浓度很低，但仍能反映出磷素含量受坡位差异的影响，在 0～50cm 层坡下部的各层壤中流总磷浓度大于坡中部的，在 50～110cm 层浓度值相近，说明坡位对壤中流磷素浓度的影响主要体现在表层 0～50cm 层，究其原因，主要是因为在地表坡面上，长期的冲刷和淋溶，使坡面地表的养分物质流失并向下坡位富集。

土壤对磷素具有强烈的吸持能力，在一年的降雨强度下，在棕壤土中施入土壤中的水溶性磷能迁移到 20cm 土层（李同杰等，2006）。谢学俭等（2003）用标记的方法对田间条件下 ^{32}P 在淹水水稻土中的垂直运移进行研究，结果表明可溶性磷施入水田后，较非淹水环境更易于向下迁移，其迁移距离明显增加，0～30cm 的土层中均有 ^{32}P 的痕迹，但大部分磷仍集中滞留于表层土壤。烤烟坡地 0～200cm 的壤中流磷素浓度的动态变化说明磷的流失不仅来自化肥，土壤本身积累的磷也是一个来源，同时也说明在坡中部 0～100cm 层和坡下部 0～200cm 层土壤磷素均有积累，其中烤烟坡地坡中部和坡下部 0～50cm 磷大量积累。

坡中部和坡下部都是随着深度的增加，变异系数值总体趋向变小，说明总磷浓度的变化随深度的增加趋于稳定。在 200cm 层总磷浓度的变化范围为 0.015～0.031mg/L，平均值为 0.024mg/L。国际上，一般认为总磷浓度为 0.02mg/L 是湖泊水体发生富营养化的临界浓度（Sharply et al.，1994），其中磷是水体产生富营养化的限制因素。烤烟红壤坡耕地坡下部的 200cm 处壤中流的磷含量比国际标准的限值略高。另外，由于磷易在土壤中长期累积，以目前抚仙湖地区常规施肥量，在 10～20 年后壤中流中的磷浓度将会明显升高，在某些情况下，如连续降雨或施用有机肥的情况下有可能会发生强淋溶（单艳红等，2005），从而对地下水及地表水环境造成潜在影响，加大抚仙湖富营养化的风险，所以其环境影响不能忽视。

此外，从图 4-26 可以看出坡中部的氮磷浓度变化不同步，这可能与土壤理化性质有关。本试验中测得坡中部土壤 pH 大于坡下部，这可能也是坡中部磷素浓度变化受坡位影响较小，也不与氮素变化同步变化的原因，有研究表明高 pH 和低盐中碳酸根离子的存在能显著增加磷的解吸能力（杨珏和阮晓红，2001）。

4.4.3　壤中流中总氮/总磷浓度动态变化

壤中流中总氮与总磷浓度比值与气候、土壤、地理等因素有关，在一定条件下，可将该比值作为壤中流中氮磷的协同作用指标。此外，从水体富营养化角度看，水生植物的生长需要一定的氮、磷浓度与比率，如果磷素未达到一定含量，仅有氮、碳等元素不会引起水体富营养化，从此角度出发，考核总氮/总磷动态变化有一定的意义（金洁等，2005）。图 4-27 为 2007 年试验中不同时间各层次的壤中流中总氮与总磷的比值图。由该图可以看出，各层次的壤中流中氮素的损失都大于磷，总氮/总磷在 7 月 30 日达到最大，此后逐渐下降。不同层次的土壤壤中流总氮/总磷随时间的动态变化同总氮浓度随时间的变化趋势基本一致，其间起主要作用的往往在于总氮的含量，通常它的下降幅度要比总磷大得多。7 月 30 日是次降水量最小的一次，也是累计降水量最少的一次（52.4mm），导致 7 月 30 日总氮浓度最大，而总氮的含量下降幅度要比总磷大得多，以至于总氮/总磷在 7 月 30 日达到最大，此后逐渐下降。

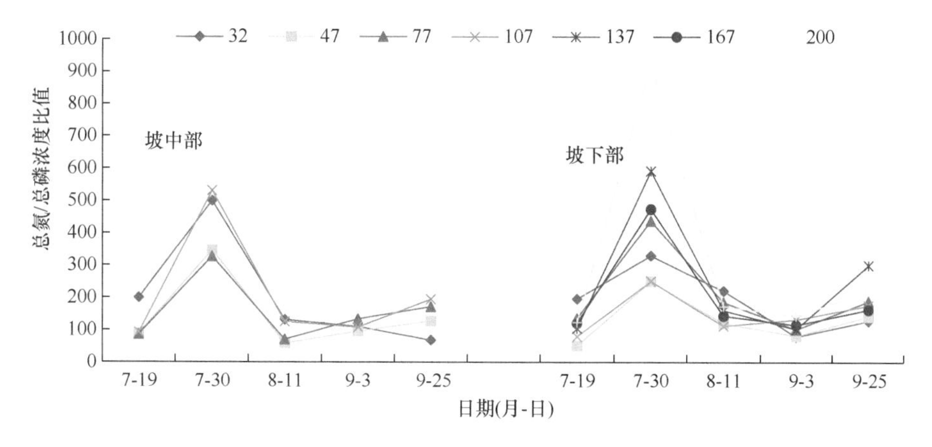

图 4-27　壤中流总氮/总磷动态变化（2007 年）

4.5 施肥对壤中流氮、磷浓度输出的影响

由于2009年属于50年一遇的干旱年，只有深层土壤取到壤中流，表层很少取到，因此选取0～100cm层和100～200cm层取样次数相对较多的77cm和200cm层，对各污染物含量与施肥量之间的关系进行分析。

4.5.1 不同施肥水平对壤中流氮素浓度的影响

1. 总氮浓度

不同处理间壤中流总氮平均浓度空间差异变化见图4-28。从图4-28可见，不同的氮肥处理间壤中流总氮浓度虽然没有产生显著性差异，但结合3个不同处理的氮肥施入量不难发现，在烤烟整个生育期间，不同的氮肥处理间壤中流总氮浓度均值随施氮量的增加而增加。从图中壤中流总氮浓度均值可以看出，在尖山河流域，旱坡地土壤壤中流总氮的迁移浓度也非常高，在77cm与200cm处，总氮浓度的变化范围分别为3.092～7.876mg/L和2.556～11.786mg/L，平均值分别为5.722mg/L和4.160mg/L，远远高出了我国淡水水体总氮水平的管理标准。这些数据说明，在以旱地等为主要耕种土壤的地区，丰沛的降雨和持续长时间的壤中流，可能是除了地表径流外，养分向相邻水体迁移的另一种重要方式。

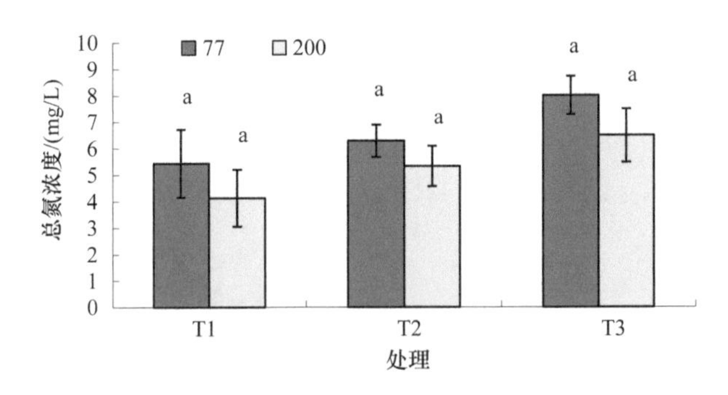

图4-28 不同氮肥处理下壤中流总氮浓度空间差异变化

2. 硝态氮浓度

施氮肥时，各种形态的氮在土壤微生物的作用下先形成硝态氮，因其不被土

壤微粒所吸附，故易随水迁移流失。硝态氮是土壤中氮肥流失的主要形式，而壤中流又是硝态氮淋失的主要途径，硝态氮的淋洗是影响地下水水质和邻近水体污染的主要原因，所以研究壤中流中硝态氮浓度的空间差异变化对理解氮在壤中流的迁移传输有着非常重要的意义。

土体硝态氮淋洗浓度有很大的空间变异性（Kengni et al.，1994），因此利用不同时间所取的硝态氮淋洗浓度进行平均取值后增加其数据的可靠性。图 4-29 是不同氮肥处理水平在 77cm 和 200cm 壤中流中硝态氮平均浓度的差异变化图。由图可见，三种不同施肥水平下，不同的氮肥处理间壤中流硝态氮浓度在 200cm 处没有产生显著差异，在 77cm 处 T3 水平与 T1、T2 水平差异显著。在土壤 77cm 处不同施氮量处理下硝态氮平均淋洗浓度变化较大，尤其是 T3 和 T1、T2 处理间的差别较大，且不难发现，随施肥水平的提高，77cm 土层硝态氮浓度呈递增的趋势，而在 200cm 处不同施肥处理浓度差异不大，无明显变化规律。在土壤 77cm 深处，烤烟生长期 3 种不同的施肥 T1、T2、T3 处理间硝态氮浓度变化分别为 0.439～2.278mg/L、0.397～4.364mg/L、4.305～8.718mg/L，平均值分别为 1.431mg/L、1.721mg/L、6.512mg/L，T3 比 T1 水平增长 4.55 倍。在土壤 200cm 深处，烤烟生长期 3 种不同的施肥处理间硝态氮浓度变化范围为 0.033～4.469mg/L，差异不显著。比较 77cm 和 200cm 深处壤中流硝态氮浓度可以看出，77cm 处壤中流硝态氮浓度要高于 200cm 深处，这说明在尖山河流域坡旱地土壤中，施肥处理对土壤垂直剖面处的壤中流硝态氮浓度的影响上层（0～100cm）要比深层（100～200cm）的大。

分析上述不同氮肥处理，以及不同土壤深度的壤中流中硝态氮浓度在 77cm 处有显著差异而在 200cm 处没有产生显著差异的现象，这可能主要和该地区的气候和土壤性质有关。发生硝态氮淋失须具备两个先决条件：土壤中硝态氮含量高和有足够下渗的水将硝态氮淋失到根区以下。渗漏流失是一个渐进的过程，对当季作物来说，硝态氮不会很快淋失到作物不可能利用的深层而流失，往往是由于土壤氮素长期累加产生的效应。Schelle 等（1985）研究发现，当季作物收获后滞留在田间的硝态氮，经过微生物整个冬季分解后，于次年春季才几乎全部流失出根际。旱作土壤中硝态氮每年随水下渗深度为 1.0～1.5m，一般不超过 2m（彭琳等，1981）。在相同条件下，硝态氮在饱和状态下比在非饱和状态下的运移速度快，对地下水造成污染的可能性也大，即硝态氮在雨水多的季节对农田生态环境的影响较大（陈效民等，2003）。2009 年雨季降雨较少，土壤水分饱和度不够高，过多地施入氮肥，氮肥不会很快淋失到作物不可能利用的深层而流失，因而，不同的氮肥处理，以及不同的土壤深度下导致壤中流中硝态氮的浓度产生（77cm）或没有产生显著差异（200cm）。土壤剖面中硝态氮的存在和水分的垂向运动是影响土壤溶液硝态氮浓度分布的两个主要因子，氮肥施用和降雨（灌溉）分别增加土壤剖面中 NO_3^- 和水分含量，它们共同影响土壤中硝态氮的迁移和累积（黄满湘等，2003），同时也说明随种植年限的延长，施氮量逐渐成为影响农地硝态氮淋洗浓度的主要因素。

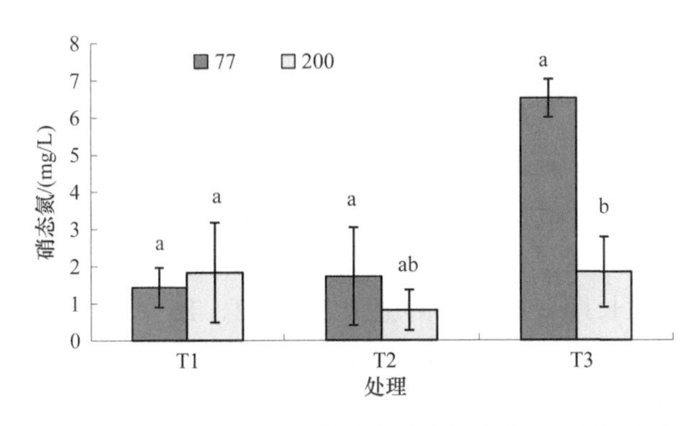

图 4-29　不同氮肥处理下壤中流硝态氮浓度空间差异变化

3. 铵态氮浓度

与硝态氮相似，三种不同施肥条件下，同一深度的壤中流铵态氮的浓度整体上与氮肥的施用量无显著相关关系。从图 4-30 可以看出，在 200cm 和 77cm 深度处浓度变化无规律可循，说明铵态氮浓度与当年施肥量之间的关系不大，其主要与该地区的气候和土壤性质以及铵态氮本身的性质有关。三种施肥水平条件下，在 77cm 和 200cm 深度土层，铵态氮浓度范围分别为 0.005～0.950mg/L 和 0.003～0.516mg/L，平均浓度分别为 0.264mg/L、0.079mg/L，铵态氮平均浓度在 77cm 土壤处大于 200cm 处。李宗新等（2008）和宋玉芳等（2001）则认为，铵态氮的淋溶与氮肥的施用量呈正比。而本书研究结果表明，在 77cm 壤中流中铵态氮浓度与施肥量的关系不明显，但在 200cm 土层壤中流的铵态氮浓度与施肥量呈正相关，分析其原因，可能与土壤本身的理化性质有关。由于土壤颗粒吸附 NH_4^+ 而几乎不吸附 NO_3^-，因此 NH_4^+ 基本滞留在剖面上、中层，说明在施入过多氮肥的情况下，不同的施氮量对当年壤中流中深层铵态氮的影响也不显著，但土壤累积氮素养分可能是造成铵态氮浓度变化的重要原因。

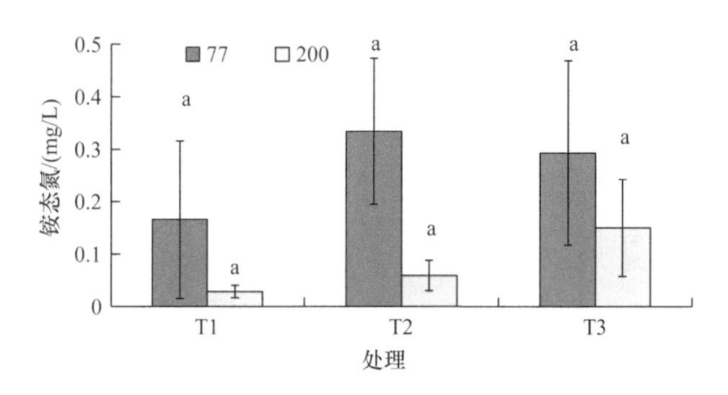

图 4-30　不同施肥处理下壤中流铵态氮浓度空间差异变化

4. 铵态氮和硝态氮浓度比较

土壤和肥料中的氮素在降雨和灌溉的作用下，大部分以可溶性的硝态氮和铵态氮形式淋溶到土壤下层（王家玉等，1996）。不同深度处的铵态氮和硝态氮浓度空间差异比较见图 4-31 和图 4-32。从图中可发现，不管是 77cm 深度还是 200cm 深度，在壤中流中铵态氮的浓度要明显低于硝态氮的浓度值，差异极显著。尤其是在 77cm 深度，随施肥量的增加，两者浓度差距更大，而在 200cm 处，两者浓度差距也极为明显，这是由于在雨水作用下土壤氮素释放出的铵态氮在土壤中发生硝化作用而迅速转化为硝态氮在壤中流中迁移传输。

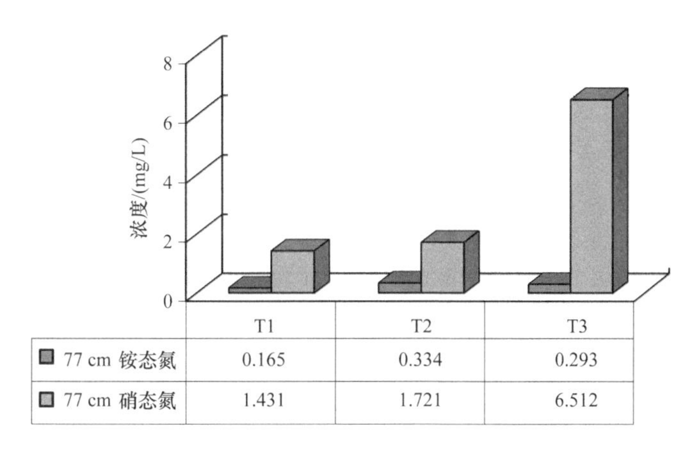

图 4-31　不同施肥处理下壤中流铵态氮和硝态氮浓度空间差异比较（77cm）

5. 铵态氮和硝态氮平均浓度占总氮浓度比值

不同处理中各种氮素的平均值及其在总氮中的比例见表 4-17。从表 4-17 中可

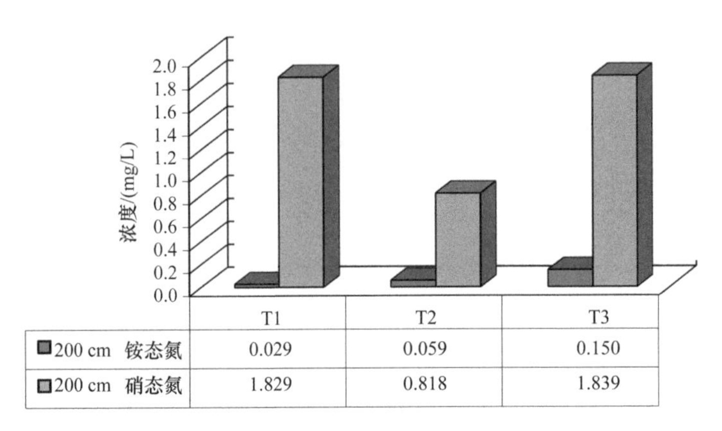

图 4-32 不同施肥处理下壤中流铵态氮和硝态氮浓度空间差异比较（200cm）

以看出，在各层壤中流中硝态氮、铵态氮在总氮中所占的比例有很大不同，硝态氮的所占比例比较大。烤烟坡地氮素流失中以硝态氮为主体，在 77cm 土层 T1、T2、T3 处理的硝态氮分别占总氮的 26.31%、27.40%和 81.27%，在 200cm 土层 T1、T2、T3 处理的硝态氮分别占总氮的 44.26%、15.35%和 28.33%，而铵态氮在总氮中占比不到 10%，浓度均小于 1. 0mg/L。所以，对烤烟坡地氮素的淋失而言，硝态氮是主体。

硝态氮浓度变化趋势在 77cm 层与总氮相似。采用 SPSS16.0 进行多个样本相关分析，得出土壤 77cm 处 T1 处理的壤中流中的硝态氮与总氮表现出极显著的线性正相关，相关系数为 0.999** （注：对显著性水平 0.05 下显著相关的相关系数用一个星“*”加以标记，对在显著性水平 0.01 下显著相关的相关系数用“** ”加以标记，以下同）；铵态氮浓度含量很低，为总氮的 3.04%，也与总氮表现出显著的线性正相关，相关系数为 0.987*。

表 4-17 不同处理壤中流中氮素平均浓度及占总氮的比例

位置	处理名称	硝态氮		铵态氮		总氮	
		平均值/(mg/L)	占总氮比例/%	平均值/(mg/L)	占总氮比例/%	平均值/(mg/L)	占总氮比例/%
77cm	T1	1.431	26.31	0.165	3.04	5.437	100
	T2	1.721	27.40	0.334	5.31	6.283	100
	T3	6.512	81.27	0.293	3.66	8.013	100
200cm	T1	1.829	44.26	0.029	0.69	4.132	100
	T2	0.818	15.35	0.059	1.11	5.33	100
	T3	1.839	28.33	0.15	2.31	6.491	100

4.5.2　不同施肥水平对壤中流总磷浓度的影响

不同施肥处理下壤中流总磷平均浓度空间差异变化见图 4-33。从图 4-33 可以看出，不同磷肥处理下的壤中流总磷含量并不与肥料的多少呈正相关，且处理间的差异也不明显。水平空间上的差异不明显性，由于土壤固磷量大，且固定过程十分迅速，磷在土壤中的扩散移动极弱，较难穿透较厚的土层。土壤对磷素具有强烈的吸持能力，在一年的降雨强度下，在棕壤土中施入土壤中的水溶性磷能迁移到 20cm 土层（李同杰等，2006），谢学俭等（2003）研究可溶性磷施入水田后，0～30cm 的土层中均有 ^{32}P 的痕迹，但大部分磷仍集中滞留于表层土壤。这说明施入的磷肥在当季不可能淋溶到 77cm 和 200cm 处，这也是导致不同处理磷浓度差异不显著的原因。从土壤深度上看，土壤 77cm 处壤中流磷素浓度高于 200cm 处壤中流的磷浓度，浓度均值范围分别为 0.02～0.03mg/L 和 0.01～0.02mg/L。这可能同表层土壤固定束缚的颗粒态磷释放量即同降雨作用有关，也和土壤深度有关，雨水越多，持续时间越长，越靠近地表，壤中流中总磷从土壤中释放得越多。这同时也说明磷在土壤中的迁移速度较慢，积累多。由于 2009 年降雨较少，0～50cm 几乎取不到壤中流，也无法分析不同磷肥处理下表层壤中流磷素浓度变化。

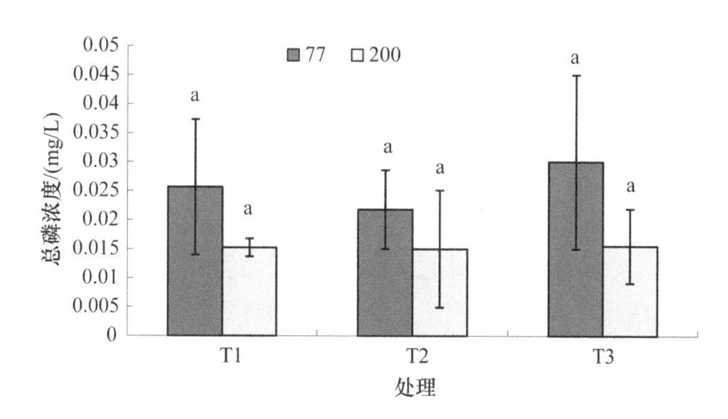

图 4-33　不同施肥处理下壤中流总磷平均浓度空间差异变化

4.5.3　肥料与土壤作用时间的延长对壤中流总氮、总磷浓度的影响

2009 年烤烟移栽时间为 5 月 16 日，同时施底肥，5 月 23 日施提苗肥（兑水浇施），6 月 6 日施追肥。由于 2009 年属于 50 年一遇干旱年，只有深层土壤取到壤中流，表层几乎取不到，因此选取 0～200cm 层取样次数相对较多的 200cm 层来比较分析总氮和总磷含量与施肥量之间的关系。因为其他层收集到的样品很少，

进行分析误差较大，所以未将其测定结果列入本书中。

烤烟坡地壤中流总氮、总磷输出与施肥作用时间的关系见图 4-34 和图 4-35。从图 4-34 和图 4-35 可以看出，5 月底 6 月初施肥以后，6 月的两次取样中，总氮和总磷浓度与累计降水量和次降水量都呈正相关，这与前面得出的结论雨季总氮浓度与次降水量和累计降水量的偏相关系均呈负相关关系不同，分析其原因，在不同施肥处理与不同降水量作用下，其固然受降雨的影响，但也与肥料与土壤作用时间的长短有关以及与植物对养分的消耗利用有关，这也是导致其与降雨特性关系不显著的原因。烤烟坡地壤中流氮磷素浓度的输出影响因素与施肥的关系表现在施肥初期，其受施肥的影响较大，施肥量越大，降水量越大，输出浓度越大，也说明施肥初期氮、磷养分渗漏流失较大。随时间推移，养分浓度变小趋于稳定状态。王静（2006）通过模拟土柱研究淋溶液中的磷与施肥量的关系发现，随着施肥量的增加，淋溶液中磷的累计淋溶量和浓度也相应增加；在连续淋溶 3～4 次后，淋溶液中磷的浓度达到峰值，然后随着淋溶的持续进行，其浓度逐渐下降，但下降趋势较平缓。分析其原因，随着淋溶次数的增加，土柱对磷的吸附和解吸逐渐饱和，所以达到平衡时，土壤溶液中磷浓度很高。在烤烟地，这还与烤烟处于幼苗期根系少、吸收能力差导致大量氮磷随降雨入渗流失有关。

此外，从图 4-34 和图 4-35 还可看出旱季氮、磷浓度均较雨季偏大，这可能主要与同期气温、土温有关。王胜佳等（1997）对水稻田土壤的研究显示，渗滤液中氮素浓度与同期 0～5cm 表层土壤的温度有关，表层土壤温度越高，渗滤液中氮浓度也越高。而磷素与土壤的反应是吸热反应，温度升高有利于磷素阻滞在土壤中（吕家珑等，1999），导致浓度升高。有研究表明，在土壤含水量较高时，施肥量必须相应地增加，特别是氮肥，才能获得较高的产量，但需要指出的是，氮的增产效应随土壤水分的增加而增加，而磷的增产效应逐渐降低，这可能是丰水年份提高了对土壤中原存磷的有效利用（金轲等，1999）。

可见，在施肥条件下，土壤养分的变化不仅在于施肥量和肥料与土壤的耦合作用，同时应考虑作物生长对养分的消耗，因此土壤中养分的有效性随着肥料与土壤作用时间的延长而逐渐降低，这必然影响到养分流失的形态与数量。从目前国内外的研究资料来看，多数研究没有考虑肥料与土壤作用时间的影响，因而造成不同研究者的试验结果有较大差异，相互间缺乏可比性。这除了降雨特征、养分的来源、土壤条件等的不同以外，肥料与土壤作用时间的不同也是造成这一结果的重要原因（晏维金，2000）。

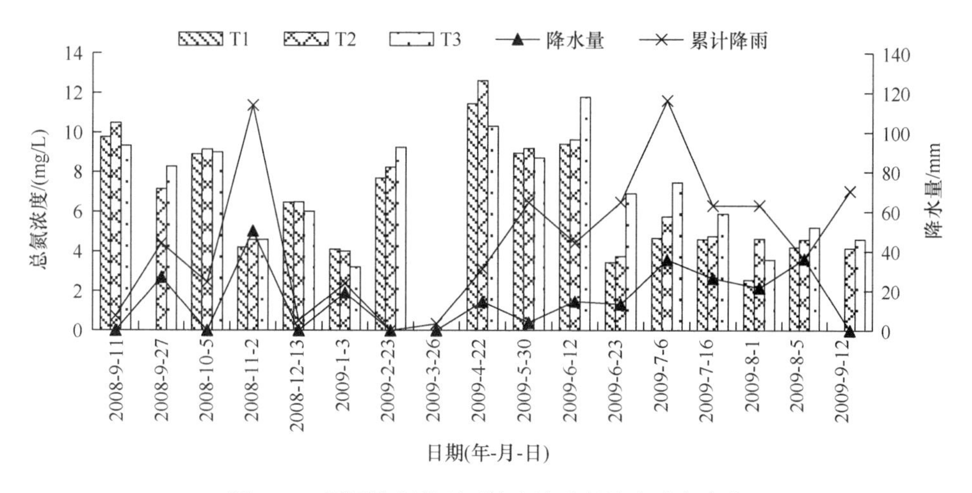

图 4-34　不同施肥处理下壤中流总氮浓度动态变化

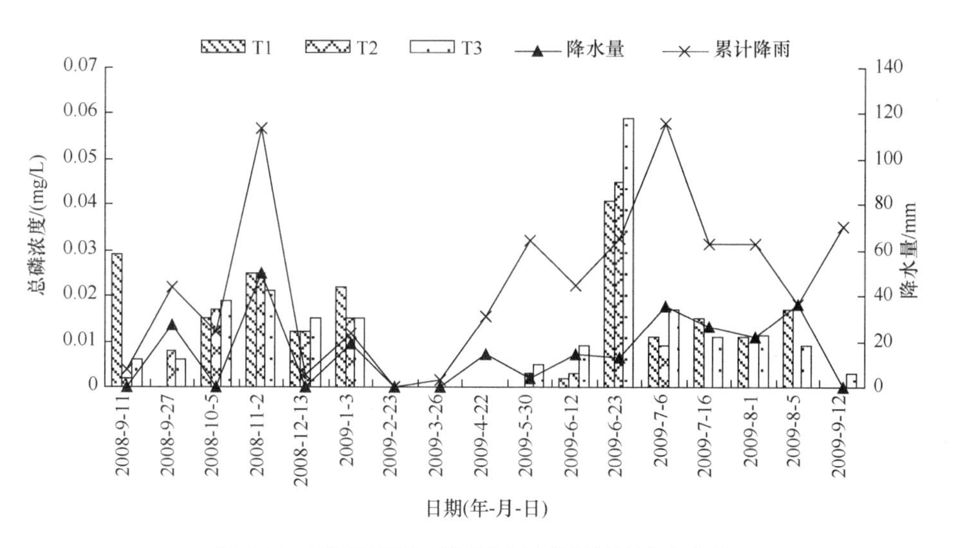

图 4-35　不同施肥处理下壤中流总磷浓度动态变化

4.6　等高反坡阶对地表径流及氮磷输出的控制作用

4.6.1　减少地表径流及泥沙输出

对比 2007 年与 2008 年的产流产沙结果可以看出：2007 年降水量为 887.3mm，共产流 35 次，产流有效降水量为 595.8mm，径流深 298.2mm，平均径流系数 0.50，产生径流总量共计 298200.0m^3/km^2，平均泥沙含量 10.588kg/m^3，产沙量 3157.2t/km^2，2008 年降水量为 923.3mm，为 2007 年的 1.04 倍，进行等高反坡阶整地后，仅发生产流 17 次，减少了 51.4%，产流有效降水量为 458.0mm，减少了 23.1%，径流深 113.6mm，减少了 61.9%，平均径流系数 0.25，减少了 50.4%，产生径流总量共计 113640.0m^3/km^2，减少了 61.9%，平均泥沙含量 6.289kg/m^3，减少了 40.6%，产沙量 714.7t/km^2，减少了 77.4%，详见表 4-18。

表 4-18　2007～2008 年产流产沙特征比较

	降水量/mm	产流次数/次	产流降雨总量/mm	径流深/mm	径流系数	产流量/（m^3/km^2）	泥沙含量/（kg/m^3）	产沙量/（t/km^2）
2007 年	887.3	35	595.8	298.2	0.50	298200.0	10.588	3157.2
2008 年	923.3	17	458.0	113.6	0.25	113640.0	6.289	714.7
占 2007 年的百分比/%	104.1	48.6	76.9	38.1	49.6	38.1	59.4	22.6
2008 年减少的百分比/%		51.4	23.1	61.9	50.4	61.9	40.6	77.4

1. 反坡阶对地表径流的再分配

2008 年在径流小区设置 2 条等高反坡阶整地以后，通过观测发现，地表径流较 2007 年大为降低，产流次数仅 17 次，单次降雨径流系数最大为 0.52，日期为 7 月 15 日，降水量 26.3mm，最大 10min 降雨强度为 49.2mm/h，最大 30min 降雨强度为 30.8mm/h，都不算最大，但是 7 月 11～14 日都有降雨，导致土壤含水量饱和，水分下渗减弱，因而产流较多；2008 年径流系数最小仅 0.03，日期为 5 月 5 日，降水量 23.6mm，最大 10min 降雨强度和最大 30min 降雨强度分别为 9.6mm/h、7.2mm/h，降水量不算小，但雨强较小，降雨历时较长，绝大部分径流都被等高反坡阶汇集在沟里而下渗到土壤中去，因而形成径流流出的部分很少。再对比观察 7 月 2 日的产流，其径流系数为 0.41，降水量为全年最大 53.2mm，最大 10min 和最大 30min 降雨强度分别为 25.2mm/h、15.6mm/h，如此大的降水量和雨强，产流也仅 2.2 万 m^3/km^2，主要是由于前面一次降雨时间为 6 月 27 日，土壤水分含量低，且等高反坡阶进行截流汇流后，下渗量增大，因而形成径流的较少。

入渗是指水分进入土壤形成土壤水的过程，是降水、地面水、土壤水和地下水相互转化的一个重要环节。而土壤渗透性则是土壤理水调洪功能极为重要的特征参数之一，其直接关系到地表产生径流量的大小，将地表径流转化为壤中流、地下径流的能力对土壤侵蚀的影响亦很大。等高反坡阶对地表径流的再分配主要表现在：当降水量较小时，等高反坡阶上部产生的径流汇集到沟里，在沟内经入渗后进入土壤，形成地下径流，当降水量较大时，形成的径流先汇集在沟里，部分经入渗进入地下，部分径流汇集在沟内蓄积，蓄满后经沟内排出，其作用相当于截长坡为短坡，减缓地表径流，蓄积径流增加下渗量，从而减少地表径流量。

2. 反坡阶对泥沙的削减

等高反坡阶对泥沙的削减作用主要是通过减少地表径流来实现的，泥沙输出主要是通过地表径流形式输出的，反坡阶对地表径流通过蓄积增加入渗等方式来减少产流量，从而减少径流挟带的泥沙量，同时反坡阶在蓄积径流的同时，径流汇集到沟道的过程中也减缓了径流的下移速度，从而增加了径流中泥沙的沉淀作用，大颗粒的泥沙通过沉淀而遗留在沟道中，大大削减了径流中的泥沙含量，从而减少了农地的产沙量。

4.6.2　控制氮、磷输出

反坡阶整地正是通过控制水土流失的侵蚀和搬运过程来控制面源污染物的扩散途径，截断面源污染的污染链和减少污染量主要表现在拦蓄径流泥沙，减少进入水体的泥沙和泥沙所吸附的营养物质以及有毒元素等污染源，达到净化径流水质、保护水体质量的目的。其控制作用一方面表现在改变小地形来拦蓄并减少坡面径流及径流所挟带的泥沙与化学物质;另一方面沉积径流中所含的泥沙和营养盐，这不仅减少当地的面源污染物，还对下游的面源污染控制有一定的作用。

氮素在土壤或水体中的迁移转化途径包括挥发作用、硝化作用、反硝化作用、植物吸收与径流淋失等。反坡阶整地后均可通过拦截地表径流、蓄水保土、防治水土流失作用控制硝态氮、亚硝态氮与铵态氮的径流淋失通量。

磷素在土壤中的迁移转化途径包括径流淋失、化学固定、吸附固定和植物吸收等。磷素在土壤中移动性较小，易被土壤颗粒吸附固定，淋失较小。磷素被地表径流、地下径流淋洗挟带进入地表与地下水体的极少，它的迁移途径主要是水土流失，随吸附剂土壤颗粒一起流入水体（王焕校，2002）。反坡阶整地后通过拦截地表径流、蓄水保土与防治水土流失作用均可抑制磷素的径流淋失通量。

1. 反坡阶对控制径流中氮、磷输出的作用

对 2007 年 6 月 11 日～9 月 25 日 10 场产流降雨及 2008 年 4 月 25 日～11 月

2日17场产流降雨径流中氮、磷含量及输出量进行统计，结果见表4-19和表4-20。从表4-19和表4-20中可以看出，2007年烤烟坡地产流35场，产生径流总量为29.82万m^3/km^2，降雨径流中总氮平均浓度为3.958mg/L，氨氮平均浓度为0.56mg/L，总磷平均浓度为0.217mg/L，计算得出2007年烤烟坡地径流中总氮输出量为1180.28kg/km^2，氨氮输出量为166.99kg/km^2，总磷输出量为64.71kg/km^2。由于2007年未进行硝态氮和PO_4^{3-}的分析，结合小区内均种植烤烟，施肥量及2年降水量都比较接近，可近似地采用2008年硝态氮和PO_4^{3-}的平均浓度计算出2007年硝态氮和PO_4^{3-}的输出量分别为481.57kg/km^2和66.58kg/km^2。

表4-19　2007年径流氮、磷输出特征

日期（年-月-日）	产流量/（m^3/km^2）	输出浓度/（mg/L）			输出量/（kg/km^2）		
		总氮	氨氮	总磷	总氮	氨氮	总磷
2007-06-11	19600	8.171	1.17	0.389	160.15	22.93	7.62
2007-06-26	9200	12.753	1.12	0.058	117.33	10.30	0.53
2007-06-28	18600	3.56	0.96	0.154	66.22	17.86	2.86
2007-07-06	13200	1.784	0.56	0.237	23.55	7.39	3.13
2007-07-19	15200	1.753	0.3	0.102	26.65	4.56	1.55
2007-07-30	5200	2.143	0.36	0.117	11.14	1.87	0.61
2007-08-11	50000	1.914	0.28	0.239	95.70	14.00	11.95
2007-08-24	24000	1.138	0.41	0.179	27.31	9.84	4.30
2007-09-03	14000	1.237	0.21	0.395	17.32	2.94	5.53
2007-09-25	2000	5.128	0.23	0.303	10.26	0.46	0.61
平均		3.958	0.56	0.217	55.563	9.215	3.869

表4-20　2008年径流氮、磷输出特征

日期（年-月-日）	产流量/（m^3/km^2）	径流浓度/（mg/L）					径流输出量/（kg/km^2）				
		总氮	氨氮	硝态氮	总磷	PO_4^{3-}	总氮	氨氮	硝态氮	总磷	PO_4^{3-}
2008-4-25	1200	4.35	0.76	1.38	0.16	0.10	5.22	0.91	1.66	0.20	0.12
2008-5-5	800	4.27	1.33	1.63	0.23	0.19	3.41	1.06	1.30	0.19	0.15
2008-5-18	800	6.12	0.98	1.56	0.42	0.37	4.90	0.78	1.25	0.33	0.30
2008-6-11	1000	13.35	1.29	2.59	0.64	0.56	13.35	1.29	2.59	0.64	0.56
2008-6-16	2800	11.36	1.02	1.35	0.10	0.10	31.81	2.86	3.77	0.29	0.27
2008-6-17	7520	11.26	1.04	2.45	0.37	0.20	84.65	7.81	18.40	2.78	1.48
2008-6-27	16800	3.35	0.79	1.92	0.04	0.04	56.30	13.34	32.30	0.63	0.61
2008-7-2	22000	6.75	0.79	1.20	0.10	0.08	148.44	17.27	26.48	2.11	1.69

续表

日期（年-月-日）	产流量/（m^3/km^2）	径流浓度/（mg/L）					径流输出量/（kg/km^2）				
		总氮	氨氮	硝态氮	总磷	PO_4^{3-}	总氮	氨氮	硝态氮	总磷	PO_4^{3-}
2008-7-12	720	5.07	0.97	1.01	0.34	0.33	3.65	0.70	0.73	0.25	0.24
2008-7-14	2400	4.19	0.97	1.67	0.17	0.17	10.06	2.32	4.00	0.41	0.41
2008-7-15	13600	3.36	0.43	0.90	0.06	0.06	45.66	5.89	12.24	0.87	0.77
2008-7-20	6400	2.82	1.35	1.10	0.18	0.13	18.02	8.65	7.01	1.16	0.84
2008-7-22	4600	3.74	1.12	0.91	0.41	0.37	17.20	5.15	4.18	1.90	1.72
2008-7-25	3400	4.66	0.89	0.72	0.65	0.62	15.85	3.02	2.45	2.20	2.10
2008-7-27	7400	5.09	0.52	1.04	0.22	0.10	37.69	3.83	7.71	1.59	0.73
2008-9-3	5000	4.21	0.53	1.67	0.36	0.23	21.05	2.63	8.35	1.82	1.15
2008-11-2	17200	5.37	0.26	4.36	0.16	0.16	92.36	4.55	74.93	2.80	2.72
合计	113640						609.62	82.06	209.35	20.17	15.86
平均	6685	5.84	0.88	1.61	0.27	0.22	35.86	4.83	12.31	1.19	0.93

2008 年在径流小区内布设两条反坡阶后，产流量大大减少，产生径流仅 17 场共 11.36 万 m^3/km^2，由于产流量明显减小，氮、磷等养分输出量也明显减小，总氮输出量为609.62kg/km^2，较2007年减少了48.35%，氨氮输出量为82.06kg/km^2，较 2007 年减少了 50.89%，硝态氮输出量为 209.35kg/km^2，较 2007 年减少了 56.53%，总磷输出量为 20.17kg/km^2，较 2007 年减少了 68.82%，PO_4^{3-} 输出量为 15.86kg/km^2，较 2007 年减少了 76.18%。

2. 反坡阶对控制泥沙中氮、磷输出的作用

通过 2007 年 6 月 11 日～9 月 25 日 10 场产流降雨及 2008 年 4 月 25 日～11 月 2 日 17 场产流降雨径流泥沙中氮、磷含量及输出量进行统计，结果见表 4-21 和表 4-22。2007 年烤烟坡地产沙量共为 3157.24t/km^2，表 4-21 中 9 次径流泥沙中总氮平均输出浓度为 0.38g/kg，水解氮平均输出浓度为 51.11mg/kg，总磷平均输出浓度为 0.86g/kg，速效磷平均输出浓度为 24.24mg/kg，计算得出 2007 年烤烟坡地径流泥沙中总氮输出量为 1196.2kg/km^2，水解氮输出量为 161.4kg/km^2，总磷输出量为 2727.4kg/km^2，速效磷输出量为 76.5kg/km^2。

2008 年在径流小区内布设两条反坡阶后，产沙量也大大减少，全年共 17 场产流，共输出泥沙 714.74t/km^2，较 2007 年（3157.24t/km^2）减少了 77.4%。由于产沙量明显减小，随泥沙流失的氮、磷等养分输出量也明显减小，总氮输出量为 460.79kg/km^2，较 2007 年减少了 48.35%，水解氮输出量为 28.8kg/km^2，较 2007

表 4-21 2007 年径流泥沙氮、磷输出特征

日期（月-日）	产沙量/（t/km²）	输出浓度				径流输出量			
		总氮/（g/kg）	水解氮/（mg/kg）	总磷/（g/kg）	速效磷/（mg/kg）	总氮/（kg/km²）	水解氮/（kg/km²）	总磷/（kg/km²）	速效磷/（kg/km²）
6-9	240.33	0.25	39.69	1.02	18.09	59.33	9.54	245.40	4.35
6-11	355.71	0.28	70.42	1.03	32.18	99.63	25.05	365.82	11.45
6-26	111.31	0.31	54.19	0.96	42.12	33.95	6.03	107.25	4.69
6-28	504.85	0.34	39.72	0.81	27.60	169.47	20.05	408.67	13.94
7-6	166.07	0.27	57.78	0.94	17.07	45.23	9.60	155.96	2.83
7-19	165.19	0.25	28.89	0.88	25.06	42.06	4.77	145.45	4.14
8-3	96.25	0.40	59.49	0.90	20.04	38.64	5.73	86.62	1.93
8-11	784.50	0.35	64.95	0.75	24.82	271.62	50.96	585.67	19.47
8-24	69.38	0.97	44.82	0.49	11.15	67.13	3.11	33.71	0.77
平均		0.38	51.11	0.86	24.24	91.90	14.98	237.17	7.06

表 4-22 2008 年径流泥沙氮、磷输出特征

日期（月-日）	产沙量/（t/km²）	输出浓度				径流输出量			
		总氮/（g/kg）	水解氮/（mg/kg）	总磷/（g/kg）	速效磷/（mg/kg）	总氮/（kg/km²）	水解氮/（kg/km²）	总磷/（kg/km²）	速效磷/（kg/km²）
4-25	7.77	0.53	32.51	0.51	4.90	4.10	0.25	3.95	0.04
5-5	2.01	0.90	29.23	0.48	2.02	1.81	0.06	0.96	0.00
5-18	3.60	0.63	41.89	0.53	37.52	2.28	0.15	1.92	0.14
6-11	2.70	0.63	41.89	0.53	37.52	1.71	0.11	1.44	0.10
6-16	5.80	0.46	44.37	0.50	12.81	2.68	0.26	2.90	0.07
6-17	33.37	0.49	29.07	0.49	57.12	16.46	0.97	16.42	1.91
6-27	214.17	0.56	45.67	0.53	52.17	120.86	9.78	113.96	11.17
7-2	174.86	0.99	43.85	0.55	19.61	173.22	7.67	95.34	3.43
7-12	2.96	0.46	45.11	0.55	1.94	1.37	0.13	1.62	0.01
7-14	7.35	0.44	35.57	0.51	5.20	3.23	0.26	3.75	0.04
7-15	74.99	0.43	42.97	0.55	53.20	32.01	3.22	40.92	3.99
7-20	38.21	0.48	23.42	0.55	29.84	18.47	0.89	21.01	1.14
7-22	15.96	0.44	29.07	0.56	16.44	7.01	0.46	8.88	0.26
7-25	16.28	0.72	58.34	0.57	6.98	11.69	0.95	9.34	0.11
7-27	28.06	0.54	32.69	0.56	8.82	15.26	0.92	15.79	0.25
9-3	26.50	0.48	23.42	0.55	29.84	12.81	0.62	14.57	0.79
11-2	60.13	0.60	34.98	0.57	18.70	35.82	2.10	34.56	1.12
合计	714.74					460.79	28.82	387.34	24.57
平均	42.04	0.58	37.30	0.53	23.21	27.11	1.70	22.78	1.45

年减少了 82.1%，总磷输出量为 387.3kg/km^2，较 2007 年减少了 85.8%，速效磷输出量为 24.6kg/ km^2，较 2007 年减少了 67.9%。

4.7 讨　　论

由于烤烟施肥主要是钾肥较多，氮肥施用量（以氮计）105～135kg/hm^2，施肥比例 N：P_2O_5∶K_2O 为 1∶0.5∶2.5～3，施肥时间比较集中，所有肥料在移栽后 25 天内全部施完，因此氮的流失在施肥后呈逐渐降低的趋势。本书研究结果表明，总磷、总氮和铵态氮输出浓度与降水量都呈负相关，总氮和铵态氮输出浓度与雨强也呈负相关，总磷浓度与雨强呈正相关，且相关性均不显著（sig.值都在 0.5 以上），但总磷、总氮和铵态氮输出量与降水量和雨强都表现正相关关系，总磷输出量与降水量相关性显著（sig.=0.036），和雨强的相关性极显著（sig.=0.000），总氮输出量与雨强相关性显著。降水量增大后，氮、磷流失浓度在降雨前期比较大，降雨后期主要是稀释作用，因而表现出负相关关系。总磷浓度与雨强呈正相关关系主要是因为农田径流中的磷一般以颗粒态为主（75%～95%）（Sharpleye et al.，1994），雨强与产沙量有显著的正相关关系，从而增大了径流中总磷的含量，而氮主要以溶解态形式流失。从氮流失特征可以看出，前三场降雨的氮流失浓度都较高，这也充分说明了施肥是烤烟地氮素流失的主要影响因素。

由氮、磷流失量与产流产沙量之间显著相关关系可以得出，要有效地防治烤烟坡地氮、磷流失，最重要的两条基本措施应该是：一是有效控制坡地的水土流失量，采取合理的耕作措施和坡面拦蓄措施（如反坡阶整地）；二是合理施用化肥，科学控制化肥施用量。施肥量越大，氮、磷流失浓度和流失量也越大。本书研究结果表明，总磷、总氮和氨氮输出浓度与降水量都呈负相关，仅总磷浓度与降雨强度呈正相关，且相关性均不显著（sig.值都在 0.5 以上），但总磷、总氮和氨氮输出量与降水量和降雨强度都表现出较好的正相关关系。降水量增大后，氮、磷流失浓度在降雨前期比较大，降雨后期主要是稀释作用，因而表现出负相关关系。总磷浓度与降雨强度呈正相关关系主要是因为农田径流中的磷以悬浮颗粒结合态为主（杨金玲和张甘霖，2005；Shen et al.，2012a），降雨强度与产沙量有显著的正相关关系，从而增大了径流中总磷的含量，而氮主要以溶解态形式流失。

烤烟生长季不同坡位壤中流中总磷浓度从表层到深层（200cm）呈现波浪状递减趋势，而总氮则在坡下部 0～110cm 呈递减规律，110～200cm 呈波动式递减，而坡中部 0～110cm 未观测出稳定的规律。单艳红等（2005）通过模拟土柱试验装置对水田 0～70cm 深处的土壤磷的动态变化研究表明，磷在表层、20cm、40cm、60cm、70cm 土层土壤水中的含量基本呈下降趋势，而氮素未观测出稳定的规律有大同小异。究其原因，农田氮磷的渗漏损失有其地域的特点，土壤特性、气候因子、作物种植制度、水肥管理等因素相互作用，形成了区域农田氮磷的淋失特征（张国栋和章申，1998；Stout et al.，1998a）。

本书研究发现在雨量丰富的情况下，氮肥会很快以硝态氮的形式随着壤中流迁移流失，且流失程度非常之大。以硝态氮形式检出的氮含量总体上远远高于铵态氮。与铵态氮相比，硝态氮肥的硝化作用和淋溶作用都要强烈得多，在 77cm 深度施肥量与淋溶的硝态氮成正相关。这与宋玉芳等（2001）通过土柱模拟 1m 深度处得出的硝态氮的淋溶与氮肥的施用量呈正比的结论一致。对烤烟坡地氮素的淋失而言，硝态氮是主体。这个结果与麦田的硝态氮占 90%左右的比例（陈国军等，2004）相比要小很多。分析原因可能是麦田试验采取的是经 50cm 土壤的渗漏液，距离地面近，土壤本身积累一定的氮素，其本底值高于本研究区，且施肥水平是本试验的 2 倍之多，随深度的增加土壤养分递减，而本试验采取的是 77cm 和 200cm 深度的壤中流，质地对深层硝态氮的影响主要通过水分而表达，同样施肥量条件下，质地较轻土壤剖面中土层的硝态氮更容易随水移动而淋失（郭胜利等，2003）。这些都是导致与麦田硝态氮浓度相比偏小的原因。

Bergstorm 和 Brink（1986）的试验表明，当施氮量每年小于 100kg/hm^2 时，硝酸盐的淋溶是缓慢的，施氮量为 91～200kg/hm^2，淋溶量随施肥量的增加而增加。当超过 100kg/hm^2 时，其不仅对地表水有一定危害，而且在一定程度上也污染了地下水。而本试验常规施氮量都超过 100kg/hm^2，对地下水污染存在潜在的影响。张福珠等（1984）、张庆利等（2001）和孙波等（2003）研究也发现，以硝态氮淋失是田间氮素淋失的主要形式。本研究结果也证实了这一点，与铵态氮相比，硝酸盐离子与土壤离子同带负电荷，不容易被土壤微粒吸附，易于遭雨水或灌溉水淋洗而迅素渗漏，故氮素渗漏以硝酸盐为主。

耕作因影响土壤矿化和水分运动而影响硝态氮的淋失，耕作增加硝态氮淋失 21%（Wang et al.，1995）。耕地休整导致高的淋洗潜力，秋季耕翻的比免耕的土壤氮淋失潜力高（Solberg et al.，1995）。本研究同样发现雨季农地翻耕导致土壤 200cm 处壤中流中总氮和总磷浓度加倍增大，都超出了水体中氮、磷浓度的要求。因此，在实际生产中，翻耕要尽量避开雨季，减少氮磷流失及对地下水的污染。目前国内土壤氮、磷素的淋溶研究多以模拟法为主，采用室内模拟法或大型原状土柱法研究为主，缺少野外定量研究，尤其对坡耕地坡面尺度壤中流中氮、磷浓度的动态特征研究在国内还鲜见报道。目前淋溶研究深度一般采用较小采样尺度（一般小于 1m），而较大采样尺度（2m）上土壤壤中流的空间变异性的研究还不多。

本章关于壤中流的研究深度为 2m，较前人研究深度大。不同坡位壤中流中总磷浓度从表层到深层（200cm）呈现波浪状递减趋势，说明磷在垂直方向上有运移，而总氮浓度则从土壤表层到深层，前期波动幅度较大，后期各层浓度趋于一致，总体在 0～110cm 各层呈递减规律，110～200cm 各层呈波动式递减趋势。坡位对 0～50cm 的壤中流氮磷素浓度影响最大，坡下部明显大于坡中部，说明坡地养分分布具有明显的空间异质性。因此，在施肥时可根据不同坡位确定最佳施肥量。在施肥初期，受施肥的影响较大，输出浓度较大。随施肥时间的延长，养分浓度变小趋于稳定状态。在雨季总氮和总磷浓度与施肥之间的关系存在一个施肥临界值，低于这个临界值，氮磷素浓度在次降水量一定的条件下与累计降水量呈负相关，高于这个临界值，氮磷素浓度则与累计降水量呈正相关，两者相关性均不显著。

本书试验不同时期、不同深度土壤溶液中氮磷浓度与土壤性质等之间的关系需进一步研究。一般来说，水量和浓度是养分渗漏流失监测中需要的两个参数，浓度可以很好地了解氮磷渗漏流失的强度，而对于流失量的定量化而言，必须有水量。本书重点研究了农田氮、磷渗漏流失浓度这一强度因素，但还不能准确估算农田氮磷养分渗漏流失量，在以后的研究中，可在本研究内容的基础上加强壤中流流失定量化的研究。农田氮素渗漏液中硝态氮和氨氮的渗漏量随施肥量的增加而增加。因此，减少氮素的渗漏的根本途径在于减少氮肥的施用量，做到平衡施肥合理限量。西欧诸国把防止氮肥污染的年施氮肥量的安全上限确定为 225kg/hm^2。Sharpley 等（1994）研究认为尽管当季磷肥的流失量通常不超过 5%，但对水体富营养化具有关键性的作用。因此，控制水体富营养化的有效措施是控制磷素的流失。土壤磷素的不断积累，在保护环境前提下，安全施用磷肥是我们需要探讨的新问题。由于地表径流、侵蚀泥沙、耕作土壤的流失等是产生面源污染的主要沙源，因此，水土流失防治措施及流域综合治理措施能从根本上截断污染链，防治面源污染。然而并非所有的侵蚀泥沙都会进入受纳水体，在泥沙从发生地到受纳水体的传输途中会发生种种损失，而且水土流失量与面源负荷之间的关系也十分复杂。这方面还需做深入研究。

本 章 小 结

（1）径流中氮素输出以 NO_3^- 为主，磷素输出以 PO_4^{3-} 为主。2008 年径流中总氮平均浓度为 5.84mg/L，氨氮平均浓度为 0.88mg/L，硝态氮平均浓度为 1.62mg/L，NO_3^- 平均浓度为约为氨氮的 2 倍。总磷平均浓度为 0.27mg/L，PO_4^{3-} 平均浓度为 0.22mg/L。施肥量对径流和泥沙中氮素输出影响明显，对径流中磷素影响不明显，但对泥沙中磷素输出影响明显。径流中磷素输出与施肥量的关系不显著。

（2）在常规施肥水平，雨季壤中流总氮和总磷浓度与次降水量和累计降水量的偏相关系均呈负相关关系；旱季壤中流总氮和总磷浓度与次降水量偏相关关系呈负相关，但与累计降水量的偏相关关系变呈正相关，这与雨季表现的规律相反。旱季与雨季总磷平均浓度接近。不同施肥水平条件下，总磷浓度接近，差异不显著；总氮浓度与施肥量呈正相关。雨季随施肥量的增加，雨季总氮和总磷浓度和次降水量的偏相关关系仍呈负相关，但与累计降水量之间的偏相关关系变呈正相关，氮磷素浓度则与累计降水量呈正相关，两者相关性均不显著。

（3）不同坡位各层的壤中流产出的总氮浓度随时间的变化趋势基本一致，氮素在不同层次的壤中流含量随烤烟生长进程的推进表现为先增加后递减的趋势；壤中流产出的总磷浓度随时间的变化趋势总体表现为在一定范围内呈波动性递减的规律。因此，从减少氮磷流失及对地下水污染的角度考虑，在实际生产中，翻耕要尽量避开雨季，降低坡地土壤肥力的退化。不同坡位壤中流中总氮浓度从土壤表层到深层，前期波动幅度较大，后期各层浓度趋于一致。壤中流中总氮浓度很高，土壤养分借助壤中流进入相邻收纳水体是除了地表径流传输外的另一个很重要的方式。不同坡位壤中流中总磷浓度从表层到深层呈现波浪状递减趋势，变异系数值变小，总磷浓度的变化随深度的增加趋于稳定，说明磷在垂直方向上有运移。另外，磷易在土壤中长期累积，有可能对地下水及地表水环境造成潜在影响，加大抚仙湖富营养化的风险。坡位对 0～50cm 的壤中流氮磷素的影响最大，坡下部明显大于坡中部，主要是长期的冲刷和淋溶，使坡面地表的养分物质流失并向下坡位富集的结果，说明坡地养分分布具有明显的空间异质性，因此在施肥时可根据不同坡位确定最佳施肥量。壤中流中总氮与总磷浓度比值与气候、土壤、地理等因素有关，在一定条件下，可将该比值作为壤中流中氮磷的协同作用指标。不同层次的土壤壤中流总氮/总磷浓度比值随时间的动态变化同总氮浓度随时间的变化趋势基本一致，其间起主要作用的往往在于总氮的含量，通常它的下降幅度要比总磷大得多。

（4）在烤烟整个生育期间，不同的氮肥处理间壤中流总氮浓度均值随施氮量的增加而增加。在尖山河流域，旱坡地土壤壤中流总氮的迁移浓度也非常高，在77cm 与 200cm 处，总氮浓度的变化范围分别为 3.092～7.876mg/L 和 2.556～11.786mg/L，平均值分别为 5.722mg/L 和 4.160mg/L，远远高出了我国淡水水体总氮水平的管理标准。

（5）三种不同施肥水平下，不同的氮肥处理间壤中流硝态氮浓度在 200cm 处没有产生显著差异，在 77cm 处 T3 水平与 T1、T2 水平差异显著。随施肥水平的提高，77cm 土层硝态氮浓度呈递增的趋势，而在 200cm 处不同施肥处理浓度差异不大，无明显变化规律。在尖山河流域坡旱地土壤中，施肥处理对土壤垂直剖面处的壤中流硝态氮浓度的影响上层（0～100cm）要比深层（100～200cm）的大。对烤烟坡地氮素的淋失而言，硝态氮是主体。同一深度的壤中流铵态氮的浓度整体上还是没有产生显著差异。不同磷肥处理下的壤中流总磷含量并不与肥料的多少呈正相关，且处理间的差异也不明显。随施肥时间的推移，在施肥初期，受施肥的影响较大，施肥量越大，降水量越大，输出浓度越大，也说明施肥初期氮、磷养分渗漏流失较大。随施肥时间的延长，养分浓度变小趋于稳定状态，肥料发挥的效力越来越小。

（6）等高反坡阶整地对防治水土流失、减少氮、磷输出具有重要作用，是山区坡地重要的水土保持措施。2008 年设置等高反坡阶后，小区产流仅限于 17 场较大的降雨条件下才发生，且径流系数都很小，主要是因为反坡阶对径流起到了拦蓄作用，同时增加了水分入渗，因而产流急剧下降。反坡阶整地能有效减少坡地中产流产沙量，产流量减少了 61.9%，平均泥沙含量减少了 40.6%，产沙量减少了 77.4%。由于产流量明显减小，随径流输出的氮、磷等养分输出量也明显减小，总氮输出量减少了 48.35%，氨氮输出量减少了 50.89%，硝态氮输出量减少了 56.53%，总磷输出量减少了 68.82%，PO_4^{3-} 输出量减少了 76.18%。随泥沙流失的氮、磷等养分中，总氮输出量减少了 48.35%，水解氮输出量减少了 82.1%，总磷输出量减少了 85.8%，速效磷输出量减少了 67.9%。

第5章　等高反坡阶整地对不同坡度坡耕地氮磷输出的影响

坡度是影响水土流失极其重要的一个因子，在山区和丘陵地区，耕地往往处于山坡上，坡度大，极易造成严重的水土流失。但是不同的耕作方式可能导致的水土流失强度不同。研究表明，与顺坡耕作处理土壤磷素年流失总量相比，水平沟耕作处理能减少土壤磷素流失总量的55.63%，等高处理能减少土壤磷素流失总量的 73.84%，等高土埂处理能减少土壤磷素流失总量的 84.33%（袁东海等，2003a）。由此可见，水平沟、等高耕作、等高土埂等农作方式均具有明显减少土壤磷素流失的效果。一般说来，面源污染物的输出量随着坡度的增加而增大；当超临界坡度时，侵蚀量和养分流失量反而有下降趋势。本章研究属松华坝水源区水土保持综合治理试点工程的第一批实施项目，是在天然降雨条件下，通过在两种坡度坡耕地上分别布设等高反坡阶，并结合施肥措施，对各径流小区中的地表径流、泥沙面源污染物的输出规律进行研究，从而为筛选出适合滇中地区坡耕地保护性技术、防治水土流失面源污染提供一定的理论依据。

5.1　试验设计与研究方法

5.1.1　试验地的选取及径流小区的布设

试验地为云南昆明嵩明迤者小流域，研究区基本概况见1.5.2节。

1. 径流小区布设

根据不同的土地利用方式和等高反坡阶对照处理，共布设投影面积为 5m×20m 的八个径流小区，分别命名为4#、5#、6#、7#、8#、9#、10#和 11#径流小区，4#和 5#为荒地，6#、7#和 8#种植株行距为 40m×40m 的烤烟（*Nicotiana tabacum*），

9#、10#和 11#播种株行距为 20cm×20cm 的土豆（*Solanum tuberosum* L.）。在小区四周以水泥砖块为埂，埋入地表下 15cm，地表外露 20cm，在小区下端分别建造量水建筑物，容积约为 1m³，汇流槽处采用混凝土和铁板，防止下渗，并采用 1/5 分流法，在小区围埂外分别留置 0.5m 的保护带。径流小区布设情况见图 5-1。

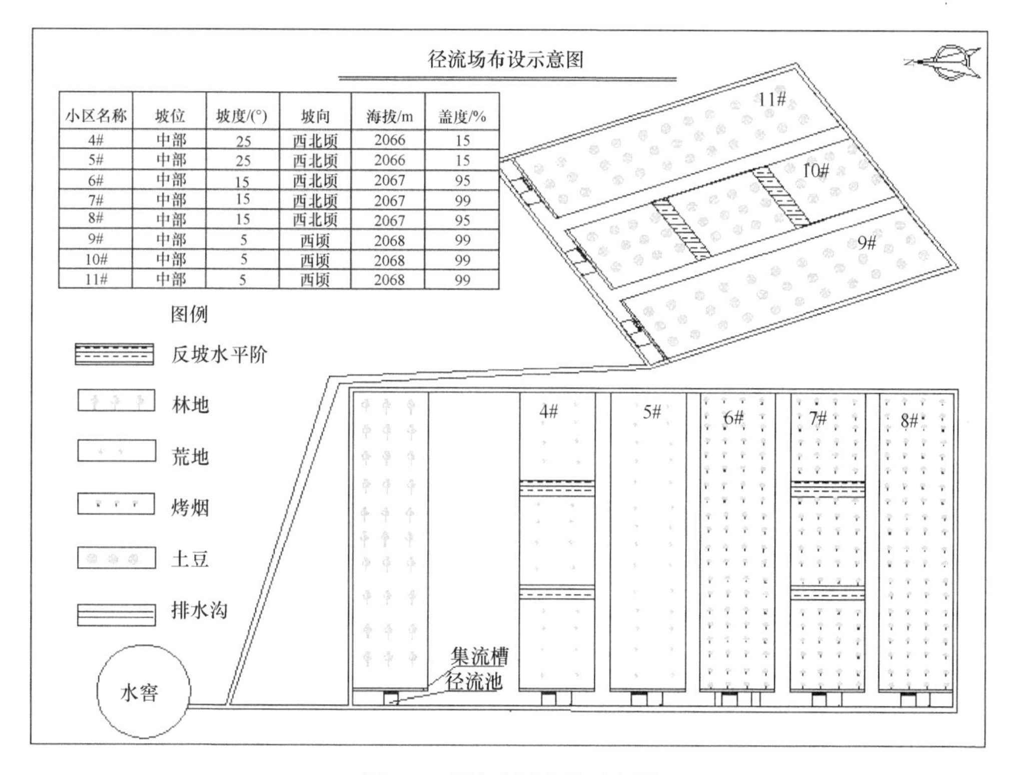

小区名称	坡位	坡度/(°)	坡向	海拔/m	盖度/%
4#	中部	25	西北坡	2066	15
5#	中部	25	西北坡	2066	15
6#	中部	15	西北坡	2067	95
7#	中部	15	西北坡	2067	99
8#	中部	15	西北坡	2067	95
9#	中部	5	西坡	2068	99
10#	中部	5	西坡	2068	99
11#	中部	5	西坡	2068	99

图 5-1　径流小区布设示意图

2. 垂直剖面小区的布设

在径流小区附近布设垂直剖面小区，在试验区平行布设自然坡面和长×宽×高为 5.5m×1.5m×0.4m 的等高反坡阶对照试验小区（面积约为 55m²）各 3 个，在每个自然坡面和等高反坡阶小区分别埋设 3 根中子土壤水分测定管（以下简称中子管），共埋设 9 根；同时测定中子管处（100cm 范围内）各土层（每 20cm 为一层）的土壤容重 D，标定计算土壤容积含水率。在埋设中子管的同一反坡阶埋设深为 20cm、40cm、60cm、80cm 和 100cm 的土壤取样管和相应深度的土壤水分取样管（陶土头土壤水分取样管），土壤取样管和土壤水分取样管各埋设 30 个，垂直剖面小区布设情况见图 5-2。

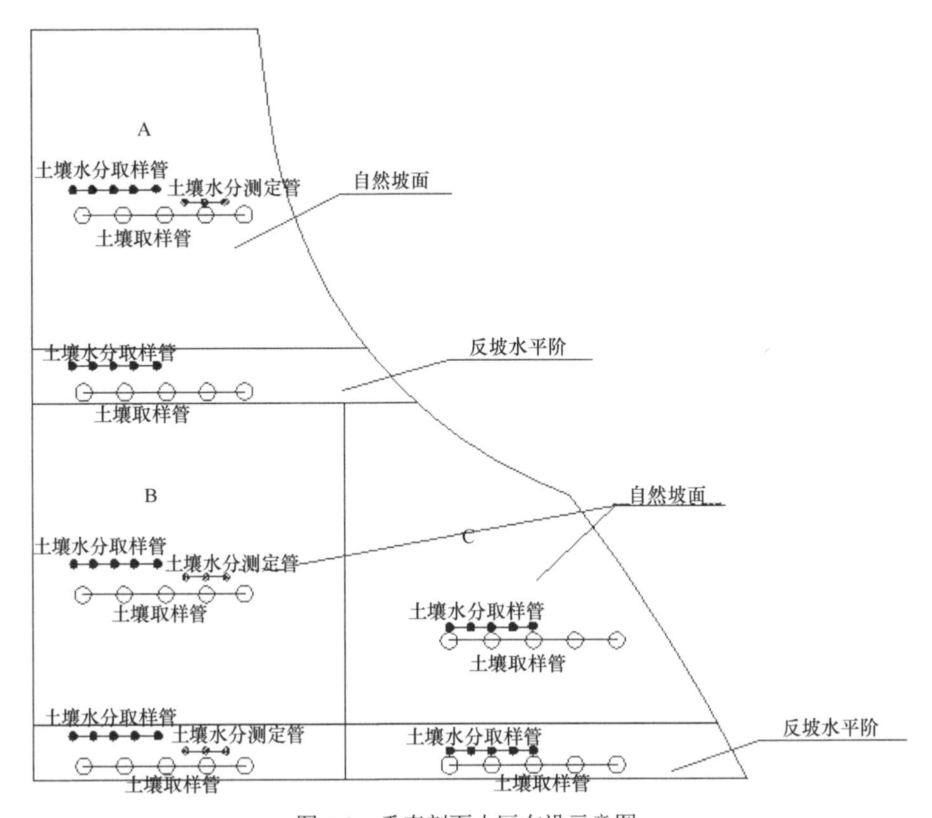

图 5-2 垂直剖面小区布设示意图

3. 等高反坡阶的布设

等高反坡阶的布设方法同 4.1.3 节。在每个径流场自然坡面上布设长×宽×高为 5m×1.5m×0.4m 的两个等距反坡阶，径流小区共布设 6 个反坡阶；在 A、B 和 C 三个垂直剖面小区上分别布设长×宽×高为 5.5m×1.5m×0.4m 的反坡阶，布设反坡阶情况见图 5-3。

监测点选在坡中部，海拔为 2067m，坡度为 15°，坡向为西坡，土壤类型为红壤，根据当地种植模式，于 2009 年 5 月 4 日进行等高反坡阶整地，5 月 6 日播种株行距为 50cm×50cm 的玉米，播种时施入碳酸氢氨作为底肥，玉米于 2009 年 9 月中旬收割。坡耕地土壤理化性质见表 5-1，各个小区的主要特征及施肥状况见表 5-2。

图 5-3 径流小区和垂直剖面小区等高反坡阶布设图

表 5-1 坡耕地土壤理化性质

土层深度 /cm	饱和含水率 /%	D /（g/cm^3）	有机质 /%	总氮 /（mg/kg）	速效氮 /（mg/kg）	总磷 /（mg/kg）	速效磷 /（mg/kg）
0～20	2.31	1.37	1.08	285.71	62.65	963.75	9.44
20～40	2.47	1.41	0.98	260.82	45.72	354.44	7.91
40～60	2.03	1.47	0.73	175.75	25.22	341.72	5.60
60～80	1.94	1.49	0.54	155.33	19.71	284.10	4.12
80～100	1.89	1.52	0.47	123.31	10.31	174.23	3.14

表 5-2 径流小区主要特征与施肥状况

小区编号	坡度 /（°）	坡向	水平投影面积	处理	作物株行距	土壤、施肥状况	盖度/%
7#	5	SN	20m×5m	对照	47cm×8cm	种植土豆，施碳酸氢氨肥 28.55kg/亩；复合肥 25.75kg/亩；施肥一次，无等高反坡阶	95
8#	5	SN	20m×5m	等高反坡阶	47cm×8cm	种植土豆，施肥水平和次数同 3#径流小区相同，有两道等高反坡阶，每道等高反坡阶阶面宽 1m，反坡角度 5°，从小区顶部沿坡度向下每 8m 布设一道等高反坡阶，共布设两条等高反坡阶	95
9#	5	SN	20m×5m	对照	47cm×8cm	种植土豆，施碳酸氢氨肥 57.10kg/亩；复合肥 51.49kg/亩；施肥一次，无等高反坡阶	95
4#	15	EW	20m×5m	对照	31cm×5cm	种植烤烟，施碳酸氢氨肥 0.44kg/亩；复合肥 14.67kg/亩；施肥一次，无等高反坡阶	70
5#	15	EW	20m×5m	等高反坡阶	26cm×5cm	种植烤烟，施肥水平和次数同 6#径流小区相同，有两道等高反坡阶，每道等高反坡阶阶面宽 1m，反坡角度 5°，从小区顶部沿坡度向下每 8m 布设一道等高反坡阶，共布设两条等高反坡阶	75
6#	15	EW	20m×5m	对照	31cm×5cm	种植烤烟，施碳酸氢氨肥 0.88kg/亩；复合肥 29.34kg/亩；施肥一次，无等高反坡阶	80

5.1.2 野外定位监测与样品采集

1. 野外定位监测

1）降水量观测

在径流小区的附近安置自记雨量计（型号：JDZ-1，重庆水文仪器厂），采用自记雨量计对项目区的降水量进行观测。

2）坡面径流、泥沙的观测

每次降雨后立即测出沉沙池的泥水总量，搅匀水池中的泥沙，并取一定体积水样，重复取样 3 次，取样完后放出沉沙池的泥水。所取水样带回实验室称重，经澄清后收集泥沙于固定的烧杯内，测定泥沙的比重。根据沉沙池内的泥水总量、泥沙样品比重，得出小区的径流量和泥沙量。

2. 样品采集

对不同坡度坡耕地进行布设等高反坡阶等处理之前，首先要对处理之前的土壤养分背景值进行测定，作为处理后的对照。该实验于 2009 年 3 月上旬，采用五点法，分别对 1#、2#、3#、4#、5#、6#六块径流小区试验地的土壤进行取样，取样深度为 0～20cm。将所取土壤样品带回实验室，并在自然条件下将其晾干，再采用四分法取混土样，按照不同的分析要求研磨过筛，对土壤中的 pH、速效钾、总氮、速效氮、总磷及速效磷进行测定。

径流采集：每次降雨过后，取其产流径流样 500mL，4℃保存并于 24h 内测定其中的总氮、硝态氮、氨氮、总磷和正磷酸盐等值。

泥沙采集：每次降雨过后，取其径流小区内沉沙池中的泥沙，自然风干后测定其中的总氮、水解氮、总磷和速效磷含量。

5.1.3 试验数据观测

径流及泥沙中的污染物测定指标与测定方法同 4.1.5 节的指标与测定方法，根据对土壤背景值的测定，各理化性质指标差异性不显著，所以可以忽略土壤中所存在的营养元素对径流小区浓度的影响，而只考虑小区坡度、等高反坡阶整地措施等因素对径流污染的影响，径流小区表层土壤理化性质见表 5-3。

表 5-3　径流小区表层土壤理化性质

指标	7#小区	8#小区	9#小区	4#小区	5#小区	6#小区	均值	标准差
含水率/%	2.78	2.83	2.89	2.80	2.90	2.88	2.85	0.05
pH	4.62	4.70	4.65	4.61	4.69	4.72	4.67	0.05
有机质/（g/kg）	102.65	102.79	102.71	102.83	102.74	102.69	102.74	0.07
速效钾/ppm	150.66	150.76	150.74	150.59	150.72	150.68	150.69	0.06
总氮/（g/kg）	1.08	1.11	1.02	1.07	1.09	1.05	1.07	0.03
速效氮/（mg/kg）	5.85	5.99	5.89	5.93	5.83	5.97	5.91	0.06
总磷/（g/kg）	0.18	0.15	0.19	0.21	0.17	0.16	0.18	0.02
速效磷/（mg/kg）	6.59	6.63	6.69	6.62	6.57	6.67	6.63	0.05

5.2　等高反坡阶控制条件下不同坡度地表污染物输出规律

在不考虑雨强的条件下，在地表径流流失过程中，径流系数受诸多因素影响，其中最主要的因素是土壤含水量、植物覆盖度、坡度、土壤结构性和地面平整程度。在坡耕地上修反坡阶，改变微地貌，能减缓地表径流的速度，增加地表径流入渗，在减少地表径流输出的同时，也能减少径流挟带的泥沙，其在有助于水土保持的同时减少了随径流和泥沙流失的养分含量，减少了面源污染物的输出，从而有利于减轻下游河流、湖泊的环境压力。

5.2.1　反坡阶对地表径流再分配

在坡耕地上设反坡阶可减短坡面长度，5°的反坡阶增加了地表的粗糙程度，其在减缓径流流速的同时加大了对地表径流的拦截，其可以对降雨进行再分配和改变微区域水文。从表 5-4 可以看出，有等高反坡阶的小区和无等高反坡阶的小区在相同降雨条件下，产流量有显著的差别。在 2008 年监测到 5#小区（无等高反坡阶）有径流产生的 15 场降雨中，有两场降雨 4#小区（有等高反坡阶）没有产生径流，其对地表径流的拦截率高达 100%；在这 15 场降雨中拦截率最低的是 2008 年 7 月 2 日，拦截率为 46.72%，这也是 2008 年最大的一场降雨，达 83mm，没有等高反坡阶的 5#小区径流量达 42.37mm，4#小区也达 22.57mm，说明等高反坡阶对地表径流的拦截与降水量是呈负相关的。降水量是影响径流量的最主要因素，但是降雨强度对径流系数有很大影响。降水量、30min 雨强和 4#小区径流量的相关系数为 0.902、0.678，sig.为 0.000、0.006；降水量、30min 雨强和 5#小区径流量的相关系数为 0.929、0.681，sig.为 0.000、0.005，说明降水量、雨强和径流量具有高度的正相关关系（表 5-5）。

表 5-4　反坡阶对径流拦截效果

日期 （年-月-日）	降水量 /mm	30min 雨 强/mm	径流系数		径流量/mm		等高反坡阶对 径流拦截率/%
			有等高反坡阶	无等高反坡阶	有等高反坡阶	无等高反坡阶	
2008-5-17	16	12	0.18	0.41	2.86	6.58	56.53
2008-6-5	21.8	8	0.00	0.10	0.00	2.24	100.00
2008-6-17	57.2	12	0.10	0.25	5.55	14.12	60.69
2008-6-26	29.6	29.6	0.31	0.60	9.19	17.63	47.88
2008-7-2	83	22	0.27	0.51	22.57	42.37	46.72
2008-7-5	23.6	6	0.19	0.37	4.54	8.78	48.32
2008-7-11	9.2	4	0.00	0.11	0.00	0.10	100.00
2008-7-15	20.8	18	0.00	0.03	0.03	0.55	93.85
2008-7-19	23.4	13	0.06	0.13	1.40	3.07	54.46
2008-7-26	21	11.4	0.18	0.41	3.84	8.68	55.75
2008-8-5	23.4	7.6	0.03	0.12	0.67	2.83	76.44
2008-8-9	19.8	15.2	0.13	0.26	2.51	5.15	51.26
2008-8-25	16	10.6	0.10	0.22	1.68	3.59	53.30
2008-9-10	15.3	9.4	0.06	0.15	0.97	2.28	57.60
2008-11-2	66.4	27.0	0.22	0.47	14.54	31.22	53.43
合计	446.5				70.34	149.19	

从表 5-4 也可以看出，径流量并不是单纯与降水量成正比。2008 年 6 月 15～17 日这三天连续降雨达到 57.2mm，30min 雨强为 12mm，4#小区和 5#小区产流量分别为 0.55mm 和 14.12mm，拦截率为 60.69%，而 6 月 29 日一天降雨为 29.6mm，30min 雨强为 29.6mm，径流量分别为 9.19mm 和 17.63mm，拦截率为 47.88%。这是因为 6 月 15～17 日这三天连续降雨虽然总量大，但时间长，雨强小，有利于降雨入渗，因此产流量反倒比 6 月 26 日的径流量少。从全年总径流量来看，15 场降雨共降雨 446.50mm，4#（有等高反坡阶）产流为 70.34mm，5#（无等高反坡阶）产生径流为 149.19mm，拦截率为了 52.85%，说明等高反坡阶对地表径流具有较大影响，其在对地表径流再分配和改善微区域内水循环方面具有显著效果。

表 5-5 降水量、雨强和径流量相关性分析

类别	30min 雨强	降水量	无等高反坡阶径流量	有等高反坡阶径流量	有等高反坡阶产沙量	无等高反坡阶产沙量
30min 雨强	1	0.581*	0.681**	0.678**	0.623*	0.759**
	0.0000	0.023	0.005	0.006	0.013	0.001
降水量	0.581*	1	0.929**	0.902**	0.616*	0.652**
	0.023	0.0000	0.000	0.000	0.014	0.008
无等高反坡阶径流量	0.681**	0.929**	1	0.995**	0.784**	0.836**
	0.005	0.000	0.0000	0.000	0.001	0.000
有等高反坡阶径流量	0.678**	0.902**	0.995**	1	0.798**	0.858**
	0.006	0.000	0.000	0.0000	0.000	0.000
有等高反坡阶产沙量	0.623*	0.616*	0.784**	0.798**	1	0.898**
	0.013	0.014	0.001	0.000	0.0000	0.000
无等高反坡阶产沙量	0.759**	0.652**	0.836**	0.858**	0.898**	1
	0.001	0.008	0.000	0.000	0.000	0.0000

注：Pearson 相关系数 sig.(z-tailed)分析法，*表示显著相关，**表示极显著相关。

经观测，2009 年降水量为 689.6mm，6～8 月是全年降雨最多的时段，约占全年降水量的 81.31%。其也是全年典型降雨最集中的时段，6～8 月共有 6 场典型降雨。不同地类产流特征见表 5-6。

从表 5-6 可以看出：在相同的降雨条件下，三种地类径流量存在很大的差异，5#荒地地表径流量最大，10#土豆地地表径流量最小。这可能与坡度和不同地类植被覆盖度有相关。在相同降雨条件下，同一地类的等高反坡阶处理与自然坡面地表径流量也不相同。5#荒地地表径流量是 4#荒地地表径流量的 1.52～1.84 倍；对烤烟地而言，7#地表径流量较小。而 6#、8#地表径流量差别不大，分别是 7#地表径流量的 3.09～4.13 倍、2.92～4.08 倍；土豆地地表径流量分布特征与烤烟地的相似，10#地表径流量最小，9#、11#地表径流量相差不大，分别是 10#地表径流量的 2.23～5.12 倍、2.11～5.03 倍。因为同一地类分别布设等高反坡阶作为对照，即 4#、7#和 10#布设等高反坡阶，说明等高反坡阶对改变地表径流量具有重要的影响。

为了解等高反坡阶整地技术对坡耕地地表径流产生的重要影响，分别对荒地、烤烟地和土豆地地表径流量做方差分析（表 5-7）。结果表明：荒地、烤烟地和土豆地的显著水平 P 值依次是 0.001（<0.01）、0.0005（<0.01）和 0.0015（<0.01），说明等高反坡阶处理与不处理对荒地、烤烟地和土豆地地表径流输出量差异性显

表 5-6 不同地类产流特征

日期（年-月-日）	降水量/mm	径流量 /（m^3/km^2）							
		荒地		烤烟地			土豆地		
		4#	5#	6#	7#	8#	9#	10#	11#
2009-6-22	43	562.38	1036.69	869.24	209.97	858.54	788.92	179.07	764.07
2009-6-30	49.6	590.16	1084.05	899.24	227.32	885.64	816.11	208.39	781.13
2009-7-16	38.8	485.25	739.18	716.24	177.43	709.49	680.34	132.75	668.83
2009-7-25	22.8	385.53	695.27	620.72	151.93	610.66	543.07	109.98	514.41
2009-8-4	39.4	529.54	948.48	813.73	197.05	804.33	717.86	159.5	685.5
2009-8-14	16.2	217.37	397.36	361.3	116.88	342.15	223.38	97.83	206.5
合计	209.8	2770.23	4901.03	4280.47	1080.58	4210.81	3769.68	887.52	3620.44

著。经统计：反坡阶整地技术对荒地、烤烟地和土豆地地表径流输出量的控制效率分别为：34.35%～45.75%，66.77%～75.69%和 73.91%～80.32%。三者控制效应比较而言，土豆地＞烤烟地＞荒地，反坡阶整地技术对土豆地和烤烟地地表径流输出具有明显的控制作用，而对荒地的控制效应不高。

表 5-7 等高反坡阶整地技术对地表径流输出规律差异性分析

土地类型	特征	均值/（m^3/km^2）	标准差	均方	F 值	P 值
荒地	自然坡面	816.8383	258.3943	378359.1	46.998	0.001**
	等高反坡阶	461.7	139.49			
烤烟地	自然坡面	180.0967	40.5134	834800.4	63.324	0.0005**
	等高反坡阶	707.6067	201.9914			
土豆地	自然坡面	615.8433	218.3324	656856.7	39.054	0.0015**
	等高反坡阶	147.92	42.2839			

**表示 $P<0.01$。

5.2.2 等高反坡阶对泥沙的削减

土壤养分损失一般有两个主要途径，一是随土壤下渗水迁移进入水体，称为土壤养分淋失；二是随地表径流和土粒（或土块）移动，迁出耕地，进入河流水网的自然输出，称为土壤养分流失。而在土壤养分流失中，随土壤流失的氮磷不容忽视。如果减少氮磷输移的载体（泥沙），就可以减少养分流失量。和地表径流一样，影响土壤流失的因素也很多，除了降雨强度以外，下垫面的性质、土壤结构、坡度、坡长等因素也对泥沙的产生有主要影响。一般说来，土壤流失量与降雨强度、植被覆盖率、坡度和坡长成正比。研究结果表明，在小区其他条件都相同的情况下，土壤侵蚀量与降水量、径流量的相关系数分别为 0.798 和 0.616，sig. 分别为 0.000 和 0.014，表明土壤侵蚀量与降水量、径流量具有高度的正相关关系。

4#径流小区增加了两道等高反坡阶，减短了径流的坡长，减缓了径流的速度，等高反坡阶对径流有一定的拦截作用，从而减少了泥沙流失量。表 5-8 的数据表明，15 场降雨中除了 4 场以外，等高反坡阶对径流泥沙输出量的拦截率都超过 50%，拦截效果最好的为 2008 年 6 月 5 日和 7 月 11 日，均为 100%。在 2008 年 5 月 17 日和 6 月 17 日这两场降雨，4#（有等高反坡阶）产生的泥沙反而比 5#（无等高反坡阶）产生的泥沙多，最主要的原因是刚进入雨季，由于土地被翻耕过，地表土壤比较疏松，抗冲刷能力弱。降雨初期产生的径流被等高反坡阶拦截并蓄存起来，降雨持续进行，等高反坡阶里面拦截的水量越来越多，最后这些水冲开等高反坡阶的一处，大量的径流迅速流走，此时的土壤侵蚀形式由面蚀转变为沟蚀，土壤流失量迅速增加，最后超过没有等高反坡阶的面蚀所产生的侵蚀量。7 月 2 日这次降雨为 2008 年的最大降雨，经过一个多月的沉降，土壤结构性增强，抗冲刷能力也增强，但是降雨太大，最后导致侵蚀量较其他场次降雨大。最后一场降雨产生在 11 月，此时已经进入旱季近 1 个月，经过一个月的风吹日晒，地表出现一些松散的土壤，抗冲刷能力有所降低，所以在这场降雨中，等高反坡阶对泥沙的削率降低。5 月 17 日、7 月 2 日和 11 月 2 日这三次降雨的产沙量为 4#全年产沙量的 74.13%、5#产沙量的 59.04%，导致等高反坡阶对年泥沙输出的拦截率降低，为 44.38%。研究区内其他坡耕地布置的等高反坡阶，在坡耕地内的等高反坡阶较长，并与排水系统相连接，不会存在径流将等高反坡阶冲塌形成沟蚀的现象，土壤流失量明显减少。因此在坡耕地的实际运用中，等高反坡阶对泥沙的拦截率超过 50%，具有良好的效果。

表 5-8　等高反坡阶对泥沙输出的影响（2008 年）

日期（年-月-日）	降水量/mm	30min 雨强/（mm/h）	径流量/mm		体积含沙量		土壤流失量/（t/km²）		削减率/%
			4#	5#	4#	5#	4#	5#	
2008-5-17	16.00	12.00	2.86	6.58	20.03	2.52	37.32	28.60	–30.52
2008-6-5	21.80	8.00	0.00	2.24	0.00	3.68	0.00	8.25	100.00
2008-6-17	57.20	12.00	5.55	14.12	0.80	0.29	4.43	4.11	–7.85
2008-6-26	29.60	29.60	9.19	17.63	3.01	4.35	27.69	76.75	63.92
2008-7-2	83.00	22.00	22.57	42.37	0.60	0.21	46.57	83.94	44.52

续表

日期（年-月-日）	降水量/mm	30min 雨强/（mm/h）	径流量/mm		体积含沙量		土壤流失量/（t/km²）		削减率/%
			4#	5#	4#	5#	4#	5#	
2008-7-5	23.60	4.40	4.54	8.78	0.78	1.15	3.52	10.11	65.16
2008-7-11	9.20	4.00	0.00	0.10	0.00	8.83	0.00	0.88	100.00
2008-7-15	20.80	18.00	0.03	0.55	2.46	0.34	0.08	0.19	56.10
2008-7-19	23.40	13.00	1.40	3.07	0.34	0.35	0.47	1.06	55.43
2008-7-26	21.00	11.40	3.84	8.68	0.06	0.14	0.21	1.18	82.01
2008-8-5	23.40	7.60	0.67	2.83	0.32	0.40	0.21	1.13	81.06
2008-8-9	19.80	15.20	2.51	5.15	0.06	0.31	0.16	1.58	90.18
2008-8-25	16.00	10.60	1.68	3.59	0.29	0.32	0.49	1.13	56.64
2008-9-10	15.30	9.40	0.97	2.28	0.45	0.43	0.43	0.97	55.67
2008-11-2	66.40	27.00	14.54	31.22	1.66	1.35	24.13	42.15	42.75
合计	446.50		70.35	149.19			145.71	262.03	44.38

由表 5-9 可见，在相同的降雨条件下，三种地类产沙量不相同，5#荒地产沙总量最大，10#土豆地产沙最小，这可能与作物覆盖度有关。在相同降雨条件下，同一地类产沙量也不相同。5#荒地产沙量是 4#荒地产沙量的 2.52～3.76 倍；对烤烟地而言，7#产沙量较小，6#、8#产沙量差别不大，分别是 7#产沙量的 4.42～5.74 倍、4.63～6.05 倍；土豆地产沙量分布特征与烤烟地的相似，10#地表产沙量最小，9#、11#产沙量相差不大，分别是 10#地表产沙量的 6.13～8.99 倍、5.74～8.68 倍，说明 4#、7#和 10#布设的等高反坡阶对改变产沙量具有重要的影响。

表 5-9　不同地类产沙量特征（2009 年）

日期（年-月-日）	降水量/mm	产沙量 /（kg/km²）							
		荒地		烤烟地			土豆地		
		4#	5#	6#	7#	8#	9#	10#	11#
2009-6-22	43	1.76	6.62	9.86	1.93	10.79	4.90	0.74	4.77
2009-6-30	49.6	2.21	7.91	7.44	1.58	8.10	4.50	0.73	4.22
2009-7-16	38.8	3.67	9.23	6.48	1.13	6.84	5.37	0.77	4.75
2009-7-25	22.8	2.46	8.60	6.99	1.25	7.00	5.45	0.78	5.14
2009-8-4	39.4	2.99	9.79	7.26	1.56	7.46	6.01	0.80	6.31
2009-8-14	16.2	1.53	5.31	6.27	1.42	6.58	7.72	0.86	7.46
合计	209.8	14.62	47.46	44.30	8.87	46.77	33.95	4.68	32.65

为了解等高反坡阶整地技术对坡耕地产沙量的影响，分别对荒地、烤烟地和土豆地产沙量做方差分析（表 5-10）。从表 5-10 可以看出：荒地、烤烟地和土豆地的显著水平 P 值依次是 0.0001（＜0.01）、0.0001（＜0.01）和 0.0005（＜0.01），说明等高反坡阶处理与不处理对荒地、烤烟地和土豆地产沙量差异性显著。等高反坡阶整地技术对荒地、烤烟地和土豆地产沙量的控制效率分别为：60.25%～73.43%、77.90%～83.04%和 83.14%～88.68%。三者控制效率比较而言，土豆地＞烤烟地＞荒地，等高反坡阶整地技术对荒地、烤烟地和土豆地产沙量的控制效率均高于 60%，说明等高反坡阶整地对坡耕地产沙量具有明显的控制效果。

表 5-10　等高反坡阶整地技术对产沙量差异性分析

土地类型	特征	均值/（kg/km^2）	标准差	均方	F 值	P 值
荒地	自然坡面	7.91	1.68	89.77	163.68	0.0001**
	等高反坡阶	2.44	0.79			
烤烟地	自然坡面	7.59	1.43	112.04	158.87	0.0001**
	等高反坡阶	1.48	0.28			
土豆地	自然坡面	5.55	1.16	68.24	109.36	0.0005**
	等高反坡阶	0.78	0.05			

**表示 $P<0.01$。

5.2.3　等高反坡阶对地表径流中氮磷输出的影响

1. 等高反坡阶对地表径流中氮输出的影响

随地表径流输出的氮总量受很多因素的影响，径流量是最关键的影响因子。对表 5-11 进行相关性分析得出，4#小区总氮输出量和降水量、径流量的相关系数为 0.727、0.854，sig.值为 0.002 和 0.000；5#小区总氮输出量和降水量、径流量的相关系数为 0.750、0.840，sig.值为 0.001 和 0.000，说明总氮的输出量与径流量具有高度正相关关系，由于径流量受降水量的影响很大，因此总氮的输出量与降水量显著相关。在这 15 场降雨中，4#小区和 5#小区总氮输出最大值都出现在降水量最大的 2008 年 7 月 2 日，分别为 62.30kg/km^2 和 172.01kg/km^2；最小值也都出现在降水量最小的 2008 年 7 月 11 日，分别为 0 和 0.28kg/km^2。

表 5-11　等高反坡阶对径流中总氮输出的影响（2008 年）

日期（年-月-日）	降水量/mm	30min 雨强/（mm/h）	径流量/mm		总氮浓度/（mg/L）		总氮输出量/（kg/km²）		总氮输出削减率/%
			4#	5#	4#	5#	4#	5#	
2008-5-17	16	12	2.86	6.58	3.35	3.29	9.59	21.66	55.74
2008-6-5	21.8	8	0.00	2.24	0.00	2.18	0.00	4.88	100.00
2008-6-17	57.2	12	5.55	14.12	3.27	3.19	18.15	45.04	59.70
2008-6-26	29.6	29.6	9.19	17.63	2.76	4.06	25.36	71.57	64.57
2008-7-2	83	22	22.57	42.37	2.76	4.06	62.30	172.01	63.78
2008-7-5	23.6	6	4.54	8.78	2.59	3.82	11.76	33.55	64.96
2008-7-11	9.2	4	0.00	0.10	0.00	2.83	0.00	0.28	100.00
2008-7-15	20.8	18	0.03	0.55	2.43	2.83	0.08	1.56	94.72
2008-7-19	23.4	13	1.40	3.07	2.36	2.76	3.30	8.46	61.06
2008-7-26	21	11.4	3.84	8.68	4.59	3.75	17.63	32.56	45.84
2008-8-5	23.4	7.6	0.67	2.83	2.62	1.54	1.75	4.36	59.92
2008-8-9	19.8	15.2	2.51	5.15	2.62	1.54	6.58	7.93	17.07
2008-8-25	16	10.6	1.68	3.59	2.45	2.07	4.10	7.43	44.73
2008-9-10	15.3	9.4	0.97	2.28	2.42	1.73	2.34	3.94	40.69
2008-11-2	66.4	27.0	14.54	31.22	0.42	0.62	6.11	19.36	68.46
合计	446.5		70.35	149.19			169.05	434.59	61.10

与径流量不同，等高反坡阶对总氮的削减率最低的不是在 2008 年 7 月 2 日，而是在 2008 年 8 月 9 日，削减率仅为 17.07%，在这次产流中 4#小区径流中氮的浓度比 5#小区高 1.08mg/L，最高的仍然是在 2008 年 7 月 11 日这天，由于 4#小区没有产流，削减率为 100%。从表 5-11 可以看出，等高反坡阶对径流中输出的氮总量削减率大部分为 40%～70%，这和其他研究的结果较为接近，年输出总量的削减率高达 61.10%，可见等高反坡阶对随地表径流输出的氮具有较好的削减效果，对坡耕地面源污染物输出具有较好的控制效果，对径流中总氮的输出可以通过控制径流量来达到。

铵态氮的流失途径有氨挥发和随地表径流流失，农田中氨挥发损失占化肥氮量的 1%～47%，占氮素总损失的 18%～24%，当 pH 小于 7 时，几乎没有氨的挥发，试验区土壤 pH 为 4.8～6.0，因此可以不考虑氨的挥发，铵的流失以水地表径流流失为主。从表 5-12 可以看出等高反坡阶对铵态氮输出总量的削减率一般为 40%～55%，最小值为 2008 年 9 月 10 日的 27.07%，最大值为 2008 年 6 月 5 日和 7 月 11 日的 100%，年输出铵态氮总量的削减率为 50.25%，为 72.63kg/km^2。通过同表 5-11 比较可以看出，总氮和铵态氮的最小值削减率不在同一天，可见在该地区径流中铵态氮在总氮中所占的比例并不是固定的，而是在 14.45%～66.26%，大部分均在 30%～50%。

表 5-12　等高反坡阶对铵态氮输出的影响（2008 年）

日期（年-月-日）	降水量/mm	径流量/mm		铵态氮浓度/（mg/L）		铵态氮输出量/（kg/km²）		占总氮的比例/%		铵态氮输出削减率/%
		4#	5#	4#	5#	4#	5#	4#	5#	
2008-5-17	16.00	2.86	6.58	1.08	1.06	3.09	6.98	32.24	32.22	55.71
2008-6-5	21.80	0.00	2.24	0.00	0.63	0.00	1.41	0.00	28.90	100.00
2008-6-17	57.20	5.55	14.12	1.13	0.76	6.27	10.73	34.56	23.82	41.55
2008-6-26	29.60	9.19	17.63	1.27	1.39	11.67	24.50	46.01	34.24	52.38
2008-7-2	83.00	22.57	42.37	1.27	1.39	28.67	58.89	46.01	34.24	51.32
2008-7-5	23.60	4.54	8.78	1.17	1.20	5.31	10.54	45.17	31.41	45.30
2008-7-11	9.2	0.00	0.10	0.00	1.05	0.00	0.10	0.00	37.10	100.00
2008-7-15	20.80	0.03	0.55	1.61	1.05	0.05	0.58	66.26	37.10	90.56
2008-7-19	23.40	1.40	3.07	1.39	0.90	1.94	2.76	58.90	32.61	29.66
2008-7-26	21.00	3.84	8.68	1.70	1.44	6.53	12.50	37.04	38.40	47.76
2008-8-5	23.40	0.67	2.83	0.72	0.61	0.48	1.73	27.48	39.61	72.19
2008-8-9	19.80	2.51	5.15	0.72	0.61	1.81	3.14	27.48	39.61	42.47
2008-8-25	16.00	1.68	3.59	0.67	0.47	1.12	1.69	27.35	22.71	33.43
2008-9-10	15.30	0.97	2.28	0.43	0.25	0.41	0.57	17.77	14.45	27.07
2008-11-2	66.40	14.54	31.22	0.25	0.24	3.63	7.49	59.52	38.71	51.49
合计	446.5	70.35	149.19			70.98	143.61	42.00	33.05	50.25

硝态氮是坡耕地地表径流中氮的主要形式之一，在表 5-13 中，硝态氮占径流中总氮的比例为 30.95%～66.18%，主要集中在 40%～55%。地表径流中硝态氮所占比例较大，其原因是在农地系统中，由于增加产量的需要往往施肥较多，施肥中的氮以硝态和铵态为主，因此径流中的硝态氮和铵态氮的比例往往较大。在 2008 年监测到的 15 场有径流产生的降雨中，硝态氮输出削减率最低的是 2008 年 8 月 9 日的–3.84%，最大的是 6 月 5 日和 7 月 11 日的 100%。8 月 9 日出现负值的原因可能是总氮中其他形态的氮转化为硝态氮，从而导致硝态氮含量较高，具体原因目前没有做相关研究。全年的硝态氮削减率为 57.53%，达到 117.91kg/km^2，可以看出等高反坡阶对硝态氮的输出削减效果很明显。

表 5-13　等高反坡阶对硝态氮输出的影响（2008 年）

日期（年-月-日）	降水量/mm	径流量/mm		硝态氮浓度/（mg/L）		硝态氮输出量/（kg/km²）		占总氮的比例/%		硝态氮输出削减率/%
		4#	5#	4#	5#	4#	5#	4#	5#	
2008-5-17	16.00	2.86	6.58	1.32	1.44	3.78	9.48	39.40	43.77	60.15
2008-6-5	21.80	0.00	2.24	0.00	1.21	0.00	2.71	0.00	55.50	100.00
2008-6-17	57.20	5.55	14.12	1.53	1.68	8.49	23.72	46.79	52.66	64.20
2008-6-26	29.60	9.19	17.63	1.39	1.84	12.77	32.44	50.36	45.32	57.72
2008-7-2	83.00	22.57	42.37	1.39	1.84	31.38	77.95	50.36	45.32	56.85
2008-7-5	23.60	4.54	8.78	1.33	1.65	6.04	14.49	51.35	43.19	58.34
2008-7-11	9.2	0.00	0.10	0.00	1.37	0.00	0.14	0.00	48.41	100.00
2008-7-15	20.80	0.03	0.55	0.76	1.32	0.03	0.73	31.32	46.64	96.45
2008-7-19	23.40	1.40	3.07	0.97	1.16	1.35	3.56	40.91	42.03	62.10
2008-7-26	21.00	3.84	8.68	1.94	1.71	7.45	14.85	42.23	45.60	49.84
2008-8-5	23.40	0.67	2.83	1.47	0.69	0.98	1.95	55.98	44.81	49.93
2008-8-9	19.80	2.51	5.15	1.47	0.69	3.69	3.55	56.11	44.81	–3.84
2008-8-25	16.00	1.68	3.59	1.62	0.88	2.72	3.16	66.18	42.51	13.96
2008-9-10	15.30	0.97	2.28	0.99	0.73	0.96	1.66	40.97	42.20	42.41
2008-11-2	66.40	14.54	31.22	0.13	0.29	1.89	9.05	30.95	46.77	79.13
合计	446.5	70.35	149.19			81.53	199.44	48.22	45.89	57.53

径流中可溶态氮主要为水溶性氮，表 5-14 的数据表明，在监测区域内地表径流中氮主要以铵态氮和硝态氮两种形式存在，所占比例为 56.65%～96.53%，年输出可溶态氮占总氮比例为 4#小区 92.38%，5#小区为 78.94%。可见，在等高反坡阶存在的条件下，由于径流被等高反坡阶拦截而流速变慢，颗粒态的氮可以得到一定的沉积，导致可溶态氮占总氮的比例增大。

表 5-14　地表径流中氮的形态及所占比例（2008 年）

日期（年-月-日）	铵态氮占总氮的比例/%		硝态氮占总氮的比例/%		可溶态氮占总氮比例/%	
	4#	5#	4#	5#	4#	5#
2008-5-17	32.24	32.22	39.40	43.77	71.64	75.99
2008-6-5	0.00	28.90	0.00	55.50	0.00	84.40
2008-6-17	34.56	23.82	46.79	52.66	81.35	76.49
2008-6-26	46.01	34.24	50.36	45.32	96.38	79.56
2008-7-2	46.01	34.24	50.36	45.32	96.38	79.56
2008-7-5	45.17	31.41	51.35	43.19	96.53	74.61

续表

日期（年-月-日）	铵态氮占总氮的比例/%		硝态氮占总氮的比例/%		可溶态氮占总氮比例/%	
	4#	5#	4#	5#	4#	5#
2008-7-11	0.00	37.10	0.00	48.41	0.00	85.51
2008-7-15	66.26	37.10	31.32	46.64	97.57	83.75
2008-7-19	58.90	32.61	40.91	42.03	99.81	74.64
2008-7-26	37.04	38.40	42.23	45.60	79.27	84.00
2008-8-5	27.48	39.61	55.98	44.81	83.46	84.42
2008-8-9	27.48	39.61	56.11	44.81	83.59	84.42
2008-8-25	27.35	22.71	66.18	42.51	93.53	65.22
2008-9-10	17.77	14.45	40.97	42.20	58.74	56.65
2008-11-2	59.52	38.71	30.95	46.77	90.48	85.48
合计	42.27	33.05	50.11	45.89	92.38	78.94

坡耕地流失的氮素主要随径流流失，不同地类坡耕地中土壤氮素的含量及种植类型各不相同，因而导致不同地类氮素的输出量也不同，三种不同地类的总氮输出量见表5-15。由表5-15得知：地表径流总氮输出量最大值为2009年6月22日自然坡面烤烟地，这可能与初期种植烤烟肥料中氮素随地表径流流失，且与有无等高反坡阶拦截有关。地表径流总氮输出量最小值为8月14日等高反坡阶荒地，这可能与荒地地表土壤氮素已于前期大量流失有关。荒地自然坡面径流总氮输出量是等高反坡阶的1.52～1.84倍；烤烟地自然坡面径流总氮输出量是等高反坡阶的2.28～3.08倍；土豆地自然坡面径流总氮输出量是等高反坡阶的2.01～3.87倍。

表5-15　不同地类径流总氮输出特征（2009年）

土地类型	特征	总氮/（g/km²）					
		2009-6-22	2009-6-30	2009-7-16	2009-7-25	2009-8-4	2009-8-14
荒地	等高反坡阶	11.66	8.78	4.92	3.80	4.68	1.68
	自然坡面	21.49	16.13	7.50	6.85	8.39	3.08
烤烟地	等高反坡阶	9.90	8.71	4.54	3.56	3.96	1.88
	自然坡面	30.51	25.60	13.67	10.77	12.16	4.21
土豆地	等高反坡阶	9.00	9.04	5.10	4.08	4.51	1.91
	自然坡面	29.22	25.62	19.76	13.98	15.46	3.06

等高反坡阶整地对荒地、烤烟地和土豆地地表径流总氮输出量的控制效应分别为：34.34%～45.74%、55.27%～67.55%和 64.72%～74.19%。三者控制效应比

较而言，土豆地＞烤烟地＞荒地，等高反坡阶整地对土豆地和烤烟地地表径流总氮输出控制作用最明显，而对荒地的控制效应不高。

土壤中铵态氮不仅取决于有机质、总氮的含量，而且取决于其中可矿化部分所占的比例和环境因子，三种不同地类的铵态氮输出量见表 5-16。从表 5-16 可以看出：地表径流铵态氮输出量最大值为 2009 年 6 月 22 日自然坡面土豆地，最小值为 8 月 14 日等高反坡阶荒地，荒地自然坡面径流铵态氮输出量是等高反坡阶的 1.52～1.84 倍；烤烟地自然坡面径流铵态氮输出量是等高反坡阶的 2.24～3.08 倍；土豆地自然坡面径流铵态氮输出量是等高反坡阶的 2.62～3.80 倍。

表 5-16　不同地类径流铵态氮输出特征（2009 年）

土地类型	特征	铵态氮/（g/km^2）					
		2009-6-22	2009-6-30	2009-7-16	2009-7-25	2009-8-4	2009-8-14
荒地	等高反坡阶	0.46	0.40	0.25	0.18	0.25	0.08
	自然坡面	0.85	0.74	0.38	0.33	0.44	0.14
烤烟地	等高反坡阶	0.35	0.34	0.20	0.15	0.19	0.10
	自然坡面	1.07	1.00	0.59	0.47	0.57	0.22
土豆地	等高反坡阶	0.49	0.43	0.24	0.19	0.20	0.09
	自然坡面	1.59	1.24	0.92	0.68	0.65	0.15

等高反坡阶整地对荒地、烤烟地和土豆地地表径流铵态氮输出量的控制效应分别为：34.34%～46.09%、55.32%～67.54%和 64.95%～73.69%。三者控制效应比较而言，土豆地＞烤烟地＞荒地，等高反坡阶整地对土豆地和烤烟地地表径流铵态氮输出控制作用最明显，而对荒地的控制效应不高。

土壤中的硝态氮和铵态氮都属于水溶态氮素，容易随径流流失。三种不同地类的硝态氮输出量见表 5-17。从表 5-17 可以看出：地表径流硝态氮输出量最大值为 2009 年 6 月 22 日自然坡面烤烟地，最小值为 8 月 14 日布设有等高反坡阶的荒地，这可能与荒地地表土壤氮素已于前期大量流失有关。荒地自然坡面径流硝态氮输出量是等高反坡阶的 1.52～1.84 倍；烤烟地自然坡面径流硝态氮输出量是等高反坡阶的 2.23～3.08 倍；土豆地自然坡面径流硝态氮输出量是等高反坡阶的 2.81～3.94 倍。

等高反坡阶整地对荒地、烤烟地和土豆地地表径流硝态氮输出量的控制效应分别为：34.35%～45.66%、55.22%～67.56%和 64.51%～74.64%。三者控制效应比较而言，土豆地＞烤烟地＞荒地，等高反坡阶整地对土豆地和烤烟地地表径流硝态氮输出控制作用最明显，而对荒地的控制效应不高。

表 5-17　不同地类径流硝态氮输出特征（2009 年）

土地类型	特征	硝态氮/（g/km²）					
		2009-6-22	2009-6-30	2009-7-16	2009-7-25	2009-8-4	2009-8-14
荒地	等高反坡阶	0.7079	0.4767	0.2435	0.1948	0.2198	0.0921
	自然坡面	1.2994	0.8762	0.3709	0.3585	0.395	0.1688
烤烟地	等高反坡阶	0.6429	0.5301	0.2568	0.2014	0.2094	0.0893
	自然坡面	1.98195	1.5585	0.77305	0.6105	0.6429	0.1994
土豆地	等高反坡阶	0.4083	0.4706	0.2682	0.2191	0.2527	0.0968
	自然坡面	1.33365	1.32605	1.0574	0.7215	0.89675	0.15385

2. 等高反坡阶对地表径流中磷输出的影响

相对于氮来说，磷的流失途径较为简单，主要是淋洗和径流损失两部分，而试验区土壤为酸性红壤，磷较容易被固定，有效性较低，通过淋洗流失的磷很少，几乎可以忽略，因此磷的流失主要通过地表水土流失而流失。一些研究结果表明，地表径流和土壤侵蚀是土壤中磷流失的主要途径；土壤中磷素流失的物理形态主要为水溶态和泥沙结合态；土壤坡面流失的磷中生物有效性磷素和水溶性磷素是导致水体富营养化直接原因。对于如何控制坡耕地土壤磷素的流失，一些学者研究了传统耕作和保护性耕作对土壤及磷流失的影响，认为保护性农作方式能减少土壤流失和总磷的流失量，但增加了水溶性磷的流失量，也有学者认为，实行免耕的坡耕地因土壤流失量的减少，土壤磷素流失的形态主要为水溶态；磷是植物生长必需的营养元素，也是土壤重要的组成成分。在南方，由于部分红壤坡耕地资源的不合理利用，土壤侵蚀较为严重，土壤养分循环失调，土壤贫瘠，土壤缺磷现象严重。施用磷肥是补充土壤磷素的重要手段，但是由于过量和不合理的施用以及水土流失的影响，磷的流失问题严重，并已经导致河流和湖泊富营养化的严重生态环境问题（Jaynor and Findlay，1995；David and Halliwell，1999；陈欣等，2000；袁东海等，2003b）。

水中磷的浓度对水环境具有直接的影响，在面源污染输出物中，磷对水体的影响最大，因此磷含量的高低直接影响到水质的好坏。同等高反坡阶对地表径流中氮输出控制的原理一样，等高反坡阶对地表径流中磷输出削减的主要途径是通过等高反坡阶拦截部分地表径流，增加地表径流的入渗，从而减少通过地表径流输出的磷的量。表 5-18 表明，等高反坡阶对年总磷输出总量的削减率为 48.12%，为 4.47kg/km^2。15 场降雨中削减率最小的 8.11%，最大的为 100%，大部分均位于 40%～70%，随径流输出总磷年总削减率为 48.12%，可见等高反坡阶对总磷输出量的削减具有显著效果。

表 5-18　等高反坡阶对总磷输出的影响（2008 年）

日期（年-月-日）	降水量/mm	30min 雨强/mm	径流量/mm		总磷浓度/（mg/L）		总磷输出量/（kg/km^2）		总磷输出削减率/%
			4#	5#	4#	5#	4#	5#	
2008-5-17	16	12.00	2.86	6.58	0.11	0.14	0.31	0.92	66.50
2008-6-5	21.8	8.00	0.00	2.24	0.00	0.18	0.00	0.41	100.00
2008-6-17	57.2	12.00	5.55	14.12	0.07	0.05	0.40	0.70	42.86
2008-6-26	29.6	29.60	9.19	17.63	0.05	0.03	0.50	0.55	8.11
2008-7-2	83	22.00	22.57	42.37	0.04	0.03	0.90	1.27	28.96
2008-7-5	23.6	6.00	4.54	8.78	0.04	0.03	0.18	0.26	31.09
2008-7-11	9.2	4.00	0.00	0.10	0.00	0.06	0.00	0.01	100.00
2008-7-15	20.8	18.00	0.03	0.55	0.11	0.09	0.00	0.05	92.75
2008-7-19	23.4	13.00	1.40	3.07	0.07	0.07	0.10	0.21	49.74
2008-7-26	21	11.40	3.84	8.68	0.10	0.13	0.38	1.12	66.01
2008-8-5	23.4	7.60	0.67	2.83	0.15	0.15	0.10	0.44	76.87
2008-8-9	19.8	15.20	2.51	5.15	0.15	0.15	0.38	0.77	51.26
2008-8-25	16	10.60	1.68	3.59	0.22	0.17	0.36	0.62	42.03
2008-9-10	15.3	9.40	0.97	2.28	0.05	0.04	0.05	0.08	42.51
2008-11-2	66.4	27.00	14.54	31.22	0.08	0.06	1.15	1.89	38.91
合计	446.5		70.35	149.19			4.81	9.30	48.12

地表径流和土壤侵蚀是土壤中磷流失的主要途径，土壤中磷素流失的物理形态主要为水溶态和泥沙结合态，土壤径流中磷素流失的形态主要为水溶态。表 5-19 表明地表径流中可溶性磷占总磷的比例为 27.49%～100%，其中绝大多数均超过 60%，仅前面两场降雨和后面一场降雨径流中可溶性磷的含量较低。前面两场雨由于从旱季刚进入雨季，土壤比较松散，抗冲刷能力比较差，土壤中一些颗粒态的磷随径流流失，所以径流中的磷以颗粒态的为主，可溶性的磷所占比例较低，在后面降雨中可溶性磷的浓度没有明显的增加，也说明前面两场降雨产生的径流中可溶性磷占比例较低不是因为其浓度低，而是颗粒态磷的含量较高。在后面的降雨中，由于通过前面几次降雨，地面已经比较踏实，抗冲刷能力增强，颗粒态

的磷含量已经不会被轻易冲刷，地表径流中颗粒态磷含量降低，虽然可溶性磷含量没有明显增加，但其在总磷中所占比例变大。最后一场降雨中可溶性磷酸盐所占比例低的原因是因为在昆明雨季在 10 月初就接近尾声，经过近一个月的风吹日晒，地表又出现一些比较松散的泥土，在一场降雨情况下颗粒态磷又随径流流失，所以这次降雨径流中颗粒态磷含量增加，可溶性磷所占比例降低。

表 5-19　等高反坡阶对可溶性磷输出的影响（2008 年）

日期（年-月-日）	降水量/mm	径流量/mm		可溶性磷浓度/（mg/L）		可溶性磷输出量/（kg/km²）		可溶性磷占总磷的比例/%		可溶性磷输出削减率/%
		4#	5#	4#	5#	4#	5#	4#	5#	
2008-5-17	16.00	2.86	6.58	0.04	0.05	0.11	0.33	37.08	35.72	65.22
2008-6-5	21.80	0.00	2.24	0.00	0.05	0.00	0.11	0.00	27.49	100.00
2008-6-17	57.20	5.55	14.12	0.07	0.05	0.37	0.70	92.89	100.00	46.92
2008-6-26	29.60	9.19	17.63	0.04	0.03	0.37	0.53	72.94	96.45	30.51
2008-7-2	83.00	22.57	42.37	0.04	0.03	0.90	1.27	100.00	100.00	28.96
2008-7-5	23.60	4.54	8.78	0.04	0.03	0.18	0.26	100.00	100.00	31.09
2008-7-11	9.2	0.00	0.10	0.00	0.06	0.00	0.01	0.00	100.00	100.00
2008-7-15	20.80	0.03	0.55	0.10	0.09	0.00	0.05	88.02	95.82	93.34
2008-7-19	23.40	1.40	3.07	0.07	0.07	0.10	0.21	94.11	100.00	52.70
2008-7-26	21.00	3.84	8.68	0.10	0.13	0.38	1.12	100.00	100.00	66.01
2008-8-5	23.40	0.67	2.83	0.06	0.14	0.04	0.38	40.58	88.38	89.38
2008-8-9	19.80	2.51	5.15	0.07	0.09	0.18	0.46	46.67	60.00	62.09
2008-8-25	16.00	1.68	3.59	0.12	0.11	0.21	0.39	57.19	62.09	46.60
2008-9-10	15.30	0.97	2.28	0.05	0.03	0.04	0.06	95.88	78.90	30.14
2008-11-2	66.40	14.54	31.22	0.04	0.03	0.58	0.94	50.46	49.65	37.91
合计	446.5	70.35	149.19			3.46	6.82	71.93	73.40	49.17

2009 年度三种不同地类的总磷输出量见表 5-20。由表 5-20 可知：地表径流总磷输出量最大值为 2009 年 6 月 22 日自然坡面烤烟地，最小值为 7 月 16 日和 7 月 25 日的等高反坡阶土豆地。荒地自然坡面径流总磷输出量是等高反坡阶的 1.53～1.85 倍；烤烟地自然坡面径流总磷输出量是等高反坡阶的 2.21～3.10 倍；土豆地自然坡面径流总磷输出量是等高反坡阶的 2.88～3.61 倍。

表 5-20 不同地类径流总磷输出特征（2009 年）

土地类型	特征	总磷/（g/km^2）					
		2009-6-22	2009-6-30	2009-7-16	2009-7-25	2009-8-4	2009-8-14
荒地	等高反坡阶	0.0086	0.0071	0.0022	0.0019	0.0058	0.0017
	自然坡面	0.0159	0.0130	0.0035	0.0029	0.0098	0.0031
烤烟地	等高反坡阶	0.0137	0.0103	0.0075	0.0048	0.0085	0.0028
	自然坡面	0.0425	0.0303	0.0227	0.0145	0.0263	0.0062
土豆地	等高反坡阶	0.0072	0.0036	0.0013	0.0013	0.0031	0.0016
	自然坡面	0.0233	0.0104	0.0047	0.0048	0.0104	0.0026

等高反坡阶整地对荒地、烤烟地和土豆地地表径流总磷输出量的控制效应分别为：34.48%～45.91%、54.84%～67.96%和 65.38%～72.92%。三者控制效应比较而言，土豆地＞烤烟地＞荒地，等高反坡阶整地对土豆地和烤烟地地表径流总磷输出控制作用最明显，而对荒地的控制效应不高。

5.2.4 等高反坡阶对地表流失泥沙中氮磷输出的影响

土壤侵蚀是非点源污染主要的发生形式，由土壤侵蚀带来的泥沙本身就是一种非点源污染物，而且泥沙（特别是细颗粒泥沙）是营养盐氮、磷，金属以及其他毒性物质的主要携带者。水土流失不仅抬高河床、淤积河道和湖泊，而且径流和泥沙所挟带的养分元素造成河流富营养化，因此控制流域水土流失和养分流失是控制流域非点源污染的关键措施之一。有的学者认为流失的泥沙中微团聚体养分含量较高，在水土流失过程中，沉积的泥沙中往往有养分（包括土壤磷）富集现象。

1. 等高反坡阶对泥沙中氮的含量及输出量的影响

泥沙是地表养分流失的主要载体，由于等高反坡阶的影响，地表泥沙输出组成和输出量都存在变化，从而影响到养分的输出。从表 5-21 可以看出，在等高反坡阶的作用下，研究区内土壤流失量减少至 116.29t/km^2，减少率为 44.38%；总氮年输出总量减少 74.97kg/km^2，削减率为 36.30%。最小削减率为 2008 年 5 月 17 日的–43.54%，其次为 6 月 17 日的–18.61%；最大削减率为 6 月 5 日和 7 月 11 日的 100%，15 场降雨中有 11 场降雨的削减率均高于 40%，等高反坡阶对随地表泥沙流失的总氮具有一定的控制作用，总氮输出削减率的高低受泥沙输出削减率高低影响。4#小区等高反坡阶的存在，减缓了径流的流速，增加了径流中大颗粒泥沙的沉积，输出泥沙粒径较小，使得泥沙总氮含量相对较高，所以总氮年总输出量的削减率低于泥沙的削减率。地表径流带走的泥沙一般粒径较小，养分含量较高，对养分具有明显的富集作用。4#土壤中总氮年均含量为 902.97mg/kg，背景值为 666.68mg/kg，5#小区土壤中总氮年均含量为 788.34mg/kg，背景值为 672.83mg/kg，可以看出养分在流失的土壤中具有富集现象，其中有等高反坡阶的 4#富集作用更为明显。

表 5-21　等高反坡阶对泥沙中总氮的影响（2008 年）

日期（年-月-日）	降水量/mm	30min 雨强/（mm/h）	土壤流失量/（t/km²）		总氮含量/（mg/kg）		总氮流失量/（kg/km²）		削减率/%
			4#	5#	4#	5#	4#	5#	
2008-5-17	16.00	12.00	37.32	28.60	862.41	784.18	32.19	22.42	–43.54
2008-6-5	21.80	8.00	0.00	8.25	862.41	784.18	0.00	6.47	100.00
2008-6-17	57.20	12.00	4.43	4.11	862.41	784.18	3.82	3.22	–18.61
2008-6-26	29.60	29.60	27.69	76.75	862.41	784.18	23.88	60.19	60.32
2008-7-2	83.00	22.00	46.57	83.94	939.84	799.75	43.77	67.13	34.80
2008-7-5	23.60	4.40	3.52	10.11	939.84	799.75	3.31	8.08	59.06
2008-7-11	9.20	4.00	0.00	0.88	939.84	799.75	0.00	0.70	100.00
2008-7-15	20.80	18.00	0.08	0.19	939.84	799.75	0.08	0.15	48.41
2008-7-19	23.40	13.00	0.47	1.06	939.84	799.75	0.44	0.85	47.62
2008-7-26	21.00	11.40	0.21	1.18	939.84	799.75	0.20	0.94	78.86
2008-8-5	23.40	7.60	0.21	1.13	939.84	775.06	0.20	0.88	77.03
2008-8-9	19.80	15.20	0.16	1.58	939.84	775.06	0.15	1.22	88.09
2008-8-25	16.00	10.60	0.49	1.13	939.84	775.06	0.46	0.88	47.42
2008-9-10	15.30	9.40	0.43	0.97	939.84	775.06	0.40	0.75	46.25
2008-11-2	66.40	27.00	24.13	42.15	939.84	775.06	22.68	32.67	30.57
合计	446.50		145.71	262.03			131.58	206.55	36.30

随泥沙流失的氮中以有机态氮为主，无机态的水解氮仅占总氮的 3.88%～6.50%（表 5-22），和其他学者测定值 1%～5%较为接近（史瑞和等，1983）。在土壤–作物系统中，氮素的作物利用率仅为 20%～30%，各种形态的氮肥施入土地后，在微生物的作用下，通过硝化作用形成硝态氮，而土壤对硝态氮的吸附作用很微弱，容易被雨水淋洗进入地下水和径流中，并且在不同的时间土壤中氮素本身的含量、pH、微生物活动的强弱影响土壤中硝态氮的含量。虽然土壤对铵态氮具有

很强的吸附作用，但是它容易在好气条件下被硝化为硝态氮（朱祖祥，1983），因此土壤中水解氮含量较低。在 15 场降雨中，有 11 场水解氮的削减率高于 60%，等高反坡阶对水解氮的影响见表 5-22。

表 5-22　等高反坡阶对泥沙中水解氮的影响（2008 年）

日期（年-月-日）	降水量/mm	水解氮含量/（mg/kg）		水解氮流失量/（kg/km^2）		占总氮的比例/%		削减率/%
		4#	5#	4#	5#	4#	5#	
2008-5-17	16.00	45.19	51.2	1.69	1.46	5.24	6.53	–15.20
2008-6-5	21.80	45.19	51.2	0.00	0.42	0.00	6.53	100.00
2008-6-17	57.20	45.19	45.94	0.20	0.19	5.24	5.86	–6.09
2008-6-26	29.60	45.19	45.94	1.25	3.53	5.24	5.86	64.51
2008-7-2	83.00	45.19	42.17	2.10	3.54	4.81	5.27	40.55
2008-7-5	23.60	36.45	42.17	0.13	0.43	3.88	5.27	69.89
2008-7-11	9.20	36.45	42.17	0.00	0.04	0.00	5.27	100.00
2008-7-15	20.80	36.45	42.17	0.00	0.01	3.88	5.27	62.06
2008-7-19	23.40	36.45	42.17	0.02	0.04	3.88	5.27	61.48
2008-7-26	21.00	36.45	42.17	0.01	0.05	3.88	5.27	84.45
2008-8-5	23.40	36.45	50.4	0.01	0.06	3.88	6.50	86.30
2008-8-9	19.80	36.45	50.4	0.01	0.08	3.88	6.50	92.90
2008-8-25	16.00	36.45	50.4	0.02	0.06	3.88	6.50	68.64
2008-9-10	15.30	36.45	41.55	0.02	0.04	3.88	5.36	61.11
2008-11-2	66.40	36.45	41.55	0.88	1.75	3.88	5.36	49.77
合计	446.50			6.34	11.70	4.81	5.66	45.89

由表 5-23 可知，在降水量相同下，坡度为 5°的 7#、8#、9#径流小区的总氮输出量为 8#小区最小，9#小区最大，7#小区次之；同理坡度为 15°的 4#、5#、6#径流小区中，大体上表现为 5#小区最小，6#小区最大，4#小区次之；其总氮输出量依次为：7#0.6964g/m^2、8#0.4994g/m^2、9#0.8471g/m^2、4#0.9459g/m^2、5#0.5104g/m^2、6#1.3392g/m^2，7#、9#径流小区总氮输出量分别为 8#径流小区的 1.39 倍和 1.70 倍；4#、6#径流小区总氮输出量分别为 5#的 1.85 倍和 2.62 倍，8#小区比 7#、9#径流小区分别减少总氮输出量 0.1970g/m^2 和 0.3477g/m^2，控制输出率为 28.29%～41.05%；5#小区比 4#、6#径流小区分别减少总氮输出量 0.4355g/m^2 和 0.8288g/m^2，控制输出率为 46.04%～61.89%，表明修筑等高反坡阶对坡耕地泥沙总氮的输出量有控制作用，通过分析小区产流量、泥沙量和总氮输出量，可知它们之间的相关

性很密切，故等高反坡阶通过对径流量的控制来控制总氮的输出量，且随着坡耕地坡度的增加，其控制输出率升高。

表 5-23　各径流小区总氮输出量（2009 年）

日期（年-月-日）	降水量/mm	总氮输出量/（g/m²）					
		7#小区	8#小区	9#小区	4#小区	5#小区	6#小区
2009-6-22	43.0	0.0759	0.0498	0.0875	0.1664	0.0811	0.2408
2009-6-30	49.6	0.0708	0.0469	0.0908	0.0952	0.1017	0.1482
2009-7-16	38.8	0.0638	0.0498	0.0842	0.1906	0.0902	0.2872
2009-7-25	22.8	0.2581	0.1621	0.2655	0.2984	0.1422	0.3842
2009-8-4	39.4	0.2138	0.1780	0.2967	0.1011	0.0501	0.1321
2009-8-14	16.2	0.0140	0.0128	0.0224	0.0942	0.0451	0.1467

由表 5-24 方差分析可知，7#与 8#小区总氮输出量存在显著的差异性（*P*=0.0494），8#和 9#小区总氮输出量存在极显著差异（*P*=0.0075）；同样由表 5-24 方差分析可知，5#与 4#、5#与 6#小区总氮输出量存在极显著的差异性（*P*=0.0233 和 *P*=0.0061）。

表 5-24　等高反坡阶整地对各径流小区总氮输出量规律差异性分析

土地类型	小区名称	均值/（g/m²）	标准差	均方	*F* 值	*P* 值
土豆地	7#	0.1161	0.0965	0.0032	5.9020	0.0494*
	8#	0.0832	0.0689	0.0101	10.8840	0.0075**
	9#	0.1412	0.1117			
烤烟地	4#	0.1577	0.0801	0.0158	10.3990	0.0233*
	5#	0.0851	0.0358	0.0572	20.7390	0.0061**
	6#	0.2232	0.1001			

注：*P*<0.01 时，为极显著差异，由**表示；*P*<0.05 时，为显著差异，由*表示。

2. 等高反坡阶对泥沙中磷的含量及输出量的影响

在研究区内，4#小区通过泥沙流失的总磷的量为 38.06kg/km²，5#小区通过泥沙流失的总磷的量为 77.54kg/km²，分别为通过径流流失的量的 7.9 倍和 8.35 倍，说明磷主要是通过结合态形式流失的，这同其他人的研究结果相一致。同总氮输出一样，总磷输出削减率最小的仍然为2008年5月17日的–16.80%和6月17日的3.94%，除了这两次以外，等高反坡阶对总磷输出的削减率均大于50%，最大值为6月5日和7月11日的100%，有等高反坡阶的情况下总磷输出减少39.48kg/km^2，年输出总量的削减率为50.92%，具体数值见表5-25。地表径流带走的泥沙一般粒径较小，养分含量较高，对养分具有明显的富集作用。4#小区土壤中总磷年均含量为261.17mg/kg，背景值为158.13mg/kg，5#小区土壤中总磷年均含量为295.93mg/kg，背景值为212.33mg/kg，可以看出磷在流失的土壤中具有富集现象。虽然4#有等高反坡阶的小区土壤中磷的含量比5#小，但是它的富集率65.16%，比5#小区的39.37%高，所以认为有等高反坡阶的4#富集作用更为明显，这是因为等高反坡阶能减缓地表径流速度，增加地表径流中粒径较大的泥沙的沉积，流失的泥沙也小粒径的悬移质为主，因此4#小区对磷的富集现象更为显著。

表5-25　等高反坡阶对泥沙中总磷的影响（2008年）

日期（年-月-日）	降水量/mm	30min雨强/（mm/h）	土壤流失量/（t/km^2）		总磷浓度/（mg/L）		总磷输出量/（kg/km^2）		总磷输出削减率/%
			4#	5#	4#	5#	4#	5#	
2008-5-17	16	12.00	37.32	28.60	263.75	294.74	9.84	8.43	–16.80
2008-6-5	21.8	8.00	0.00	8.25	263.75	294.74	0.00	2.43	100.00
2008-6-17	57.2	12.00	4.43	4.11	263.75	294.74	1.17	1.21	3.49
2008-6-26	29.6	29.60	27.69	76.75	263.75	294.74	7.30	22.62	67.71
2008-7-2	83	22.00	46.57	83.94	263.75	294.74	12.28	24.74	50.35
2008-7-5	23.6	4.40	3.52	10.11	263.75	294.74	0.93	2.98	68.82
2008-7-11	9.2	4.00	0.00	0.88	263.75	294.74	0.00	0.26	100.00
2008-7-15	20.8	18.00	0.08	0.19	263.75	294.74	0.02	0.06	60.72
2008-7-19	23.4	13.00	0.47	1.06	263.75	294.74	0.12	0.31	60.12
2008-7-26	21	11.40	0.21	1.18	263.75	294.74	0.06	0.35	83.90
2008-8-5	23.4	7.60	0.21	1.13	248.99	301.44	0.05	0.34	84.35
2008-8-9	19.8	15.20	0.16	1.58	248.99	301.44	0.04	0.48	91.89
2008-8-25	16	10.60	0.49	1.13	248.99	301.44	0.12	0.34	64.18
2008-9-10	15.3	9.40	0.43	0.97	248.99	301.44	0.11	0.29	63.38
2008-11-2	66.4	27.00	24.13	42.15	248.99	301.44	6.01	12.70	52.71
合计	446.5		145.71	262.03			38.05	77.54	50.92

表5-26表明，流失的泥沙中速效磷的含量很低，最大值仅为2.79mg/kg，

4#小区仅占总磷的 1.06%，5#小区仅为总磷的 0.67%。由于速效磷的含量小，等高反坡阶的拦截几乎没有效果，在 15 场降雨中只有 6 场削减率高于 50%，对速效磷年输出总量的削减率仅为 22.78%。磷的有效性在 7 左右为最好，由于试验区土壤为红土，pH 为 4.7～6.0，磷和土壤中的铁离子与铝离子反应生成粉红铁磷矿和磷铝石，以闭蓄磷为主，所以土壤中速效磷的含量偏低。4#小区土壤中速效磷年均含量为 2.74mg/kg，背景值为 2.17mg/kg，5#小区土壤中总磷年均含量为 1.98mg/kg，背景值为 1.68mg/kg，可以看出养分在流失的土壤中具有富集现象。

表 5-26　等高反坡阶对泥沙中速效磷的影响（2008 年）

日期（年-月-日）	降水量/mm	速效磷含量/（mg/kg）		速效磷流失量/（kg/km²）		占总磷的比例/%		削减率/%
		4#	5#	4#	5#	4#	5#	
2008-5-17	16.00	2.79	2.31	0.10	0.07	1.06	0.78	–57.64
2008-6-5	21.80	2.79	2.31	0.00	0.02	0.00	0.78	100.00
2008-6-17	57.20	2.79	2.31	0.01	0.01	1.06	0.78	–30.26
2008-6-26	29.60	2.79	2.31	0.08	0.18	1.06	0.78	56.42
2008-7-2	83.00	2.74	1.73	0.13	0.15	1.04	0.59	12.13
2008-7-5	23.60	2.74	1.73	0.01	0.02	1.04	0.59	44.82
2008-7-11	9.20	2.74	1.73	0.00	0.00	0.00	0.59	100.00
2008-7-15	20.80	2.74	1.73	0.00	0.00	1.04	0.59	30.48
2008-7-19	23.40	2.74	1.73	0.00	0.00	1.04	0.59	29.41
2008-7-26	21.00	2.74	1.73	0.00	0.00	1.04	0.59	71.50
2008-8-5	23.40	2.74	1.73	0.00	0.00	1.10	0.57	70.00
2008-8-9	19.80	2.74	1.73	0.00	0.00	1.10	0.57	84.44
2008-8-25	16.00	2.74	1.73	0.00	0.00	1.10	0.57	31.32
2008-9-10	15.30	2.74	1.73	0.00	0.00	1.10	0.57	29.79
2008-11-2	66.40	2.74	1.73	0.07	0.07	1.10	0.57	9.32
合计	446.50			0.40	0.52	1.06	0.67	22.78

由表 5-27 可知，在降水量相同的条件下，土豆地径流小区的总磷输出量为 9#小区最大，8#小区最小；同理在烤烟地径流小区中，6#小区最大，5#小区最小；其总磷输出量依次为：7#0.2719g/m^2、8#0.2234g/m^2、9#0.3879g/m^2、4#1.2004g/m^2、5#0.5763g/m^2、6#1.9865g/m^2，7#、9#径流小区总磷输出量分别为 8#径流小区的 1.22 倍和 1.74 倍；4#、6#径流小区总磷输出量分别为 5#的 2.08 倍和 3.45

倍，8#小区比 7#、9#径流小区分别减少总磷输出量 0.0485g/m^2 和 0.1645g/m^2，控制率为 17.84%～42.41%；5#小区比 4#、6#径流小区分别减少总磷输出量 0.6241g/m^2 和 1.4102g/m^2，控制输出率为 51.99%～70.99%，表明修筑等高反坡阶对坡耕地泥沙总磷输出量有明显的控制作用，通过分析小区产流量、泥沙量和总磷输出量，得知它们之间相关性较高，故等高反坡阶通过对径流量的控制来控制泥沙的输出量，最终来控制总磷的输出量，且随着坡耕地坡度的增加，其控制输出率也升高。

表 5-27　各径流小区总磷输出量（2009 年）

日期（年-月-日）	降水量/mm	总磷输出量/（g/m^2）					
		7#小区	8#小区	9#小区	4#小区	5#小区	6#小区
09-06-22	43.0	0.0481	0.0427	0.0541	0.1498	0.0474	0.1883
09-06-30	49.6	0.0414	0.0325	0.0742	0.0690	0.0796	0.1062
09-07-16	38.8	0.0252	0.0248	0.0559	0.1580	0.0602	0.3893
09-07-25	22.8	0.0756	0.0549	0.0921	0.3775	0.1578	0.6486
09-08-04	39.4	0.0727	0.0613	0.0976	0.2299	0.1582	0.4375
09-08-14	16.2	0.0089	0.0072	0.0140	0.2162	0.0731	0.2166

由表 5-28 方差分析知，8#与 7#小区总氮输出量存在显著的差异性（P=0.0451），8#和 9#小区总氮输出量存在极显著差异（P=0.0059）；同样由表 5-28 方差分析知，5#与 4#小区及 5#和 6#小区的总氮输出量存在差异性（P=0.0206 和 P=0.0048）。

表 5-28　等高反坡阶整地对各径流小区总磷输出量规律差异性分析

土地类型	小区名称	均值/（g/m^2）	标准差	均方	F 值	P 值
土豆地	7#	0.0453	0.0262	0.0002	7.0550	0.0451*
	8#	0.0372	0.0200	0.0023	21.0010	0.0059**
	9#	0.0646	0.0306			
烤烟地	4#	0.2001	0.1040	0.0325	11.1420	0.0206*
	5#	0.0960	0.0492	0.1657	12.1050	0.0048**
	6#	0.3311	0.1998			

注：P<0.01 时，为极显著差异，由**表示；P<0.05 时，为显著差异，由*表示。

5.3　等高反坡阶对渗透污染物垂直分布的影响

污染物随地表径流在土壤的渗透过程中，受到土壤中养分含量的影响，一般是土壤对养分具有吸附作用，因此污染物在随径流的渗透过程中一般会递减，当土壤中养分含量较高时，径流也会对土壤中的养分进行淋洗，导致径流中的养分含量增加。由于等高反坡阶对径流具有较好的拦截作用，因此污染物在坡地和等高反坡阶上的变化具有一定的差别，这主要表现在污染物在径流中的变化和在土壤中的变化。据统计调查，氮素污染负荷量占农田全年平均输入量的 2.45%～6.13%，其中硝态氮约占氮素损失总量的 70%。朱兆良院士在总结国内田间观测结果后，认为我国化肥的淋失量占化肥施用量的 2%左右，农田氮淋失量在 6.75～27.0kg/hm^2 变化。农田磷损失的途径相对简单，主要是淋洗和径流损失两部分，其中由降雨和过量灌溉下形成的地表径流将农田里面的磷转移到地表水体中，其是造成土壤中磷大量损失的主要途径（陈英旭，2007）。磷和土壤中的铁离子和铝离子反应生成粉红铁磷矿和磷铝石，以闭蓄磷状态为主的磷直接影响到土壤中磷的淋失，土壤水中特别是在 50cm 以下的土壤水中磷的含量很低。

5.3.1　反坡阶对土壤水消退特征分析

由于降雨过程受许多复杂过程的控制，不同雨次表现出明显的时空变异特征，土壤水消退特征与降雨特征关系密切，了解土壤水消退特性，先要对降雨特征进行分析，对 2009 年 8 月 4 日典型降雨进行分析（图 5-4）得知：2009 年 8 月 4 日

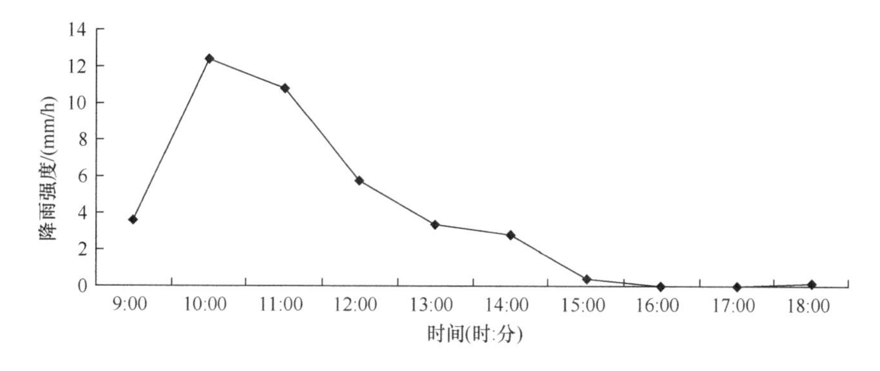

图 5-4　2009 年 8 月 4 日典型降雨过程

降雨开始于 8：26：34，于 17：09：18 结束，降雨历时 8h42min，最大降水量在 9：00～10：00，降雨总量为 39.4mm，最大 30min 降雨强度为 78.8mm/h。

以降雨前 1 天为对照，降雨当天土壤水入渗明显增加，入渗土壤水主要蓄积在 20～60cm 深度，因为该层为作物根系活跃层，受作物根系吸水作用明显。0～100cm 深度自然坡面土壤水一直处于缓慢减少趋势，但 80～100cm 深度等高反坡阶土壤水在雨后 1～2 天有增加趋势，60～80cm 深度等高反坡阶土壤水在雨后 3 天有增加趋势，40～60cm 深度等高反坡阶土壤水在雨后 7 天有明显的增加趋势。

分别对 0～100cm 各土层深度土壤容积含水率做方差分析，其显著水平 P 值依次为 0.0978（＞0.05）、0.0691（＞0.05）、0.0047（＜0.05）、0.0017（＜0.05）和 0.0054（＜0.05），表明自然坡面和等高反坡阶土壤水消退特征在 0～40cm 深度差异性不显著，而在 40～100cm 深度差异性显著。

5.3.2 反坡阶对土壤水氮、磷垂直再分配

土壤水分在土壤剖面的运动是引起土壤氮、磷再分配的动因。分析等高反坡阶对土壤水氮、磷垂直再分配的影响具有重要的现实意义。研究垂直方向土壤水氮、磷形态及迁移转化规律，进而分析面源污染物的垂直输出途径及输出规律，可以为防止水土流失及面源污染提供参考价值。

国内外研究表明，在不同的耕作方式下，横坡种植比顺坡种植减少 80%左右的泥沙含量。等高反坡阶也和横坡种植起到相同的作用，根据前面分析，在等高反坡阶存在的条件下，能减少 52.85%的地表径流，减少泥沙 44.38%。这些被拦截的泥沙和径流中的养分大部分通过淋失进入深层土壤。等高反坡阶土壤中总氮含量随深度变化见图 5-5。

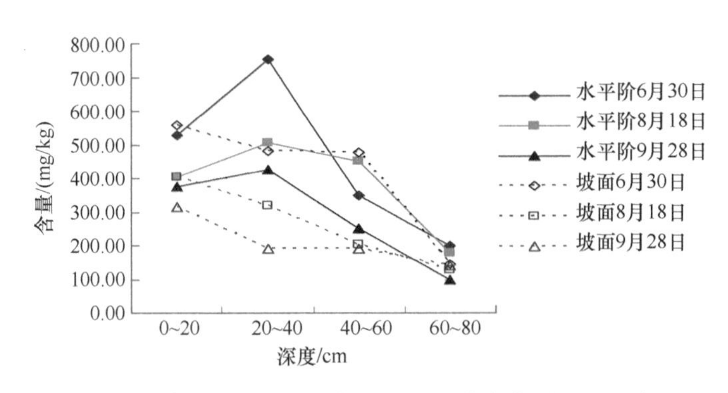

图 5-5 等高反坡阶土壤总氮含量随深度变化图（2009 年）

等高反坡阶土壤中总氮含量三次取样均在 20～40cm 出现最大值，然后随着深度的增加总氮含量降低，9 月 28 日取样的值最小，6 月 30 日土样在 40～60cm 的值比 8 月 18 日小，其他值均为最大。坡面土壤总氮含量则一直出现随深度增加降低的趋势。6 月 30 日样为最大值，9 月 28 日样为最小值。在同一次取样中，6 月 30 日 0～20cm 和 40～60cm 总氮含量等高反坡阶低于坡面，其他两次 0～60cm 深度内总氮含量等高反坡阶高于坡面。等高反坡阶在雨季可以增加土壤里氮的平均含量，6 月 30 日、8 月 18 日和 9 月 28 日等高反坡阶土壤总氮的平均含量比坡面分别高 42.20mg/kg、121.36mg/kg 和 78.87mg/kg。

等高反坡阶土壤中的氮向下迁移，在 20～40cm 土壤中总氮含量最大，出现明显的富集，从 40cm 以后随着深度的增加总氮含量逐渐降低。因为土壤中的犁底层在 20～40cm，该层空隙度小，通气透水能力差，向下淋失的养分速度变慢，所以养分在这层富集。过了犁底层后土壤的物理性质大为改变，通气透水能力增大，养分向下迁移，因此出现随深度增加总氮含量降低的现象。坡面上土壤中总氮含量随深度增加而降低，其不和等高反坡阶一样在 20～40cm 出现富集现象。虽然也存在犁底层，但是其在坡面上，在垂直向下迁移受阻后沿着坡面向下流失。等高反坡阶中总氮含量比坡面上的高，主要原因是等高反坡阶拦截了从地表冲刷下来的养分含量高的泥沙，地表径流泥沙中的养分的淋失并向下迁移，所以等高反坡阶土壤中总氮含量较坡面的高。

图 5-6 所示为土壤中水解氮的变化规律，从图 5-6 中可以看出，水解氮的变化趋势和总氮基本一致，水解氮的含量为总氮的 2%～15%，高于其他学者研究的 1%～5%，原因可能是这是农业生态系统，施肥量较大，导致水解氮含量较高。6

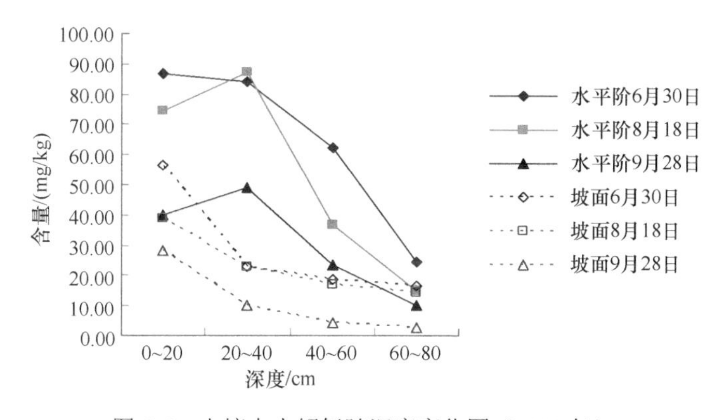

图 5-6　土壤中水解氮随深度变化图（2009 年）

月 30 日、8 月 18 日和 9 月 28 日等高反坡阶土壤水解氮平均含量分别比坡面高 35.62mg/kg、30.02mg/kg 和 19.42mg/kg。

由于受到的影响因素一样，总磷在深度上的变化趋势和总氮基本一致，如图 5-7 所示。总磷在深度上的变化为随深度的增加而降低，在时间上的变化是从 6 月 30 日到 9 月 28 日逐渐降低。磷比较稳定，较氮难迁移，且受土壤母质本身含磷量的影响，在各层土壤中总磷的含量差别不是很大，均在 0.02%～0.045%（200～450mg/kg），土壤中磷比较缺乏。从表 5-3 可以看出，等高反坡阶对土壤中的磷浓度变化没有明显影响。

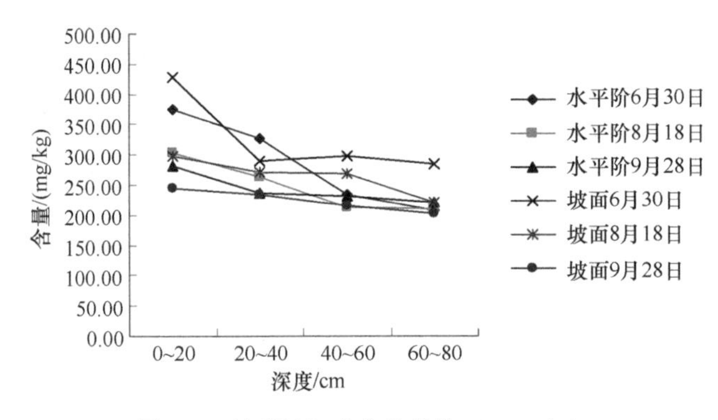

图 5-7　总磷随深度变化趋势（2009 年）

酸性土壤特别是酸性红壤中由于大量游离氧化铁的存在，很大一部分磷酸铁被氧化铁薄膜包裹成为闭蓄态磷，磷的有效性大大降低。实验区速效磷含量很低，最小的为 0.32mg/kg，最大的为 9.24mg/kg，仅为总磷的 0.1%～2%，见图 5-8。同总磷一样，等高反坡阶没有明显增加土壤中磷的含量。

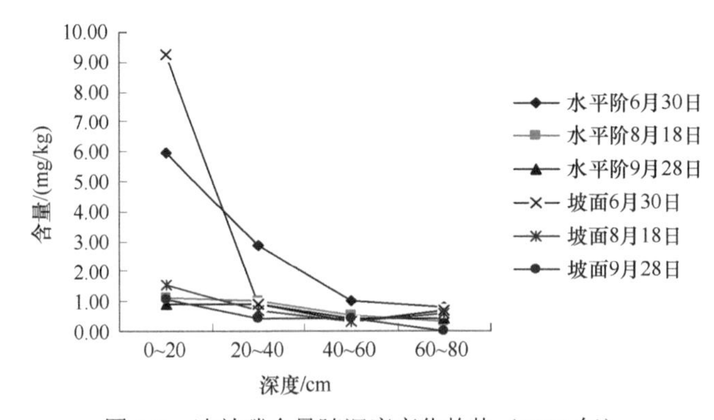

图 5-8　速效磷含量随深度变化趋势（2009 年）

土壤水养分浓度高低与诸多因子有很大的关系，如土壤本身性质、土壤含水量及土壤水运动等，土壤水养分浓度变化特征见图 5-9。由图 5-9 可以得到：自然坡面和等高反坡阶土壤水总氮（TN）浓度在 20～100cm 深度先减少后增加，变化趋势相似，但等高反坡阶土壤水总氮浓度与自然坡面土壤水总氮浓度相比，在 20～60cm 深度前者是后者的 1.51～1.74 倍，在 60～100cm 深度前者是后者的 1.41～1.52 倍；等高反坡阶土壤水 NH_4^+-N 浓度与自然坡面土壤水 NH_4^+-N 浓度相比，在 20～60cm 深度前者是后者的 1.92～2.25 倍，在 60～100cm 深度前者是后者的 1.09～1.71 倍；等高反坡阶土壤水 NO_3^--N 浓度与自然坡面土壤水 NO_3^--N 浓度相比，在 20～60cm 深度前者是后者的 1.09～1.18 倍，在 60～100cm 深度前者是后者的 1.50～1.82 倍；等高反坡阶土壤水总磷浓度在 20～40 深度明显增加，是自然坡面土壤水总磷浓度的 6.67 倍，60～100cm 深度二者变化相似。

由于耕作活动的影响，坡耕地土壤中养分含量在一年中有较大的变化，不同深度含量也有差别。在有等高反坡阶存在的情况下，坡面土壤和等高反坡阶上的土壤养分含量也有一定的差异。

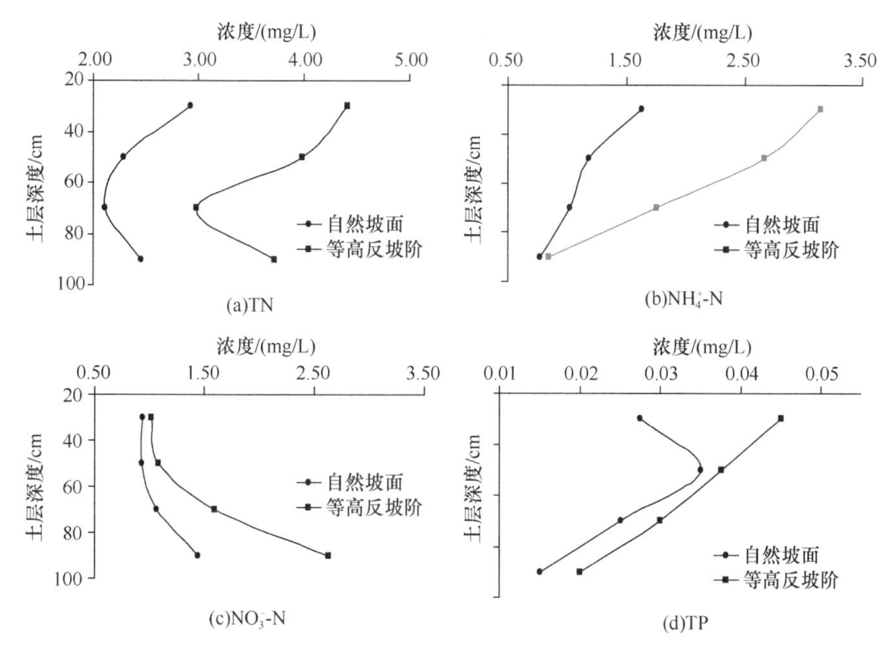

图 5-9　自然坡面和等高反坡阶土壤水养分浓度垂直变化特征（2009 年）

5.3.3 等高反坡阶土壤水氮、磷浓度与土壤氮、磷含量的相关关系

分析垂直剖面等高反坡阶土壤水氮、磷含量与土壤氮、磷养分含量的相关性，旨在揭示土壤水养分含量和土壤施肥及作物生长等的密切关系，从而为进一步研究等高反坡阶在坡耕地节水保肥作用中的运用提供理论依据。

为寻求土壤水氮、磷含量和土壤氮、磷养分含量之间的关系，将同一深度 6～9 月每月土壤水总氮（TN）、铵态氮（NH_4^+-N）、硝态氮（NO_3^--N）和总磷（TP）均值浓度分别与同期土壤总氮、速效氮、总氮和速效磷含量进行相关性分析（表 5-29）。从表 5-29 可以得到：20～60cm 深度的土壤水总氮浓度和土壤总氮含量具有高度相关性，其相关系数为 0.94（$P<0.05$）和 0.92（$P<0.05$）；60～100cm 深度的土壤水总氮浓度和土壤总氮含量的相关系数为 0.82 和 0.81，说明 60～100cm 深度土壤水总氮浓度和土壤总氮含量的相关性不高。20～40cm 深度 NH_4^+-N 浓度与土壤总氮含量相关系数为 0.97（$P<0.01$），表明 20～40cm 深度 NH_4^+-N 浓度与土壤总氮含量具有高度相关性。土壤水 NO_3^--N 浓度与土壤总氮含量在 60～80cm 深度的相关系数为 0.90（$P<0.05$），说明 60～80cm 深度土壤水 NO_3^--N 浓度与土壤总氮含量具有相关性；土壤水 NO_3^--N 浓度与土壤速效氮含量在 60～100cm 深度的相关系数为 0.92（$P<0.05$）和 0.94（$P<0.05$），说明 60～100cm 深度土壤水 NO_3^--N 浓度与土壤总氮含量具有相关性；土壤水总磷浓度与土壤总磷含量在 20～40cm 深度的相关系数为 0.90（$P<0.05$），说明 20～40cm 深度土壤水总磷浓度与土壤总磷含量具有相关性；土壤水总磷浓度与土壤速效磷含量在 20～60cm 深度相关系数为 0.98 和 0.96，说明 20～60cm 深度土壤水总磷浓度与土壤速效磷含量具有高度相关性。土壤水氮、磷在土壤剖面的运动是引起土壤氮、磷累积的动力。在表层作物根系、蒸发、矿化等作用下，土壤氮、磷含量通过土壤水氮、磷垂直再分配。

表 5-29 土壤水养分与土壤养分相关性分析

土层深度/cm	土壤水养分浓度/（mg/L）	土壤养分含量/（mg/kg）			
		C_{TN}	C_{AN}	C_{TP}	C_{AP}
20～40	ρ（TN）	0.94*	0.17	0.31	0.3
	ρ（NH_4^+-N）	0.97**	0.28	0.11	0.68
	ρ（NO_3^--N）	0.67	0.62	0.67	0.23
	ρ（TP）	0.38	0.69	0.90*	0.98**

续表

土层深度/cm	土壤水养分浓度/（mg/L）	土壤养分含量/（mg/kg）			
		C_{TN}	C_{AN}	C_{TP}	C_{AP}
40～60	ρ（TN）	0.92*	0.78	0.34	0.13
	ρ（NH_4^+-N）	0.79	0.81	0.24	0.11
	ρ（NO_3^--N）	0.78	0.81	0.2	0.1
	ρ（TP）	0.29	0.42	0.76	0.96**
60～80	ρ（TN）	0.82	0.43	0.24	0.27
	ρ（NH_4^+-N）	0.74	0.83	0.19	0.09
	ρ（NO_3^--N）	0.90*	0.92*	0.16	0.07
	ρ（TP）	0.25	0.31	0.78	0.93*
80～100	ρ（TN）	0.81	0.88	0.15	0.16
	ρ（NH_4^+-N）	0.67	0.84	0.1	0.06
	ρ（NO_3^--N）	0.88	0.94*	0.13	0.03
	ρ（TP）	0.21	0.27	0.83	0.88

*表示 $P<0.05$，**表示 $P<0.01$。

5.3.4　等高反坡阶对径流中氮、磷在垂直渗透时的影响

1. 等高反坡阶对垂直渗透径流中氮含量的影响

土壤水中总氮浓度在深度及时间上的变化统计数据见表 5-30。在径流向下渗透的过程中，氮的含量具有较大变化。从表 5-30 可以看出，2008 年 8 月 25 日等高反坡阶上取样分析结果是随深度增加总氮浓度出现较大的变化，深度为 20cm 时总氮浓度仅为 3.59mg/L，在 160cm 时浓度增加到 6.13mg/L。对照坡面总氮含量也出现增加的趋势，从 20cm 的 3.41mg/L 增加到 100cm 的 4.63mg/L。8 月 29 日等高反坡阶土壤水 20cm 处总氮为 2.28mg/L，在 40cm 和 60cm 深度有降低趋势，100～160cm 保持在 2mg/L 左右，到 200cm 时增加到 2.46mg/L。对照坡面的浓度在 20cm 深度时总氮的浓度为 2.29mg/L，在 40cm、60cm 深度保持在 1.6～1.7mg/L，到 100cm 时浓度为 2.09mg/L。9 月 8 日等高反坡阶土壤水中总氮含量在 20～100cm 范围内递增，在 100～200cm 范围内保持在一个水平上，即 3.6mg/L，对照坡面与 20～100cm 变化情况相同，只是浓度稍低。9 月 19 日的变化形式和 8 月 29 日相似，10 月以后土壤水中总氮含量变化不很明显。同一深度土壤水中总氮的含量变化在时间上来说是逐渐减小的。

导致土壤水中总氮含量产生这种变化的原因可能是2008年8月25日取样时雨季已经接近尾声，表层土壤中大部分养分已经流失或淋失到地下，土壤中养分含量往下逐渐增加，入渗的土壤水造成了土壤中的氮的淋失，总氮含量从上往下逐渐增大。8月29日所取土壤水中总氮比8月25日和9月8日小，这是因为施的肥主要是复合肥，不容易溶化（在收植物时发现有未溶化的肥料），8月25日降雨与前一次降雨时间较长，土壤水中的水分有充分的时间溶解足够多的化肥，降雨后随径流渗入土壤中；29日取的土壤水是27日降雨入渗的径流，离上一场降雨时间较短，所以养分含量较低，在向下渗透的过程中淋溶土壤中的氮，氮浓度逐渐增大。但是从9月10日后降水量急剧减少，直到10月底和11月初有较大降雨，土壤水中总氮含量逐渐降低。等高反坡阶土壤水中氮含量高于坡面土壤水中的氮，这可能是因为等高反坡阶拦截了一些泥沙，这些泥沙对养分具有一定的富集作用，地表径流对其进行淋洗并向下渗透，土壤水中总氮含量增加。

表5-30　土壤水中总氮浓度随时间及深度变化

取样点	深度/cm	总氮/（mg/L）							
		2008-8-25	2008-8-29	2008-9-8	2008-9-19	2008-10-14	2008-11-2	2008-12-13	2009-1-2
等高反坡阶	200	3.79	2.46	3.59	3.36	1.63	0.75	0.62	0.54
	160	6.13	2.01	3.62	3.20	1.66	0.75	0.62	0.55
	130	5.52	2.02	3.61	3.27	1.24	0.76	0.59	0.55
	100	5.27	2.05	4.77	3.19	1.46	0.75	0.61	0.54
	60	5.06	1.00	4.59	1.94	1.44	0.75	0.57	0.52
	40	4.16	1.21	3.35	1.94	1.21	0.72	0.57	0.53
	20	3.59	2.28	2.94	2.45	1.35	0.71	—	—
坡面	100	4.63	2.09	4.27	2.76	0.95	0.77	0.53	0.46
	60	4.21	1.63	3.94	1.83	0.97	0.67	0.55	0.47
	40	3.73	1.69	3.17	1.87	1.09	0.64	0.51	0.47
	20	3.41	2.29	2.73	2.2	1.11	0.63	—	—
地表		3.88	—	—	2.64	—	0.59	—	—

土壤对铵具有较好的吸附作用，但是几乎不吸附硝态氮。通过表3-15可以知道，土壤水中的铵态氮在土壤中很快就被吸附掉，40cm以下的土壤水中铵态氮含量一般均不超过0.1mg/L，无论在雨季还是旱季，土壤水中的铵态氮变化都不明显。土壤水中的硝态氮和铵态氮不一样，当土壤中硝态氮含量高且地表水中养分含量低时，土壤水在入渗过程中对土壤养分起到淋溶作用，土壤水中的硝态氮随

深度的增加而增加，反之，土壤对入渗水分中的物质起到吸附作用，土壤水中养分随深度变深而减低。土壤水中硝态氮含量较高，因此浓度变化趋势和总氮的变化趋势接近。根据表 5-30～表 5-32，土壤水分中的氮主要是硝态氮，铵态氮浓度很低。土壤水中铵态氮和硝态氮含量变化见表 5-30 和表 5-31。

表 5-31　土壤水中铵态氮浓度随时间及深度变化

取样点	深度/cm	铵态氮/（mg/L）							
		2008-8-25	2008-8-29	2008-9-8	2008-9-19	2008-10-14	2008-11-2	2008-12-13	2009-1-2
等高反坡阶	200	0.08	0.09	0.03	0.02	0.01	0.02	0.01	0.02
	160	0.07	0.05	0.05	0.01	0.04	0.03	0.01	0.01
	130	0.03	0.09	0.03	0.01	0.01	0.01	0.02	0.01
	100	0.03	0.10	0.11	0.04	0.03	0.02	0.01	0.02
	60	0.05	0.17	0.15	0.04	0.02	0.01	0.03	0.03
	40	0.12	0.09	0.13	0.04	0.03	0.02	0.03	0.02
	20	0.52	0.12	0.17	0.05	0.03	0.05	—	—
坡面	100	0.04	0.03	0.07	0.03	0.02	0.03	0.02	0.02
	60	0.06	0.05	0.09	0.03	0.01	0.02	0.02	0.03
	40	0.11	0.03	0.09	0.04	0.03	0.00	0.03	0.02
	20	0.49	0.17	0.12	0.04	0.03	0.05	—	—
地表		1.31	—	—	0.72	—	0.27	—	—

表 5-32　土壤水中硝态氮浓度随时间及深度变化

取样点	深度/cm	硝态氮/（mg/L）							
		2008-8-25	2008-8-29	2008-9-8	2008-9-19	2008-10-14	2008-11-2	2008-12-13	2009-1-2
等高反坡阶	200	3.21	1.29	3.36	2.59	0.68	0.35	0.35	0.26
	160	4.03	1.32	3.25	2.63	0.71	0.36	0.34	0.27
	130	3.49	1.75	3.37	2.62	0.73	0.31	0.35	0.22
	100	3.41	0.73	4.32	2.15	0.73	0.35	0.31	0.21
	60	3.20	0.68	4.22	1.37	0.70	0.33	0.29	0.20
	40	2.39	0.65	2.84	1.33	0.69	0.35	0.31	0.25
	20	0.93	0.29	0.30	0.90	0.65	0.30	—	—
坡面	100	3.11	0.66	4.13	1.81	0.79	0.30	0.29	0.22
	60	2.73	0.61	3.71	1.33	0.67	0.31	0.31	0.25
	40	2.01	0.53	2.72	1.12	0.71	0.30	0.26	0.23
	20	0.49	0.27	0.2	0.89	0.63	0.27	—	—
地表		0.41	—	—	0.84	—	0.21	—	—

2. 垂直渗透径流中磷的含量变化

从前面的分析可以知道，地表磷的输出主要是通过地表的水土流失实现的。从表 5-33 可以看出，土壤水中总磷含量很低，变化趋势不明显，在此不再讨论土壤水中磷的变化规律。土壤水中的磷主要以可溶性磷的形态存在，土壤水中总磷的含量很低，可溶性磷的含量也更低，很容易受土壤母质影响，变化规律性不强，因此不再对可溶性磷的变化情况进行分析。

表 5-33　土壤水中总磷浓度随时间及深度变化（2008 年）

取样点	深度/cm	总磷/（mg/L）							
		2008-8-25	2008-8-29	2008-9-8	2008-9-19	2008-10-14	2008-11-2	2008-12-13	2009-1-2
等高反坡阶	200	0.02	0.02	0.01	0.02	0.01	0.01	0.01	0.01
	160	0.02	0.03	0.06	0.01	0.03	0.01	0.01	0.02
	130	0.03	0.01	0.08	0.02	0.00	0.03	0.03	0.01
	100	0.03	0.02	0.03	0.01	0.01	0.01	0.02	0.01
	60	0.02	0.01	0.01	0.01	0.02	0.02	0.01	0.03
	40	0.04	0.02	0.23	0.01	0.01	0.03	0.01	0.02
	20	0.05	0.04	0.17	0.02	0.01	0.01	—	—
坡面	100	0.02	0.01	0.02	0.02	0.03	0.01	0.02	0.01
	60	0.01	0.01	0.01	0.03	0.01	0.01	0.01	0.01
	40	0.02	0.02	0.05	0.02	0.03	0.02	0.01	0.01
	20	0.05	0.03	0.09	0.05	0.02	0.02	—	—
地表		0.11	—	—	0.16	—	—	—	—

5.4　反坡阶对不同坡度坡耕地作物增产作用的影响

由表 5-34 可以得出：对于种植土豆的三块径流小区，无论是生物产量或经济产量（主要指土豆）均是 8#、9#小区远高于 7#径流小区，且 8#小区经济产量是 7#小区 1.81 倍，增产 1175.87kg/亩；同理，对于种植烤烟的三块径流小区而言，4#小区无论生物产量还是经济产量（主要指烤烟叶子）都为最小，且长势最差，5#小区经济产量是 4#小区 1.61 倍，增产 55.31kg/亩。

表 5-34 径流小区作物产量

指标	7#小区	8#小区	9#小区	4#小区	5#小区	6#小区
生物产量/（kg/亩）	2357.44	3361.56	3537.12	1080.98	1785.89	1868.18
经济产量/（kg/亩）	1454.59	2630.46	2680.94	90.86	146.17	161.25

由以上分析可知：7#小区的土豆长势最差，8#和 9#小区土豆长势明显好于 7#小区，是因为 8#和 9#小区施肥量是 7#小区施肥量（当地标准施肥量）的 1 倍，但 8#、9#小区经济产量没有明显差异，是因为两小区的施肥量和株行距都相同；同理，烤烟地也表现出同样的特征，但 5#、6#小区经济产量有明显区别，主要是因为 5#修了等高反坡阶，故占用了一定的耕地面积，所以 5#小区株行距与 6#小区有明显差别。

5.5 设置反坡阶下的不同坡度径流小区产流、产沙量与氮磷输出的相关关系

通过 2008～2009 年产流量、产沙量与径流及泥沙中总氮总磷输出量相关分析（表 5-35）可以得到，产流量和产沙量之间相关性极其显著（显著水平为 0.01 时相关系数达到 0.834），径流是泥沙侵蚀的主要载体，径流流失的量决定了泥沙量的多少。产流量与径流中总氮的输出量在 0.01 显著水平时相关系数为 0.897，说明径流中带走的总氮量比总磷量更大。

表 5-35 2008～2009 年产流量、产沙量与径流及泥沙中总氮总磷输出量相关分析

		产流量	产沙量	泥沙总氮	泥沙总磷	径流总磷	径流总氮
产流量	相关系数	1	0.834**	0.825**	0.870*	0.889*	0.897**
	显著概率	0.000	0.000	0.000	0.000	0.000	0.000
	样本数	36	36	36	36	36	36
产沙量	相关系数	0.834**	1	0.921**	0.959**	0.792**	0.892*
	显著概率	0.000	0.000	0.000	0.000	0.000	0.000
	样本数	36	36	36	36	36	36

** 显著性水平在 0.01 以下，认为标记的相关系数是显著的；* 显著性水平在 0.05 以下，极显著相关。

从总体上来看，泥沙中总氮总磷的输出量与产沙量在显著水平 0.01 时相关系数分别为 0.921 和 0.959，大于径流中总氮总磷输出量与产流量的相关系数。因此，

泥沙是氮磷流失的主要载体，坡耕地流失的氮、磷养分形态中，以泥沙颗粒态氮、磷流失为主，颗粒态氮养分流失占氮素总流失的70%以上，颗粒态磷养分流失占磷素总流失的90%以上。

5.6 讨　　论

土壤中的氮的流失包括这几个过程：降雨径流、土壤侵蚀、表土养分溶解及输出、养分渗透。其受到很多因素的影响，包括：土壤的理化性质、人类农业生产活动、降雨、土壤微生物环境。研究区氮素地表流失主要受降雨和土壤的理化性质影响，其流失形态以水溶态和泥沙结合态为主。减少地表径流是对地表氮输出控制最好的途径，研究结果表明，在研究区等高反坡阶对径流的拦截率为 52.85%，总氮输出减少 340.63kg/km^2，占年输出总量的 641.14kg/km^2 的 53.13%。总氮在向下淋失的过程中，以硝态氮为主，亚硝态氮次之，铵的流失量只占很小的比例。由于土壤颗粒吸附铵而几乎不吸附硝态氮，因此铵基本上停留在剖面上、中层，而硝态氮在各层都出现，雨季在向下渗透的土壤水中硝态氮的含量随深度的增加而增加。亚硝态氮作为硝化和反硝化的中间产物，其存在时间有限，因而其流失也并不重要（陈英旭，2007）。土壤水中硝态氮的含量随时间增加而减低。

国内其他学者研究认为：同顺坡农作方式相比，等高土埂农作方式减少土壤氮流失量 87.92%。坡耕地土壤氮的流失途径主要为径流流失，占土壤氮流失量 81.9%～93.4%，径流流失的氮中又以水溶态氮为主，占径流流失氮的 78%～87.6%。从前面的研究结果来看，径流中流失的氮占总氮的 77.96%，可溶态的氮又占总氮的 56.65%～99.81%；其中铵态氮占总氮的 14.45%～66.26%，硝态氮占总氮的 30.95%～66.18%，这和其他学者研究的结果较为接近。在土壤水中铵态氮的含量从地表往下急剧减少，8 月 25 日降雨中，地表径流中铵态氮的含量为 1.31 mg/L，等高反坡阶下在 20cm 深度时土壤水中铵态氮含量为 0.49mg/L，在 40cm 深度时土壤水中铵态氮含量为 0.11mg/L，到 60cm 深度时就只有 0.05mg/L，当 100cm 深度时为 0.03mg/L。土壤水中硝态氮的变化趋势和铵态氮相反，随着深度的增加其含量变大。8 月 25 日硝态氮地表径流中的含量为 0.41mg/L，当深度为 20cm 时，硝态氮的含量为 0.93mg/L，40cm 深时为 2.90mg/L，60cm 深时为 3.20mg/L，100cm 时为 3.41mg/L，这是因为此时雨季已经接近末期，土壤表层中的氮被淋溶到下层，土壤水在下渗的过程中将硝态氮淋溶出来，所以土壤水中硝态氮的含量逐渐增加。

理论研究认为磷肥施入土壤后容易被固定，作物吸收的磷不一定是磷肥原来的化合形态，大部分是与土壤反应的产物。作物对磷肥的利用率很低，通常情况下当季作物只有 5%～15%，加上后效一般也不超过 25%，占施肥总量 75%～90%的磷肥都富集在土壤的表层，长期过量施用磷肥，会导致耕作层土壤的磷富集。磷的流失以泥沙结合态为主，通过地表流失和通过渗透流失的量很小，可以忽略。通过对 2008 年的研究数据分析表明：松花坝水源区土壤中总磷的含量仅为 200～400mg/kg（0.02%～0.04%），土壤中磷的含量除表层稍高以外其余各层土壤中磷的含量差别不大，磷的富集现象并不明显，说明在以前的耕作中磷肥的使用量较少，土壤中磷比较缺乏，磷通过泥沙流失的量占年流失量的 89.83%；在土壤水中磷的含量很低，一般低于 0.1mg/L，表明磷通过地下水流失的风险不大。

袁东海等（2003b）的研究表明，红壤坡耕地磷的坡面流失主要有径流和推移质两种方式。顺坡农作处理径流流失磷的比例占土壤总磷流失量的 55.26%，通过推移质流失的磷和径流流失的磷基本相当，其他处理土壤磷的流失主要以径流方式流失，流失量占土壤总磷流失量的 67.59%～88.11%。在流失的土壤磷素中，泥沙结合态占多数，其比例为 57.79%～77.59%，其中有效磷基本上通过径流方式来流失。与传统的顺坡耕作的坡耕地利用方式相比，等高土埂具有控制和防治土壤磷流失的作用，能减少磷流失总量 40.73%～84.70%。研究结果显示：通过泥沙流失的磷占总流失量的 89.30%。等高反坡阶具有和等高土埂相似的作用，通过等高反坡阶的拦截，可以减少 50.62%的磷流失量，这和其他人的研究结果相似。

目前国内对土壤水中养分含量变化研究的报道少见。在 100cm 土层中，不同农业利用类型土壤中总有机碳、总氮、总磷、速效磷含量均呈现自上层向下层逐渐降低的趋势，养分含量的差异主要发生在 0～10cm 和 10～25cm 土层中。在 40～100cm 土层中，不同农业土地利用类型土壤中总氮含量差异不显著。从 2008 年的研究结果来看，坡面土壤在 0～80cm 土层中，总氮、水解氮、总磷、速效磷的含量有随着深度降低的趋势，水解氮在 0～40cm 土层中变化明显，40～80cm 土层中变化趋势不大，总氮则有从 0～80cm 逐渐降低的趋势，这和其他人的研究结果不完全相同。总磷虽然有随着深度增加养分含量降低的趋势，但是变化程度不明显。速效磷除表层含量较高以外，其他各层含量没有明显变化。

水解氮、总氮和速效磷含量随着时间的推移而逐渐降低，总磷的含量和时间以及深度没有明显的关系，说明总磷的含量较为稳定，这是因为在酸性土壤中磷的有效性较低。

在监测中，由于没有考虑到小区内等高反坡阶对地表径流的拦截能力，当降水量很大时，地表径流会冲垮等高反坡阶，导致土壤侵蚀方式由面蚀变为沟蚀，水土流失加剧，降低等高反坡阶对泥沙和径流的拦截效果。在埋土壤水分取样管时，采用掏挖填埋的方式，在回填时存在回填不严实的情况，地表养分含量较高的径流会顺着这些空隙下渗，影响测定结果。本书尝试研究等高反坡阶这一水保措施对面源污染的控制效果，研究发现等高反坡阶可以增加土壤中氮的含量，但是对于入渗的水分和养分的流向没有进行进一步研究，尚不能明确下渗养分和径流对地下水水质的影响和流失量。在监测中没能很好地对土壤中水分含量进行测定，对入渗的水分在垂直和水平方向的再分配规律还不明确。

大量地表径流和泥沙被拦蓄在等高反坡阶内，这样不仅提高了地表径流的入渗效率，增加了土壤含水率，而且通过减弱径流的挟沙能力，降低了土壤侵蚀力，在很大程度上减少了土壤水分和土壤颗粒的大量流失，特别是对径流中TN、NO_3^--N、NH_4^+-N、TP和PO_4^{3-}等面源污染物的输出起到了较好的控制作用，因为泥沙是氮磷流失的主要载体，通过减少泥沙流失来达到对面源污染物输出的控制，减轻对下游水体的污染，并为坡耕地上的作物生长提供更为充足的养分。

本书研究只对同一坡度同一作物条件下是否修筑等高反坡阶进行了探讨，并未对同一作物在不同坡度下是否修筑等高反坡阶进行研究。对于土豆地而言，修筑等高反坡阶的2#小区的截流率为35.57%～38.01%，拦沙率为59.35%～66.10%；对于坡度较大的烤烟地而言，修筑等高反坡阶的5#小区截流率为73.79%～74.96%，拦沙率为91.56%～92.84%；显然，坡度较大的烤烟地截流率与拦沙率均高于土豆地，但是这也不能排除植被覆盖度对径流和泥沙截留效果的影响。若在不同坡度上种植同一作物，且均修筑等高反坡阶的条件下，研究径流和泥沙的截留效果，将可排除植被覆盖度的较大影响，进而更加充分说明坡度对径流和泥沙的输出影响。同样，对于径流和泥沙中挟带的氮磷物质而言，烤烟地中的TN、NO_3^--N、NH_4^+-N、TP和PO_4^{3-}等面源污染物的控制输出效率也均高于土豆地，但是也同样不能排除不同植被覆盖度的影响。其次，本书研究只进行了一种水保措施的布设，即布设等高反坡阶，并未将其他水土保持措施与等高反坡阶措施相结合，对面源污染物的控制进行深入研究。因此，对于面源污染物的输出特征的研究，应综合考虑坡度、植被覆盖度、作物种类、不同水保措施等因素的共同影响，这些都将是后续研究的重点，对这些问题进行深入研究，将为面源污染物的输出规律、控制途径、防治技术等提供更为可靠的依据，也可以为筛选出适合滇中地区坡耕地保护性技术、防治水土流失面源污染提供一定的理论依据。

本 章 小 结

在松华坝水库水源区进行坡耕地等高反坡阶对污染物输出控制研究，结果表明：

（1）等高反坡阶能减少地表径流 7.88 万 m^3/（$km^2 \cdot a$），对地表径流的削减率达到 52.85%。降水量和雨强是影响径流量的主要因子，径流量的大小进一步影响到等高反坡阶对地表径流的拦截效率。降水量和径流量具有显著的关系，因此降水量对等高反坡阶对地表径流的拦截效果具有一定的影响。

（2）等高反坡阶能减少泥沙 116.29t/km^2，削减率为 44.38%。等高反坡阶减少了地表径流量，也减缓了地表径流的流速，加快了地表径流中泥沙的沉积，从而减少了泥沙的输出。

（3）等高反坡阶对面源污染物具有良好的拦截效果，2008 年监测数据显示等高反坡阶能减少氮磷的输出量分别为 340.63kg/km^2 和 43.95kg/km^2，削减率分别为 53.13%和 50.62%。其中地表径流中拦截量分别为 265.55kg/km^2 和 4.47kg/km^2，通过泥沙拦截减少的量为 74.97kg/km^2 和 39.48kg/km^2。径流中流失的氮占总氮的 77.96%，泥沙中流失的磷占总磷的 89.83%。由于径流量和土壤流失量具有显著的相关性，因此只需考虑对径流的拦截就可以对氮磷的输出减少 50%以上，从而达到对面源污染物控制的效果。

（4）等高反坡阶对土壤中的氮具有较为明显的富集作用。6 月 30 日、8 月 18 日和 9 月 28 日等高反坡阶土壤总氮含量平均比坡面土壤分别高 42.20mg/kg、121.36mg/kg 和 78.87mg/kg，其中植物能有效利用的水解氮增加的浓度分别为 35.62mg/kg、30.02mg/kg 和 19.42mg/kg，可以看出等高反坡阶除了控制氮的输出外，还有增加产量的潜力。由于磷难以迁移的特性，等高反坡阶中磷的含量和坡面土壤相比没有明显的变化。

（5）在不同部位不同时期，土壤水中养分含量和组成成分均有一定变化。通过等高反坡阶下渗的土壤水中氮素的含量较坡面土壤水高。例如，2008 年 8 月 25 日的数据：土壤水中氮素的含量为 3.59～5.27mg/L，坡面土壤水中氮素的含量为 3.41～4.63mg/L。施肥后，在下渗的土壤水中，铵态氮的浓度随深度的增加迅速减低，减少率为 92.59%～97.22%。由于雨水对土壤中氮素的淋溶作用，硝态氮含量增加 7.14%～882.93%，其中 8 月 25 日降雨硝态氮的含量增加最明显，为 390.24%～822.93%。雨季结束后，土壤水中氮的含量没有明显的变化。酸性土壤特别是酸性红壤中，由于大量游离氧化铁存在，很大一部分磷酸铁被氧化铁薄膜包裹成为闭蓄态磷，导致土壤水中磷的含量很低，始终保持在一个比较稳定的水平，土壤水中总磷的含量普遍维持在 0.01～0.05mg/L。泥沙是氮磷流失的主要载体。根据产流量、产沙量与径流及泥沙中总氮总磷输出量的相关分析可以得到：产流量和产沙量之间相关性极其显著，径流是泥沙侵蚀的主要载体，径流流失的量决定了泥沙量的多少。从总体上来看，径流中总氮输出量与产流量的相关系数大于总磷，说明径流中带走的总氮量更大；泥沙中总氮总磷输出量与产沙量的相关系数大于径流中总氮总磷输出量与产流量的相关系数。因此，泥沙是氮磷流失的主要载体。坡耕地流失的氮、磷养分形态中，以泥沙颗粒态氮、磷流失为主，颗粒态氮养分流失占氮素总流失的 70%以上，颗粒态磷养分流失占磷素总流失的 90%以上。

（6）典型降雨条件下，降雨当天土壤水入渗明显增加，入渗土壤水主要蓄积在 20～60cm 深度。0～100cm 深度自然坡面土壤水一直处于缓慢减少趋势，但 80～100cm 深度等高反坡阶土壤水在雨后 1～2 天有增加趋势，60～80cm 深度等高反坡阶土壤水在雨后 3 天有增加趋势，40～60cm 深度等高反坡阶土壤水在雨后 7 天有明显的增加趋势。

自然坡面和等高反坡阶土壤水消退特征在 0～40cm 深度差异性不显著，而在 40～100cm 深度差异性显著。自然坡面和等高反坡阶土壤水总氮浓度在 20～100cm 深度先减少后增加，变化趋势相似，但等高反坡阶土壤水总氮浓度与自然坡面土壤水总氮浓度相比，在 20～60cm 深度前者是后者的 1.51～1.74 倍，在 60～100cm 深度前者是后者的 1.41～1.52 倍；等高反坡阶土壤水 NH_4^+-N 浓度与自然坡面土壤水 NH_4^+-N 浓度相比，在 20～60cm 深度前者是后者的 1.92～2.25 倍，在 60～100cm 深度前者是后者的 1.09～1.71 倍；等高反坡阶土壤水 NO_3^--N 浓度与自然坡面土壤水 NO_3^--N 浓度相比，在 20～60cm 深度前者是后者的 1.09～1.18 倍，在 60～100cm 深度前者是后者的 1.50～1.82 倍；等高反坡阶土壤水总磷浓度在 20～40cm

深度明显增加，是自然坡面土壤水总磷浓度的 6.67 倍，60～100cm 深度二者变化相似。

（7）对于种植土豆的径流小区来说，无论是生物产量或是经济产量（指土豆果实）都是 8#、9#小区远高于 7#径流小区，且 8#小区经济产量是 7#小区 1.88 倍，增产 1175.87kg/亩；同理，对于种植烤烟的径流小区而言，4#小区无论生物产量还是经济产量（指烤烟叶子）都为最小，且长势最差，5#小区经济产量是 4#小区 1.61 倍，增产 55.31kg/亩，实施了等高反坡阶整地的坡耕地增产增收显著。

第 6 章　生物质土壤改良剂对坡耕地氮磷输出的影响

土壤改良剂又称土壤调理剂，其作用机理是黏结小颗粒形成较大团聚体，同时其具有很好的水稳定性，表现为改善土壤性状，促进养分转化和植物吸收利用，但其本身不提供植物养分。随着生物质土壤改良剂的开发和规模化应用，一些商业性的生物控制剂、微生物接种菌、菌根等应运而生，其改良作用为改善土壤物理状况、保水保土、提高土壤营养元素的有效性；有效提高土壤酶的活性，活跃有益微生物，抑制病原微生物；降低土壤中有害重金属的迁移能力，对退化土壤进行有效修复。

红壤作为滇中地区的主要土壤类型，对当地生态稳定性的发挥有着不可替代的作用。但是，在云南季节性旱雨分明的条件下，红壤的性状和其经济效益的发挥持续下降。本章研究是在昆明松华坝水源区迤者小流域选用玉米秸秆和 EM 菌剂两种不同生物质土壤改良剂下的大豆种植红壤坡耕地，对其水土流失、养分流失及植物生长发育进行测定和分析，进而探究生物质土壤改良剂对云南红壤和农业经济效益特性的影响，从而为云南农田改良提供理论依据。

6.1　试验设计与研究方法

6.1.1　试验材料选取

本试验采用玉米秸秆和 EM 菌剂作为两种试验性生物质土壤改良剂。秸秆还田方式为翻压还田，用量为 500g/m^2。将即刻收获的新鲜健康玉米秸秆充分粉碎，长度均小于 10cm，待作物未播种前将其均匀翻入土壤耕作层中，并施入适量石灰粉和氮肥以及足量踏熵水，这样有利于优化秸秆还田效果；EM 菌剂施用方式为喷施，浓度为 70%，用量为 1000mL/m^2。将培养配兑完善的 EM 菌剂使用液均匀喷施于微型小区，并适时翻匀，以保证微生物与耕作层土壤充分反应，实现互利共赢的效果。待两种改良处理完毕后，间隔 15 天，种植云南当地夏季大豆。

6.1.2　试验小区设置

本试验采用集中布设 1m×1m 微型小区的方式，选择玉米秸秆和 EM 菌剂两种生物质土壤改良剂，同时设置对照处理，每个处理设置 3 个平行，统一调置 15°坡度。在微型小区内合理等高条播云南夏季大豆，继而在出苗期定苗 9 株/m^2。

试验由野外监测采集试验和室内测定分析试验两部分组成。野外试验基于 2017 年雨季（6～10 月）的降雨特征，逐个逐次采集不同处理下的微型小区场降雨径流和泥沙，并将其带回实验室进行理化性质测定。室内试验测定指标包括场降雨条件下径流硝态氮（NO_3^--N）含量和有效磷（PO_4^{3-}）含量以及泥沙总氮（TN）含量和总磷（TP）含量。在作物成熟时，测定各小区内土壤相关理化性质以及作物秸秆产量和经济产量，分析两种不同土壤改良剂对土壤理化性质和作物农艺性状及产量构成的影响。定点观察的植物指标包括：株高、单株荚数、单株粒数、单株粒重、百粒重以及每小区总产量。

6.1.3　研究方法

1. 降雨特征的测定

在迤者小流域高点位且周围无树木及其他建筑物影响的区域布置自记雨量计，用于监测雨季次降雨情况。流域气候特点干湿分明，雨季降雨频度高，强度大，每 15 天须拷取一次数据；得到原始数据之后，使用雨量监测软件进行读取，即刻获得降水量（P）、降雨强度（I）、降雨动能（E）等相关降雨特征值。

2. 径流泥沙的测定

在微型小区出水端放置一个塑料桶，用于对洪水径流进行取样。将洪水径流样品静置沉淀，待径流和泥沙分层明显后，用 1000mL 量筒分离水沙，量取径流量并用电子称量器称取泥沙质量，从而得出每 1m^2 土地内的地表径流量和土壤侵蚀量。

3. 农作物产量确定

将成熟期的大豆植株整棵收获，测定其株高、单株荚数、单株粒数、单株粒重、百粒重和小区内总产量等农艺性状指标。

4. 径流氮磷和泥沙氮磷的测定

径流氮磷和泥沙氮磷的测定方法同 4.1.5 节。

6.1.4 数据处理

1. 产流产沙数据

通过具体数表以及柱状–折现组合图来分析生物质土壤改良剂对降雨径流和泥沙的流失改善状况。

2. 氮磷流失数据

通过折线图配合箱线图分析氮磷流失特征。箱线图也称箱须图，是利用数据中的五个统计量最小值、下四分位数、中位数、上四分位数与最大值来描述数据的一种方法，它也可以粗略地看出数据是否具有对称性、分布的分散程度等信息，特别可以用于对几个样本的比较。

3. *R* 值、*K* 值和土壤侵蚀量数据计算

1）降雨侵蚀力 *R* 值的计算

R 值的计算方法依据不同地区降雨特性等自然条件而有所不同，故不同的计算公式仅仅适用于特定地区。目前，我国的气象台站规模正逐步扩大，为科学全面地监测各地区降雨特征，基本实现一县一站的要求，并获得多年系统性气象观测资料。其中降雨观测资料以降水量、雨强等指标为主。合理科学地利用监测资料计算 *R* 值，不仅可以实现不同科学领域之间的交叉结合，而且能提高对于土壤侵蚀的预防性。

在降雨侵蚀力 *R* 值计算上，用日降雨资料估算不同地区降雨侵蚀力的计算公式为

$$R = 1.035\sum(P_{\mathrm{d}} I_{10\mathrm{d}}) \tag{6-1}$$

决定系数为 0.966。式中降雨侵蚀力单位为（MJ·mm）/（hm^2·h），将其进一步转换为常用指标 EI30，采用的单位为（MJ·mm）/（hm^2·h）。

$$R = 0.184\sum(P_{\mathrm{d}}I_{10\mathrm{d}}) \tag{6-2}$$

2）土壤可蚀性 *K* 值的计算

K 值是土壤学中的重要指标，反映了土壤是否易受侵蚀营力破坏的性能，也体现了土壤对侵蚀营力分离和搬运作用的敏感性，其是土壤侵蚀研究中的一个重要方向。

在土壤可蚀性指数 *K* 值计算上，运用由 Williams 等在 EPIC（erosion-productivity impact calculator）模型中，把土壤可蚀性 *K* 的计算公式发展为

$$K=\left\{0.2+0.3\exp\left[0.0256\mathrm{SAN}\left(1-\frac{\mathrm{SIL}}{100}\right)\right]\right\}\times\frac{\mathrm{SIL}}{\left(\mathrm{SIL}+\mathrm{CLA}\right)}0.3$$
$$\times\left\{1-0.25\frac{\mathrm{C}}{\left[C+\exp\left(3.72-2.95C\right)\right]}\right\}\times\left\{1.0-0.7\frac{\mathrm{SN}_1}{\left[\mathrm{SN}_1+\exp\left(-5.51+22.9\mathrm{SN}_1\right)\right]}\right\} \tag{6-3}$$

式中，SAN 为砂粒含量（%）；SIL 为粉粒含量（%）；CLA 为黏粒含量（%）；*C* 为有机碳含量（%）；SN_1=1–SAN/100。此公式看起来复杂，但只要有土壤有机碳和土壤颗粒分析资料，即可计算出 *K* 值。

结合计算出的 *R* 值和 *K* 值，并使用散点曲线拟合的方法分析两大土壤侵蚀因子对土壤侵蚀量的影响。

6.2　生物质土壤改良剂对坡耕地地表径流量和产沙量的影响

6.2.1　施用不同生物质土壤改良剂的坡耕地地表径流量对比

土壤径流是水力侵蚀发生的首要动力，是土壤中水含量达到饱和的结果。雨滴击溅力导致土壤坡面被击溅，而径流的发生发展过程代表着较为严重的面蚀和沟蚀。降雨径流是土壤水分中宝贵的潜在资源，径流充分下渗需要良好的土壤孔隙结构的配合，其受降雨特征和土壤性状影响。由表 6-1 可知，不同处理方式下的微型小区内的月际平均地表径流量变化随月降雨特征的不同呈现不同的流失特征，其中秸秆还田处理下的月际平均径流量分布在 1.53～2.50L：最大是在 7 月，$1\mathrm{m}^2$ 范围内流失 2.50L，最小是在 10 月，仅为 1.53L，极值比为 1.63；菌剂施用处

表 6-1　不同生物质土壤改良剂对地表径流量的影响　　（单位：L）

日期（月-日）	秸秆还田	菌剂施用	原状对照
6-12	2.16±0.17	3.7±0.61	4.08±0.26
6-28	1.82±0.17	2.47±0.11	3.36±0.19
7-5	2.72±0.21	3.26±0.25	4.59±0.33
7-18	2.24±0.17	2.90±0.17	3.17±0.24
7-21	3.01±0.27	3.61±0.27	4.19±0.31
7-26	1.55±0.27	2.62±0.13	3.36±0.18
7-30	2.97±0.16	3.68±0.19	4.50±0.30
8-3	1.16±0.09	1.41±0.03	2.61±0.14
8-7	2.35±0.16	2.60±0.15	3.62±0.20
8-16	1.78±0.16	2.05±0.08	3.06±0.19
8-25	2.29±0.11	2.69±0.39	3.45±0.28
9-6	2.82±0.14	3.12±0.23	4.18±0.17
9-10	1.65±0.11	1.99±0.13	2.98±0.21
9-13	1.23±0.12	1.51±0.02	2.42±0.20
9-20	1.20±0.12	1.50±0.31	2.05±0.18
10-9	2.42±0.25	2.77±0.15	2.94±0.11
10-15	1.71±0.12	1.86±0.18	1.97±0.10
10-18	0.93±0.14	1.14±0.08	1.53±0.04
10-20	1.15±0.18	1.29±0.24	1.68±0.07

理下的径流量范围为1.77～3.21L；两组数值相对于原状对照处理下的径流量范围（2.03～3.96L）可知，两种土壤改良方式对抑制该区雨季（6～10 月）地表径流量的贡献率范围分别为 24.6%～46.5%和 12.8%～31.3%，可见在水分涵养方面，秸秆还田改良方式的涵养效益优于菌剂施用。

由于各种因素的影响，研究所得的数据呈现波动状。造成波动的原因可分成两类：一类是不可控的随机因素，另一类是研究中施加的对结果形成影响的可控因素。多重比较即因素效应对照之间的比较，是指推断因素效应对比之间有无显著差异的一类检验方法。据表 6-2 中的地表径流量方差分析结果可知单因子（3 水平）单变量（土壤处理方法）：土壤处理方法变量的 F 检验值为 27.296，其 P-value=0.000<0.05，F 检验达到显著，这说明在不同的土壤处理方法下，其地表径流量水平整体上存在显著差异。

表 6-2　地表径流量的主体间效应的检验

源	III 型平方和	*df*	均方	*F*	sig.
模型	102.673[a]	7	14.668	208.591	0.000
method	3.839	2	1.919	27.296	0.000
误差	0.563	8	0.070		
总计	103.236	15			

a. R^2 =0.995（调整 R^2=0.990）。

据表 6-3 不同土壤处理方式地表径流量的多重比较结果可知：秸秆还田下的微型小区、菌剂施用下的微型小区以及原状处理下的微型小区，其地表径流量均存在显著差别（均值比较的 *P*-value 分别为 0.014、0.000、0.003，均小于 0.05）；并且，原状处理下的微型小区，其平均地表径流量要高于秸秆还田下的微型小区（+1.235）和菌剂施用下的微型小区（+0.706），而秸秆还田下的微型小区其平均地表径流量会低于菌剂施用下的微型小区（–0.53）。这说明，施用秸秆和菌剂两种生物质土壤改良剂会显著降低坡耕地地表径流量，且施用秸秆的效果为最优。

表 6-3　不同土壤处理方式地表径流量的多重比较分析

方法（I）	方法（J）	均值差值（I-J）	标准误差	*P*-value	95%置信区间	
					下限	上限
秸秆	菌剂	–0.529*	0.168	0.014	–0.916	–0.142
	原状	–1.235*	0.168	0.000	–1.622	–0.848
菌剂	秸秆	0.529*	0.168	0.014	0.142	0 .916
	原状	–0.706*	0.168	0.003	–1.093	–0.319
原状	秸秆	1.235*	0.168	0.000	0.848	1.622
	菌剂	0.706*	0.168	0.003	0.319	1.093

*均值差值在 0.05 级别上较显著。

6.2.2　施用不同生物质土壤改良剂的坡耕地地表产沙量对比

土壤侵蚀量是水力侵蚀带走的表土细颗粒和矿物质，是造成土壤结构和功能破坏的主要对象，其受降雨侵蚀力、土壤类型、地表植被覆盖等多因子影响。烘干称重坡面尺度的土壤侵蚀量能够定量评估土壤侵蚀状况，是土壤质地和土地生产力评价的基础。由表 6-4 可知，不同处理方式下的微型小区内的月际平均土壤侵蚀量变化随月降雨特征的不同呈现不同的流失特征，其中秸秆还田处理下的月

表 6-4　不同生物质土壤改良剂对土壤侵蚀量的影响　　（单位：g）

日期（月-日）	秸秆还田	菌剂施用	原状对照
6-12	26.6±2.59	36.7±3.53	47.7±4.42
6-28	22.2±3.03	31.5±3.06	55.6±4.85
7-5	28.4±3.48	37.4±3.32	49.6±2.00
7-18	28.1±2.36	39.4±4.49	53.3±1.42
7-21	26.3±3.62	37.0±5.50	51.2±4.85
7-26	21.0±2.19	35.2±1.79	62.2±2.39
7-30	22.9±3.66	29.4±4.24	53.4±2.85
8-3	14.6±1.95	25.3±1.63	42.7±5.81
8-7	19.6±2.55	30.6±2.48	48.2±1.68
8-16	17.2±3.16	26.7±1.67	53.1±1.27
8-25	25.8±2.49	35.0±1.54	64.7±1.60
9-6	28.9±3.04	42.7±5.27	69.4±1.06
9-10	23.3±2.92	38.1±1.59	56.7±2.77
9-13	15.2±1.08	24.7±2.30	42.3±2.26
9-20	15.7±2.48	28.0±3.36	51.2±4.52
10-9	20.8±3.27	32.8±2.49	45.3±2.52
10-15	18.4±2.93	28.9±3.25	47.2±2.1
10-18	12.9±2.43	23.7±3.29	42.9±2.08
10-20	15.3±2.17	25.7±3.63	46.1±2.03

际平均土壤侵蚀量分布在 12.9～28.9g，最大是在 9 月 6 日，$1m^2$ 范围内流失达 28.9g，最小是在 10 月 18 日，仅为 12.9g，极值比为 2.24；菌剂施用处理下的侵蚀量范围为 24.76～35.68g；由两组数值相对于原状对照处理下的侵蚀量范围（42.17～54.90g）可知，两种土壤改良方式对抑制该区雨季（6～10 月）水力侵蚀量的贡献率分别为 52.8%、53.0%、63.0%、62.1%、63.5%和 34.0%、33.9%、43.7%、39.2%、41.3%，可见在土壤固持方面秸秆还田改良方式的涵养效益优于菌剂施用。

据表 6-5 中的土壤侵蚀量方差分析结果可知单因子(3 种处理方式)单变量(土壤处理方法)：土壤处理方法变量的 F 检验值为 425.781，其 P-value=0.000<0.05，F 检验达到显著，这说明在不同的土壤处理方法下，其土壤侵蚀量水平整体上存在显著差异。

据表 6-6 不同土壤处理方式土壤侵蚀量的多重比较结果可知：秸秆还田下的微型小区、菌剂施用下的微型小区以及原状处理下的微型小区，其土壤侵蚀量均存在显著差别（均值比较的 P-value 均为 0.000<0.05）；并且，原状处理下的微型

表 6-5　土壤侵蚀量的主体间效应的检验

源	III 型平方和	df	均方	F	sig.
模型	20861.661[a]	7	2980.237	1076.837	0.000
method	2356.769	2	1178.385	425.781	0.000
误差	22.141	8	2.768		
总计	20883.802	15			

a. R^2=0.995（调整 R^2=0.990）。

表 6-6　不同土壤处理方式土壤侵蚀量的多重比较分析

方法（I）	方法（J）	均值差值（I-J）	标准误差	P-value	95%置信区间	
					下限	上限
秸秆	菌剂	−10.727*	1.052	0.000	−13.154	−8.301
	原状	−30.278*	1.052	0.000	−32.704	−27.852
菌剂	秸秆	10.727*	1.052	0.000	8.301	13.154
	原状	−19.551*	1.052	0.000	−21.977	−17.124
原状	秸秆	30.278*	1.052	0.000	27.852	32.704
	菌剂	19.551*	1.052	0.000	17.124	21.977

*均值差值在 0.05 级别上较显著。

小区，其平均土壤侵蚀量要高于秸秆还田下的微型小区（+30.28）和菌剂还田下的微型小区（+19.55），而秸秆还田下的微型小区其平均土壤侵蚀量会低于菌剂施用下的微型小区（−10.73）。这说明，施用秸秆和菌剂两种生物质土壤改良剂会显著降低坡耕地土壤侵蚀量，且施用秸秆的效果为最优。

6.3　生物质土壤改良剂对土壤侵蚀量的影响

6.3.1　降雨侵蚀力 *R* 值

由表 6-7 可知，在雨季阶段（6～10 月）中，降水量月际变化范围为 63.7～144.8mm，在 7 月达到了最大值，在 10 月为最小值，极值比为 2.27；降雨侵蚀力 *R* 值月际变化范围为 266～670（MJ·mm）/（hm^2·h），极值取值月份与降水量相同，同样在 7 月、10 月分别达到了最大值和最小值，极值比为 2.52，但由于奄者小流域内降雨时空分布不均匀，且不同月份当中由不同雨型占主导影响，如有的月份是长历时小雨，有的月份是短历时大雨，降雨侵蚀力 *R* 值的计算较为复杂，受降

水量 P、降雨强度 I，降雨动能 E 等多因子影响，故降水量的变化趋势并不能完全彰显降雨侵蚀力的变化趋势，如 8 月降水量 112.8mm，R 值为 328（MJ·mm）/（hm^2·h），而降水量仅为 76.8mm 的 9 月，R 值却达到了 407（MJ·mm）/（hm^2·h）。

表 6-7　2017 年迤者小流域月降水量、月降雨侵蚀力

月份	月降雨量/mm	降雨侵蚀力/[（MJ·mm）/（hm^2·h）]
6	82.9	452
7	144.8	670
8	112.8	328
9	76.8	407
10	63.7	266

6.3.2　土壤可蚀性 *K* 值

土壤可蚀性 K 值是土壤侵蚀敏感性的体现，近年来对其估算的研究很多，但具有代表性的成果为 Wischmeier 等提出的 EPIC 模型中的计算方法；EPIC 模型中采用考虑土壤有机碳和粒径组成资料的公式来估算土壤可蚀性 K 值，见表 6-8。

表 6-8　不同生物质土壤改良剂对土壤可蚀性因子 *K* 值的月际影响

月份	处理方式	K 值			
		1#	2#	3#	平均
6	秸秆还田	0.2479	0.2295	0.2496	0.2423
	菌剂施用	0.3155	0.3204	0.3166	0.3175
	原状对照	0.3647	0.3561	0.3694	0.3634
7	秸秆还田	0.2430	0.2172	0.2375	0.2326
	菌剂施用	0.3106	0.3087	0.3159	0.3117
	原状对照	0.3584	0.3620	0.3645	0.3616
8	秸秆还田	0.2427	0.2250	0.2316	0.2331
	菌剂施用	0.3134	0.3057	0.3006	0.3066
	原状对照	0.3556	0.3527	0.3608	0.3564
9	秸秆还田	0.2304	0.2289	0.2348	0.2314
	菌剂施用	0.3018	0.3066	0.3034	0.3039
	原状对照	0.3587	0.3542	0.3629	0.3586
10	秸秆还田	0.2158	0.2219	0.2185	0.2187
	菌剂施用	0.2979	0.3018	0.2991	0.2996
	原状对照	0.3496	0.3501	0.3446	0.3481

土壤可蚀性 K 值是评价土壤对于水力侵蚀敏感性的重要参数，是进行土壤侵蚀和水土流失定量预估的重要依据。由表6-8可知，在不同生物质土壤改良剂的施用下，迤者小流域土壤可蚀性 K 值基本维持在0.2158～0.3694，其中原状对照组的 K 值月际变化范围为0.3446～0.3694，已超出中度土壤可蚀性 K 值范围0.25～0.30，说明此地区坡耕地易发生水土流失现象，需实施土壤改良措施；而秸秆还田改良后的 K 值分布为0.2158～0.2496，显著降低了土壤可蚀性。在不同改良方式结果对比下，秸秆还田的效果优于菌剂施用，且随着雨季阶段的水力侵蚀影响，各组的 K 值均出现了减小的趋势，原因可能是雨滴的击溅力改变了地表土壤的机械组成及有机碳含量，地表植被的生长发育抑制了水土流失，使土壤变得紧实固结。

6.3.3 施用不同生物质土壤改良剂条件下水蚀因子与土壤侵蚀量的关系

1. 降雨侵蚀力 R 因子对土壤侵蚀量的影响

降雨侵蚀力 R 值的大小，直接影响着土壤对水力侵蚀敏感性的高低。根据前人的研究结果，降雨侵蚀参数与土壤侵蚀量的相关形态多呈线性关系。

如图6-1和表6-9所示，降雨侵蚀力和侵蚀量经拟合后具有一定的线性关系，且在秸秆还田、菌剂施用的土壤改良方式下，两者之间呈现极显著相关关系（$P<0.05$），其中在菌剂施用处理下，相关系数达到了0.9931，说明在菌剂施用条件的影响下，降雨侵蚀力 R 值对于侵蚀量的预报具有较好的代表性；而根据原状对照的侵蚀量监测结果分析表明，相对于改良措施下的降雨侵蚀相关性，其相关系数仅

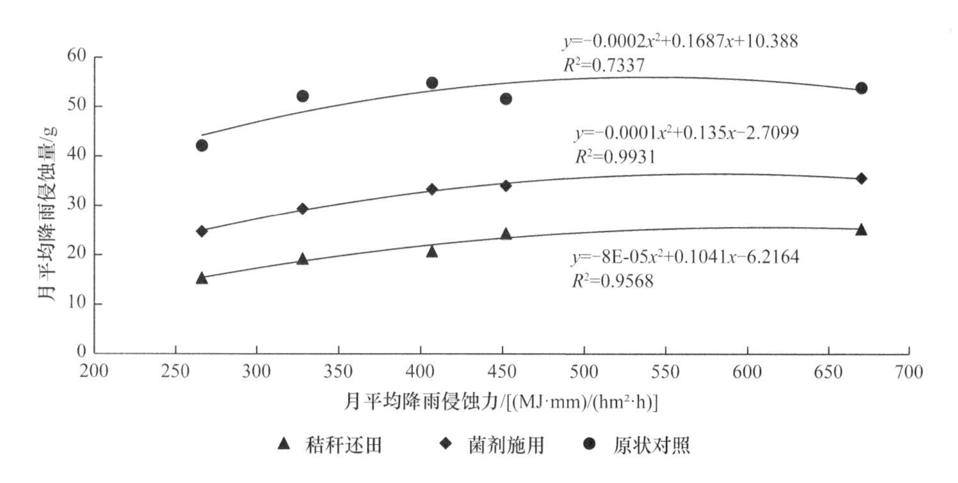

图6-1 月平均降雨侵蚀力与侵蚀量的关系及其拟合

表 6-9 不同生物质土壤改良剂下降雨侵蚀力 *R* 值与侵蚀量的相关分析

改良方式	相关系数 R^2 值	回归方程
秸秆还田	0.9568	$y=-0.00008x^2+0.1041x-6.2164$
菌剂施用	0.9931	$y=-0.0001x^2+0.135x-2.7099$
原状对照	0.7337	$y=-0.0002x^2+0.1687x+10.388$

为 0.7337，说明对此区的原状土壤在未受扰动的情况下进行土壤侵蚀量预报判断时，需综合考虑土壤性状、地表植被等因子的影响，这样预报结果会更为准确。

2. 土壤可蚀性 *K* 值对土壤侵蚀量的影响

生物质土壤改良方式会较大程度地改变土壤性状，如容重、土壤机械组成、有机碳含量、含水率等，这些影响因子会综合转化为土壤可蚀性 *K* 指标；其中在土壤机械组成方面，改良剂的施用往往呈现减少砂粒比例、稳固粉粒成分、增加黏粒含量的效果；同时有机碳含量的增加也使土壤抗蚀能力增强。

如图 6-2 为 *K* 值和侵蚀量的双纵轴柱状–折线组合图，观察分析可知，在不同改良剂的作用下，侵蚀量变化趋势和 *K* 值变化趋势呈现出一致的情况，即侵蚀量大小排序为秸秆还田<菌剂施用<原状对照，且与 *K* 值的大小变化相同。

图 6-3 和表 6-10 为 *K* 值和侵蚀量的线性拟合分析图表，在秸秆还田和菌剂施用两种改良状况下，*K* 值和侵蚀量的相关系数分别是 0.6921 和 0.738，呈显著相关关系；原状对照处理下的相关系数达到了 0.9743，呈极显著相关关系，说明此区土壤 *K* 值的大小对于判断土壤侵蚀量的高低具有较好的代表性。

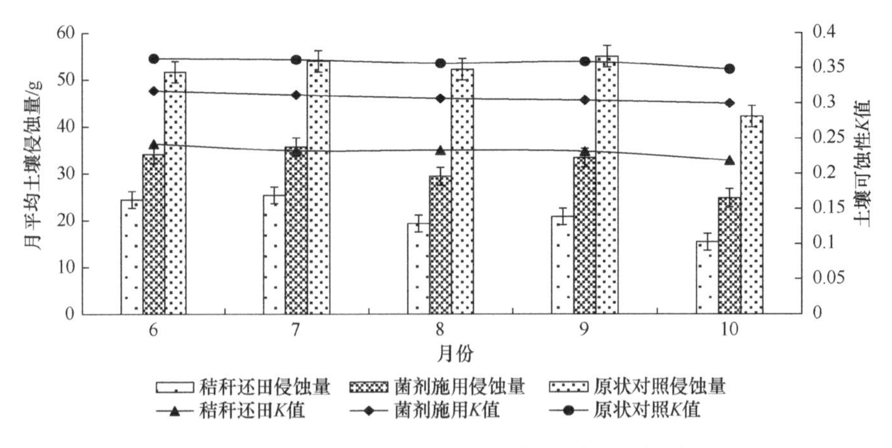

图 6-2 不同生物质土壤改良剂下土壤可蚀性 *K* 值及侵蚀量

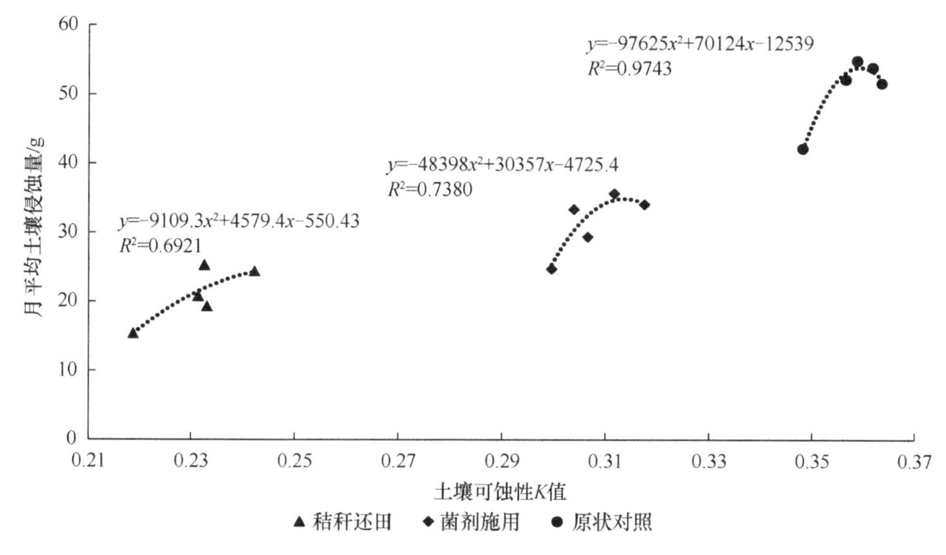

图 6-3　土壤可蚀性 K 值与侵蚀量的关系及其拟合

表 6-10　不同生物质土壤改良剂下土壤可蚀性 K 值与侵蚀量的相关分析

处理方式	相关系数 R^2 值	回归方程
秸秆还田	0.6921	$y=-9109.3x^2+4579.4x-550.43$
菌剂施用	0.7380	$y=-48398x^2+30357x-4725.4$
原状对照	0.9743	$y=-97625x^2+70124x-12539$

6.4　不同生物质土壤改良剂对坡耕地氮磷流失的影响

6.4.1　施用不同土壤改良剂的坡耕地径流氮流失量对比

雨季的次降雨特征决定着地表径流硝态氮含量的走势，基于 2017 年雨季的 19 次典型性降雨径流分析，如图 6-4 所示，由纵向分析结果可知，在年度雨季中，所有次降雨径流硝态氮含量大小排序均为秸秆还田<菌剂施用<原状对照，说明秸秆还田和菌剂施用能够显著改善土壤硝态氮流失情况，两种不同生物质土壤改良剂相对原状对照处理抑制地表径流硝态氮流失的贡献率范围分别是 47.8%～63.9%和 22.6%～44.8%；由横向分析结果可知，硝态氮含量随次降雨特征出现不同的波动变化，同时受到坡耕植物不同生长期特点的影响。

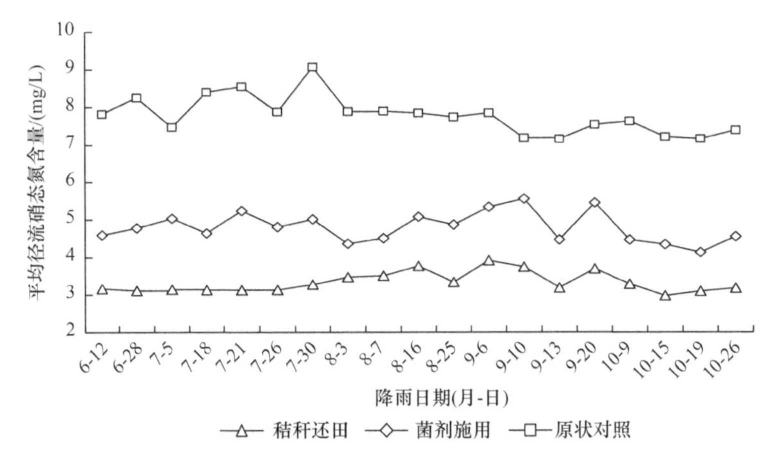

图 6-4　次降雨条件下径流硝态氮含量对比

据表 6-11 中的径流硝态氮方差分析结果可知单因子（3 种处理方式）单变量（土壤处理方法）：土壤处理方法变量的 F 检验值为 277.222，其 P-value=0.000<0.05，F 检验达到显著，这说明在不同的土壤处理方法下，其径流硝态氮水平整体上存在显著差异。

表 6-11　径流硝态氮含量主体间效应的检验

源	III 型平方和	df	均方	F	sig.
模型	473.087[a]	7	67.584	721.899	0.000
method	51.907	2	25.953	277.222	0.000
误差	0.749	8	0.094		
总计	473.836	15			

a. R^2=0.995（调整 R^2=0.990）。

据表 6-12 不同土壤处理方式下径流硝态氮含量的多重比较结果可知：秸秆还田下的微型小区、菌剂施用下的微型小区以及原状处理下的微型小区，其径流硝态氮含量均存在显著差别（均值比较的 P-value 均为 0.000<0.05）；并且，原状处理下的微型小区，其平均土壤侵蚀量要高于秸秆还田下的微型小区（+4.469）和菌剂施用下的微型小区（+3.004），而秸秆还田下的微型小区其平均径流硝态氮量会低于菌剂还田下的微型小区（–1.465）。这说明，施用秸秆和菌剂两种生物质土壤改良剂会显著降低坡耕地径流硝态氮含量，且施用秸秆的效果为最优。

采用箱线图对 2017 年雨季降雨地表径流硝态氮含量的时空分布进行分析，分析结果见图 6-5。从统计学的角度来看，数值离散程度排序：秸秆还田<菌剂

表 6-12　不同土壤处理方式径流硝态氮含量的多重比较分析

方法（I）	方法（J）	均值差值（I-J）	标准误差	*P*-value	95%置信区间	
					下限	上限
秸秆	菌剂	−1.465*	0.194	0.000	−1.911	−1.019
	原状	−4.469*	0.194	0.000	−4.915	−4.023
菌剂	秸秆	1.465*	0.194	0.000	1.019	1.911
	原状	−3.004*	0.194	0.000	−3.450	−2.558
原状	秸秆	4.469*	0.194	0.000	4.023	4.915
	菌剂	3.004*	0.194	0.000	2.558	3.450

*均值差值在 0.05 级别上较显著。

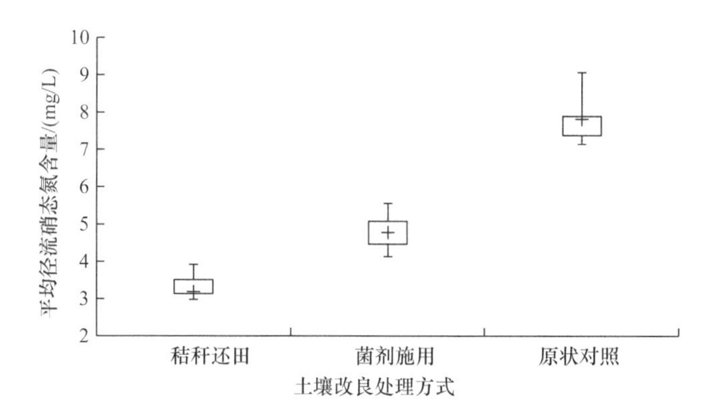

图 6-5　雨季次降雨径流硝态氮流失量箱线图

施用<原状对照，四分位数值范围分别为 0.383mg/L、0.612mg/L、0.508mg/L，且受上限值的影响较大。以原状处理方式为例，其硝态氮含量最高，数值范围是 2.973～3.184mg/L，且较多的数值分布在中位数之上。

6.4.2　施用不同土壤改良剂的坡耕地泥沙氮流失量对比

泥沙中的氮素含量是土壤氮素流失的主要部分，且由于径流的冲刷，往往出现一定的富集效应。泥沙中的总氮指标代表着泥沙中有机态氮和无机态氮的总含量，探明泥沙中总氧的含量，进而了解土壤氮素流失概况。

如图 6-6 所示，由纵向分析结果可知，在年度雨季中，所有次降雨泥沙总氮含量大小排序均为：秸秆还田<菌剂施用<原状对照，这与径流硝态氮含量分析结果一致，说明秸秆还田和菌剂施用能够显著改善土壤氮素流失情况，秸秆还田为最优，

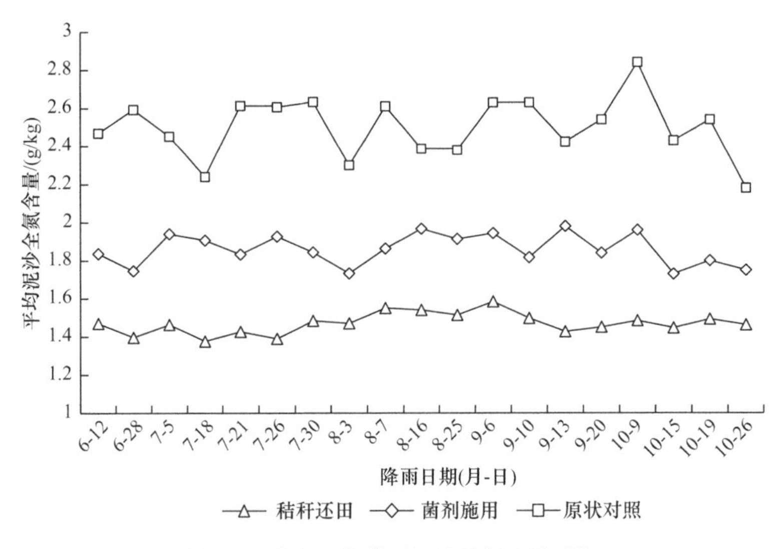

图 6-6　次降雨条件下泥沙总氮含量对比

这可能与秸秆在腐化释放过程中需要消耗适当的氮素有关。3 种土壤处理方式的泥沙总氮含量流失范围分别是：1.38～1.58g/kg、1.73～1.98g/kg、2.18～2.84g/kg；两种不同生物质土壤改良剂相对原状对照处理土壤抑制泥沙总氮含量的贡献率范围分别是 32.9%～47.7%和 14.9%～32.6%；由横向分析结果可知，原状对照处理下的泥沙总氮含量波动最大，菌剂施用次之，秸秆还田相对稳定，这与次降雨特征密切相关，同时与受到总氮中不同形态氮素之间的相互转化和循环往复有关。

据表 6-13 中的泥沙总氮含量方差分析结果可知单因子（3 水平）单变量（土壤处理方法）：土壤处理方法变量的 F 检验值为 585.107，其 P-value=0.000<0.05，F 检验达到显著，这说明在不同的土壤处理方法下，其泥沙总氮含量水平整体上存在显著差异。

表 6-13　泥沙总氮含量的主体间效应的检验

源	III 型平方和	df	均方	F	sig.
模型	59.233[a]	7	8.462	3618.316	0.000
method	2.737	2	1.368	585.107	0.000
误差	0.019	8	0.002		
总计	59.252	15			

a. R^2 = 1.000（调整 R^2=0.999）。

据表 6-14 不同土壤处理方式泥沙总氮含量的多重比较结果可知：秸秆还田下的微型小区、菌剂施用下的微型小区以及原状处理下的微型小区，其泥沙总氮含量均存在显著差别（均值比较的 *P*-value 均为 0.000<0.05）；并且，原状处理下的微型小区，其平均泥沙总氮含量要高于秸秆还田下的微型小区（+1.035）和菌剂施用下的微型小区（+0.652），而秸秆还田下的微型小区其平均泥沙总氮含量会低于菌剂施用下的微型小区（–0.383）。这说明，施用秸秆和菌剂施用两种生物质土壤改良剂会显著降低流失性泥沙的总氮含量，且秸秆还田的效果最优。

表 6-14　不同土壤处理方式泥沙总氮含量多重比较分析

方法（I）	方法（J）	均值差值（I-J）	标准误差	sig.	95%置信区间	
					下限	上限
秸秆	菌剂	–0.383*	0.031	0.000	–0.454	–0.313
	原状	–1.035*	0.031	0.000	–1.105	–0.964
菌剂	秸秆	0.383*	0.031	0.000	0.313	0.454
	原状	–0.652*	0.031	0.000	–0.722	–0.581
原状	秸秆	1.035*	0.031	0.000	0.964	1.105
	菌剂	0.652*	0.031	0.000	0.581	0.722

*均值差值在 0.05 级别上较显著。

泥沙总氮含量箱线图分析结果见图 6-7。从统计学的角度来看，数值离散程度排序为秸秆还田<菌剂施用<原状对照，四分位数值范围分别是 0.07g/kg、0.14g/kg、0.23g/kg，原状对照处理土壤受上限值的影响较大，菌剂施用土壤受下限值的影响较大，而秸秆还田土壤总氮含量数值分布较为对称。以秸秆还田方式为例，其总氮含量最小，数值范围是 1.38～1.58g/kg，说明秸秆还田方式对土壤具有较好的氮素涵养效应。

6.4.3　施用不同土壤改良剂的坡耕地地表径流磷流失量对比

径流中的有效磷属速效养分，基于水的载体效应更易被植物吸收利用。磷素作用机制较之氮素复杂，其具有显著的吸附性，一般情况下不易流失，但土壤磷总量达到饱和或强降雨情况也会出现例外。

如图 6-8 所示，由纵向分析结果可知，在年度雨季中，所有次降雨径流有效磷含量大小排序均为：菌剂还田<秸秆施用<原状对照，说明菌剂施用能够显著改善径流有效磷流失情况，这可能是由于土壤中微生物的加入进行了一系列生命活

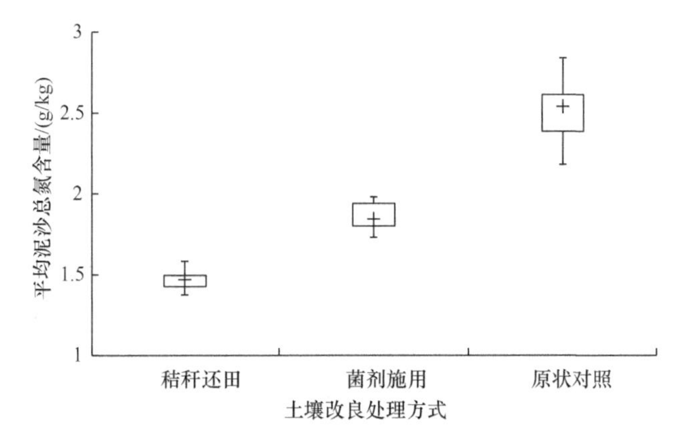

图 6-7　雨季次降雨泥沙总氮含量箱线图分析

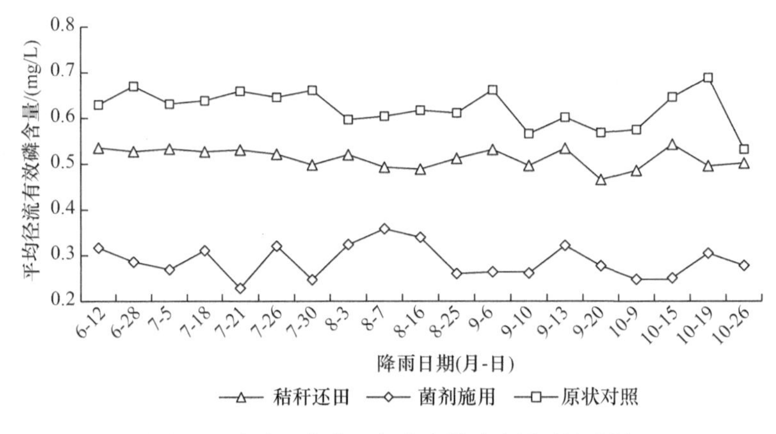

图 6-8　次降雨条件下径流有效磷含量对比分析

动，从而分泌出一系列生物酶，这一系列生物酶对土壤中的磷素起到了固定和活化作用，促进植物根系对其吸收利用。两种不同生物质土壤改良剂相对原状处理土壤抑制地表径流有效磷含量的贡献率范围分别是 5.6%～28.0%和 40.7%～65.3%，3 组数据的极值比分别为 1.17、1.57、1.30；由横向分析结果可知，菌剂施用处理下的径流有效磷含量虽最少，但其月际波动较为明显，极值比最高，原因可能是磷的有效性贯穿于植物的整个生长发育过程，在植物的不同时期对磷的利用效率不同，故径流有效磷流失特性会出现明显波动状态。

据表 6-15 中的径流有效磷方差分析结果可知单因子（3 种处理方法）单变量（土壤处理方法）：土壤处理方法变量的 F 检验值为 483.153，其 P-value=0.000<0.05，F 检验达到显著，这说明在不同的土壤处理方法下，其径流

有效磷水平整体上存在显著差异。

表 6-15　径流有效磷主体间效应的检验

源	III 型平方和	df	均方	F	sig.
模型	3.681[a]	7	0.526	1762.625	0.000
method	0.288	2	0.144	483.153	0.000
误差	0.002	8	0.000		
总计	3.684	15			

a. R^2= 0.999（调整 R^2= 0.999）。

据表 6-16 不同土壤处理方式径流有效磷的多重比较结果可知：秸秆还田下的微型小区、菌剂施用下的微型小区以及原状处理下的微型小区，其径流有效磷含量均存在显著差别（均值比较的 *P*-value 均为 0.000<0.05）；并且，原状处理下的微型小区，其平均径流有效磷含量要高于秸秆还田下的微型小区（+0.109）和菌剂施用下的微型小区（+0.333），而菌剂施用下的微型小区其平均径流有效磷含量会低于秸秆还田下的微型小区（–0.224）。这说明，施用秸秆和菌剂两种生物质土壤改良剂会显著降低坡耕地径流有效磷含量，且施用菌剂的效果为最优。

表 6-16　不同土壤处理方式径流有效磷的多重比较分析

方法（I）	方法（J）	均值差值（I-J）	标准误差	*P*-value	95%置信区间	
					下限	上限
秸秆	菌剂	0.224*	0.011	0.000	0.199	0.250
	原状	–0.109*	0.011	0.000	–0.134	–0.083
菌剂	秸秆	–0.224*	0.011	0.000	–0.250	–0.199
	原状	–0.333*	0.011	0.000	–0.0358	–0.308
原状	秸秆	0.109*	0.011	0.000	0.083	0.134
	菌剂	0.333*	0.011	0.000	0.308	0.358

* 均值差值在 0.05 级别上较显著。

径流有效磷含量箱线图分析结果见图 6-9，从统计学的角度来看，数值离散程度排序和上下四分位范围排序均为：秸秆还田<菌剂施用<原状对照，四分位数值范围分别是 0.035mg/L、0.06mg/L、0.062mg/L，秸秆还田和原状对照处理的径流有效磷含量偏下限值影响较大；而菌剂施用偏上限值影响较大，且大部分数据分布在四分位范围之内。以菌剂施用方式为例，其指标含量总体最少，极值范围为 0.229～0.358，中位数是 0.278，且数据分布较为集中。

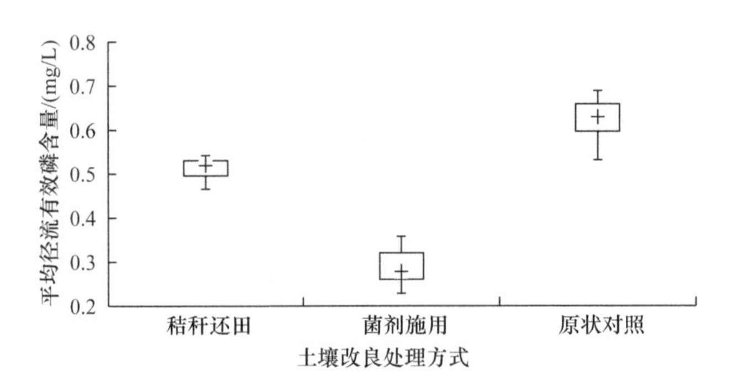

图 6-9　雨季次降雨径流有效磷含量箱线图分析

6.4.4　施用不同土壤改良剂的坡耕地泥沙磷流失量对比

泥沙质磷素载体为固体性泥沙，易受水流冲刷而产生磷素挟带性流失现象。如图 6-10 所示，由纵向分析结果可知，在年度雨季中，所有次降雨泥沙总磷含量大小排序均为秸秆还田<菌剂施用<原状对照，说明秸秆翻压还田可有效缓冲雨滴击溅力，改善土壤结构，增强固结性。两种不同生物质土壤改良剂相对原状处理抑制泥沙总磷含量的贡献率范围分别是 48.9%～66.1%和 28.1%～50.3%；由横向分析结果可知，秸秆还田方式下的泥沙总磷含量波动较为平缓，菌剂施用次之，原状对照波动较大，最终均随雨季结束呈现缓慢降低的趋势。

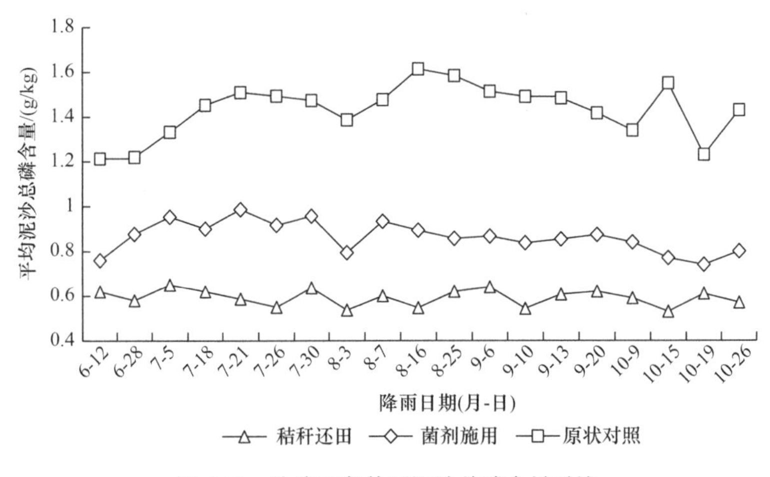

图 6-10　次降雨条件下泥沙总磷含量对比

据表 6-17 中的泥沙总磷含量方差分析结果可知单因子（3 种处理方法）单变

量(土壤处理方法)：土壤处理方法变量的 F 检验值为 189.149，其 P-value=0.000<0.05，F 检验达到显著，这说明在不同的土壤处理方法下，其泥沙总磷含量水平整体上存在显著差异。

表 6-17　泥沙总磷含量主体间效应的检验

源	III 型平方和	df	均方	F	sig.
模型	15.377[a]	7	2.197	477.525	0.000
method	1.740	2	0.870	189.149	0.000
误差	0.037	8	0.005		
总计	15.414	15			

a. R^2=0.998（调整 R^2= 0.996）。

据表 6-18 不同土壤处理方式泥沙总磷含量的多重比较结果可知：秸秆还田下的微型小区、菌剂施用下的微型小区以及原状处理下的微型小区，其泥沙总磷含量均存在显著差别（均值比较的 P-value 均为 0.000<0.05）；并且，原状处理下的微型小区，其平均泥沙总磷含量要高于秸秆还田下的微型小区（+0.817）和菌剂施用下的微型小区（+0.555），而秸秆还田下的微型小区其平均泥沙总磷含量会低于菌剂施用下的微型小区（–0.263）。这说明，施用秸秆和菌剂施用两种生物质土壤改良剂会显著降低泥沙总磷含量，且秸秆还田的效果最优。

表 6-18　不同土壤处理方式泥沙总磷含量的多重比较分析

方法（I）	方法（J）	均值差值（I-J）	标准误差	P-value	95%置信区间	
					下限	上限
秸秆	菌剂	–0.263*	0.043	0.000	–0.362	–0.164
	原状	–0.817*	0.043	0.000	–0.916	–0.718
菌剂	秸秆	0.263*	0.043	0.000	0.162	0.362
	原状	–0.555*	0.043	0.000	–0.653	–0.456
原状	秸秆	0.817*	0.043	0.000	0.718	0.916
	菌剂	0.555*	0.043	0.000	0.456	0.653

*均值差值在 0.05 级别上较显著。

通过采用箱线图对雨季降雨泥沙总磷含量的时空分布进行分析，分析结果见图 6-11。从统计学的角度来看，数值离散程度排序：秸秆还田<菌剂施用<原状对照，四分位数值范围分别是 0.07g/kg、0.12g/kg、0.17g/kg，且受上下限值的影响

较为均衡。以秸秆还田方式为例，其泥沙总磷含量最少，数值分布较为集中，数值范围为 0.53～0.65。

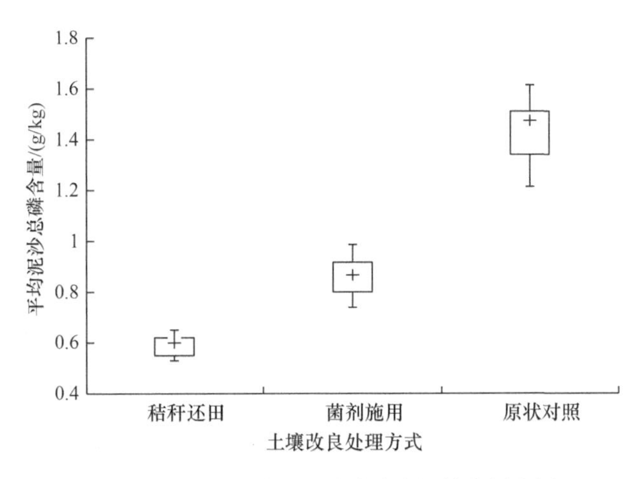

图 6-11　雨季次降雨泥沙总磷含量箱线图分析

6.5　不同生物质土壤改良剂对农作物和坡耕地土壤性状的影响

6.5.1　施用不同生物质土壤改良剂对农作物的影响

地表农作物的发育情况代表着土壤改良的经济效益，这与人民的生活质量密切相关，也是科研实践的意义所在。农作物的不同生理指标代表着不同用途的效益，总体来说，最重要的指标为产量，本试验代表农艺性状的指标有株高和单株荚数，代表产量的指标有单株粒数、单株粒重、百粒重以及总产量。

如表 6-19 所示，玉米秸秆和 EM 菌剂两种生物质土壤改良剂均可显著提高云南夏季大豆的相关生理指标，其中改良后总产量的增产率分别为总产量的 46.4%和 27.0%、97.0%和 35.7%、36.5%和 65.4%、83.8%和 174.6%、67.8%和 105.7%、83.2%和 173.4%。通过不同改良剂相关指标的对比发现，在改良云南夏季大豆的农艺性状方面，玉米秸秆翻压还田效果较为优越，而在提高作物的产量方面，EM 菌剂的发挥效果更佳。这与不同改良剂下的土壤性状密切相关，说明由于两种改良剂的作用机制不同，玉米秸秆和 EM 菌剂在发挥土壤改良性方面具有不同的针对点，故在作物生理指标的体现上不同。

表 6-19　不同土壤处理方式对作物生理指标的影响

处理方式	秸秆还田	菌剂施用	原状对照
株高/cm	32.7±1.95	28.4±1.71	22.3±1.39
单株荚数/个	17.3±1.82	11.9±0.62	8.8±0.60
单株粒数/颗	30.8±1.68	37.3±2.26	22.5±2.80
单株粒重/g	10.6±0.92	15.8±0.45	5.8±0.47
百粒重/g	24.7±0.60	30.2±1.56	14.7±1.75
总产量/g	95.6±8.16	142.7±4.06	52.2±4.18

6.5.2　施用不同生物质土壤改良剂对土壤性状的影响

土壤是生物质土壤改良剂作用的直接对象，其作用效果体现在相关土壤性状指标的变化上。如表 6-20 所示，秸秆还田方式对于改良土壤物理性状具有较为明显的优势，使容重变小，平均值为 1.20g/cm^3；含水量升高，平均值为 46.4%。而在相关矿质元素方面，如总氮（TN）、总磷（TP）、速效氮（AN）、速效磷（AP），EM 菌剂的施用可充分发挥其群落微生物系统分解有机物的优势，指标平均值分别为 2.11g/kg、1.23g/kg、197.6mg/kg、29.6mg/kg，在有机质含量方面，EM 菌剂也使其略有上升。在土壤酸碱度指标上，两种土壤改良剂均有缓解红壤酸性的功能。反观原状对照处理，由于种植农作物和雨滴汇入的原因，较之旱季时期各指标略有改善，但相对施用生物质土壤改良剂的土壤各指标相形见绌。

表 6-20　不同土壤处理方式对土壤性状的影响

处理方式	秸秆还田	菌剂施用	原状对照
容重/（g/cm^3）	1.20±0.03	1.40±0.05	1.62±0.02
含水量/%	46.4±3.27	33.7±1.78	22.1±0.25
PH	6.13±0.04	6.12±0.08	5.50±0.02
TN/（g/kg）	1.85±0.08	2.11±0.07	0.92±0.03
TP/（g/kg）	1.08±0.05	1.23±0.03	0.52±0.03
AN/（mg/kg）	167.7±6.02	197.6±3.96	64.1±2.12
AP/（mg/kg）	20±0.98	29.6±0.8	5.8±0.40
有机质/（g/kg）	97.3±1.95	100.4±3.06	17.1±1.96

6.6 讨　论

1. 生物质土壤改良剂对坡耕地产流产沙的影响

云南地处中国西南，当地红壤区是我国重要的粮食基地，但气候性降水过盛，造成水土流失问题较为严重。研究生物质土壤改良剂对西南红壤土流失量的削减效果是治理该区水土流失的关键，而降雨侵蚀力 R 值和土壤可蚀性 K 值是影响水力侵蚀的两个重要因素。因此，掌握生物质土壤改良剂对土壤的治理效果与机理对于有效制定治理方案具有重要的意义，同时对 R 值和 K 值进行定量研究，对土壤侵蚀进行有效预报，对于防治水土流失具有关键作用。

在昆明迤者小流域内，通过施用玉米秸秆、EM 菌剂两种生物质土壤改良剂可有效抑制坡耕地产流产沙。在玉米秸秆还田改良方式下，产流产沙量明显减少，相对原状对照分别减少了 24.6%～46.5%和 52.8%～63.5%，这与前人（魏霞等，2015）的研究结果一致。相关研究表明，秸秆改良土壤的作用机制为秸秆的施入可有效增强土壤中团聚体结构的稳定性，使孔隙度增大，导水性增强，降水就地下渗快，有效抑制了水力侵蚀的主要动力，即地表径流的发生和发展，且降雨强度越大，这种抑制效应越加明显（王克勤等，2015）。在 EM 菌剂施用改良方式下，产流产沙量明显减少，相对原状对照分别减少了 12.8%～31.3%和 33.9%～43.7%，这与前人（李小磊，2011）的研究结果一致。相关研究表明，微生物菌剂改良土壤的作用机制为促进有机物的分解，改善土壤机械组成状况，增强土壤肥力并提高土壤养分的运移和利用效率，优化土壤团粒结构性，使土壤抗蚀性增强，使土壤变得固结且富可利用性（樊琳等，2013）。

在本试验中，根据 2017 年 6～10 月的相关降雨数据，通过计算发现降雨侵蚀力 R 的大小不仅仅受单一降雨特征值 P 的影响，而是受多个降雨特征值影响，如降雨强度 I、降雨动能 E 等，这与前人（谢云等，2001）的研究结果相一致；同时，在 3 种不同土壤处理方式下，降雨侵蚀力 R 和土壤侵蚀量呈显著相关关系，相关系数均在 0.7 以上，这与前人（郑粉莉等，1994）的研究结果相一致。根据 2017 年 6～10 月的雨季土壤特征值发现，在玉米秸秆和 EM 菌剂两种生物质土壤改良剂的作用下，相对原状对照 2 种改良剂可明显减小土壤可蚀性指标 K 值，数值范围分别为 0.2158～0.2496、0.2979～0.3204、0.3446～0.3694，3 种处理的土壤可蚀性 K 值水平为秸秆还田<菌剂施用<原状对照，说明生物质土壤改良剂通过改

善土壤性状改变了土壤可蚀性指标 K 值，进一步说明 K 值的大小和相关土壤指标息息相关，这与前人（Wischmeier and Smith，1965）的研究结果相一致；同时，在本试验中土壤可蚀性 K 值越大，土壤侵蚀量越大，这与前人（周福健，2016）的研究结果相一致。本试验中秸秆还田处理对可蚀性的削减效应大于菌剂施用处理，这可能是因为菌剂施入土壤的时间较短，对土壤结构的影响较小（闵红等，2007）；而秸秆对水分具有较强的吸收能力，秸秆还田不仅改良了土壤结构，减少了病虫危害，而且增加了土壤有机质含量，进而促进了植物根系的发育和横向延伸，增加了地表粗糙率，缓冲了雨滴溅蚀，阻延了流速，降低了水流能量，减少了径流冲刷（黄新君等，2016）。另外，两种不同的改良方式具有其不同的作用机理，两者耦合效应有待于进一步的研究；而且玉米秸秆和 EM 菌剂对降低土壤可蚀性的作用不仅受施用量的影响，也与施用方式和施用时间等因素密切相关，但本试验仅基于 1 年的降雨观测数据，为进一步揭示 K 值在秸秆和菌剂的作用下与次降雨侵蚀量的相关性规律，仍需进行多年长期定位试验。

2. 生物质土壤改良剂对坡耕地氮磷流失的影响

土壤养分的生成是土壤体系中一切生物化学反应的体现，其在土壤发挥生态效益的过程中发挥着重要的作用，合理的养分结构代表着土地良好的生产能力（薛立等，2003）。但是，随着人类一系列不合理的生产活动以及日趋恶劣的气候的出现，各地区土壤养分均出现了流失现象（李俊波等，2005），土地日渐瘠薄，农作物也随之出现了生长障碍和病虫害等不良现象（欧阳芳等，2014），其严重影响了当地人民的生产收益和社会的经济发展，对当地的生态环境建设也造成了严重的影响。

本章试验中，玉米秸秆还田处理方式相对原状对照氮磷流失量明显减少，这与前人（辛艳等，2012）的研究结果大致一致。相关研究表明，养分流失量与水土流失量呈现极显著相关关系（钱婧等，2016），所以抑制水土流失才是防治养分流失的源头性措施。生物质改良方式富有可持续发展性，秸秆还田的首要改良特性是对于土壤的物理性质，可有效改善土壤孔隙结构性，增强团聚体稳定性，增强土壤固结性，提高导水率，使土壤水分充分均匀下渗，其大大削弱了径流动力，有效抑制了水土流失（马晓丽等，2010）。EM 菌剂施用方式相对原状对照氮磷流失量明显减少，相关研究表明，EM 菌剂的改良效果起源于微生物的分泌作用，微生物在土壤活动中产生的分泌物，诸如一系列酶，可促进土壤有机物的分解过程，生成适宜于植物吸收利用的矿质元素，同时可以保护根系的营养吸收性，加快“土壤–植物”系统正向的优化建设（李小磊，2011）。

在3种不同土壤处理方式对比下，硝态氮、总氮和总磷的流失量排序均为秸秆还田<菌剂施用<原状对照，PO_4^{3-}流失量排序为菌剂施用<秸秆还田<原状对照。相关研究表明，秸秆还田的过程中会产生一定的固氮效应（李贵桐等，2002），且氮素在土壤中的存在形态较为简单且吸附性较弱，容易通过地表产流产沙造成营养元素富集，且不同形态的氮元素之间可通过矿化、水解、氨挥发、硝化、反硝化以及土壤固定和植物根系的吸收利用等方式实现相互转化（朱兆良，2008），而秸秆还田的作用效果正是明显抑制产流产沙。磷在土壤中具有较强的吸附性，其流失情况与载体息息相关。常规条件下，少量的磷只会通过地下渗漏完成淋失过程。但是，随着大量磷肥的施入，土壤对磷素的吸附性达到了饱和状态，依然会有大量的磷随地表径流、土壤侵蚀等流失（单艳红等，2005）。

土壤中氮磷养分的流失必然导致农作物的发育迟缓、使得经济发展受挫，在减少农药化肥投入的基础上，配合实行农作物秸秆还田以及调整不同植物的轮作、间作模式，可有效促进土壤养分的固定，提高植物根系对土壤养分的吸收利用效率，使农产品的质量也有了大幅提高（龚万涛等，2012）。坡植农作物在不同生长时期必然会对地表耕作层土壤造成影响，尤其是在成苗初期的扰动作用会加剧水力侵蚀下的水土流失（秦瑞杰，2011）。在植物生长期，主要是根系的发展以及根上部分植被覆盖率的提高，加强了地表固结力并缓冲了雨滴击溅力，有效抑制了水土流失。植物在其生长期中，根系分泌物会有效活化相关矿质元素，提高其吸收利用的效率。相关研究表明（蒋云舞等，2013），在不同农作物的种植背景下施用生物质土壤改良剂会增加土壤中养分含量，但农作物的种植配合生物质土壤改良剂对土壤的耦合改良效应还有待于进一步研究。

单一改良剂的施用试验有助于较为清晰地发现土壤改良的某一特定物理或化学特性，但改良的综合效果无法明确。因而通常采用不同类型的生物质土壤改良剂的合理配施从而达到全方位改良土壤的目的（王晓洋等，2012），但其作用机理尚未明确。改良剂对土壤养分的作用效果还会受施用时间、施用方式的影响，但本试验仅基于1年雨季的定量改良下养分流失观测数据，为进一步探讨生物质土壤改良剂对于养分流失的影响规律，还需进行多年的定位观测试验。

本 章 小 结

本章研究表明，对滇中坡耕地红壤土施用秸秆、菌剂两种生物质土壤改良剂均可有效增强土壤的固结能力，3 种处理方式的涵养效益排序为秸秆还田>菌剂施用>原状对照，不同处理之间的产流产沙量差异均显著，且两种生物质土壤改良剂相对原状对照抑制月际产流产沙的贡献率范围分别是 52.8%～63.5%和 33.9%～43.7%，说明秸秆还田对于土壤改良的优越性强于菌剂施用。

经计算分析得出，*R* 值的大小和土壤侵蚀量的相关系数均在 0.7 以上；*K* 值在不同生物质土壤改良剂处理下差异显著，变化大小为秸秆还田<菌剂施用<原状对照，且不同月际之间的 *K* 值呈现出逐渐减小的趋势，其与侵蚀量的相关系数的范围是 0.6921～0.9743；综上所述，检验结果证实了 *R* 值和 *K* 值可作为滇中地区土壤侵蚀预报参数。

氮磷流失量体现了土壤养分汇集能力的强弱。试验得出，秸秆还田，可有效降低径流硝态氮、泥沙总氮、泥沙总磷的含量，较之原状处理的削弱范围分别为 47.8%～63.9%、32.9%～47.7%、48.9%～66.1%；而在径流有效磷这一指标的调控方面，EM 菌剂则充分发挥了光合类、发酵类等微生物的活化及抗氧化作用，可保护植物根系，增强速效磷的可利用性，径流有效磷含量较之原状处理的削弱范围为 40.7%～65.3%。采用箱线图的方法对相关氮磷流失指标加以分析，3 种不同处理下，径流硝态氮含量的四分位数值分别为 0.383mg/L、0.612mg/L、0.508mg/L，泥沙总氮含量的四分位数值分别为 0.07g/kg、0.14g/kg、0.23g/kg，径流有效磷含量的四分位数值分别为 0.035mg/L、0.06mg/L、0.062mg/L，泥沙总磷含量的四分位数值分别为 0.07g/kg、0.12g/kg、0.17g/kg；且秸秆处理下的指标数据分布较为集中，菌剂处理下的分布较为均衡，原状土壤指标数据范围跨度大，且偏上限值的影响较大。

对两种生物质土壤改良剂作用后的土壤相关理化性质及植株生理指标测定后得出，玉米秸秆和 EM 菌剂两种生物质土壤改良剂均可显著提高云南夏季大豆的相关生理指标，其中改良后指标的增产率分别为 46.4%和 27.0%、97.0%和 35.7%、36.5%和 65.4%、83.8%和 174.6%、67.8%和 105.7%、83.2%和 173.4%。秸秆还田方式对于改良土壤物理性状具有较为明显的优势，使容重变小，平均值为 1.20g/cm^3；含水量升高，平均值为 46.4%。而在相关矿质元素方面，如总氮、总磷、速效氮、速效磷，EM 菌剂的施用可充分发挥其群落微生物系统分解有机物的优势，指标平均值分别为 2.11g/kg、1.23g/kg、197.6mg/kg、29.6mg/kg，在有机质含量方面，EM 菌剂也使其略有上升。在土壤酸碱度指标上，两种改良剂均有缓解红壤酸性的功能。秸秆可有效减小容重，提高含水率，并增加株高和植株荚数，分析可能与茎秆的水分疏导能力有关；菌剂背景下的土壤往往养分充足且富可利用性，并且适合种植以果实为主要经济收益的农作物。

第 7 章　土地垦殖对集水区氮磷输出的影响

土地垦殖就是土地经过开垦变为可利用的耕地，从而种植农作物，它是我国农业生产活动的基础。目前，土地垦殖活动广泛存在于我国农村地区，是农民生产生活必不可少的过程，但是，频繁且不合理的土地垦殖活动易造成水土流失及面源污染问题的出现。水土流失是我国当前最突出的环境问题之一，是各类生态环境问题的集中体现，严重威胁着水库水源地的安全（石培礼和李文华，2001）。为探讨土地垦殖对集水区地表径流、侵蚀产沙特征的影响，本章以昆明松华坝水源区的两个不同集水区（垦殖区和林草地区）为研究对象，采用对比分析法对不同垦殖强度下的集水区地表径流和侵蚀产沙特征进行分析，采用水质综合评价方法分别对松华坝水源区的土地垦殖区和非垦殖区的集水区出流水质进行综合评价，并对水质类别进行划分以及对污染物来源进行分析，旨在为松华坝水源区的保护和农业可持续发展以及水污染防治提供一定的理论依据。

7.1　试验设计与研究方法

7.1.1　试验地的选取

试验地为云南昆明松华坝水源区迤者小流域，研究区基本概况见 1.5.2 节。

7.1.2　集水区土地垦殖强度界定

土地垦殖强度可以用土地垦殖率来进行表征，而土地垦殖率又称为土地垦殖系数，它是指一定区域内耕地面积与土地总面积的比值，是反映土地资源利用程度和结构的重要指标。土地垦殖率与社会经济技术条件及自然条件息息相关。土地质量好、人口多、垦殖历史长的地区，一般土地垦殖率较高。1996 年 10 月，中国的土地垦殖率为 13.68%，略高于世界平均垦殖率（11.50%），土地垦殖率的计算公式如下（戚启勋，1984）：

$$土地垦殖率=土地垦殖面积/总土地面积\times 100\% \qquad (7\text{-}1)$$

松华坝水源区迤者小流域集水区的土地垦殖强度界定见表7-1。

表7-1　集水区土地垦殖强度界定

集水区类型	总面积/km^2	耕地面积/km^2	土地垦殖率/%	土地垦殖强度
林地（A）	0.30	0	0	极轻度
混合（A+B）	0.42	0.33	78.57	强度

表7-2为本研究的试验地概况。对两集水区进行编号，林地集水区编号为A集水区，混合集水区编号为A+B集水区，2#卡口水文控制站位于混合集水区汇流出口处，3#卡口水文控制站位于林地集水区汇流出口处，见图7-1。

表7-2　集水区概况

集水区类型	土地利用类型			集水区特征
	地类	面积/km^2	特征	
林地（A）	有林地	0.30	乔木为云南松、华山松、蓝桉，灌木为银合欢、车桑子，草被为白茅群落，植被郁闭度约90%	沟道平均宽3m，左岸坡度65°，右岸坡度55°，绝大部分为天然林地，少部分为人工林地，植被覆盖度90%，区域土地垦殖强度为极轻度
	小计	0.30	—	—
混合（A+B）	有林地	0.06	分布有云南松、华山松、蓝桉、银合欢、车桑子、白茅群落，上部植被郁闭度约90%，下部植被郁闭度约60%	林地占14.29%，农地占78.57%，其他用地占7.14%，植被平均覆盖度30%，区域土地垦殖强度为强度
	农地	0.33	坡度5°～25°，种植板栗、烤烟、玉米、大豆、土豆等作物	
	其他用地	0.03	等高耕作包括草地、荒地、山间道路、沟道等，草地为自然坡面，坡度5°～25°；荒地为自然坡面，无植被覆盖，坡度5°～25°；山间道路为土路，路宽3m；沟道及跌坎，沟道宽3m，坡度5°～75°，几近裸露	
	小计	0.42	—	—

7.1.3　坡面径流小区设置

将依托松华坝水源区迤者小流域监测点在混合集水区内设立的水平投影面积为5m×20m的7个不同垦殖条件的径流小区作为研究区域，分别给各小区进行编号1～7。样地调查的指标主要包括地坡位、坡度、坡向、土壤类型、土地利用类型、海拔、植被高度、土层厚度、植被覆盖度等，坡面径流小区概况见表7-3。

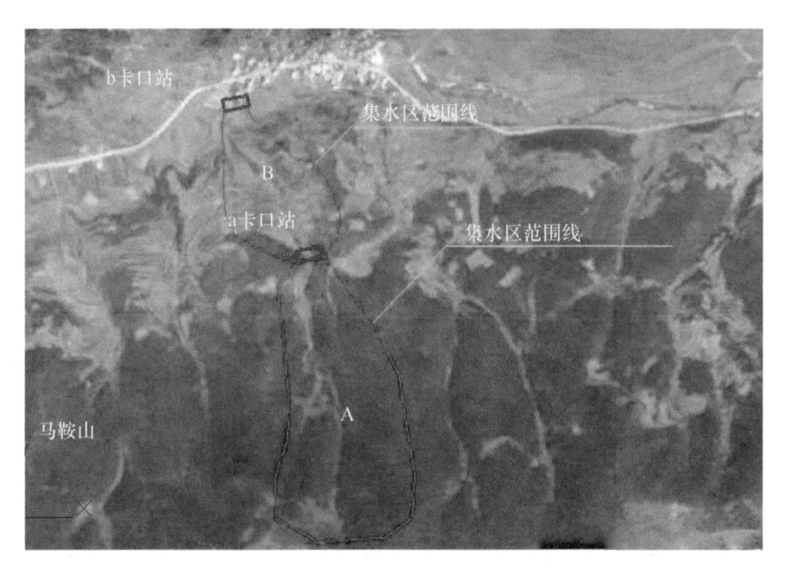

图 7-1 两种试验区地理位置图

表 7-3 坡面径流小区概况

小区编号	坡位	坡度/(°)	坡向	土壤类型	土地利用类型	海拔/m	植被高度/m	土层厚度/cm	植被覆盖度/%
1	坡中部	25	南北向	红壤	云南松、白茅混交林	1785	2.69	12	100
2	坡中部	25	南北向	红壤	荒地，布设等高反坡阶两条	1787	2.36	6	15
3	坡中部	25	南北向	红壤	荒地	1787	0.56	4	15
4	坡中部	15	南北向	红壤	玉米地，布设等高反坡阶两条	1787	0.86	46	100
5	坡中部	15	南北向	红壤	玉米地	1787	0.76	44	40
6	坡中部	5	南北向	红壤	大豆地，布设等高反坡阶两条	1790	0.18	45	90
7	坡中部	5	南北向	红壤	大豆地	1790	0.15	42	100

7.1.4 野外定位监测及调查

（1）降水量的测定方法同 2.1.1 节的方法。

（2）本章研究径流量的测定采用储存式自记水位计观测。根据对以往洪水的调查，在流域出口处修建三角形矩形复合薄壁堰，堰宽 2.1m，坝面平整光滑确保水的流态不会发生大的变化，并在监测断面设置自记水位计记录水位，同时配合人工记录水位，以达到较大的准确性。利用三角堰流量计算公式算得流量。

三角形薄壁堰的流量计算公式为

$$Q = 1.4H^{\frac{5}{2}} \tag{7-2}$$

式中，Q 为流量（m^3）；H 为堰上水头，即水深（m）。矩形薄壁堰的流量计算公式为

$$Q = m_0 \cdot b\sqrt{2g}H^{\frac{3}{2}} \tag{7-3}$$

式中，Q 为流量（m^3）；H 为堰上水头，即水深（m）；b 为堰顶宽（m）；m_0 为流量系数，由公式算出或实验得出。

当无侧向收缩时，即矩形堰顶宽与引水渠宽相同，且安装平整，则

$$m_0 = \left(0.405 + \frac{0.0027}{H}\right) \cdot \left[1 + 0.55\left(\frac{H}{H+P}\right)^2\right] \tag{7-4}$$

式中，P 为上游堰高（m），即矩形堰底比上游床底高出多少。

（3）影响因子调查。

研究区属于西南红壤区，该地区植被类型复杂，不同垦殖状态下集水区地表径流和侵蚀产沙的影响因子见表 7-4、表 7-5。

表 7-4　混合集水区影响因子

月份	林分高度/m	植被高度/m	林下覆盖度/%	枯落物厚度/cm	土壤厚度/cm	乔木覆盖度	坡度/（°）
5	0	0.5	0	0	50	0	5
6	0	0.5	0	0	50	0	5
7	0	0.7	0	0	50	0	5
8	0	0.9	0	0	50	0	5
9	0	1.2	0	0	50	0	5
10	0	1.3	0	0	50	0	5

表 7-5　林地集水区影响因子

月份	林分高度/m	植被高度/m	林下覆盖度/%	枯落物厚度/cm	土壤厚度/cm	乔木覆盖度	坡度/（°）
5	20	2.2	51	3.5	40	0.8	55
6	20	2.2	55	3.5	40	0.8	55
7	20	2.2	64	3.5	40	0.8	55
8	20	2.3	65	3.5	40	0.8	55
9	20	2.3	77	3.5	40	0.8	55
10	20	2.3	81	3.5	40	0.8	55

7.1.5 水质样品采集及测定

根据松华坝水源区的具体情况，在水源区布设了两个采样点，包括迤者小流域林地集水区卡口水文控制站汇流出口处径流和混合集水区卡口水文控制站汇流出口处径流。按照《水质河流采样技术指导》（HJ/T52—1999）的要求进行样品采集与保存，在2017年5～10月共采集了18次水体样品，采样周期为每月3次，上、中、下旬各一次，采集时选择5天内未降雨的稳流情况进行水体样品收集，跨度5～10天，采样时需要充分搅拌，然后用聚乙烯瓶取样，样品采集完成后24h内送至云南昆明西南林业大学生态与水土保持学院重点实验室进行测定。

数据收集：通过化学分析得出各指标的吸光度，由吸光度计算出标准浓度，再由3组数据计算出平均值，本研究所需数据取平均值。

监测指标包括水样的总氮（TN）、总磷（TP）、铵态氮（NH_4^+-N）、化学需氧量（COD）4项水质指标，水样分析前采用2%的硝酸酸化，测量的相对标准偏差小于2%。根据我国水质分析标准中的《水和废水监测分析方法》和《地表水和污水监测技术规范》（HJ/T91—2002） 对水样进行分析。具体分析方法及地表水环境质量标准基本项目标准限值见表7-6和表7-7。本章所用水质参数及分析方法见表7-6，数据的统计分析采用SPSS11.5统计软件。

表7-6 水质参数及分析方法

水质参数	缩写	单位	分析方法
总氮	TN	mg/L	过硫酸钾氧化-紫外分光光度法
总磷	TP	mg/L	高氯酸-硫酸分光光度法
铵态氮	NH_4^+-N	mg/L	纳氏试剂分光光度法
硝态氮	NO_3^--N	mg/L	酚二磺酸比色法
磷酸根	PO_4^{3-}	mg/L	用抗坏血酸和钼酸铵发色后用分光光度计测定
化学需氧量	COD	mg/L	重铬酸盐法

表7-7 地表水环境质量标准基本项目标准限值

项目	缩写	标准值/（mg/L）（≤）				
		Ⅰ类	Ⅱ类	Ⅲ类	Ⅳ类	Ⅴ类
总氮	TN	0.2	0.5	1.0	1.5	2.0
总磷	TP	0.02	0.1	0.2	0.3	0.4
铵态氮	NH_4^+-N	0.15	0.5	1.0	1.5	2.0
化学需氧量	COD	15	15	15	20	30

7.1.6　数据处理与计算方法

1. 产流产沙削减率计算

为定量分析不同土地垦殖措施对坡面产流产沙的控制作用，本研究以布设有等高反坡阶和未布设等高反坡阶的径流小区为研究对象，分别引用减流率（C_R）和减沙率（C_S）进行相关计算，其公式如式（7-5）和式（7-6）所示（王帅兵等，2017）：

$$C_R = \frac{R_r - R_c}{R_r} \tag{7-5}$$

$$C_S = \frac{S_r - S_c}{S_r} \tag{7-6}$$

式中，C_R 为等高反坡阶的减流率（%）；C_S 为等高反坡阶的减沙率（%）；R_c 为布设有等高反坡阶坡耕地的产流量（mm）；R_r 为未布设等高反坡阶坡耕地的产流量（mm）；S_c 为布设有等高反坡阶坡耕地的产沙量（t/km^2）；S_r 为未布设等高反坡阶坡耕地的产沙量（t/km^2）。

2. 灰色关联分析法

在进行灰色关联分析之前，首先要利用式（7-7）对数据进行标准化处理：

$$X_i = \frac{x_i - x_{i\min}}{x_{\max} - x_{\min}} \tag{7-7}$$

将数列经过标准化处理后得到参考数列：$\{X_0(k)\} = \{X_1, X_2, X_3, \cdots, X_n\}$，与参考数列进行比较的数列为比较数列：$\{X_i(m)\} = \{X_{i1}, X_{i2}, X_{i3}, \cdots, X_{in}\}$，关联系数的计算公式为

$$\zeta_{0i} = \frac{\min_0 \min_i \Delta_{0i}(k) + \rho \max_0 \max_i \Delta_{0i}(k)}{\Delta_{0i}(k) + \rho \max_0 \max_i \Delta_{0i}(k)} \tag{7-8}$$

式中，ζ_{0i} 为关联系数；ρ 为分辨系数，一般取 0.5；$\Delta_{0i}(k)$ 为各比较数列与参考数列差的绝对值。为了使研究结果更加准确，采用各因子关联系数的平均值 λ_{0i} 反映参考数列与比较数列间的关联程度，其计算公式如下：

$$\lambda_{0i} = \frac{1}{n}\sum_{m=1}^{n} \zeta_{0i}(k) \tag{7-9}$$

3. 水质评价方法

1）基本原理

本章采用灰色关联分析法对不同集水区降雨径流的水质状况及类别划分进行研究，该方法的基本原理是：首先选取地表径流中具有代表性的水质因子，包括TN、TP、NH_4^+-N 和 COD 的实测值作为参考数列，以水质评价标准作为比较数列；然后求出关联系数的相应区间，进而求出对应的关联度；最后得出与比较序列关联度最大的参考序列所对应的级别就是集水区降雨径流水质所属的级别（李祚泳，2004）。

目前国内相关环保工作者就水质方面的研究多以《地表水环境质量标准》（GB3838—2002）作为参考，因此，本研究依据《地表水环境质量标准》对地表水水质进行六类标准的划分，包括Ⅰ类、Ⅱ类、Ⅲ类、Ⅳ类、Ⅴ类和劣Ⅴ类。

改进的灰色关联分析法综合考虑了水质评价标准的区间形式，其区间形式相比传统的临界值划分水质级别的结果更为客观，本章依据徐红敏等（2010）的研究对无量纲处理方法做出了相应调整，采用改进后的“中心化”处理方法，使计算结果比传统方法的结果更加具有区分性，物理意义更加明确。

2）改进的灰色关联分析模型

因为各个指标在水质标准中的量级不同，所以必须在灰色关联分析之前对数据进行无量纲化处理。本章采用“中心化”处理方法，便可将研究对象之间的差异性体现得最大（徐红敏等，2010），即

$$x_i(k) = \frac{x_i^{(0)}(k) - \frac{1}{n}\sum_{i=1}^{n} x_i^{(0)}(k)}{\sigma_i(k)} \tag{7-10}$$

$$i=1，2，\cdots，n \quad k=1，2，\cdots，n$$

式中，$x_i^{(0)}(k)$为研究区第 i 断面第 k 项指标的实测年浓度均值；$\sigma_i(k)$为 $x_i^{(0)}(k)$的样本均方差；$x_i(k)$为第 i 断面第 k 项指标的无量纲化结果。

水质评价标准并不是一个简单的数值，而是一个区间范围，水质灰色关联评价并不适合采用传统的关联分析方法中点到点的计算方法，因此本章采用以点到区间距离的计算方法，其绝对差计算式（7-11）如下所示：

$$\Delta_{ij}(k)=\begin{cases}x_{\min}(k)-X_0(k) & X_0(k)<x_{\min}(k)\\0 & x_{\min}(k)\leqslant X_0(k)\leqslant x_{\max}(k)\\X_0(k)-x_{\max}(k) & X_0(k)>x_{\max}(k)\end{cases} \tag{7-11}$$

式中，X_0（k）为第 0 断面第 k 项指标的无量纲化结果；$x_{\min}$（k）为第 k 项指标 5 级水质标准无量纲化后的最小值；$x_{\max}$（k）为第 k 项指标 5 级水质标准无量纲化后的最大值；Δ_{ij}（k）为点到区间距离的绝对差值。

将数列经过标准化处理后得到参考数列：$\{X_0(k)\}=\{X_1,X_2,X_3,\cdots,X_n\}$，与参考数列进行比较的数列为比较数列：$\{X_i(m)\}=\{X_{i1},X_{i2},X_{i3},\cdots,X_{in}\}$，关联系数的计算公式为

$$\zeta_{0i}=\frac{\min_0\min_i\Delta_{0i}(k)+\rho\max_0\max_i\Delta_{0i}(k)}{\Delta_{0i}(k)+\rho\max_0\max_i\Delta_{0i}(k)} \tag{7-12}$$

式中，ζ_{0i} 为关联 ρ 系数，为分辨系数，一般取 0.5；$\Delta_{0i}(k)$ 为各比较数列与参考数列差的绝对值。

为了使研究结果更加准确，采用各因子关系系数的平均值 λ_{0i} 反映参考数列与比较数列间的关联程度，其计算公式如下：

$$\lambda_{0i}=\frac{1}{n}\sum_{m=1}^{n}\zeta_{0i}(k) \tag{7-13}$$

通过比较各指标的关联度大小，按照最大关联原则对两集水区降雨径流水质所属的级别进行判定，其优劣排序的原则为：①级别不同的指标，级别越高，水质越差，级别越低，水质越好；②级别相同的指标，通过比较各指标的次高级别，次高级别越高，水质越差，次高级别越低，水质越好；以此类推。如果出现最后一个级别依然相同的情况，则再对第 I 级的关联度大小进行比较，关联度越大，水质越好，关联度越小，水质越差，如果关联度大小相等，则再对第 II 级进行比较，以此进行类推，直到最后分出水质优劣为止。

7.2　研究区的降雨特征

7.2.1　产流降雨变化特征

降雨特征包括次降雨的雨量特征、雨强特征以及雨型特征。降雨特性对水土流失有很大的影响，是决定地表产流和侵蚀产沙的关键因素（顾礼彬等，2015）。

根据雨量计的观测结果可知，2017 年 1～12 月试验区共计降雨 80 场，年降水量为 642.5mm，该时期的降雨占多年平均降水量 785.1mm 的 81.84%。2017 年有产流的降雨场次为 27 场，总降水量为 470.2mm。日最大降水量为 62.5mm（2017 年 7 月 20 日），占全年总降水量的 13.29%，2017 年 5～10 月的降水量为 421.8mm，占全年降水量的 89.71%（表 7-8）。

表 7-8　2017 年集水区产流降雨情况

日期（年-月-日）	P/mm	I/（mm/h）	I_{30}/mm	I_{60}/mm
2017-1-7	4.6	1.2	1.7	2.5
2017-2-10	2.4	0.6	0.9	1.3
2017-3-3	5.7	1.4	2.1	3.1
2017-4-29	21.2	5.4	7.8	11.6
2017-5-10	26.8	24.4	12.7	24.6
2017-5-21	31.3	15.9	14.3	21.4
2017-5-22	25.6	6.8	6.8	13.3
2017-6-8	13.95	1.1	6.7	8.0
2017-6-12	12.2	2.1	5.2	8.5
2017-6-18	19.05	3.2	6.8	10.5
2017-6-26	60.4	3.1	16.8	32.6
2017-7-3	37	4.3	7.3	10.5
2017-7-20	62.5	40.3	34.5	55.0
2017-7-28	9.5	7.6	5.2	7.0
2017-7-29	5.6	3.3	9.1	12.4
2017-8-1	6.1	5.3	3.2	5.7
2017-8-4	20.5	3.7	5.2	6.8
2017-8-9	14.5	0.6	3.0	5.1
2017-8-24	17.1	1.2	6.8	9.1
2017-9-1	19.6	1.4	7.7	10.4
2017-9-16	9.9	1.3	4.3	5.8
2017-10-7	19.6	6.2	5.2	10.5
2017-10-20	10.6	0.5	1.3	2.1
2017-11-10	7.7	12.2	7.0	7.7
2017-12-5	6.8	1.0	1.6	2.7

注：P 为降水量（mm）；I 为降雨强度（mm/h）；I_{30} 为 30min 雨强 （mm）；I_{60} 为 60min 雨强（mm）。

7.2.2　降雨月际变化特征

研究区的雨季开始于 2017 年 5 月 10 日，结束于 10 月 20 日，全年降雨主要集中在 5～7 月。5～10 月长达 6 个月的雨季中，5 月的降雨占整个雨季降水量的 19.84%；6 月的降雨占整个雨季降水量的 25.04%；7 月的降雨占整个雨季降水量的 27.17%。全年最高月均温在 7 月，为 21.575℃；全年最低月均温在 1 月，为 1.121℃，多年平均气温为 13.8℃，雨季开始后，气温在 7 月达到峰值，伴随着雨季的持续，气温开始逐渐回落，见图 7-2。

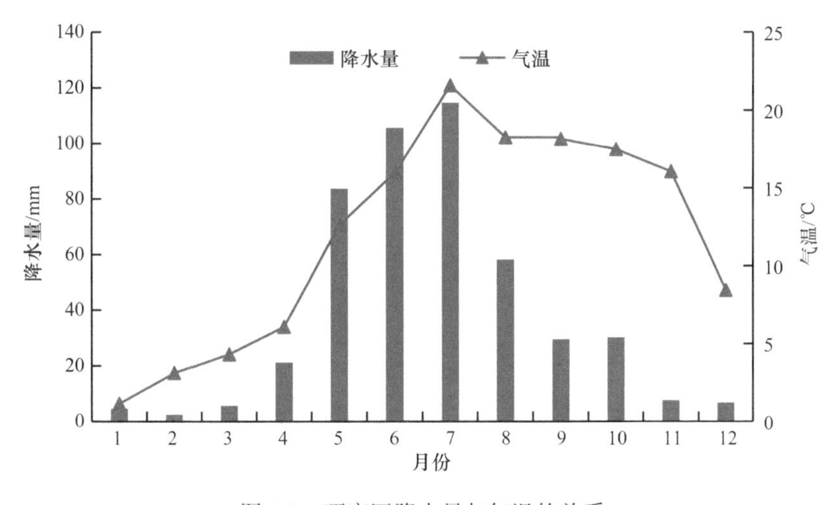

图 7-2　研究区降水量与气温的关系

从图 7-3 可以看出，多年平均降水量呈现多峰型分布。2014 年的降水量在 7 月达到峰值，为 194mm，占多年平均降水量的 35.15%，最小值出现在 2 月，为 0.4mm；2015 年的降水量在 6 月达到峰值，为 151.4mm，占多年平均降水量的 27.43%，最小值出现在 1 月，为 0；2016 年的降水量在 7 月达到峰值，为 133.8mm，占多年平均降水量的 24.24%，最小值出现在 2 月，为 1.1mm；2017 年的降水量在 7 月达到峰值，为 114.6mm，占多年平均降水量的 20.76%，最小值出现在 2 月，为 2.4mm；从降水量的变化幅度看，2014 年的变化幅度达 193.6mm；2015 年的变化幅度达 151.4mm；2016 年的变化幅度达 132.7mm；2017 年的变化幅度达 112.2mm。可以看出，研究区降水量表现出年际变化显著的特点。

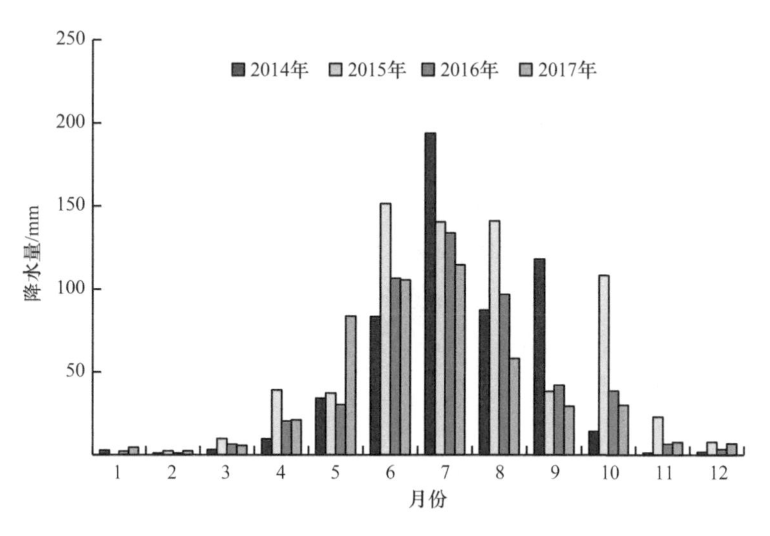

图 7-3　试验区降水量月际分布特征

最大 30min 雨强是衡量土壤流失的一个重要指标，其由次降水量和降雨历时所决定，具有偶然性。从图 7-4 可以看出最大 30min 雨强分布的波动性较大，多年平均雨强的年际分布呈现多峰型分布。2014 年的峰值出现在 7 月，为 40.9mm/h，最小值出现在 2 月，为 0.2mm/h；2015 年的峰值出现在 6 月，为 35.6mm/h，最小值出现在 1 月，为 0；2016 年的峰值出现在 7 月，为 37.8mm/h，最小值出现在 2 月，为 0.4mm/h；2017 年的峰值出现在 7 月，为 27.1mm/h，最小值出现在 2 月，为 0.9mm/h。

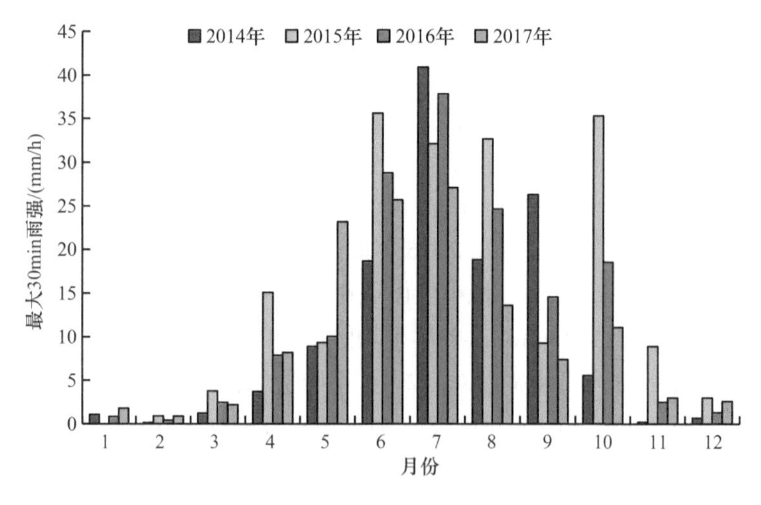

图 7-4　试验区最大 30min 雨强月际分布特征

7.2.3　降雨年际变化特征

研究期间的降雨总量为 2207.7mm，最大年降水量为 699.4mm，出现在 2015 年，其次为 549.7mm，出现在 2014 年，最小为 470.2mm，出现在 2017 年。2014 年的降水量接近于多年平均降水量（551.925mm），属正常年；2016 年和 2017 年降水量较小，属旱年；2015 年的降水量高于多年平均降水量，属丰水年。从图 7-5 中可以看出，近 4 年来，松华坝水源区上游集水区年降水量有逐年下降的趋势。近年来该地区土地垦殖活动频繁，结合年降水量的变化情况可以看出，土地垦殖是影响年降水量变化的主要因素之一。

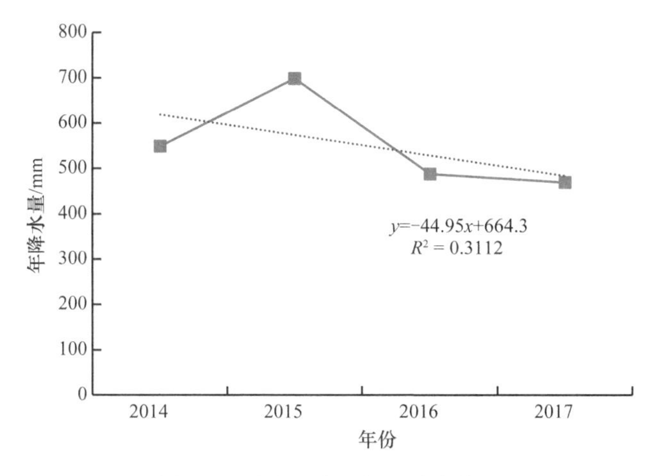

图 7-5　试验区降雨年际分布特征

7.3　土地垦殖对集水区地表径流和侵蚀产沙特征的影响

7.3.1　不同垦殖条件坡面地表径流和侵蚀产沙特征

1. 极轻度垦殖条件下各土地利用类型径流产沙特征对比分析

通过对坡度为 25° 的 1#、2#、3#标准径流小区 8 场典型降雨的径流深、冲刷量影响因子进行对比分析，结果表明：从图 7-6 中可以看出，1#、2#、3#径流小区的径流深峰值出现在 7 月 20 日，3#荒地(20.5mm)>2#等高反坡阶荒地(16.8mm)

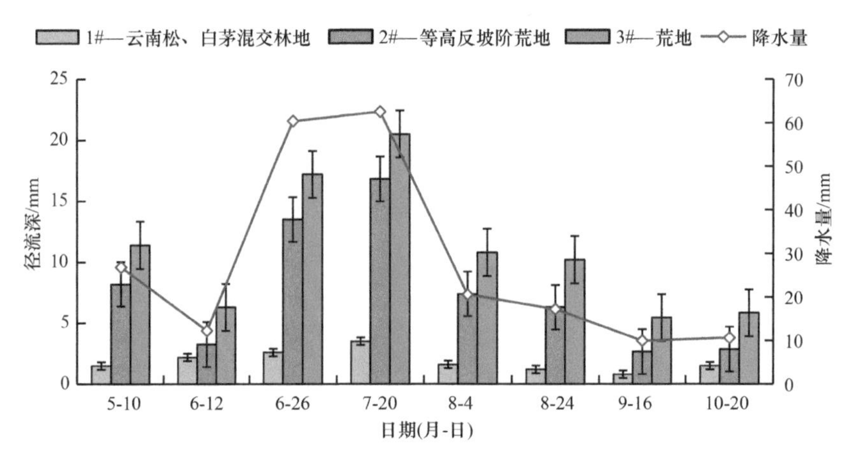

图 7-6　径流深对比分析（极轻度垦殖）

>1#云南松、白茅混交林地（3.5mm），3#荒地径流深是 2#等高反坡阶荒地径流深的 1.2 倍，3#荒地径流深是 1#云南松、白茅混交林地径流深的 5.9 倍，2#等高反坡阶荒地径流深是 1#云南松、白茅混交林地径流深的 4.8 倍；最小值出现在 9 月 16 日，3#荒地（5.45mm）>2#等高反坡阶荒地（2.65mm）>1#云南松、白茅混交林地（0.8mm），3#荒地径流深是 2#等高反坡阶荒地径流深的 2.1 倍，3#荒地径流深是 1#云南松、白茅混交林地径流深的 6.8 倍，2#等高反坡阶荒地径流深是 1#云南松、白茅混交林地径流深的 3.3 倍。

从图 7-7 中可以看出，1#、2#、3#径流小区的冲刷量峰值出现在 7 月 20 日，3#荒地（0.1648t/km^2）>2#等高反坡阶荒地（0.0974t/km^2）>1#云南松、白茅混交

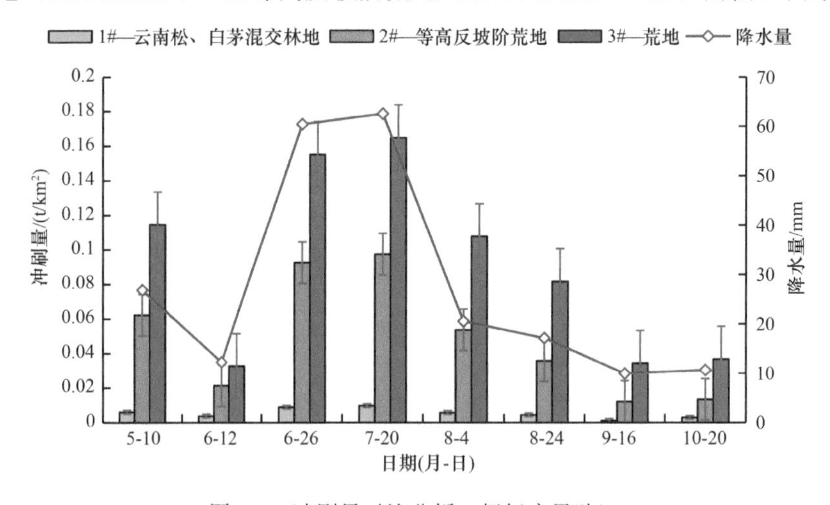

图 7-7　冲刷量对比分析（极轻度垦殖）

林地（0.0097t/km^2），3#荒地冲刷量是 2#等高反坡阶荒地冲刷量的 1.7 倍，3#荒地冲刷量是 1#云南松、白茅混交林地冲刷量的 17 倍，2#等高反坡阶荒地冲刷量是 1#云南松、白茅混交林地冲刷量的 10 倍；最小值出现在 9 月 16 日，3#荒地（0.0344t/km^2）>2#等高反坡阶荒地（0.0122t/km^2）>1#云南松、白茅混交林地（0.0011t/km^2），3#荒地冲刷量是 2#等高反坡阶荒地冲刷量的 2.8 倍，3#荒地冲刷量是 1#云南松、白茅混交林地冲刷量的 31.3 倍，2#等高反坡阶荒地冲刷量是 1#云南松、白茅混交林地冲刷量的 11.1 倍。

综上所述，25°坡面径流深和冲刷量大小排序为：3#>2#>1#。从减流减沙角度看，1#最好，2#次之，未做任何处理的 3#最差。

2. 强度垦殖条件下各土地利用类型径流产沙特征对比分析

对坡度为 15°的 4#、5#标准径流小区 8 场典型降雨的径流深、冲刷量影响因子进行对比分析，结果表明：从图 7-8 中可以看出，4#、5#径流小区的径流深峰值出现在 7 月 20 日，5#玉米地（23.5mm）>4#等高反坡阶玉米地（17.5mm），5#玉米地径流深是 4#等高反坡阶玉米地径流深的 1.3 倍；最小值出现在 9 月 16 日，5#玉米地（5.65mm）>4#等高反坡阶玉米地（3.05mm），5#玉米地径流深是 4#等高反坡阶玉米地径流深的 1.9 倍。

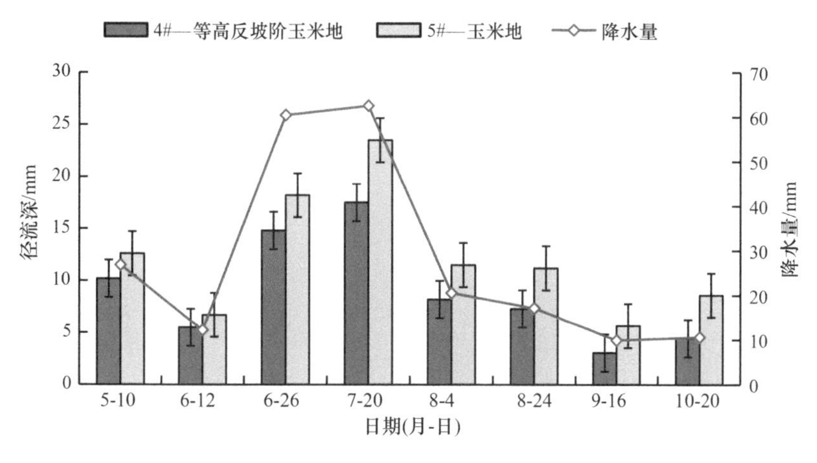

图 7-8　径流深对比分析（强度垦殖）

从图 7-9 中可以看出，4#、5#径流小区的冲刷量峰值出现在 7 月 20 日，5#玉米地（0.2276t/km^2）>4#等高反坡阶玉米地（0.1262t/km^2），5#玉米地冲刷量是 4#

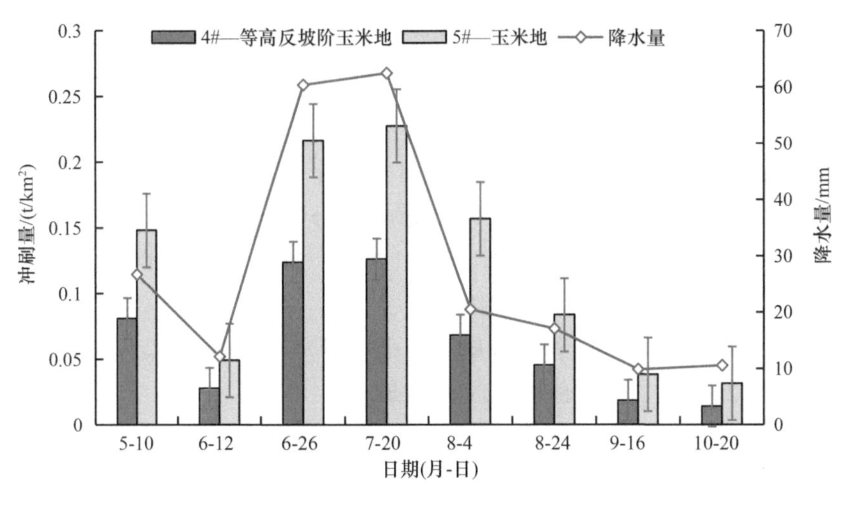

图 7-9 冲刷量对比分析（强度垦殖）

等高反坡阶玉米地冲刷量的 1.8 倍；最小值出现在 10 月 20 日，5#玉米地（0.0316t/km^2）>4#等高反坡阶玉米地（0.0142t/km^2），5#玉米地冲刷量是 4#等高反坡阶玉米地冲刷量的 2.2 倍。

综上所述，15°坡面径流深和冲刷量大小排序为：5#>4#。从减流减沙角度看，4#要优于 5#。

通过对坡度为 5°的 6#、7#标准径流小区 8 场典型降雨的径流深、冲刷量影响因子进行对比分析（图 7-10），从图 7-10 可以看出，6#、7#径流小区的径流深峰

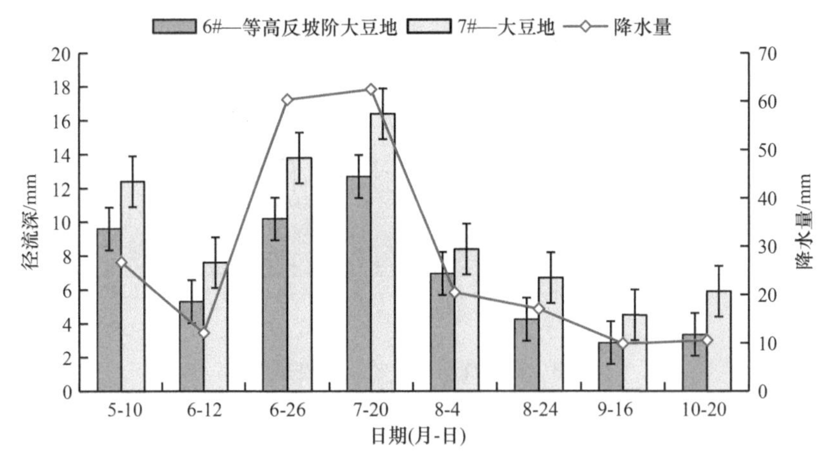

图 7-10 径流深对比分析

值出现在 7 月 20 日，7#大豆地（16.4mm）>6#等高反坡阶大豆地（12.7mm），7#大豆地径流深是 6#等高反坡阶大豆地径流深的 1.3 倍；最小值出现在 9 月 16 日，7#大豆地（4.5mm）>6#等高反坡阶大豆地（2.85mm），7#大豆地径流深是 6#等高反坡阶大豆地径流深的 1.6 倍。

从图 7-11 中可以看出，6#、7#径流小区的冲刷量峰值出现在 7 月 20 日，7#大豆地（0.2016t/km^2）>6#等高反坡阶大豆地（0.1108t/km^2），7#大豆地冲刷量是 6#等高反坡阶大豆地冲刷量的 1.8 倍；最小值出现在 9 月 16 日，7#玉米地（0.0248t/km^2）>6#等高反坡阶大豆地（0.0104t/km^2），7#大豆地冲刷量是 6#等高反坡阶大豆地冲刷量的 2.4 倍。

综上所述，5°坡面径流深和冲刷量大小排序为：7#>6#。从减流减沙角度看，6#要优于 7#。

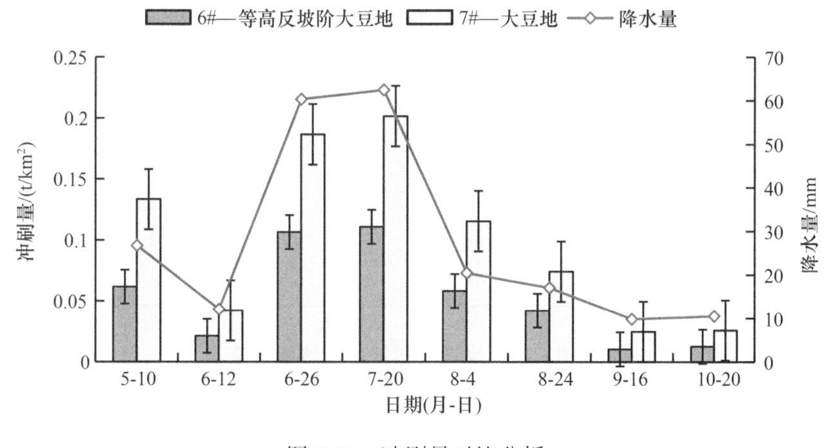

图 7-11　冲刷量对比分析

7.3.2　不同垦殖措施对坡面地表径流和侵蚀产沙特征的控制作用

在 7 个径流小区中，1#小区为灌草地，只作为背景值，对其不做分析，2#小区和 3#小区为荒地对照小区，4#小区和 5#小区为坡耕地（玉米）对照小区，6#小区和 7#小区为坡耕地（大豆）对照小区，每一组对照小区坡度、土壤、土地利用类型都是相同的。唯一不同的是，2#小区、4#小区和 6#小区均修建有 2 条等高反坡阶。

为了研究不同土地垦殖措施对坡面产流产沙的控制作用，分别引入减流率 C_R 和减沙率 C_S 的概念。在试验地的布设过程中，2017 年 2#、4#和 6#小区的土地垦殖措施均布设有等高反坡阶，其余3#、5#、7#小区均未布设等高反坡阶，本研究分别利用坡度均为25°的2#荒地小区与3#荒地小区进行对照分析，利用坡度均为15°的4#坡耕地（玉米）小区与5#坡耕地（玉米）小区进行对照分析，利用坡度均为5°的6坡耕地（大豆）小区与7#小区坡耕地（大豆）小区进行对照分析，根据式（7-6）和式（7-7）分别对坡面径流削减率和坡面泥沙削减率进行计算，计算结果见表7-9～表7-11。

表7-9　等高反坡阶对坡面径流的削减率

日期（月-日）	荒地小区			坡耕地（玉米）小区			坡耕地（大豆）小区		
	2#小区/mm	3#小区/mm	减流率/%	4#小区/mm	5#小区/mm	减流率/%	6#小区/mm	7#小区/mm	减流率/%
5-10	8.2	11.4	28.07	10.2	12.6	19.05	9.6	12.4	22.58
6-12	3.25	6.3	48.41	5.5	6.7	17.91	5.3	7.6	30.26
6-26	13.5	17.2	21.51	14.8	18.2	18.68	10.2	13.8	26.09
7-20	16.8	20.5	18.05	17.5	23.5	25.53	12.7	16.4	22.56
8-4	7.4	10.8	31.48	8.2	11.5	28.70	6.95	8.39	17.16
8-24	6.3	10.2	38.24	7.3	11.2	34.82	4.25	6.7	36.57
9-16	2.65	5.45	51.38	3.05	5.65	46.02	2.85	4.5	36.67
10-20	2.86	5.83	50.94	4.45	8.6	48.26	3.35	5.9	43.22
合计	60.96	87.68	30.47	71.00	97.95	27.51	55.20	75.69	27.07

表7-10　等高反坡阶对坡面泥沙的削减率

日期（月-日）	荒地小区			坡耕地（玉米）小区			坡耕地（大豆）小区		
	2#小区/（t/km^2）	3#小区/（t/km^2）	减沙率/%	4#小区/（t/km^2）	5#小区/（t/km^2）	减沙率/%	6#小区/（t/km^2）	7#小区/（t/km^2）	减沙率/%
5-10	0.0623	0.1146	45.64	0.0809	0.1482	45.41	0.0617	0.1334	53.75
6-12	0.0213	0.0326	34.66	0.0279	0.0492	43.29	0.0213	0.0422	49.53
6-26	0.0926	0.1552	40.34	0.1238	0.2164	42.79	0.1065	0.1867	42.96
7-20	0.0974	0.1648	40.90	0.1262	0.2276	44.55	0.1108	0.2016	45.04
8-4	0.0537	0.1077	50.14	0.0681	0.1568	56.57	0.0582	0.1154	49.57
8-24	0.0358	0.0816	56.13	0.0454	0.0837	45.76	0.0421	0.0742	43.26
9-16	0.0122	0.0344	64.53	0.0186	0.0385	51.69	0.0104	0.0248	58.06
10-20	0.0134	0.0368	63.59	0.0142	0.0316	55.06	0.0126	0.0259	51.35
合计	0.39	0.73	46.59	0.51	0.95	46.94	0.42	0.80	47.33

表 7-11　2017 年研究小区等高反坡阶减流率与减沙率

年份	降水量/mm	坡度	总径流深/mm		减流率/%	产沙总量/（t/km^2）		减沙率/%
			原状坡面	等高反坡阶处理坡面		原状坡面	等高反坡阶处理坡面	
2017	470.2	25°	87.68	60.96	30.47	0.7277	0.3887	46.59
		15°	97.95	71	27.51	0.952	0.5051	46.94
		5°	75.69	55.2	27.07	0.8042	0.4236	47.33
合计/平均	470.2	—	261.32	187.16	28.35	2.4839	1.3174	46.96

从表 7-9～表 7-11 中可以看出，等高反坡阶对产流产沙的削减率大体上呈现随着坡度的增加而增大的趋势。在荒地小区中，2#小区的产流量和产沙量分别比 3#小区减少了 30.47%和 46.59%。两个小区唯一不同之处是在 2#小区中修建了两条等高反坡阶，而 3#小区为纯粹坡地。在坡耕地小区中，4#小区的产流量和产沙量分别比 5#小区减少了 27.51%和 46.94%；6#小区的产流量和产沙量分别比 7#小区减少了 27.07%和 47.33%。玉米地（4#、5#）的坡度较大，其产生的径流和泥沙较大。这说明等高反坡阶对于径流和泥沙具有非常好的调控作用。

等高反坡阶对坡面产流的削减率达到 17.16%～51.38%，总量上可削减地表径流 28.35%，说明等高反坡阶对地表径流的调控作用比较显著；对产沙的削减率达到 34.66%～64.53%，总量上可减少土壤流失 46.96%，说明等高反坡阶对地表产沙具有显著的拦截作用。另外，等高反坡阶的减沙率均高于减流率，平均减沙率约是平均减流率的 1.65 倍，说明等高反坡阶对土壤流失的控制效果更好。

等高反坡阶对地表径流的控制作用主要体现在对径流的再分配上：较小降雨条件下，径流小区上部产生的地表径流汇集到等高反坡阶沟里，水分下渗进入土壤，形成壤中流及地下径流；较大降雨条件下，径流先汇集到等高反坡阶沟里，部分下渗进入土壤，部分在沟内蓄积，蓄满后排出，其作用类似于将长坡分解为多个短坡，分段拦截地表径流，增加入渗量，从而削减地表径流。等高反坡阶对侵蚀产沙的控制作用主要是通过削减地表径流，从而控制土壤流失量来实现的（唐佐芯等，2013）。

7.3.3　坡面地表径流和侵蚀产沙特征影响因子的灰色关联分析

坡面水土流失过程中，降雨是导致地表径流和侵蚀产沙的直接原因（程甜甜等，2017），各影响因子如植被高度、土层厚度、覆盖度、坡度、海拔等都会对坡面产流产沙产生一定的影响（李香云和王玉杰，2007）。本章研究选取次降雨条件下，各影响因子与各径流小区径流深（mm）、冲刷量（t/km^2）进行灰色关联度分析。其影响因子选取见表 7-4。

1. 径流深与影响因子之间的关系

选择研究区雨季的 8 场典型降雨进行研究分析，降水量最大值为 62.5mm，最小值为 9.9mm。各个径流小区的地表径流量和侵蚀产沙量为次降雨后各径流小区的平均值。其中 1～7 分别表示云南松和白茅的混交林；布设等高反坡阶的荒地；荒地；布设等高反坡阶的玉米地；玉米地；布设等高反坡阶的大豆地；大豆地。

设置影响因子降水量（X_1）、植被高度（X_2）、土层厚度（X_3）、植被覆盖度（X_4）和坡度（X_5）为比较数列，径流深（X_0）为参考数列，首先利用式（7-7）进行无量纲处理，其次利用式（7-8）对各影响因子实测原始数据进行计算，得到关联系数见表 7-12。

表 7-12　影响因子与径流深的关联系数

影响因子		1	2	3	4	5	6	7
X_1	降水量	1	0.9212	0.7114	0.9716	0.9826	0.9820	0.8199
X_2	植被高度	0.9437	0.8791	0.7066	0.9561	0.9691	0.9813	0.8199
X_3	土层厚度	0.8416	0.9170	0.7066	0.5148	0.5238	0.5140	0.5972
X_4	植被覆盖度	0.3333	0.8791	0.7066	0.3385	0.6425	0.3642	0.3597
X_5	坡度	0.6800	0.7502	0.9476	0.8408	0.8310	0.9813	0.8199

最后，利用关联度计算公式（7-10），求得各影响因子对于径流深的关联度，见表 7-13。

表 7-13　影响因子与径流深的关联度

影响因子	降水量	植被高度	土层厚度	植被覆盖度	坡度
关联度	0.9127	0.8937	0.6593	0.5177	0.8358

如图 7-12 所示，灰色关联度越大，说明影响因子对参考数列的关联性就越大。从上面分析出的灰色关联度可以看出，本章研究所选择的参考数列中各影响因子对径流深的影响均较大，最大值为 0.9127，最小值为 0.5177，各因子对径流深的

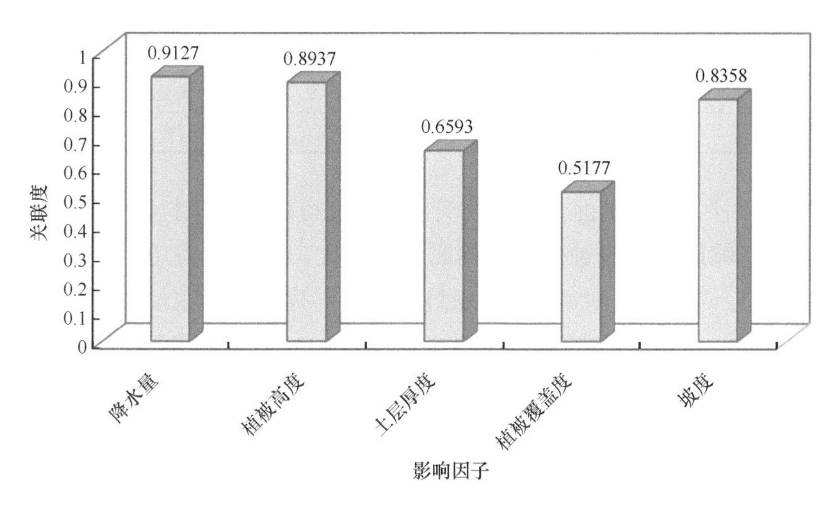

图 7-12　影响因子与径流深的关联度分布图

灰色关联度大小排序为：降水量（0.9127）>植被高度（0.8937）>坡度（0.8358）>土层厚度（0.6593）>植被覆盖度（0.5177）。降雨是水土流失的直接来源，其与坡面地表径流的关系十分密切。

2. 侵蚀产沙量与影响因子之间的关系

设置影响因子降水量（X_1'）、植被高度（X_2'）、土层厚度（X_3'）、植被覆盖度（X_4'）和坡度（X_5'）为比较数列，侵蚀产沙量（X_0'）为参考数列，首先利用式（7-8）进行无量纲处理，然后利用式（7-7）和式（7-8）对各影响因子实测原始数据进行计算，得到关联系数见表 7-14。

表 7-14　影响因子与侵蚀产沙量的关联系数

影响因子		1	2	3	4	5	6	7
X_1'	降水量	1	0.9990	0.9980	0.9986	0.9973	0.9989	0.9978
X_2'	植被高度	0.9436	0.9515	0.9924	0.9849	0.9885	0.9996	0.9978
X_3'	土层厚度	0.8416	0.9560	0.9980	0.5033	0.5159	0.5093	0.5286
X_4'	植被覆盖度	0.3333	0.9990	0.9980	0.3335	0.6307	0.3618	0.3336
X_5'	坡度	0.6800	0.6805	0.6809	0.8104	0.8113	0.9989	0.9978

利用关联度计算公式（7-9），求得各影响因子对于侵蚀产沙量的关联度，见表 7-15。

表 7-15　影响因子对于侵蚀产沙量的关联度

影响因子	降水量	植被高度	土层厚度	植被覆盖度	坡度
关联度	0.9985	0.9797	0.6932	0.5700	0.8085

如图 7-13 所示，从上面分析出的灰色关联度可以看出，本章研究所选择的参考数列中各影响因子对侵蚀产沙量的影响均较大，最大值为 0.9985，最小值为 0.5700，各因子对侵蚀产沙量的灰色关联度大小排序为：降水量（0.9985）>植被高度（0.9797）>坡度（0.8085）>土层厚度（0.6932）>植被覆盖度（0.5700）。降水量对于侵蚀产沙量的灰色关联度达到最大值，为 0.9985，降水量越大，侵蚀产沙量就越大。

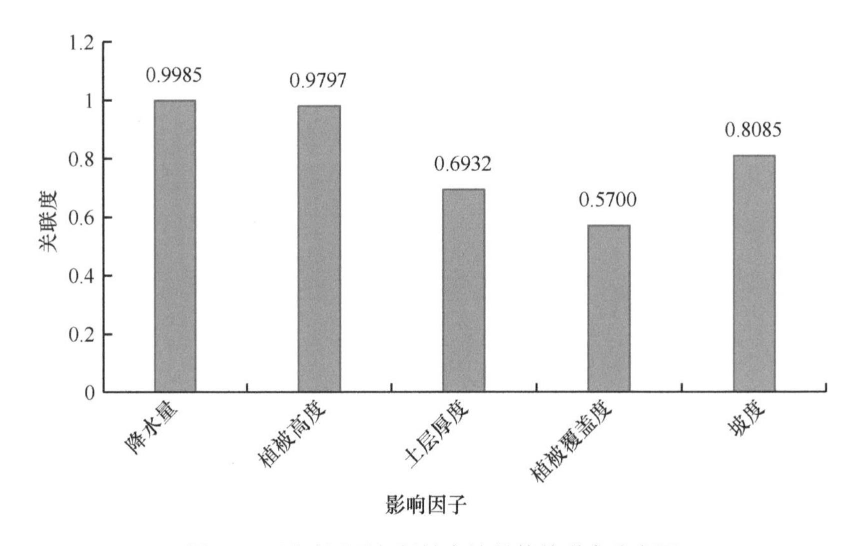

图 7-13　影响因子与侵蚀产沙量的关联度分布图

综上所述，对于所有影响因子而言，降雨是产生地表径流的原因，因此降雨与径流深、侵蚀产沙量的灰色关联度最大，分别为 0.9127、0.9985；植被状况参数中对径流深和侵蚀产沙量影响最大的是植被高度，分别为 0.8937、0.9797。因为植被高度在空间上是整个植被对于降雨作用的一个标志，本章研究在承认植被对降雨产流产沙过程产生作用的条件下，植被高度大，则降雨在下落到地面之前被植被改变的程度就比较大，同时植被的枝叶也对降雨动能的削弱起到了积极作用。

7.3.4　不同垦殖强度集水区地表径流和侵蚀产沙特征分析

1. 不同垦殖强度集水区流量月变化分析

图 7-14 为不同垦殖强度集水区 2017 年雨季平均流量及洪峰流量的月际分布图。从图 7-14 中强度垦殖状态下平均流量变化特征可以看出，混合集水区月平均流量呈现单峰型分布，2017 年的月平均流量在 7 月达到峰值，为 0.1568m^3/s，占年平均流量的 27.39%，最小值出现在 10 月，为 0.0534m^3/s，占年平均流量的 9.33%，变化幅度较大，达 0.1034m^3/s；

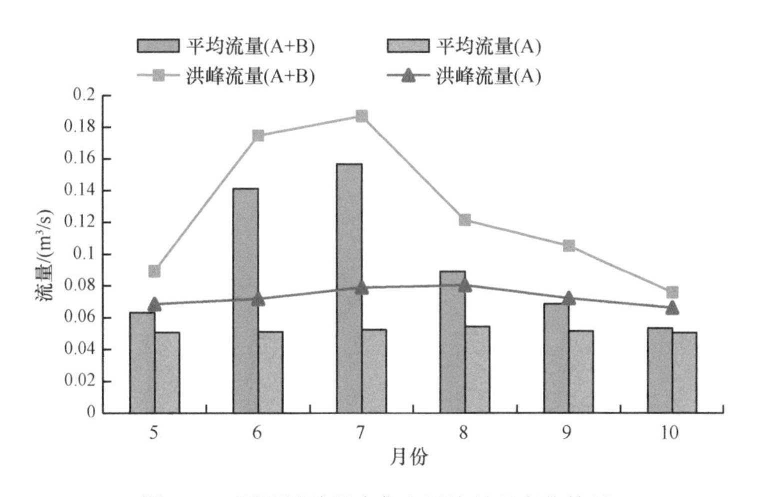

图 7-14　不同垦殖强度集水区流量月变化特征

由图 7-14 中极轻度垦殖状态下平均流量变化特征可以看出，林地集水区月平均流量呈现微波型分布，月平均流量的最大值出现在 8 月，为 0.0545m^3/s，占年平均流量的 17.52%，最小值出现在 5 月，为 0.0506m^3/s，占年平均流量的 16.26%，变化幅度较小，约 0.0039m^3/s。从图 7-14 中还可以看出，强度垦殖状态下的混合集水区月洪峰流量呈现单峰型分布，2017 年的月洪峰流量在 7 月达到峰值，为 0.1869m^3/s，占年洪峰流量的 24.81%，最小值出现在 10 月，为 0.0758m^3/s，占年洪峰流量的 10.06%，变化幅度达 0.1111m^3/s；极轻度垦殖状态下的林地集水区月洪峰流量呈现微波型分布，月洪峰流量的最大值出现在 8 月，为 0.0803m^3/s，占年平均流量的 18.35%，最小值出现在 10 月，为 0.0662m^3/s，占年平均流量的 15.13%，变化幅度达 0.0141m^3/s。

综上所述，从平均流量的变化幅度可以看出，混合集水区达到了林地集水区的 26.51 倍，研究区平均流量表现出月际变化极显著的特点；从洪峰流量的变化幅度可以看出，混合集水区达到了林地集水区的 7.88 倍，研究区洪峰流量表现出月际变化显著的特点。平均流量和洪峰流量都与垦殖强度呈负相关关系。

2. 不同垦殖强度集水区产流产沙特征对比分析

图 7-15 为不同垦殖状态集水区 5～10 月的地表径流变化特征，从图 7-15 中可以看出，混合集水区月累积径流深呈现单峰型分布，并在 7 月达到峰值，为 91.42mm，占年径流深的 24.74%，最小值出现在 10 月，为 38.50mm，占年径流深的 10.42%，变化幅度较大，达 52.92mm，最小值与最大值之间的变化频率达 14.32%。

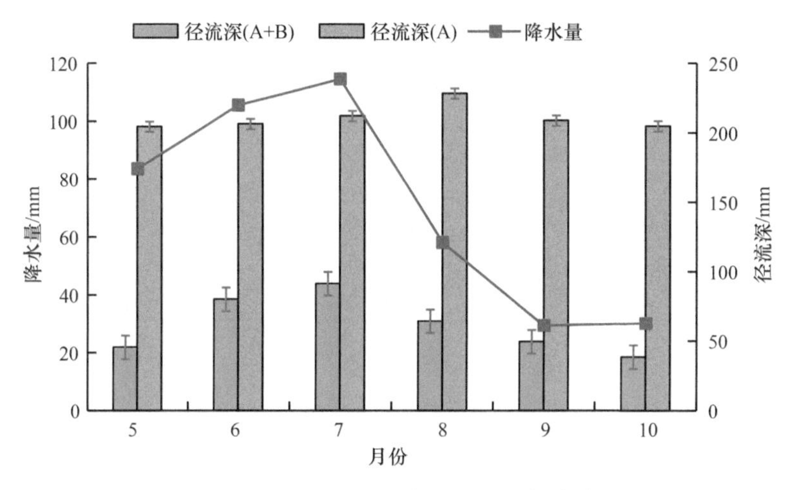

图 7-15　不同垦殖强度集水区地表径流特征

林地集水区月累积径流深呈现微波型分布，其最大值出现在 8 月，为 228.23mm，占年径流深的 18.05%，最小值出现在 5 月，为 204.40mm，占年径流深的 16.16%，变化幅度较小，为 23.83mm，最小值与最大值之间的变化频率达 1.89%。

从上文分析可以看出，强度垦殖状态下，集水区月累积径流深极值变化频率达 14.32%；极轻度垦殖状态下，集水区月累积径流深极值变化频率大约只有 1.89%，强度垦殖状态是极轻度垦殖状态的 7.58 倍，集水区径流深与土地垦殖强度呈负相关关系。

图 7-16 为不同垦殖状态集水区 5～10 月的侵蚀产沙变化特征，从图 7-16 中可以看出，混合集水区月土壤流失量呈现单峰型分布，并在 8 月达到峰值，为 0.9515t/hm^2，占年土壤流失量的 33.23%，最小值出现在 5 月，为 0.1482t/hm^2，占年土壤流失量的 5.18%，变化幅度较大，达 0.8033t/hm^2，最小值与最大值之间的变化频率达 28.05%。

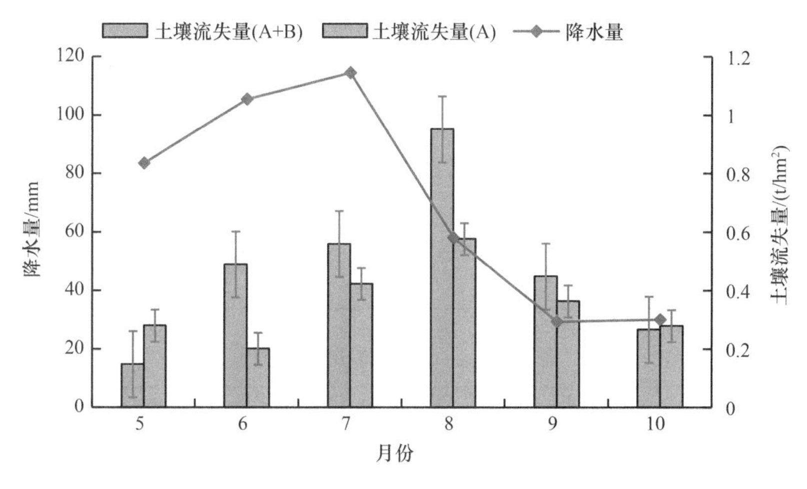

图 7-16　不同垦殖强度集水区侵蚀产沙特征

林地集水区月土壤流失量呈现单峰型分布，其最大值出现在 8 月，为 0.5773t/hm^2，占年径流深的 27.17%，最小值出现在 6 月，为 0.2017t/hm^2，占年径流深的 13.2%，变化幅度较小，为 0.2968t/hm^2，最小值与最大值之间的变化频率达 13.97%。

从上面的分析可以看出，强度垦殖状态下，集水区月土壤流失量极值变化频率达 28.05%；极轻度垦殖状态下，集水区月土壤流失量极值变化频率大约为 13.97%，强度垦殖状态是极轻度垦殖状态的 2 倍，集水区土壤流失量与土地垦殖强度呈负相关关系。

3. 土地垦殖对集水区地表径流和侵蚀产沙特征的灰色关联分析

1）参数的选择与组成

本节选择的降雨参数为研究区雨季的月降雨数据，最大值为 53.6mm，最小值为 10.6mm。产流产沙数据从小流域水文卡口控制站获取。

把对径流深和土壤流失量相关性比较大的因子罗列于表 7-16 和表 7-17 中，分别设置为 X_1，X_2，…，X_8；X_1'，X_2'，…，X_8'。对照参数为径流深和土壤流失量，分别设置为 X_0 和 X_0'。

表 7-16 径流深影响参数

	影响因子	A+B	A
X_0	径流深/mm	273.48	273.48
X_1	降水量/mm	25.27	25.27
X_2	林分高度/m	0	20
X_3	植被高度/m	0.85	2.25
X_4	林下覆盖度/%	0	65.5
X_5	枯落物厚度/cm	0	3.5
X_6	土壤厚度/cm	50	40
X_7	乔木覆盖度/%	0	0.8
X_8	坡度/（°）	5	55

表 7-17 土壤流失量影响参数

	影响因子	A+B	A
X_0'	土壤流失量/（t/hm^2）	1.8982	1.8982
X_1'	降水量/mm	25.27	25.27
X_2'	林分高度/m	0	20
X_3'	植被高度/m	0.85	2.25
X_4'	林下覆盖度/%	0	65.5
X_5'	枯落物厚度/cm	0	3.5
X_6'	土壤厚度/cm	50	40
X_7'	乔木覆盖度/%	0	0.8
X_8'	坡度/（°）	5	55

2）无量纲及绝对差值处理

为了消除各因子间量纲的不同，首先用无量纲方法对各参数数列进行标准化处理。本节采用式（3-7）进行无量纲计算。新产生的数据见表 7-18、表 7-19。

分别选择径流深和土壤流失量为参考数列，其余的各项为比较数列，求得各比较数列与参考数列各对应点的绝对值，见表 7-20 和表 7-21。如表 7-20 所示，其中两级最小差为 0.7605，最大差为 1。如表 7-20 所示，其中两级最小差为 0.0054，最大差为 0.9710。

表 7-18　标准化后的参数（径流深）

影响因子		A+B	A
X_0	径流深	1.0000	0.9971
X_1	降水量	0.0924	0.0895
X_2	林分高度	0.0000	0.0702
X_3	植被高度	0.0031	0.0053
X_4	林下覆盖度	0.0000	0.2366
X_5	枯落物厚度	0.0000	0.0099
X_6	土壤厚度	0.1828	0.1433
X_7	乔木覆盖度	0.0000	0.0000
X_8	坡度	0.0183	0.1982

表 7-19　标准化后的参数（土壤流失量）

影响因子		A+B	A
X_0'	土壤流失量	0.0290	0.0168
X_1'	降水量	0.3858	0.3736
X_2'	林分高度	0.0000	0.2931
X_3'	植被高度	0.0130	0.0221
X_4'	林下覆盖度	0.0000	0.9878
X_5'	枯落物厚度	0.0000	0.0412
X_6'	土壤厚度	0.7634	0.5985
X_7'	乔木覆盖度	0.0000	0.0000
X_8'	坡度	0.0763	0.8275

表 7-20　对比参数与径流深的绝对差值

影响因子		A+B	A
X_1	降水量	0.9076	0.9076
X_2	林分高度	1.0000	0.9269
X_3	植被高度	0.9969	0.9918
X_4	林下覆盖度	1.0000	0.7605
X_5	枯落物厚度	1.0000	0.9872
X_6	土壤厚度	0.8172	0.8537
X_7	乔木覆盖度	1.0000	0.9971
X_8	坡度	0.9817	0.7989

表 7-21 对比参数与土壤流失量的绝对差值

影响因子		A+B	A
X_1'	降水量	0.3568	0.3568
X_2'	林分高度	0.0290	0.2764
X_3'	植被高度	0.0160	0.0054
X_4'	林下覆盖度	0.0290	0.9710
X_5'	枯落物厚度	0.0290	0.0245
X_6'	土壤厚度	0.7344	0.5817
X_7'	乔木覆盖度	0.0290	0.0168
X_8'	坡度	0.0474	0.8107

3）对比参数与径流深的关联系数计算

根据灰色关联系数的计算公式，可以求得各参数对应点与径流深系数和土壤流失量系数间的灰色关联系数。

设置影响因子降水量（X_1）、林分高度（X_2）、植被高度（X_3）、林下覆盖度（X_4）、枯落物厚度（X_5）、土壤厚度（X_6）、乔木覆盖度（X_7）和坡度（X_8）为比较数列，径流深（X_0）为参考数列，利用式（7-8）对各影响因子实测原始数据进行计算，得到关联系数见表 7-22。

利用关联度计算公式（7-9），求得不同垦殖强度状态对集水区径流深的关联度以及对比参数与径流深的关联度，见表 7-23 和表 7-24。

灰色关联度越大，说明影响因子对参考数列的关联性就越大。从表 7-23 中可以看出，不同垦殖强度对集水区径流深影响的复合关联度排序为：极轻度（0.9019）>强度（0.8633）。

表 7-22 对比参数与径流深的关联系数

影响因子		A+B	A
X_1	降水量	0.9570	1.0000
X_2	林分高度	0.8403	0.8834
X_3	植被高度	0.8421	0.8450
X_4	林下覆盖度	0.8403	0.8955
X_5	枯落物厚度	0.8403	0.8476
X_6	土壤厚度	0.8955	0.9311
X_7	乔木覆盖度	0.8403	0.8420
X_8	坡度	0.8507	0.9704

表 7-23　不同垦殖强度对集水区径流深影响的复合关联度

垦殖状态	强度	极轻度
关联度	0.8633	0.9019

表 7-24　对比参数与径流深的关联度

影响因子	降水量	林分高度	植被高度	林下覆盖度	枯落物厚度	土壤厚度	乔木覆盖度	坡度
关联度	0.9785	0.8619	0.8435	0.8679	0.8439	0.9133	0.8412	0.9106

从图 7-17 的灰色关联度可以看出，本章研究所选择的参考数列中各影响因子对径流深的影响均较大，最大值为 0.9785，最小值为 0.8412，各因子对径流深的灰色关联度排序为：降水量（0.9785）>土壤厚度（0.9133）>坡度（0.9106）>林下覆盖度（0.8679）>林分高度（0.8619）>枯落物厚度（0.8439）>植被高度（0.8435）>乔木覆盖度（0.8412）。降雨是水土流失的直接来源，其与坡面地表径流的关系十分密切。

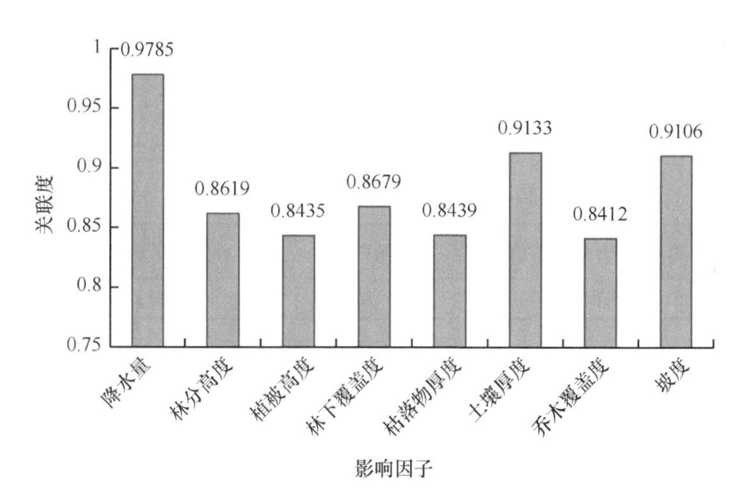

图 7-17　影响因子与集水区径流深的关联度

4）对比参数与土壤流失量的关联系数计算

设置影响因子降水量（X_1'）、林分高度（X_2'）、植被高度（X_3'）、林下覆盖度（X_4'）、枯落物厚度（X_5'）、土壤厚度（X_6'）、乔木覆盖度（X_7'）和坡度（X_8'）为比较数列，土壤流失量（X_0'）为参考数列，利用式（7-8）对各影响因子实测原始数据进行计算，得到关联系数见表 7-25。

表 7-25　对比参数与土壤流失量的关联系数

	项目	A+B	A
X_1'	降水量	0.9789	1.0000
X_2'	林分高度	0.9542	0.6443
X_3'	植被高度	0.5828	0.5828
X_4'	林下覆盖度	0.9542	0.3370
X_5'	枯落物厚度	0.9542	0.9626
X_6'	土壤厚度	0.4024	0.4600
X_7'	乔木覆盖度	0.9542	0.9774
X_8'	坡度	0.9213	0.3787

利用关联度计算公式（7-9），求得各影响因子对于土壤流失量的关联度，见表 7-26 和表 7-27。

表 7-26　不同垦殖强度对集水区土壤流失量影响的复合关联度

垦殖状态	强度	极轻度
关联度	0.8377	0.6679

表 7-27　对比参数与土壤流失量的关联度

影响因子	降水量	林分高度	植被高度	林下覆盖度	枯落物厚度	土壤厚度	乔木覆盖度	坡度
关联度	0.9895	0.7993	0.5828	0.6456	0.9584	0.4312	0.9658	0.6500

从表 7-26 中可以看出，不同垦殖强度对集水区土壤流失量影响的复合关联度排序为：强度（0.8377）>极轻度（0.6679）。

从图 7-18 的灰色关联度可以看出，本章研究所选择的参考数列中各影响因子对土壤流失量的影响均较大，最大值为 0.9895，最小值为 0.4312，各因子对土壤流失量的灰色关联度排序为：降水量（0.9895）>乔木覆盖度（0.9658）>枯落物厚度（0.9584）>林分高度（0.7993）>坡度（0.6500）>林下覆盖度（0.6456）>植被高度（0.5828）>土壤厚度（0.4312）。降水量对于土壤流失量的灰色关联度达到最大值，为 0.9895，降水量越大，土壤流失量就越大。

综上所述，就集水区径流深而言，极轻度垦殖状态下的林地集水区，植被状况较好，截持降雨的能力极强，故其对集水区的产流量起到较大的调节作用；强度垦殖状态下的混合集水区，植被状况较差，截持降雨的能力较弱，故其对集水区产流量的调节作用较小。

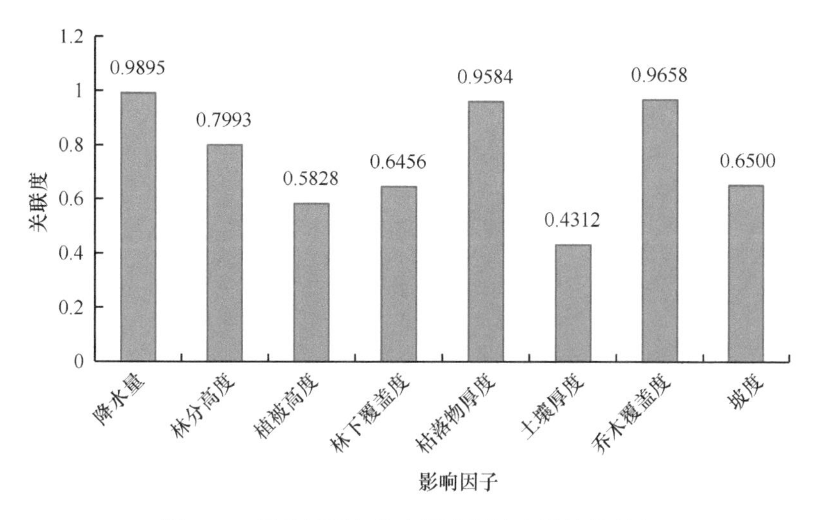

图 7-18　影响因子与集水区土壤流失量的关联度

就集水区土壤流失量而言，极轻度垦殖状态下的林地集水区，植被状况较好，截留泥沙的能力极强，故其状态下的集水区产流量较小；而强度垦殖状态下的混合集水区，植被状况较差，截留泥沙的能力较弱，故其状态下的集水区产流量较大。

对于所有影响因子而言，降雨是产生地表径流的原因，因此降雨与径流深、土壤流失量的灰色关联度最大，分别为 0.9785、0.9895；植被状况参数中对径流深影响最大的是林下覆盖度及林分高度，关联度分别为 0.8679、0.8619，对土壤流失量影响最大的是乔木覆盖度及枯落物厚度，关联度分别为 0.9658、0.9584；因为林分高度在空间上是整个植被对于降雨作用的一个标志，本章研究在承认植被对降雨产流产沙过程产生作用的条件下，林分高度大，则降雨在下落到地面之前被植被改变的程度就比较大；乔木覆盖度和林下覆盖度对集水区产流产沙的影响较大，其覆盖度越大，则林冠吸附的降雨就多，同时植被的枝叶也对降雨动能的削弱起到了积极作用；枯落物的厚度是一个比较重要的参数，它对拦截降雨以及削弱降雨动能起到了极其重要的作用，枯落物的厚度越大，吸附的降雨就越多，同时对降雨动能的削弱作用就越强。

7.4 土地垦殖对集水区地表水水质特征的影响及水质类别划分

7.4.1 土地垦殖对面源污染物浓度变化趋势的影响

1. 土地垦殖对氮素浓度变化趋势的影响

1）土地垦殖对总氮浓度变化趋势的影响

本章研究所选研究时间为 2017 年 5～10 月，每月上、中、下旬分别在 A 集水区和 A+B 集水区进行取样分析。如图 7-19 所示，林地集水区总氮浓度的变化趋势虽有浮动，但差异不显著（P>0.05），最大值为 1.75mg/L，出现在 6 月；最小值为 0.23mg/L，出现在 10 月。林地集水区的土地利用方式 90%以上为天然林地和次生林地，受人为活动的影响较小，6 月正值雨季，故最大值出现在 6 月，全年浓度变化趋于平缓，浓度变化范围为[0.23mg/L，1.75mg/L]。混合集水区总氮浓度的变化趋势比较剧烈，呈双峰型分布，全年出现过 2 次峰值，其中最大峰值为 11.59mg/L，出现在 6 月；最小值为 1.26mg/L，出现在 10 月。混合集水区的土地利用方式 70%为坡耕地，受人为活动的影响较大，6 月正值雨季，人为活动比较频繁，故最大值出现在 6 月，全年浓度变化比较剧烈，浓度变化范围为[1.26mg/L，11.59mg/L]。

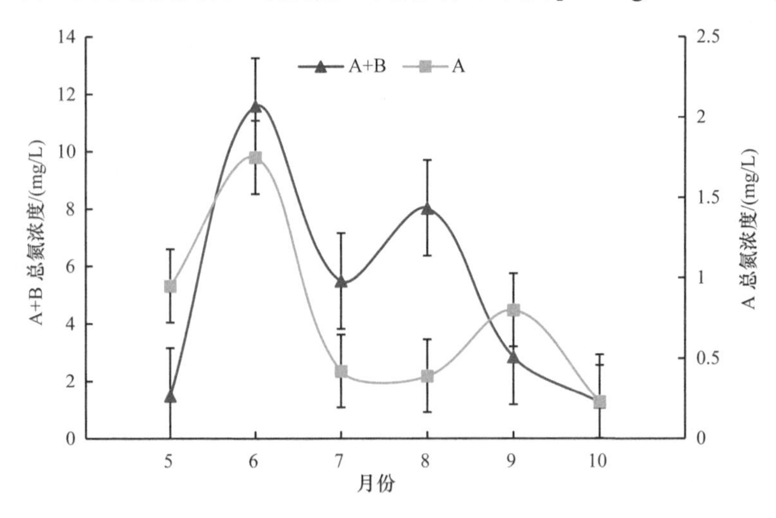

图 7-19 不同集水区总氮浓度变化趋势图

2）土地垦殖对铵态氮浓度变化趋势的影响

如图 7-20 所示，林地集水区铵态氮浓度的变化趋势相对平缓，全年出现过一次峰值，峰值为 1.04mg/L，出现在 7 月；最小值为 0.09mg/L，出现在 9 月。林地集水区的土地利用方式 90%以上为天然林地和次生林地，受人为活动的影响较小，7 月正值雨季且降雨比较集中，故最大值出现在 7 月，全年浓度变化趋于平缓，浓度变化范围为[0.09mg/L，1.04mg/L]。混合集水区铵态氮浓度的变化趋势比较剧烈，呈多峰型分布，全年出现过两次峰值，分别为 4.17mg/L 和 4.41mg/L，出现在 6 月和 8 月；最小值为 0.33mg/L，出现在 9 月。混合集水区的土地利用方式 70%为坡耕地，受人为活动的影响较大，6 月正值雨季，而 8 月人为活动比较频繁，故最大值出现在 6 月和 8 月，全年浓度变化比较剧烈，浓度变化范围为[0.33mg/L，4.41mg/L]。

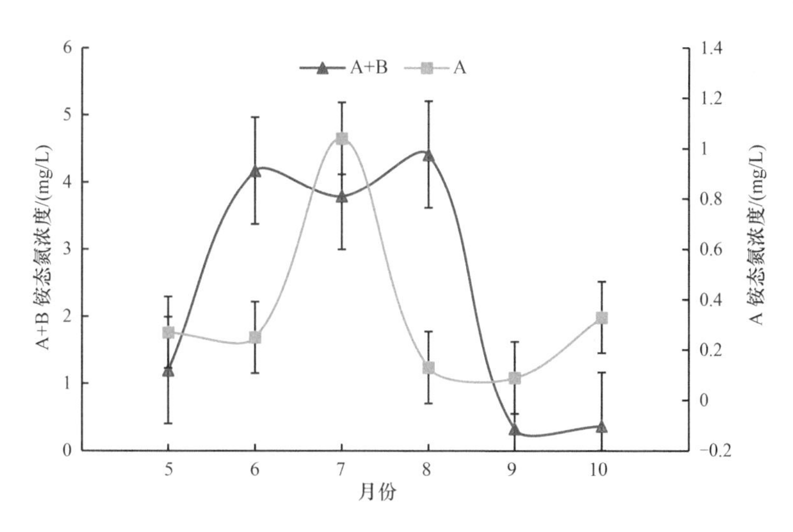

图 7-20　不同集水区铵态氮浓度变化趋势图

2. 土地垦殖对磷素浓度变化趋势的影响

如图 7-21 所示，林地集水区总磷浓度的变化趋势相对平缓，全年出现过一次峰值，峰值为 0.21mg/L，出现在 6 月；最小值为 0.05mg/L，出现在 7 月和 9 月。林地集水区的土地利用方式 90%以上为天然林地和次生林地，受人为活动的影响较小，6 月正值雨季且降雨比较集中，故最大值出现在 6 月，全年浓度变化趋于平缓，浓度变化范围为[0.05mg/L，0.21mg/L]。混合集水区总磷浓度的变化趋势比

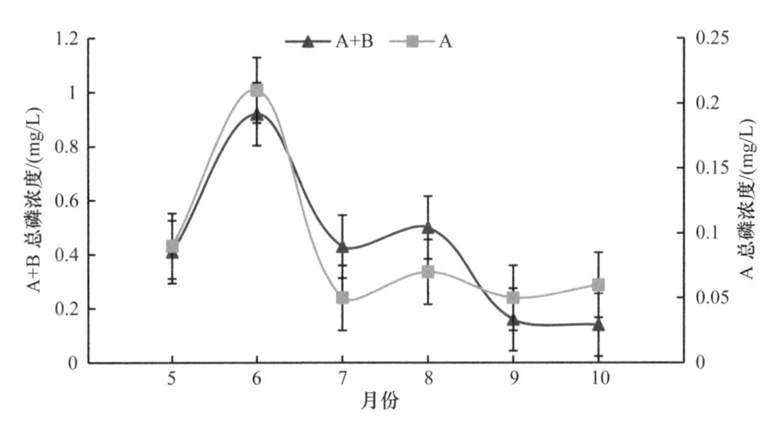

图 7-21　不同集水区总磷浓度变化趋势图

较剧烈，呈单峰型分布，全年出现过一次峰值，峰值为 0.92mg/L，出现在 6 月；最小值为 0.14mg/L，出现在 10 月。混合集水区的土地利用方式 70%为坡耕地，受人为活动的影响较大，6 月正值雨季，人为活动比较频繁，故最大值出现在 6 月，全年浓度变化比较剧烈，浓度变化范围为[0.14mg/L，0.92mg/L]。

3. 土地垦殖对 COD 浓度变化趋势的影响

如图 7-22 所示，林地集水区 COD 浓度的变化趋势相对剧烈，全年出现一次峰值，最大值为 25.33mg/L，出现在 6 月；最小值为 7.22mg/L，出现在 9 月。林地集水区的土地利用方式 90%以上为天然林地和次生林地，受人为活动的影响较小，6 月正值雨季且降雨比较集中，故最大值出现在 6 月，全年浓度变化相对剧

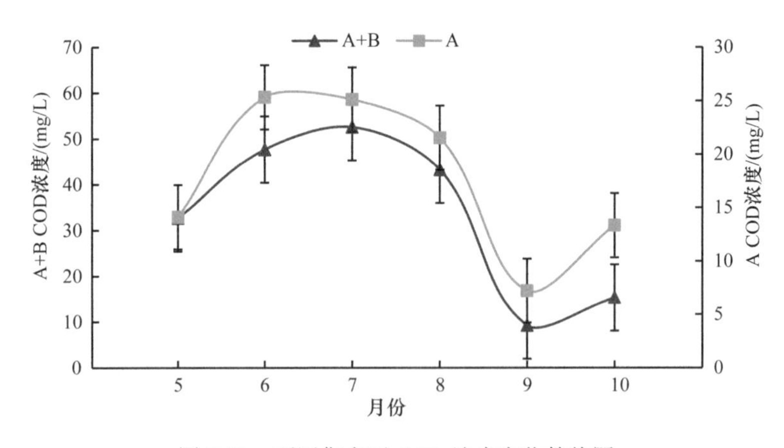

图 7-22　不同集水区 COD 浓度变化趋势图

烈，浓度变化范围为[7.22mg/L，25.33mg/L]。混合集水区 COD 浓度的变化趋势比较剧烈，呈单峰型分布，全年出现过一次峰值，峰值为 52.56mg/L，出现在 7 月；最小值为 9.22mg/L，出现在 9 月。混合集水区的土地利用方式 70%为坡耕地，受人为活动的影响较大，7 月正值雨季且人为活动比较频繁，故最大值出现在 7 月，全年浓度变化比较剧烈，浓度变化范围为[9.22mg/L，52.56mg/L]。

7.4.2　集水区水质类别划分及主要污染指标分析

1. 确定评价因子和评价标准

本章研究的水环境质量评价依据《地表水环境质量标准》（GB 3838—2002）中的地表水环境质量标准基本项目标准限值进行评价。选取松华坝水源区上游迤者小流域中两个典型集水区的出口断面作为研究对象。选取 2017 年小流域中比较典型的 2 个断面的 4 项指标污染因子浓度实测值作为评价对象。

2. 数据无量纲化处理

根据式（7-7），对集水区水体污染物的实测浓度值和地表水环境质量标准基本项目标准限值进行处理，得到参考数列 X_0（K）和比较数列 X_i（K），其中 K=1，2，3，…，i= Ⅰ ～Ⅴ，具体数据见表 7-28 和表 7-29。

表 7-28　集水区实测数据无量纲值

集水区	月份	TN	NH_4^+-N	TP	COD
A	5	6.0662	−1.1117	0	−1.4385
	6	0.4617	−1.1970	1.6280	0.4868
	7	−2.8952	0.7616	−1.9215	5.4605
	8	−4.2916	−9.5675	−0.4167	0.2365
	9	0.1025	−10.7500	−1.3859	−4.9130
	10	−2.7693	−1.0665	−0.6118	−1.4533
A+B	5	−9.0054	−5.6526	−0.0323	−0.1212
	6	1.8857	0.4021	0.6551	1.4056
	7	0.3631	0.3392	0.0272	4.1335
	8	0.4946	0.4384	0.5337	0.2634
	9	−2.0898	−8.4524	−1.7900	−10.9231
	10	−7.7836	−10.0167	−13.9578	−4.7838

表 7-29　水环境质量标准无量纲值

分类	TN	NH_4^+-N	TP	COD
Ⅰ类	0.0376	0.0282	0.0038	2.8203
Ⅲ类	0.0940	0.0940	0.0188	2.8203
Ⅲ类	0.1880	0.1880	0.0376	2.8203
Ⅳ类	0.2820	0.2820	0.0564	3.7605
Ⅴ类	0.3760	0.3760	0.0752	5.6407

3. 评价等级的确定

首先分别将 A、A+B 集水区与标准矩阵（表 7-29）相关联，得到关联矩阵。根据式（7-11）对表 7-28、表 7-29 进行处理，可得出绝对差计算结果，见表 7-30。从表 7-30 中可以看出，林地集水区断面绝对差最大值和最小值分别为 Δ_{max}=13.9616；Δ_{min}=0；混合集水区断面绝对差最大值和最小值分别为 Δ_{max}=10.7782；Δ_{min}=0。

表 7-30　集水区断面绝对差计算结果

集水区	评价指标	TN	NH_4^+-N	TP	COD
A	$\Delta 1(m)$	2.9328	0.3856	1.9253	0
	$\Delta 2(m)$	0.0857	1.2252	1.5528	2.3335
	$\Delta 3(m)$	4.3292	9.5957	0.4205	2.5838
	$\Delta 4(m)$	0	10.7782	1.3897	7.7333
	$\Delta 5(m)$	2.8069	1.0947	0.6156	4.2736
A+B	$\Delta 1(m)$	1.5097	0.0261	0.5799	1.4147
	$\Delta 2(m)$	0	0	0	0
	$\Delta 3(m)$	0.1186	0.0624	0.4585	2.5569
	$\Delta 4(m)$	2.1274	8.4806	1.7938	13.7434
	$\Delta 5(m)$	7.8212	10.0449	13.9616	7.6041

在传统的灰色关联分析中，计算关联系数时分辨系数（ρ）一般取 0.5，ρ 值越大，则分辨能力就越强，但 ρ 值的取值对评价结果整体趋势没有影响（东亚斌和段志善，2008），故取 ρ 值为 0.5，得到关联系数矩阵，见表 7-31、表 7-32。

由表 7-33 可以看出，γ表示关联度$\gamma_1>\gamma_2>\gamma_5>\gamma_4>\gamma_3$，这表明 A 断面与地表水质量标准分级Ⅰ类水关联度最大；由表 7-33 可以看出，$\gamma_2>\gamma_3>\gamma_1>\gamma_4>\gamma_5$，这表明 A+B 断面与地表水质量标准分级Ⅱ类水关联度最大。由表 7-33 可得，林地集水区水质为Ⅰ类水；混合集水区水质为Ⅱ类水。

表 7-31　林地集水区断面关联系数矩阵

评价指标	$\zeta_1(k,m)$	$\zeta_2(k,m)$	$\zeta_3(k,m)$	$\zeta_4(k,m)$	$\zeta_5(k,m)$
TN	0.6476	0.9843	0.5545	1	0.6575
NH_4^+-N	0.9332	0.8148	0.3596	0.3333	0.8312
TP	0.7368	0.7763	0.9276	0.7950	0.8975
COD	1	0.6978	0.6759	0.4107	0.5577
关联度	0.8294	0.8183	0.6294	0.6348	0.7360

表 7-32　混合集水区断面关联系数矩阵

评价指标	$\zeta_1(k,m)$	$\zeta_2(k,m)$	$\zeta_3(k,m)$	$\zeta_4(k,m)$	$\zeta_5(k,m)$
TN	0.8222	1	0.9833	0.7664	0.4716
NH_4^+-N	0.9963	1	0.9911	0.4515	0.4100
TP	0.9233	1	0.9384	0.7956	0.3333
COD	0.8315	1	0.7319	0.3368	0.4786
关联度	0.8933	1	0.9112	0.5876	0.4234

表 7-33　2017 年松华坝水库水源区两个断面关联系数及水质等级结果

集水区断面	Ⅰ	Ⅱ	Ⅲ	Ⅳ	Ⅴ	关联度最大值	水质类型
A	0.8294	0.8183	0.6294	0.6348	0.7360	0.8294	Ⅰ类
A+B	0.8933	1	0.9112	0.5876	0.4234	1	Ⅱ类

4. 主要污染指标分析

通过对 A、A+B 集水区 2 个监测断面的实测数据进行分析，得出各评价指标的灰色关联度，其计算结果见表 7-34。

表 7-34　评价指标的灰色关联度

评价指标	TN	NH_4^+-N	TP	COD
A	0.7688	0.6544	0.8266	0.6684
A+B	0.8087	0.7698	0.7981	0.6758

由图 7-23 可知，A 断面各评价指标的灰色关联度排序为：TP（0.8266）>TN（0.7688）>COD（0.6684）> NH_4^+-N（0.6544）；A+B 断面各评价指标的灰色关联度大小排序为：TN（0.8087）>TP（0.7981）> NH_4^+-N（0.7698）>COD（0.6758）。

由以上分析结果可以看出，A 断面的主要面源污染物为 TP 和 TN，其次为 COD 和 NH_4^+-N；A+B 断面的主要面源污染物为 TN、TP 和 NH_4^+-N，其次为 COD。

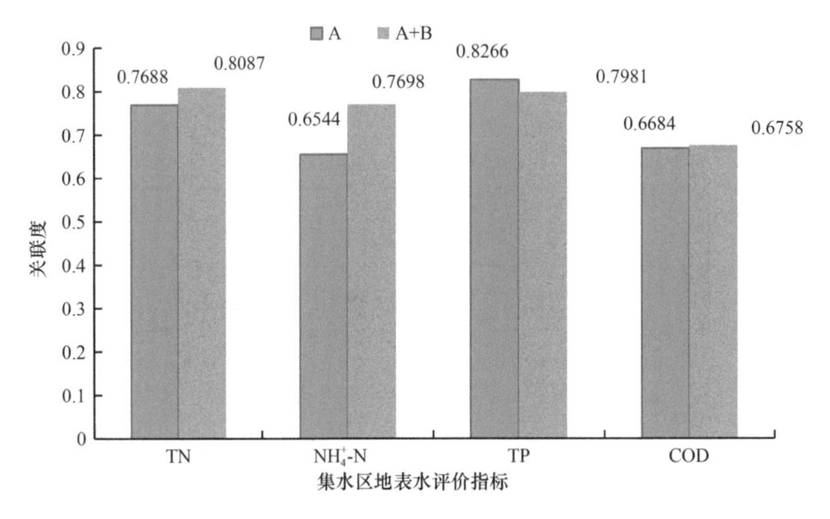

图 7-23　不同垦殖强度集水区地表水评价指标的关联度

综上所述，本章研究基于改进后灰色关联分析方法对 2017 年松华坝水库水源区上游集水区的 2 个断面进行地表水环境质量评价，通过选取合适的评价指标，以地表水环境质量标准作为评价依据，对传统的灰色关联分析模型进行了一定程度的改进，经研究分析，最终得出相应的评价结果。

（1）A 集水区总氮浓度的变化趋势呈单峰型分布，浓度变化范围为[0.23mg/L，1.75mg/L]；A+B 集水区总氮浓度的变化趋势比较剧烈，呈双峰型分布，浓度变化范围为[1.26mg/L，11.59mg/L]。

（2）A 集水区铵态氮浓度的变化趋势相对平缓，浓度变化范围为[0.09mg/L，1.04mg/L]；A+B 集水区呈多峰型分布，浓度变化范围为[0.33mg/L，4.41mg/L]。

（3）A 集水区总磷浓度的变化趋势相对平缓，浓度变化范围为[0.05mg/L，0.21mg/L]；A+B 集水区呈单峰型分布，浓度变化范围为[0.14mg/L，0.92mg/L]。

（4）A 集水区 COD 浓度的变化趋势相对剧烈，浓度变化范围为[7.22mg/L，25.33mg/l]；A+B 集水区呈单峰型分布，浓度变化范围为[9.22mg/L，52.56mg/L]。

（5）A 断面各评价指标的灰色关联度排序为：TP（0.8266）>TN（0.7688）>COD（0.6684）> NH_4^+-N（0.6544）；A+B 断面各评价指标的灰色关联度大小排序为：TN（0.8087）>TP（0.7981）> NH_4^+-N（0.7698）>COD（0.6758）。

（6）A 断面的主要面源污染物为 TP 和 TN，其次为 COD 和 NH_4^+-N；A+B 断面的主要面源污染物为 TN、TP 和 NH_4^+-N，其次为 COD。

（7）通过分析得出，参评的 2 个断面中，A 断面满足地表水 I 类水质标准，A+B 断面满足地表水 II 类水质标准，松华坝水库水源区上游水质整体满足国家水源地水质标准要求。

7.5 讨　论

1. 土地垦殖对集水区地表径流和侵蚀产沙特征的影响

本章研究运用灰色关联分析法对昆明松华坝水源区不同影响因子对集水区产流产沙的影响进行了研究分析。本章研究就植被状况参数而言，基于灰色关联分析法，研究分析得出林下覆盖度和乔木覆盖度对于集水区产流产沙的影响是最大的，这与周璟等（2010）的研究结果类似，周璟基于灰色关联分析法，研究分析得出，植被总盖度对于坡面产流产沙的影响是最大的，表明在水土保持中，植被具有极其重要的作用。本章研究的研究结果表明降水量对径流深和土壤流失量的影响最大，关联度分别为 0.9785 和 0.9895，这和时兴合等（2007）的研究结果是一致的。本章研究选取的影响因子比张晶晶和王力（2011）选取的影响因子多，张晶晶研究的影响因子包括降水量、雨强、最大雨强和植被覆盖度，本章研究的影响因子包括降水量、林分高度、植被高度、林下覆盖度、枯落物厚度、土壤厚度、乔木覆盖度、坡度等。本章研究比较系统地分析了降雨参数、植被参数和地质参数对径流深和土壤流失量的影响，比闫俊华和周国逸（2000）只研究了植被状况对地表径流系数的影响要全面。坡耕地是径流小区水土流失的主要来源。坡耕地植被覆盖率越低，则其拦蓄降雨、减流减沙的作用就越差，持续的降雨会形成大量的地表径流；坡耕地的土壤疏松，人为影响较大，加上农作物的生长周期短，根系保水保土力较差，地表径流带走大量泥沙，从而增加水土流失量，这与张旭昇等（2012）的研究结果相一致。覆盖度低的混合集水区地表径流和土壤流失量均明显大于植被覆盖度高的林地集水区，因此，林地集水区的水土保持效益更显著。

2. 土地垦殖对集水区地表水水质特征的影响

目前已有多位学者针对松华坝水源区的水质进行研究（刘楚文，2006；何承刚等，2006），但是他们并未针对松华坝水库源头遆者小流域进行研究，而本章研究基于此现状选取了遆者小流域作为试验地点，对水源区水质进行了综合研究。刘楚文（2006）通过对松华坝水库水源区面源污染的原因进行分析，给出了治理面源污染的建议，而本章研究侧重对松华坝水源区的水质进行研究，并对水质等级进行了判定。何承刚等（2006）通过对松华坝水源保护区牧羊河断面和冷水河断面的水质进行分析，最终得出 TP、TN、COD_{Mn} 和 BOD_5 4 个因子为主要污染因子，而本章研究通过对遆者小流域两个监测断面的水质进行分析，确定了 A 断面的主要面源污染物为 TP 和 TN，其次为 COD 和 NH_4^+-N；A+B 断面的主要面源污染物为 TN、TP 和 NH_4^+-N，其次为 COD。本章试验采用改进后的灰色关联分析方法对松华坝水库水源区上游的水质状况进行综合评价，该方法能够比较准确、客观地确定评价指标与地表水质量标准之间的灰色关联度，水质评价级别基本符合国家地表水质量标准类别，但最终的水质评价结果必然还存在着一定的偏差，其主要原因是灰色关联评价法在对水体污染指标进行综合评价时，每一个污染指标的权重都是相等的，并未将加权的思想融入其中（何斌和高登好，2002；徐卫国等，2006）。虽然不同评价指标的权重在实际应用当中是有差异性的（杨士建，2003），但是本章研究选取的灰色关联分析模型依然可以确定被评价水体的主要污染指标。

目前相关研究只对水体水质做了静态评价，而本章研究基于灰色关联分析模型对被评价水体的水质状况做了动态评价。未来的研究方向将在不断完善水体状况评价方法的基础上，对水体水质评价结果的精确性、水质的变化规律（周勇等，1999；Li et al.，2011）以及变化过程进行更为深入的研究和总结。

本 章 小 结

本章对松华坝水源区遆者小流域土地垦殖对集水区氮磷输出的影响进行了研究，得到如下结论：

对不同垦殖条件坡面地表径流和侵蚀产沙特征进行了分析，结果表明，极轻度垦殖状态下，云南松、白茅混交林地的减流减沙效益最好，布设有等高反坡阶的荒地次之，未做任何处理的荒地最差。强度垦殖状态下，当坡度达到 15°时，布设有反坡等高阶的玉米地的减流减沙效益要比未布设反坡等高阶的玉米地好；当坡度处于 5°时，布设有反坡等高阶的土豆地的减流减沙效益要优于未布设反坡等高阶的土豆地。由以上分析可以得出，极轻度垦殖状态下的混交林地的减流减沙效益最好，强度垦殖状态下布设有等高反坡阶的坡面的减流减沙效益较好。

对不同土地垦殖措施对坡面产流产沙的控制作用进行了分析，结果表明，等高反坡阶对坡面产流的削减率达到 17.16%～51.38%，总量上可削减地表径流 28.38%，说明等高反坡阶对地表径流的调控作用比较显著；对产沙的削减率达到 34.66%～64.53%，总量上可减少土壤流失 46.96%，说明等高反坡阶对地表产沙具有显著的拦截作用。另外，等高反坡阶的减沙率均高于减流率，平均减沙率约是平均减流率的 1.65 倍，说明等高反坡阶对土壤流失的控制效果更好。

运用灰色关联分析法对不同影响因子与坡面地表径流和侵蚀产沙特征的关联性进行分析，结果表明，各因子对径流深的关联度为：降水量（0.9127）>植被高度（0.8937）>坡度（0.8358）>土层厚度（0.6593）>植被覆盖度（0.5177）。各因子对侵蚀产沙量的关联度为：降水量（0.9985）>植被高度（0.9797）>坡度（0.8085）>土层厚度（0.6932）>植被覆盖度（0.5700）。降雨是产生地表径流的原因，因此降雨与径流深、侵蚀产沙量的灰色关联度最大，其次为植被高度，因为植被高度在空间上是整个植被对于降雨作用的一个标志，本章研究在承认植被对降雨产流产沙过程产生作用的条件下，植被高度大，则降雨在下落到地面之前被植被改变的程度就比较大，同时植被的枝叶也对降雨动能的削弱起到了积极作用。

对不同垦殖强度集水区的流量月变化进行了分析，从平均流量的变化幅度可以看出，强度垦殖状态下的混合集水区达到了极轻度垦殖状态下的林地集水区的 26.51 倍，研究区平均流量表现出月际变化极显著的特点；从洪峰流量的变化幅度可以看出，混合集水区达到了林地集水区的 7.88 倍，研究区洪峰流量表现出月际变化显著的特点。平均流量和洪峰流量都与垦殖强度呈负相关关系。

对不同垦殖强度集水区地表径流和侵蚀产沙特征进行了对比分析，结果发现，就径流深而言，强度垦殖状态下，集水区月累积径流深极值变化频率达 14.32%；极轻度垦殖状态下，集水区月累积径流深极值变化频率大约只有 1.89%，强度垦殖状态是极轻度垦殖状态的 7.58 倍，集水区径流深与土地垦殖强度呈负相关关系。就土壤流失量而言，强度垦殖状态下，集水区月土壤流失量极值变化频率达 28.05%；极轻度垦殖状态下，集水区月土壤流失量极值变化频率大约为 13.97%，强度垦殖状态是极轻度垦殖状态的 2 倍，集水区土壤流失量与土地垦殖强度呈负相关关系。

基于灰色关联分析法研究了土地垦殖对集水区地表径流和侵蚀产沙特征的影响，就径流深而言，不同垦殖强度对集水区径流深影响的复合关联度排序为极轻度（0.9019）>强度（0.8633）；各影响因子对径流深的灰色关联度排序为降水量（0.9785）>土壤厚度（0.9133）>坡度（0.9106）>林下覆盖度（0.8679）>林分高度（0.8619）>枯落物厚度（0.8439）>植被高度（0.8435）>乔木覆盖度（0.8412）。就土壤流失量而言，不同垦殖强度对集水区径流深影响的复合关联度排序为强度（0.8377）>极轻度（0.6679）；各因子对土壤流失量的灰色关联度排序为降水量（0.9895）>乔木覆盖度（0.9658）>枯落物厚度（0.9584）>林分高度（0.7993）>坡度（0.6500）>林下覆盖度（0.6456）>植被高度（0.5828）>土壤厚度（0.4312）。降雨是水土流失的直接来源，其与坡面地表径流的关系十分密切。

基于改进的灰色关联分析模型研究了土地垦殖对集水区地表水水质特征的影响，并对水质类别进行了划分。经分析发现，极轻度垦殖状态下，各参评指标对林地集水区水质影响的灰色关联度排序为：TP（0.8266）>TN（0.7688）>COD（0.6684）> NH_4^+-N（0.6544）。强度垦殖状态下，各参评指标对混合集水区水质影响的灰色关联度排序为：TN（0.8087）>TP（0.7981）> NH_4^+-N（0.7698）>COD（0.6758）。林地集水区的主要面源污染物为 TP；混合集水区的主要面源污染物为 TN。同时，通过分析得出，参评的 2 个集水区中，林地集水区满足地表水 Ⅰ 类水质标准，混合集水区满足地表水 Ⅱ 类水质标准，松华坝水库水源区上游水质整体满足国家水源地水质标准要求。

第 8 章　生态草带对坡耕地氮磷输出的影响

坡耕地是云南的主要耕地，也是氮磷流失的主要立地类型，长期以来不合理的土地利用，水土流失严重，导致土壤养分流失，已引起人们普遍关注。因此，研究和采取措施控制坡耕地氮、磷流失是当前亟待解决的问题。在坡耕地水土流失及面源污染控制措施中，目前研究较多的是耕作措施，包括横坡耕作和等高植物篱技术。本章采用生态拦截草带控制坡耕地水土流失及面源污染物输出，其正是利用了等高植物篱技术的相关原理。草带的地表覆盖和地下发达的根系系统有利于雨水渗透，可有效减少径流、拦截泥沙，从而降低坡耕地水土流失及面源污染物的输出。

利用“源头控制，提高生物吸收及过程拦截”来控制农业面源污染，在试验区——抚仙湖尖山河流域，进行了利用生态拦截草带来控制坡耕地水土流失及面源污染的研究。对野外径流小区定点观测，并以室内人工降雨模拟试验作为补充，通过室内模拟试验及野外监测试验区烤烟坡耕地产流产沙，氮、磷流失等特征，对农业面源污染物从流失机制及定量两个方面进行全面、深入、系统的研究，掌握农业坡耕地在降雨条件下坡面氮磷输移特征，对比采用生态拦截草带措施后，对于坡面水土流失量、面源污染输出量的影响，以及草带对水土流失、养分流失的拦截效果，以期为该区域坡耕地水土保持和面源污染控制提供理论依据，以及新的思路和方法参考。

8.1　试验设计与研究方法

8.1.1　试验区设置

本章研究试验区设置与抚仙湖尖山河流域区域概况及标准径流小区的布设同第 3 章和第 4 章。

2010 年在径流小区下部 1/3 的面积铺种草带（图 8-1），草带于 2010 年 3 月采用移苗的方式建植，草种为当地乡土草本植物，如旱茅、扭黄茅等，径流小区中上部 2/3 的面积仍种植烤烟。以 2007 年原状坡耕地为对照。

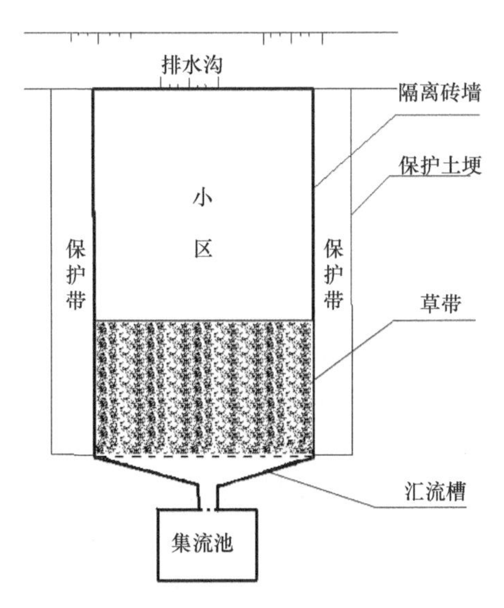

图 8-1　径流小区布设示意图

在径流小区附近设置简易雨量观测站，安装 1 台 RG2-M 自记雨量计，测定每场降雨的降水量和降雨历时，并安装雨量筒 1 只，进行人工观测降水量，二者相结合，与小区径流、泥沙同步观测。

2007 年、2010 年径流小区内均种植烤烟，每年 4 月下旬至 5 月中旬移栽，种植密度为 16500 株/hm^2，氮肥施用量 105～135kg/hm^2，施肥比例 N∶P_2O_5∶K_2O 为 1∶0.5∶2.5～3，所有肥料在移栽后 25 天内全部施完，共施肥 3 次：底肥、提苗肥、追肥。底肥施用烟草专用复混肥（12-6-24）247.5kg/hm^2，含氮量 29.7kg/hm^2，含磷量 14.85kg/hm^2；提苗肥施用烤烟提苗肥（28-0-5）45kg/hm^2，含氮量 12.6kg/hm^2；追肥烟草专用复混肥（12-6-24）772.5kg/hm^2，含氮量 92.7kg/hm^2，含磷量 46.35kg/hm^2。小区表层土壤理化性质如下：容重 1.39g/cm^3，pH 为 6.33，有机质含量 1.08%，全氮含量 0.68g/kg，全磷含量 0.94g/kg，水解氮含量 68.17mg/kg，速效磷含量 23.51mg/kg。

2007 年、2010 年小区表层土壤理化性质见表 8-1。

表 8-1　径流小区表层土壤理化性质

年份	容重 /（g/cm^3）	pH	有机质 /（g/kg）	总氮 /（g/kg）	总磷 /（g/kg）	水解氮 /（mg/kg）	速效磷 /（mg/kg）
2007	1.39	6.33	1.08	0.68	0.94	68.17	35.10
2010	—	6.28	1.32	0.55	0.51	53.90	489.04

8.1.2　试验测定指标及方法

降水量、径流量和土壤流失量以及径流养分（总氮、总磷、磷酸根、氨氮、硝态氮等）和泥沙养分（pH、有机质、氮素、磷素等）的测定方法同第 3 章和第 4 章的方法。

为了描述草带的调控作用，分别引入径流和泥沙调控率的概念（高建恩，2005）。径流调控率指布置某种调控措施后单位（时间或面积）产流量相对于对照条件下单位产流量的变化百分率；泥沙调控率指布置某种调控措施后单位（时间或面积）产沙量相对于对照条件下产沙量的变化百分率。

$$C_{\mathrm{w}} = \frac{W_{\mathrm{s}} - W_0}{W_0}, \quad C_{\mathrm{s}} = \frac{G_{\mathrm{s}} - G_0}{G_0} \tag{8-1}$$

式中，C_{w}、C_{s} 分别为径流和泥沙调控率；W_{s}、W_0 分别为调控措施和原状坡面单位面积上的产流量；G_{s}、G_0 分别为调控措施和原状坡面单位面积上的产沙量。

8.1.3　室内人工降雨模拟试验

试验在西南林业大学的土壤侵蚀实验室内进行，设备主要由以下几部分组成：自制的供水装置、下喷式模拟降雨装置和双土槽径流试验小区。供水装置提供自行配制的不同浓度的污染水，并按照设计流量供水。降雨装置为下喷式，降雨高度约 1.7m，按照设计雨强进行降雨，降雨供试水为自来水。土槽为移动变坡式钢槽，并排 2 个，单个土槽规格为 0.5m×3m，两个土槽下端设有径流出水口，可定时采集径流水样，土槽坡度为 7°。模拟试验进行中用帆布挡风，供试土壤为红壤。装土完成后，一个土槽铺种草皮，另一个为荒地作为对照，分别命名为草带小区和对照小区，并分别取两个小区的表层土壤测定各项理化性质（表 8-2）。

表 8-2　小区表层土壤化学性质

小区	有机质 /（g/kg）	总氮 /（g/kg）	总磷 /（g/kg）	水解氮 /（mg/kg）	速效磷 /（mg/kg）
草带	0.57	0.177	0.29	22.86	34.79
对照	0.70	0.076	0.28	20.41	97.66

供水量控制是以野外多年实测的产流率数据为参照，以草带面积的 2 倍为产流面积（与野外径流小区下部 1/3 铺草同理），计算设计降雨时间内不同降雨强度

和降水量下汇流面的产流量，并将其作为供水量，在实验时，根据降雨时间，把该时段的产流量均匀分配（计算好之后用水表来控制）在降雨时间内。降雨强度设计了 3 个常见的降雨强度：20mm/h、35mm/h、50mm/h；降雨历时为 50min。供水中污染物浓度控制也是以野外多年实测的径流场收集的径流中各污染物浓度为参照，在此基础上根据产流量的多少计算得到配制某一浓度时所需要的各污染物量（用化学分析纯配制）。浓度梯度以实测值的 0.5 倍、1 倍、1.5 倍、2 倍、2.5 倍进行设计。对污染物浓度和降雨强度 2 个因子进行正交试验，共 15 组试验。

降雨之前，保证各场降雨的前期土壤含水率基本一致，为 24%～28%。降雨及供水开始计时，记录地表径流出现的时间（即初始产流时间），降雨产流后，地表径流每 3min 采样一次，径流量采用量筒量测，泥沙含量测定与计算同第 3 章和第 4 章的研究方法，径流水样测定总氮、氨氮、硝态氮、总磷、磷酸根各污染物输出含量，各指标测定方法同第 3 章和第 4 章的研究方法，由于径流水样较少无法沉淀泥沙样，故无法研究泥沙样中污染物的输出。

8.2 天然降雨条件下生态草带对坡面氮磷输出的调控作用

8.2.1 天然降雨条件下次降雨-径流变化特征

2010 年尖山河流域共有 117 天降雨，年降水量为 856.35mm，接近近 6 年的平均降水量（868.89mm）。从表 8-3 可知，2010 年降雨主要集中在 5～12 月，降水量为 788.95mm，占全年降水量的 92.13%，而 5～10 月降水量为 705.45mm，占全年降水量的 82.38%，较往年所占降雨平均比例 86.32%略小。2010 年月降水量最大的月份是 7 月、10 月，降水量分别为 165.25mm、165.2mm。日降水量最大

表 8-3　2007 年、2010 年月降水量和降雨天数分布

年份	项目	月份												合计
		1	2	3	4	5	6	7	8	9	10	11	12	
2007	降水量/mm	21.6	24.9	0.0	58.9	105.8	122.8	146.5	224.6	92.4	47.7	41.7	0.4	887.3
	降雨天数/天	8	12	0	9	7	7	15	19	9	7	5	1	99
2010	降水量/mm	7.9	2.3	17	40.2	93.7	118.4	165.25	66.2	96.7	165.2	20.3	63.2	856.35
	降雨天数/天	3	1	2	12	11	17	16	11	16	17	7	4	117

的是 7 月 25 日，降水量为 58.5mm，平均降雨强度为 3.84mm/h，最大 30min 雨强为 43.2mm/h，最大 60min 雨强为 26mm/h。由此可见，尖山河流域降水量季节分布明显，主要集中在雨季（5～10 月）。本章研究野外监测主要以 2010 年铺植草带后径流泥沙及养分输出为研究对象，并与 2007 年对照条件相比较，首先对 2007 年、2010 年降雨情况进行分析。

2007 年试验区降雨总量 887.3mm，2010 年降雨总量 856.35mm。2007 年最大日降水量为 55.8mm （2007 年 8 月 11 日），占全年总降水量的 6.29%，其次为 7 月 19 日降雨 50.5mm，占全年降水量 5.69%，2007 年 5～10 月降水量为 739.8mm，占全年降水量的 83.4%。2010 年超过日降水量 50mm 的降雨也有 2 次，分别是 2010 年 6 月 30 日和 7 月 25 日，降水量分别为 55mm、58.5mm，各占 2010 年总降水量的 6.42%、6.83%，2010 年 5～10 月降水量为 705.45mm，占全年降雨总量的 82.38%。从表 8-3 中可以看出，2007 年 8 月降水量最大，为 224.6mm，占 2007 年降雨总量的 25.3%；2010 年月降水量最大的月份是 7 月、10 月，降水量分别为 165.25mm、165.2mm，均占 2010 年降雨总量的 19.3%。总体来看，各月降水量分布基本走势相当，且降雨主要集中在 5～10 月。

图 8-2 是坡耕地径流小区 2007 年、2010 年的次降水量、径流量、产沙量变化图。从图 8-2 中可看出，总体上径流量、产沙量与降水量变化趋势一致，大致存在相互消长的关系。每年开始几场降雨径流量都很小，主要是由于长期没有降雨，土壤前期含水量较小，降雨大部分被土壤吸收和下渗，而在 6～9 月降雨偏多的月份，径流量和降水量相互消长的趋势十分明显，主要是由于降雨比较频繁，土壤

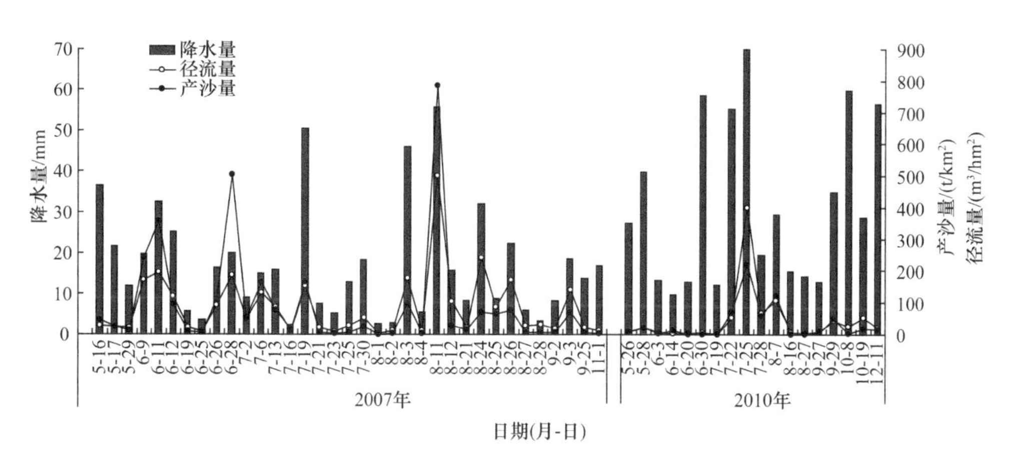

图 8-2　2007 年、2010 年次降雨-径流变化图

含水量增加，入渗减弱，大部分以地表径流的形式流走。2010 年径流量、产沙量及其消长变幅比 2007 年明显减小，说明草带起到了对地表径流拦蓄、增加水分入渗的作用。

表 8-4 是 2007 年（原状坡面）与 2010 年（草带处理）两种不同坡面下坡耕地的产流产沙量情况表。从表 8-4 中可以看出：2010 年产流降雨总量较 2007 年减少 4.31%，变化不大，但产流产沙量减少幅度巨大，其中产流量减少了 71.95%、产沙量减少了 80.84%，说明 2010 年铺植草带起到了对地表径流拦蓄、增加水分入渗、减少土壤流失的作用，可以认为草带处理对坡耕地水土流失具有明显的控制作用。

表 8-4　不同处理坡耕地产流产沙量比较

年份	年降水量/mm	产流降雨总量/mm	径流深/mm	产流率	产流量/（m^3/km^2）	产沙量/（t/km^2）
2007 年（原状坡面）	887.3	595.8	298.2	0.50	298200	3157.3
2010 年（草带处理）	856.35	570.1	83.64	0.15	83640	604.99
相较 2007 年变化率/%		–4.31	–71.95	–70.0	–71.95	–80.84

由于降水变化的影响，草带铺植前、后产流产沙量不具有直接的可比性，为了获得同一降水、不同处理条件下的对比径流量和土壤流失量，首先对 2007 年降雨–产流产沙进行回归分析，得到产流产沙回归方程，利用回归方程计算 2010 年次降雨相应的预测径流量、预测土壤流失量。

根据 2007 年雨季降雨–径流观测数据，对降水量、最大 10min 和 30min 的降雨强度（I_{10}、I_{30}）与径流量、土壤流失量之间的关系进行线性相关性分析，结果表明，径流量与降水量、I_{10}、I_{30}显著相关，Pearson 相关系数分别为 0.771（P=0.000）、0.850（P=0.000）、0.866（P=0.000）；土壤流失量与降水量、I_{10}、I_{30}显著相关，相关系数分别为 0.625（P=0.000）、0.851（P=0.000）、0.876（P=0.000）；径流量与土壤流失量之间也极显著相关，相关系数为 0.869（P=0.000）。

对线性回归分析和幂函数模型回归分析的结果进行比较发现，径流量与各自变量的线性回归结果更好。通过逐步回归方式进行回归分析后，变量 I_{10} 被剔除（偏相关系数为 0.039，t 统计量值为 0.200，P=0.843≫0.05），而降水量和 I_{30} 被引入回归方程[式（8-2），R=0.932、R^2=0.868，F=89.073，P=0.000<0.01]，说明径流量与两者的相关性极显著。同样，通过土壤流失量与降水量、I_{10}、I_{30} 和径流量的逐步回归分析发现，土壤流失量与径流量、I_{30} 的幂函数模型回归效果更好[式（8-3）]。

$$Q=3.073P+5.107I_{30}-24.068 \quad (R^2=0.868，n=30) \tag{8-2}$$

$$Q_s=0.941Q^{0.618}\cdot I_{30}^{0.704} \quad (R^2=0.827，n=30) \tag{8-3}$$

式中，Q 为地表径流量（m^3/hm^2）；Q_s 为土壤流失量（t/km^2）；P 为降水量（mm）；I_{30} 为最大 30min 雨强（mm/h）；n 为样本数。

为分析草带处理对坡耕地次降雨径流流失和土壤流失的影响，对 2010 年雨季 18 场降雨后草带处理下坡耕地产流产沙过程进行监测，并根据式（8-2）、式（8-3）计算得到相应降雨原状坡面的预测径流量和预测土壤流失量，对同一降水、不同处理下径流量和土壤流失量进行对比，径流调控率和泥沙调控率通过式（8-2）计算得到。

由表 8-5 可以看出：2010 年雨季 18 场降雨的总降水量为 570.1mm，原状坡面和草带处理坡面地表径流量分别为 3040.77m^3/hm^2 和 836.40m^3/hm^2，前者是后者的 3.6 倍；草带处理下每场产流降雨的地表径流量均小于原状坡面，其对地表径流调控率在 2.76%～98.45%，总量上可削减地表径流 72.49%，说明草带的径流调控作用显著。径流调控率与降水量、降雨强度并不是单一的线性关系，而是受二者的综合影响；两种处理的坡面径流变化与降雨变化趋势基本一致，当降水量和最大 30min 雨强同为增长趋势时，径流量也相应增长，当降水量和最大 30min 雨强同为下降趋势时，径流量也相应下降，当降水量和最大 30min 雨强趋势相反时，径流变化情况各不相同，说明地表径流变化受降水量、降雨强度的综合影响。7 月 25 日降水量为全年最大（69.9mm），最大 30min 雨强为全年第二（43.2mm/h），地表径流量达到全年最大值 400m^3/hm^2，占 2010 年产流总量的 47.82%，草带对径流削减率极低，仅为 2.76%。7 月 22 日降水量 55.2mm 和最大 30min 雨强 46.4mm/h（全年最大）与 7 月 25 日相比相差不大，但草带处理坡面的地表径流量较小（51.2m^3/hm^2），径流削减率达到 86.62%，7 月 25 日地表径流量是 7 月 22 日的 7.81 倍。其主要是因为 7 月 22 日降雨后，土壤含水量达到饱和，继 25 日连续降雨时土壤入渗率几乎为 0，说明草带的径流调控作用除了受降水量、降雨强度的影响外，还受前期土壤含水量的影响。

2010 年雨季 18 场降雨后，原状坡面和草带处理坡面土壤流失总量分别为 3383.16t/km^2 和 604.99t/km^2，前者是后者的 5.6 倍；草带处理下每场产流降雨的土壤流失量均小于原状坡面，其泥沙调控率在 49.02%～99.95%，总量上可减少土壤流失 82.12%，说明草带对泥沙具有显著的拦截作用。草带的泥沙调控率高于径流调控率，说明其产沙调控作用更好；泥沙调控率与降水量、降雨强度并不是单一的线性关系，而是受二者的综合影响；两种坡面土壤流失量变化与降雨变化趋势

表 8-5　草带的径流和泥沙调控效应

降雨日期（月-日）	降水量/mm	最大 30min 雨强/（mm/h）	地表径流量/（m^3/hm^2）		径流调控率（削减）/%	土壤流失量/（t/km^2）		泥沙调控率/%
			原状坡面	草带处理		原状坡面	草带处理	
5-26	27.2	19.6	159.61	10.4	93.48	175.73	7.98	–95.46
5-28	39.8	19.6	198.33	20.4	89.71	200.97	22.83	–88.64
6-3	13.3	6.8	51.53	6.0	88.36	41.47	1.94	–95.33
6-14	9.8	16.0	87.76	4.0	95.44	105.26	11.49	–89.09
6-20	12.9	17.2	103.41	1.6	98.45	122.58	0.55	–99.55
6-30	58.6	15.6	235.68	6.4	97.28	190.39	0.62	–99.68
7-19	12	11.2	70.01	1.2	98.29	71.21	0.04	–99.95
7-22	55.2	46.4	382.53	51.2	86.62	553.23	69.79	–87.38
7-25	69.9	43.2	411.36	400	2.76	550.25	218.42	–60.30
7-28	19.4	14.8	111.13	68.4	38.45	115.29	58.77	–49.02
8-7	29.4	38.4	262.39	106.4	59.45	383.59	121.76	–68.26
8-16	15.4	8.8	68.20	4.8	92.96	59.13	0.98	–98.34
8-27	14.2	8.4	62.47	4.0	93.60	54.20	1.24	–97.71
9-27	12.9	4.4	38.04	10.0	73.71	25.30	5.16	–79.60
9-29	35	31.2	242.83	43.6	82.04	315.93	47.62	–84.93
10-8	59.8	8.0	200.55	24.0	88.03	107.68	4.05	–96.24
10-19	28.8	5.6	93.03	52.0	44.11	52.11	17.71	–66.02
12-11	56.5	22.0	261.91	22.0	91.60	258.87	14.06	–94.57
合计	570.1		3040.77	836.4	72.49	3383.16	604.99	–82.12

注：径流和泥沙调控率为草带处理比对照减少的百分率。

总体一致，当降水量和最大 30min 雨强同为增长趋势时，土壤流失量相应增长，当降水量和最大 30min 雨强同为下降趋势时，土壤流失量相应下降，当降水量和最大 30min 雨强趋势相反时，土壤流失变化情况各不相同。7 月 25 日降雨坡面地表径流量达到最大时，土壤流失量也达到最大 218.42t/km^2，占 2010 年产沙总量的 36.1%，说明产沙与产流直接相关，泥沙调控是通过减少径流量而实现的，且同受降水量、降雨强度的综合作用。

8.2.2　天然降雨条件下生态草带对地表氮磷输出的控制作用

伴随坡地土壤侵蚀过程的发生，径流成为养分流失的主要载体，泥沙与径流水是养分流失的主要途径。草带有利于减少土壤养分由于径流和土壤侵蚀而产生的损失，提高土壤的保肥能力；减少由径流和泥沙挟带的营养物质以及有毒元素等面源污染物的输出，达到净化受纳水体水质、保护水体质量的目的。

氮素在土壤或水体中的迁移转化途径包括挥发作用、硝化作用、反硝化作用、植物吸收与径流淋失等。草带通过拦截地表径流、蓄水保土、防治水土流失作用均可控制 NO_3^--N、NO_2^--N 与 NH_4^+-N 的径流淋失通量。磷素在土壤中的迁移转化途径包括径流淋失、化学固定、吸附固定和植物吸收等。磷素在土壤中移动性较小，易被土壤颗粒吸附固定，淋失较小。磷素被地表径流、地下径流淋洗挟带进入地表与地下水体的极少，它的迁移途径主要是水土流失，随吸附剂土壤颗粒一起流入水体（王焕校，2002）。草带通过拦截地表径流、蓄水保土与防治水土流失作用来抑制磷素的径流淋失通量。

1. 生态草带控制径流中氮、磷输出的作用

通过对 2007 年 10 场产流降雨及 2010 年 11 场产流降雨径流中氮、磷污染物浓度测定及输出量进行统计，结果见表 8-6 和表 8-7。

表 8-6、表 8-7 是 2007 年（原状坡耕地）与 2010 年（草带处理）两种不同坡面下坡耕地径流氮、磷输出情况表。从表 8-6 和表 8-7 中可以看出：草带影响径流中矿质氮磷含量，与原状坡面相比，种草后径流中总氮平均浓度降低，而氨氮、

表 8-6　2007 年径流氮、磷输出特征

日期（月-日）	产流量 /（m^3/km^2）	输出浓度 /（mg/L）			输出量/（kg/km^2）		
		总氮	氨氮	总磷	总氮	氨氮	总磷
6-11	19600	8.171	1.17	0.389	160.15	22.93	7.62
6-26	9200	12.753	1.12	0.058	117.33	10.30	0.53
6-28	18600	3.56	0.96	0.154	66.22	17.86	2.86
7-6	13200	1.784	0.56	0.237	23.55	7.39	3.13
7-19	15200	1.753	0.3	0.102	26.65	4.56	1.55
7-30	5200	2.143	0.36	0.117	11.14	1.87	0.61
8-11	50000	1.914	0.28	0.239	95.70	14.00	11.95
8-24	24000	1.138	0.41	0.179	27.31	9.84	4.30
9-3	14000	1.237	0.21	0.395	17.32	2.94	5.53
9-25	2000	5.128	0.23	0.303	10.26	0.46	0.61
平均		3.958	0.56	0.217			
合计	171000				555.63	92.15	38.69

表 8-7　2010 年径流氮、磷输出特征

日期（月-日）	产流量 /（m^3/km^2）	输出浓度/（mg/L）					输出量/（kg/km^2）				
		总氮	氨氮	硝态氮	总磷	PO_4^{3-}	总氮	氨氮	硝态氮	总磷	PO_4^{3-}
5-26	1040	4.553	0.799	2.148	0.380	0.319	4.735	0.831	2.234	0.396	0.331
6-14	400	1.686	0.811	4.923	0.968	0.980	0.674	0.324	1.969	0.387	0.392
6-30	640	3.643	0.077	0.334	0.222	0.176	2.332	0.049	0.214	0.142	0.113
7-19	120	3.198	0.967	1.170	0.159	0.427	0.384	0.116	0.140	0.019	0.051
7-22	5120	1.635	0.430	1.061	0.051	0.215	8.373	2.204	5.431	0.260	1.103
7-25	40000	1.328	0.205	0.728	0.146	0.087	53.124	8.200	29.105	5.836	3.498
8-7	10640	2.667	0.169	1.072	1.156	0.093	28.382	1.795	11.402	12.298	0.995
8-16	480	6.107	2.580	3.128	0.330	0.243	2.931	1.239	1.501	0.158	0.117
8-27	400	4.420	—	2.891	0.292	0.214	1.768	—	1.156	0.117	0.086
10-19	5200	6.095	0.470	0.409	0.437	0.984	31.695	2.442	2.127	2.275	5.119
12-11	2200	1.035	0.115	1.262	0.209	0.183	2.277	0.253	2.777	0.460	0.402
平均		3.306	0.662	1.739	0.396	0.357					
合计	66240						136.675	17.453	58.056	22.348	12.207

总磷平均浓度有所升高。究其原因，是草带覆盖对径流流速的减缓作用。径流流速的减缓，一方面促使吸附于土壤颗粒表面的铵态氮向径流扩散，另一方面，径流对土壤铵态氮浸提时间的延长，相互作用结果增加径流氨氮含量；草带导致磷素浓度增加的主要原因可能在于草本植物下部叶片枯萎腐烂，自身所含养分释放而增加了流失养分负荷。从两年氮、磷输出量可以看出，相对于氮素输出来说，磷素的输出量小，主要是因为相对于氮（NO_3^- 和 NH_4^+）来说，可溶性磷容易被土壤吸附、固定，在土壤中的活动性和迁移速率比 NO_3^- 和 NH_4^+ 小（李国栋等，2006）。

根据式（8-2）计算得到表 8-8 中 2010 年 11 场相应降雨原状坡面的预测径流量，并根据输出浓度，计算出原状坡面的预测氮、磷输出量，对相同降水、不同坡面处理下氮、磷随径流的输出量进行对比，见表 8-8。

表 8-8　草带对径流中氮、磷输出的控制作用

不同处理	产流量 /（m^3/km^2）	平均浓度/（mg/L）			输出总量/（kg/km^2）		
		总氮	氨氮	总磷	总氮	氨氮	总磷
原状坡耕地	209494	3.958	0.56	0.217	829.177	117.317	45.460
草带处理	66240	3.306	0.662	0.396	218.989	43.851	26.231
削减率/%	–68.38				–73.59	–62.62	–42.30

从表 8-8 中可以看出：在径流小区内铺植草带后，由于产流量明显减小，氮、磷养分随径流输出量也明显减小，总氮输出量较原状坡面减少了 73.59%，氨氮输出量较原状坡面减少了 62.62%，总磷输出量较原状坡面减少了 42.30%，说明草带可有效减少坡地氮、磷养分随径流的流失。

2. 生态草带控制泥沙中氮、磷输出的作用

对 2007 年 9 次沉积泥沙及 2010 年 7 次沉积泥沙中氮、磷污染物含量测定及输出量进行统计，结果见表 8-9 和表 8-10。

表 8-9、表 8-10 是 2007 年（原状坡耕地）与 2010 年（草带处理）两种不同坡面下坡耕地泥沙中氮、磷输出情况表。从表 8-9 和表 8-10 可以看出：与原状坡面相比，种草后泥沙中总氮、水解氮、总磷平均含量降低，但速效磷的平均含量增加了 2.66 倍，究其原因在于 2007 年、2010 年小区表层土壤速效磷背景值差异巨大，2007 年小区表层土壤速效磷含量为 35.10mg/kg，2010 年小区表层土壤速效磷含量为 489.04mg/kg，是 2007 年的 14 倍。

根据式（8-3）计算得到表 8-11 中 2010 年 7 场相应降雨原状坡面的预测产沙量，并根据输出含量，计算出原状坡面的预测氮、磷输出量，对相同降水、不同坡面处理下氮、磷随泥沙的输出量进行对比，见表 8-11。

表 8-9　2007 年径流泥沙氮、磷输出特征

日期（月-日）	产沙量/（t/km^2）	输出含量				输出量/（kg/km^2）			
		总氮/（g/kg）	水解氮/（mg/kg）	总磷/（g/kg）	速效磷/（mg/kg）	总氮	水解氮	总磷	速效磷
6-9	240.33	0.25	39.69	1.02	18.09	59.33	9.54	245.40	4.35
6-11	355.71	0.28	70.42	1.03	32.18	99.63	25.05	365.82	11.45
6-26	111.31	0.31	54.19	0.96	42.12	33.95	6.03	107.25	4.69
6-28	504.85	0.34	39.72	0.81	27.60	169.47	20.05	408.67	13.94
7-6	166.07	0.27	57.78	0.94	17.07	45.23	9.60	155.96	2.83
7-19	165.19	0.25	28.89	0.88	25.06	42.06	4.77	145.45	4.14
8-3	96.25	0.40	59.49	0.90	20.04	38.64	5.73	86.62	1.93
8-11	784.50	0.35	64.95	0.75	24.82	271.62	50.96	585.67	19.47
8-24	69.38	0.97	44.82	0.49	11.15	67.13	3.11	33.71	0.77
平均		0.38	51.11	0.86	24.24				
合计	2493.59					827.06	134.84	2134.55	63.57

表 8-10　2010 年径流泥沙氮、磷输出特征

日期（月-日）	产沙量/（t/km²）	输出含量				输出量/（kg/km²）			
		总氮/（g/kg）	水解氮/（mg/kg）	总磷/（g/kg）	速效磷/（mg/kg）	总氮	水解氮	总磷	速效磷
5-26	7.98	0.23	52.42	0.58	—	1.82	0.42	4.64	—
5-28	22.82	0.13	41.16	0.57	56.59	2.96	0.94	13.04	1.29
6-30	0.62	0.60	—	0.46	—	0.37	—	0.28	—
7-25	218.42	0.13	21.07	0.39	69.29	27.51	4.60	85.07	15.14
7-28	58.77	0.13	24.82	0.54	141.97	7.88	1.46	31.84	8.34
8-7	121.76	0.42	35.44	0.40	53.18	50.64	4.32	48.12	6.47
10-8	4.05	0.44	55.36	0.51	123.08	1.77	0.22	2.06	0.50
平均		0.30	38.38	0.49	88.82				
合计	434.42					92.95	11.96	185.05	31.74

表 8-11　草带对泥沙中氮 、磷输出的控制作用

不同处理	产沙量/（t/km²）	平均含量				输出总量/（kg/km²）			
		总氮/（g/kg）	水解氮/（mg/kg）	总磷/（g/kg）	速效磷/（mg/kg）	总氮	水解氮	总磷	速效磷
原状坡面	1723.89	0.38	51.11	0.86	24.24	655.08	88.11	1482.55	41.79
草带处理	434.42	0.30	38.38	0.49	88.82	130.33	16.67	212.87	38.59
削减率/%	−74.80					−80.11	−81.08	−85.64	−7.66

从表 8-11 中可以看出：在径流小区内铺植草带后，由于产沙量明显减小，氮、磷养分随泥沙输出量也明显减小，总氮输出量较原状坡面减少了 80.11%，水解氮输出量较原状坡面减少了 81.08%，总磷输出量较原状坡面减少了 85.64%，速效磷输出量较原状坡面减少了 7.66%，说明草带可有效减少坡地氮、磷养分随泥沙的流失。

8.3　人工模拟降雨条件下生态草带对坡面氮磷输出的调控作用

8.3.1　人工模拟降雨下坡面产流产沙及氮、磷输出

1. 坡面产流产沙特征

降雨是水土流失的原动力，其与坡面产流及产沙的多少密切相关。实验表明，

草被植物的保水能力和固土能力均明显高于荒地对照，其具有较好的保水固土效果，可以减少水土的流失。在径流冲刷过程中，地上部分草被阻隔了雨水对部分土壤表面的直接冲刷，增强了土壤抵抗径流对土粒分离出土体的能力，也增加了径流输沙过程中的阻力，提高了表土的抗冲性；同时可以减缓水流速度、降低径流的动能，使径流对土壤的分散和输送能力降低，从而使径流的侵蚀力下降。这种双重作用下使草被植物土壤冲刷量大大低于荒地。

根据试验资料，本书计算了草带和荒地对照在不同雨强（20mm/h、35mm/h、50mm/h）和不同污染物浓度（0.5 倍、1 倍、1.5 倍、2 倍、2.5 倍）下的产流产沙及产流时间情况（表 8-12～表 8-14）。由表 8-12 可知：无论是对照还是种草的径流小区，随着雨强的增加，产流量和侵蚀量都在不同程度的增加，产流时间都在不同程度的减小；而无论是在何种情况下，草带小区较对照小区的产流量和侵蚀量都小，产流时间都有较大幅度的增加。这初步说明相对于荒地来说，种草在不同程度上降低了土壤产流量和侵蚀量，增加了产流产生的时间，这对不同强度降雨下草被地面的土壤侵蚀起到了较好的阻滞作用。

由表 8-15 和表 8-16 可知：雨强为 20mm/h 时，草带对地表径流的调控率为 48.62%～59.81%，平均可达 55.28%；对产沙的调控率为 53.17%～85.08%，平均可达 70.80%。雨强为 35mm/h 时，草带对地表径流的调控率为 39.20%～45.71%，平均可达 42.40%；对产沙的调控率为 53.80%～82.80%，平均可达 69.98%。雨强为 50mm/h 时，草带对地表径流的调控率为 3.30%～8.82%，平均可达 6.69%；对产沙的调控率为 38.93%～73.58%，平均可达 52.16%。无论在何种雨强下，相对于产流，草带的产沙减少幅度更大，即草带的产沙调控率均大大高于产流调控率，说明草带拦截泥沙的作用更为显著。随着雨强的增加，草带的产流产沙调控作用有所减弱。

表 8-12　不同坡面产流量比较

小区	雨强 /（mm/h）	产流量/L					
		0.5 倍	1 倍	1.5 倍	2 倍	2.5 倍	M±SD
草带	20	14.29	16.97	17.53	15.68	15.16	15.93±1.32
	35	40.54	39.69	39.36	40.53	43.24	40.67±1.53
	50	76.09	109.17	110.68	109.62	118.90	104.89±16.58
对照	20	35.56	33.02	37.24	35.07	37.70	35.72±1.87
	35	66.80	65.28	68.47	74.64	79.02	70.84±5.79
	50	79.45	119.72	120.67	120.23	122.96	112.61±18.58

注：M 为平均值，SD 为标准差，以下同。

表 8-13　不同坡面产沙量比较

小区	雨强 /（mm/h）	产沙量/g					
		0.5 倍	1 倍	1.5 倍	2 倍	2.5 倍	M±SD
草带	20	7.24	2.97	15.83	5.77	13.06	8.97±5.32
	35	10.66	20.48	11.09	37.26	30.21	21.94±11.73
	50	26.60	111.61	113.69	81.11	69.16	80.43±35.72
对照	20	24.81	19.93	52.64	23.08	27.89	29.67±13.16
	35	50.55	59.80	35.36	80.65	175.68	80.41±55.73
	50	68.01	182.77	186.65	156.98	261.74	171.23±69.68

表 8-14　不同坡面产流时间比较

小区	雨强 /（mm/h）	产流时间/min					
		0.5 倍	1 倍	1.5 倍	2 倍	2.5 倍	M±SD
草带	20	27.90	25.80	24.58	25.07	25.23	25.72±1.30
	35	15.70	16.58	15.12	14.67	15.47	15.51±0.71
	50	8.75	7.83	7.00	7.67	7.42	7.73±0.65
对照	20	7.72	7.33	7.05	7.23	7.70	7.41±0.30
	35	3.73	3.78	3.07	3.53	3.22	3.47±0.31
	50	2.67	3.23	1.90	2.17	2.50	2.49±0.51

表 8-15　草带产流调控率

雨强 /（mm/h）	产流调控率/%					
	0.5 倍	1 倍	1.5 倍	2 倍	2.5 倍	M±SD
20	59.81	48.62	52.92	55.28	59.80	55.28±4.77
35	39.31	39.20	42.51	45.71	45.28	42.40±3.12
50	4.23	8.81	8.28	8.82	3.30	6.69±2.70

表 8-16　草带产沙调控率

雨强 /（mm/h）	产沙调控率/%					
	0.5 倍	1 倍	1.5 倍	2 倍	2.5 倍	M±SD
20	70.81	85.08	69.92	75.01	53.17	70.80±11.5
35	78.91	65.76	68.64	53.80	82.80	69.98±11.46
50	60.89	38.93	39.09	48.33	73.58	52.16±14.96

2. 径流氮、磷输出含量

通过对 3 个雨强梯度和 5 个污染物浓度梯度正交试验的 15 场径流进行养分含

量分析，分别测定草带小区及对照小区地表径流中总氮、氨氮、硝态氮、总磷、PO_4^{3-}含量，得到两个小区氮素、磷素的输出含量，结果见表 8-17。无论是在何种情况下，草带小区较对照小区的总氮、硝态氮浓度都小；除一组例外，其余草带小区较对照小区的氨氮浓度都小；而总磷、PO_4^{3-}的浓度表现出有时草带小区小于对照小区，有时草带小区大于对照小区。野外监测也得到相似结果：与原状坡面相比，种草后径流液中总氮浓度降低，而氨氮、总磷浓度有所提高。究其原因在于草带

表 8-17　地表径流中氮、磷输出含量

浓度梯度	指标	20mm/h		35mm/h		50mm/h	
		对照	草带	对照	草带	对照	草带
0.5 倍	总氮	4.659	2.794	3.264	1.875	3.701	2.295
	氨氮	0.065	0.023	0.178	0.020	0.231	0.153
	硝态氮	5.161	1.965	2.780	1.372	3.121	1.167
	总磷	0.043	0.062	0.050	0.066	0.052	0.070
	PO_4^{3-}	0.001	0.013	0.004	0.018	0.002	0.018
1 倍	总氮	5.762	2.329	5.924	2.626	5.177	2.537
	氨氮	0.095	0.049	0.214	0.142	0.364	0.249
	硝态氮	3.468	1.312	3.596	1.848	2.685	1.242
	总磷	0.049	0.054	0.055	0.052	0.061	0.076
	PO_4^{3-}	0.007	0.005	0.012	0.001	0.007	0.027
1.5 倍	总氮	6.441	3.242	5.302	3.227	4.403	3.049
	氨氮	0.214	0.052	0.358	0.390	0.650	0.516
	硝态氮	5.962	2.655	5.618	2.900	4.221	2.523
	总磷	0.058	0.054	0.070	0.080	0.065	0.088
	PO_4^{3-}	0.010	0.001	0.032	0.040	0.047	0.049
2 倍	总氮	5.246	2.601	6.037	3.896	5.810	4.132
	氨氮	0.330	0.005	0.635	0.223	0.869	0.428
	硝态氮	6.360	3.445	5.793	3.512	5.543	3.378
	总磷	0.072	0.059	0.114	0.079	0.124	0.108
	PO_4^{3-}	0.035	0.015	0.258	0.059	0.099	0.082
2.5 倍	总氮	6.205	4.821	7.985	6.296	6.842	5.765
	氨氮	0.344	0.019	0.861	0.394	1.005	0.577
	硝态氮	5.891	5.084	7.373	5.678	6.418	5.188
	总磷	0.089	0.074	0.132	0.135	0.141	0.199
	PO_4^{3-}	0.059	0.028	0.087	0.118	0.125	0.210

覆盖对径流流速的减缓作用，径流流速的减缓，一方面促使吸附于土壤颗粒表面的铵态氮向径流扩散，另一方面，径流对土壤铵态氮浸提时间的延长，相互作用结果增加径流铵态氮含量；草带导致磷素浓度增加的主要原因可能在于草本植物下部叶片枯萎腐烂，自身所含养分释放而增加了流失养分负荷。

8.3.2 不同降雨强度下生态草带对坡面产流产沙及氮、磷输出的调控作用

1. 产流产沙动态变化特征

根据实验资料中不同雨强（20mm/h、35mm/h、50mm/h）和不同污染物浓度（0.5 倍、1 倍、1.5 倍、2 倍、2.5 倍）下的产流量和产沙量随时间的动态变化值，点绘成如图 8-3、图 8-4 和图 8-5、图 8-6 所示的草地与荒地的产流和产沙动态过程线图，以对草带小区和对照小区的产流产沙随时间的动态变化过程进行对比。

1）产流动态过程

如图 8-3 对照小区产流动态过程和图 8-4 草带小区产流动态过程所示：无论是对照还是草带，产流过程都大致为先逐渐增加，出现峰值后渐渐趋于稳定的态势。不同雨强的产流过程差异显著，雨强大产流亦大。不同污染物浓度下产流过程的差异相对不明显。草带与对照的产流动态过程的差别在于：相同情况下，对照的产流动态过程中各时间段的产流量较草带坡面的产流量大；在此动态过程中对照的产流量随着雨强的变化程度基本一致，而草带却不同，其在雨强较大时（50mm/h）产流量波动很大。

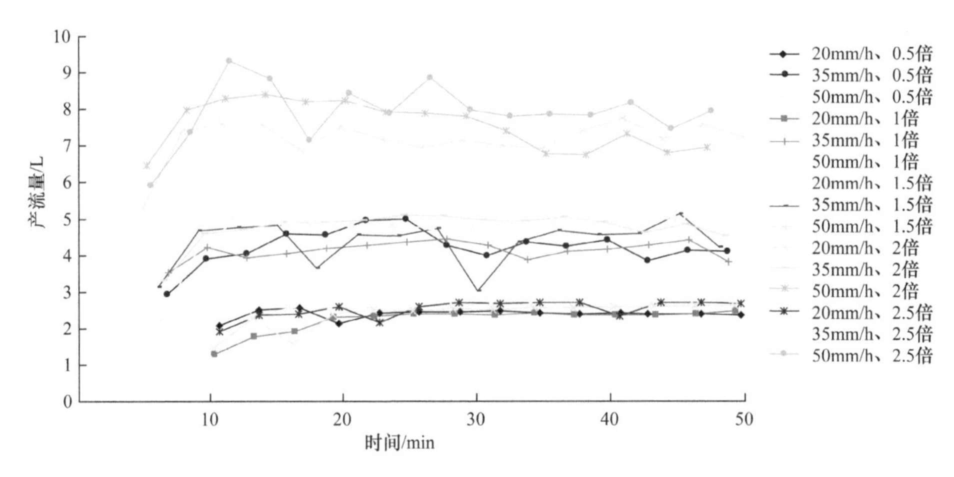

图 8-3 对照小区产流动态图

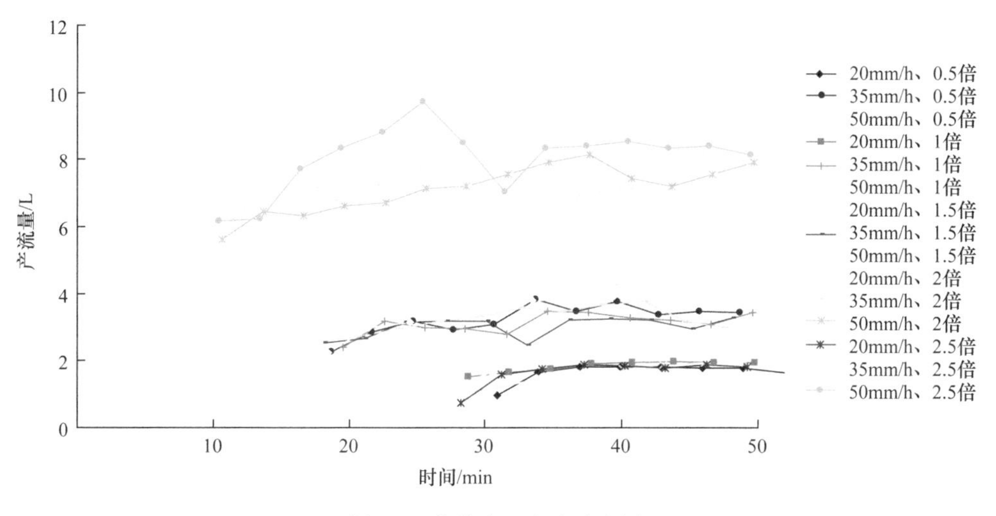

图 8-4　草带小区产流动态图

2）产沙动态过程

产沙的过程则较为复杂，有多峰多谷的特点。如图 8-5 对照小区产沙动态过程和图 8-6 草带小区产沙动态过程所示：高强度降雨条件下坡地侵蚀量都要明显大于低强度降雨条件下的侵蚀量，降雨强度大小影响次降雨过程中土壤侵蚀的强烈程度，土壤侵蚀强度随雨强增大而迅速增大。产流初始由于土壤湿度小、土粒松散、黏结力小、易被溅蚀分离等，产沙过程线很快出现第 1 个峰值。但这时流

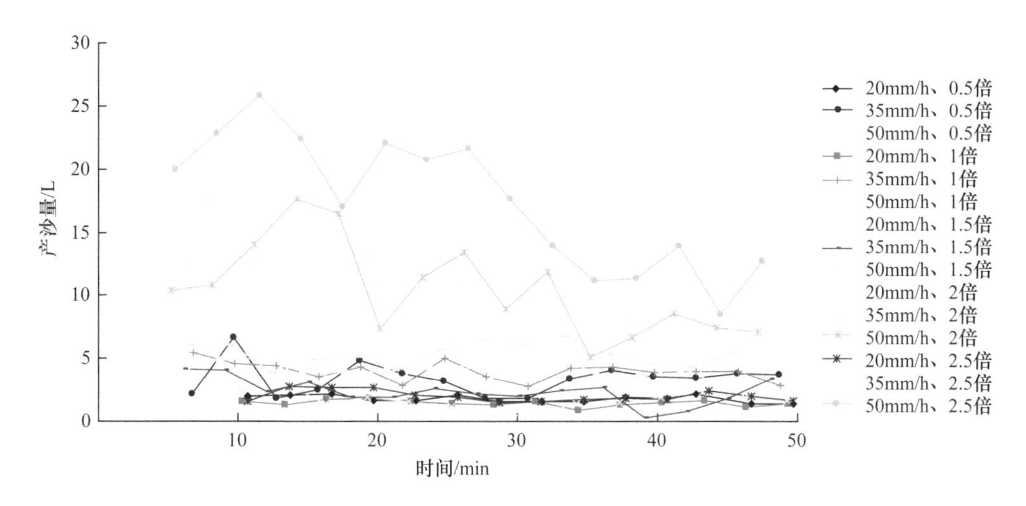

图 8-5　对照小区产沙动态图

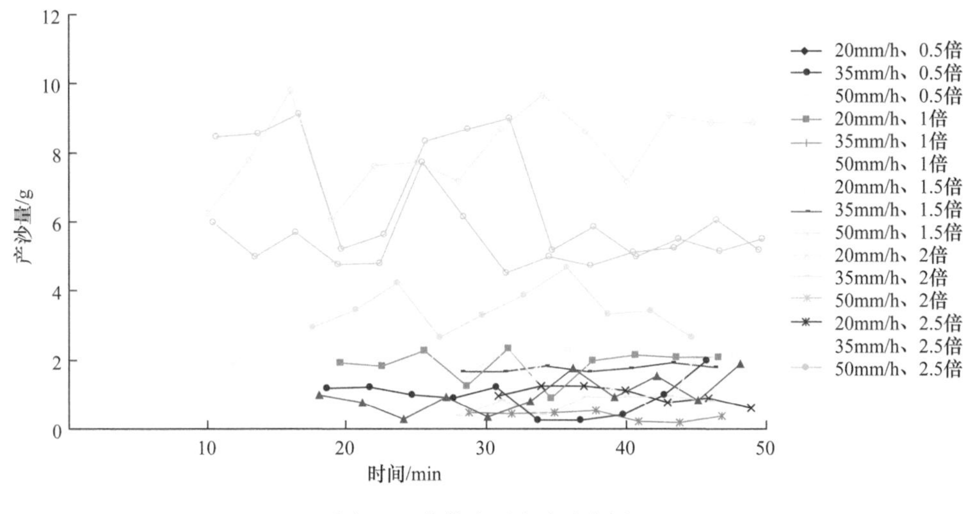

图 8-6　草带小区产沙动态图

量一般还较小，距产流高峰还有一段时间，所以在产沙第 1 高峰过后，产沙量便迅速减小并出现低谷。随着降雨时间的延长，产流量不断增大，水流的冲刷作用渐渐增强，待产流达到高峰前后，产沙过程又出现峰值。此后随着产流的渐渐稳定，产沙过程也逐渐平稳下来。产沙与产流过程是相对应的，有“水大沙大”的特点。

3）产流量、产沙量与降雨强度的关系

降雨引起的地表径流造成坡地大量的水土流失，同时也使大量的营养物质进入水体。在降雨过程中，随着降雨强度的增加，产流产沙量也相应地增加，降雨强度和产流产沙量之间具有较好的线性相关关系，主要是因为随着降雨强度的增大，产流历时相应缩短，径流提早发生（张和喜等，2008），包气带几乎被蓄满，稳渗以外的所有降雨都以地表径流的形式流走，因而增加了降雨径流流失量。径流增加也加大了对坡面土壤的冲刷作用，相应地增加了土壤侵蚀。

降雨强度与土壤侵蚀之间存在密切的关系，降雨强度是降雨侵蚀力一个十分重要的潜在参数（吴钦孝，2005）。有很多人研究雨强与水土流失之间的关系（哈德逊.N.W，1976；王玉宽，1990；王万忠和焦菊英，1996），显然，不同下垫面和降雨条件使降雨强度与土壤侵蚀的关系变得十分复杂，所以研究降雨强度与坡面产流产沙之间规律性或普遍性的关系是十分必要的（王玉宽，1990）。

根据实验资料求出了产流量、产沙量与雨强的相关系数（表 8-18）。从表 8-18

表 8-18　产流量、产沙量与雨强之间的关系

小区		产流量与雨强的相关系数	产沙量与雨强的相关系数
草带	Pearson 相关系数	0.944**	0.794**
	sig.（2-tailed）	0.000	0.000
	N	15	15
对照	Pearson 相关系数	0.951**	0.772**
	sig.（2-tailed）	0.000	0.001
	N	15	15

**表示极显著，P<0.01。

中可以看出，草带小区的产流量与雨强的相关系数为 0.944（P=0.000），对照小区的产流量与雨强的相关系数为 0.951（P=0.000），均呈显著正相关；草带小区的产沙量与雨强的相关系数为 0.794（P=0.000），对照小区的产沙量与雨强的相关系数为 0.772（P=0.001），均呈显著正相关。

4）产沙量、产流量与产流时间之间的关系

产沙量、产流量和产流时间都是研究坡面土壤侵蚀的重要指标，点绘产流量与产沙量、产流量与产流时间、产沙量与产流时间的点据，得到了产流量、产沙量、产流时间三者之间的相关系数。如表 8-19 所示各坡面（草带、对照）的产流量与产沙量之间的相关系数分别为 0.903（P=0.000）和 0.893（P=0.000），均呈显著正相关，即随着雨强增大，产流量和产沙量也在增大，具有水大沙大的一般特征；各坡面（草带、对照）的产流量与产流时间之间的相关系数分别为–0.927（P=0.000）和–0.881（P=0.000），均呈显著负相关，即随着雨强的增大，产流量增大，产流时间缩短，产流开始得更早；各坡面（草带、对照）的产沙量与产流

表 8-19　产沙量、产流量与产流时间三者之间的相关分析

小区		产流量与产沙量	产流量与产流时间	产沙量与产流时间
草带	Pearson 相关系数	0.903**	–0.927**	–0.788**
	sig.（2-tailed）	0.000	0.000	0.000
	N	15	15	15
对照	Pearson 相关系数	0.893**	–0.881**	–0.696**
	sig.（2-tailed）	0.000	0.000	0.004
	N	15	15	15

**表示极显著，P<0.01。

时间之间的相关系数分别为–0.788（P=0.000）和–0.696（P=0.004），呈显著负相关，且产沙量与产流时间的相关系数小于产流量与产流时间的相关系数，说明产流时间与产流量的关系更为密切。

2. 不同雨强下径流氮素输出动态过程

根据实验资料中草带小区和对照小区不同雨强（20mm/h、35mm/h、50mm/h）下的氮输出含量随时间的动态变化值，点绘成如图 8-7 所示的草地与荒地的氮输出动态过程线图，以对草带小区和对照小区的不同雨强下氮输出含量随时间的动态变化过程进行对比。

从图 8-7 中可以看出：两种坡面小区总氮的浓度变化明显不同，对照小区总氮的浓度在产流前期有个明显下降的过程，总氮浓度输出是在产流一段时间后慢慢趋于稳定；而草带小区总氮的浓度变化比较平稳，无大的波动。这种结果表明降雨特征决定径流形成及输出程度，而地表下垫面的特点（有无植被等）和土壤物理结构（容重、空隙度等）则影响着输出的变化趋势。从不同降雨强度看，草带不同雨强下的总氮浓度输出变化无很大的差异；对照小区在雨强为 20mm/h 与 35mm/h 时，变化幅度相似，在雨强为 50mm/h 时，初始浓度变化相对较大，即大雨强初始浓度很高，而后迅速下降，再达到稳定。这说明在产流开始时，土地表层在侵蚀力很强的暴雨冲刷下，土壤中部分氮被径流带走，这时总氮的浓度最高，然后地表土壤含氮量降低，则总氮的输出浓度也降低，等到产流稳定，总氮浓度也逐渐趋于稳定。从图 8-7 中还可看出草带小区的总氮浓度明显比对照小区总氮浓度都小。

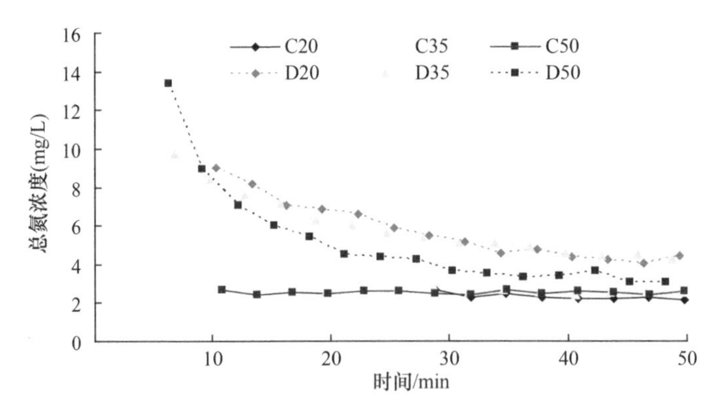

图 8-7　始流后径流总氮浓度的变化过程

图中 C 表示草带小区，D 表示对照小区，下同从图 8-8 中可以看出：对照小区的氨氮输出变化比草带小区氨氮输出变化的波动更大，氨氮作为可溶态氮，其流失浓度及过程的陡峭度受雨强影响较大，在大雨强时下降趋势波动很大。小雨强、中雨强下氨氮流失浓度过程相对于大雨强平缓。从图 8-8 中还可看出草带小区的氨氮浓度明显与对照小区氨氮浓度有交叉，说明草带小区不是每一个氨氮浓度值都小于对照。

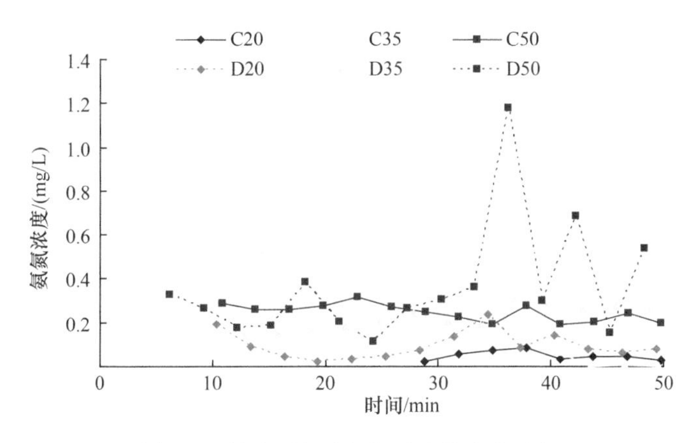

图 8-8　始流后径流氨氮浓度的变化过程

从图 8-9 中可以看出：两种坡面小区硝态氮的浓度变化明显不同，草带小区硝态氮的浓度变化比较平稳，无很大波动；而对照小区硝态氮的浓度在产流前期较高，且波动幅度很大，随着时间推移硝态氮浓度曲线呈波浪状递减过程。从图 8-9 中还可看出草带小区的硝态氮浓度与对照小区硝态氮浓度交叉很少，草带小区绝大多数硝态氮浓度值小于对照，仅有个别浓度大于对照。

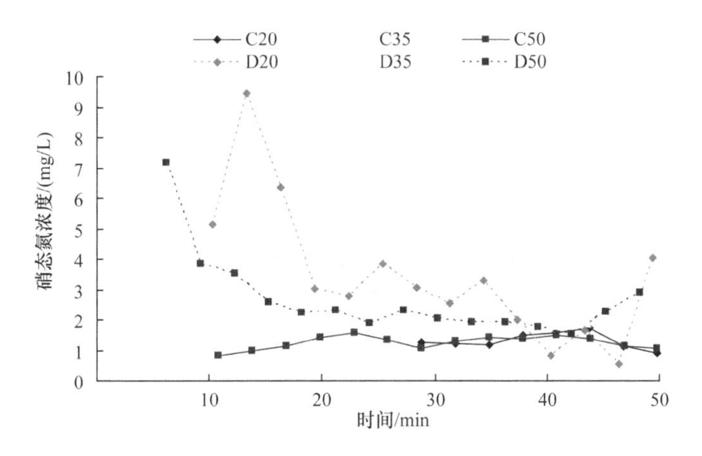

图 8-9　始流后径流硝态氮浓度的变化过程

3. 不同雨强下径流磷素输出动态过程

根据实验资料中草带小区和对照小区不同雨强（20mm/h、35mm/h、50mm/h）下的磷输出含量随时间的动态变化值，点绘成如图 8-10 和图 8-11 所示的草地与荒地的磷输出动态过程线图，以对草带小区和对照小区的不同降雨强度下磷输出含量随时间的动态变化过程进行对比。

如图 8-10 所示人工降雨条件下，地表径流总磷浓度在雨强 20mm/h 和 50mm/h 时，两种坡面的输出浓度变化过程均处于小幅度波动状态；而在雨强 35mm/h 时，变化情况较复杂，草带小区总磷浓度产流前期较稳定，而后迅速增加，然后达到波动状态，而对照小区总磷浓度曲线是波动地缓慢递增，在产流后期突然下降再达到一个稳定状态。如图 8-11 所示，两种坡面地表径流 PO_4^{3-} 浓度输出过程变化与降雨强度没有明显的关系。

4. 氮磷输出含量与降雨强度的关系

采用不同降雨强度与不同污染物浓度进行正交试验，面源污染物氮磷的输出含量受雨强及污染物浓度两个因素相互综合作用，因此单纯计算简单相关系数不能准确反映氮磷输出含量与降雨强度的相关关系，需采用偏相关分析剔除浓度因素影响的情况下计算二者的相关系数，即偏相关系数。表 8-20 是以污染物浓度为控制变量，即在扣除污染物浓度影响的情况下，得到各氮磷指标输出含量与降雨强度之间的偏相关系数。

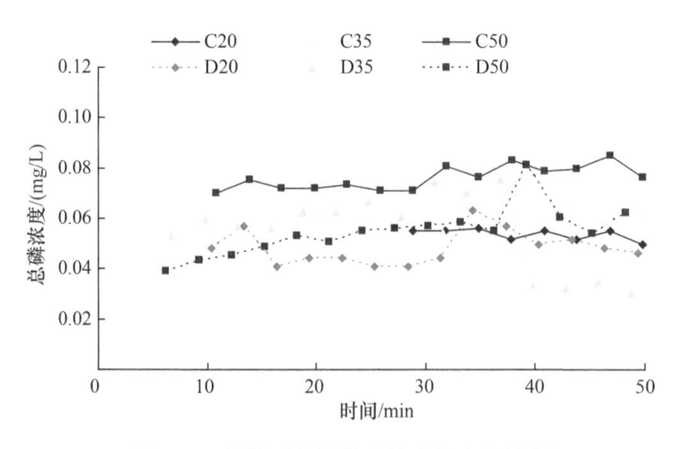

图 8-10　始流后径流总磷浓度的变化过程

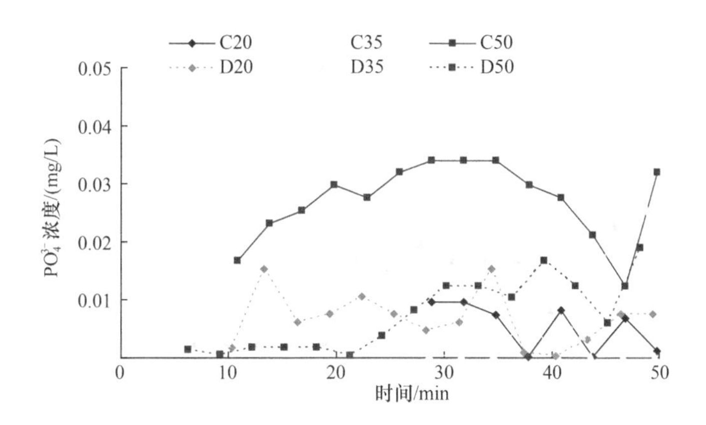

图 8-11　始流后径流 PO_4^{3-} 浓度的变化过程

表 8-20　氮磷输出含量与雨强之间的偏相关分析

小区		总氮与雨强	氨氮与雨强	硝态氮与雨强	总磷与雨强	PO_4^{3-} 与雨强
草带	偏相关系数	0.2490	0.8432	–0.1580	0.6534	0.6414
	P 值	0.391	0.000	0.590	0.011	0.013
对照	偏相关系数	–0.2620	0.8809	–0.4837	0.6399	0.2652
	P 值	0.365	0.000	0.080	0.014	0.360

通过表 8-20 可知：草带小区和对照小区径流中总氮的输出含量与降雨强度的相关系数分别为 0.2490（P=0.391）和–0.2620（P=0.365），均不相关；氨氮输出含量与降雨强度的相关系数分别为 0.8432（P=0.000）和 0.8809（P=0.000），均呈显著正相关，即氨氮浓度随雨强的增加而增加；硝态氮输出含量与降雨强度的相关系数分别为–0.1580（P=0.590）和–0.4837（P=0.080），均呈不相关；总磷输出含量与降雨强度的相关系数分别为 0.6534（P=0.011）和 0.6399（P=0.014）均呈显著正相关，与氨氮相比其相关系数要小一点；PO_4^{3-} 与降雨强度的相关性比较复杂，草带坡面二者的相关系数为 0.6414（P=0.013），呈显著正相关，但对照坡面二者的相关系数为 0.2652（P=0.360），不相关。

8.4　氮磷输出含量与初始污染物浓度的关系

在天然降雨条件和人工模拟降雨条件下，采用不同降雨强度与不同污染物浓度进行正交试验，面源污染物氮磷的输出含量受雨强及污染物浓度两个因素相互综合作用，因此单纯计算简单相关系数不能准确反映氮磷输出含量与污染物浓度的相关关系，需采用偏相关分析剔除雨强因素影响的情况下计算二者的相关系数，即偏相关系数。表 8-21 是以降雨强度为控制变量，即在扣除降雨强度影响的情况下，得到的各氮磷指标输出含量与污染物浓度之间的偏相关系数。

通过表 8-21 可知：草带小区和对照小区径流中总氮的输出含量与污染物浓度的相关系数分别为 0.8639（P=0.000）和 0.7819（P=0.001），均呈显著正相关；氨氮输出含量与污染物浓度的相关系数分别为 0.6772（P=0.008）和 0.9233（P=0.000），均呈显著正相关；硝态氮输出含量与污染物浓度的相关系数分别为 0.9404（P=0.000）和 0.8560（P=0.000），均呈显著正相关；总磷输出含量与污染物浓度的相关系数分别为 0.7118（P=0.004）和 0.9036（P=0.000），均呈显著正相关；PO_4^{3-} 与污染物浓度的相关系数分别为 0.7393（P=0.003）和 0.6454（P=0.013），均呈显著正相关。

表 8-21　氮磷输出含量与初始污染物浓度之间的偏相关分析

小区		总氮与浓度	氨氮与浓度	硝态氮与浓度	总磷与浓度	PO_4^{3-} 与浓度
草带	偏相关系数	0.8636	0.6772	0.9404	0.7118	0.7393
	P 值	0.000	0.008	0.000	0.004	0.003
对照	偏相关系数	0.7819	0.9233	0.8560	0.9036	0.6454
	P 值	0.001	0.000	0.000	0.000	0.013

两种坡面径流中总氮、氨氮、硝态氮、总磷、PO_4^{3-} 与污染物浓度均显著正相关，即面源污染物的输出直接受初始输入浓度的影响，初始污染物输入浓度小，则输出浓度小，初始污染物输入浓度大，则输出浓度肯定大。说明在进行坡耕地种植施肥的时候必须科学施肥，在满足植物生长需要的情况下，尽量减少不必要的各种肥料的施用，以免增加面源污染输出负荷。

8.5 讨　论

设置生态草带防治水土流失的机理在于：一是草本植物的根系十分丰富，根系的缠绕固结和穿插作用，可以提高土壤的抗冲性和土壤的渗透性，显著地改善土壤的抗侵蚀环境；二是草本植物根系直径小，根系表面积大，巨大的表面吸附对土壤水稳性团粒的形成具有重要的意义；三是草本植物地上部分生物产量高，对土壤表面的覆盖保护效果好，避免土壤直接遭受雨水击溅，延缓土壤侵蚀产流产沙的过程；四是乡土草种的生长发育盛期与区域雨季同期，5～10 月草被生长十分旺盛，植被覆盖度达 90%左右，而同期研究区降雨占全年降雨的 86%左右。

澄江尖山河流域农耕区多年来采用了各种水土保持措施，如修筑梯田、退耕还林还草、等高反坡阶、沟垄种植、薄膜覆盖等工程措施、植物措施和耕作措施，对于利用生态拦截草带作为控制坡耕地水土流失及面源污染的植物措施，采用“源头控制、提高生物吸收及过程拦截”来控制坡耕地面源污染，其在该地区属于创新性的运用。本研究采用野外径流小区定点观测，并以室内人工降雨模拟试验作为补充，两种方法相结合，使试验的结果更具有科学性。

本章研究野外监测发现生态拦截草带对产流产沙调控作用显著，且对产沙的调控作用更好。草带在降水量和降雨强度较大的暴雨情况下，径流调控能力有所减弱。草带的径流调控作用除了受降水量、降雨强度的影响外，还受前期土壤含水量的影响。次降雨过程中，草带处理的地表径流量、土壤流失量均小于原状坡面。总体上，原状坡面和草带处理的径流和土壤流失变化与降雨变化趋势基本一致。在室内模拟试验中，无论是荒地对照还是种草的径流小区，随着雨强增加，产流量和侵蚀量都在不同程度增加，产流时间都在不同程度减小；而无论是在何种情况下，草带小区较对照小区的产流量和侵蚀量都小，产流时间都有较大幅度的增加。草带的产沙调控率均大大高于产流调控率，且随着雨强的增加，草带的产流产沙调控作用有所减弱，这与野外监测所得结论相同。蔡强国（1998）研究发现，植物篱对泥沙的拦截效率明显高于对径流的拦截效率；黄传伟（2008）在华北地区采用人工模拟降雨的方法研究发现，野古草草篱可减少 7%～37%的地表径流和 49%～63%土壤侵蚀，狼尾草草篱可减少 30%～72%的地表径流和 69%～89%的土壤侵蚀，其与本章研究结论相似，且不同草种的削减作用有差异。本研究室内外削减作用大小有所差异，其原因之一也可能是铺植不同草种的削减效果不同。

室内模拟试验发现，无论在何种情况下，草带小区较对照小区的总氮、硝态氮浓度都小；除一组例外，其余草带小区较对照小区的硝态氮浓度都小；而总磷、PO_4^{3-} 的浓度表现出有时草带小于对照，有时则大于对照。野外监测也得到相似结果：与原状坡面相比，种草后径流液中总氮浓度降低，而氨氮、总磷浓度有所提高。通过相关分析发现总氮、硝态氮的输出含量与降雨强度不相关；硝态氮、总磷输出含量与降雨强度呈显著正相关；PO_4^{3-} 与降雨强度相关性比较复杂，草带坡面二者呈显著正相关，但对照坡面二者不相关。而孙达等（2008）研究得出雨强越大，总氮、总磷、水溶性磷输出浓度越小，说明雨水对污染物输出浓度有稀释作用，二者呈现负相关关系；张志玲等（2009）研究则得出雨强与径流中磷素质量浓度成正比，雨强越大，径流中磷素质量浓度越大。可见雨强对浓度的影响是一个比较复杂的过程，不同的实验会得到不一样的结论。

关于雨强对草带和荒地氮、磷输出随时间变化过程的影响是一个非常复杂的问题，受诸多因素的影响，在不同的实验条件下，得到的实验结果可能会有所不同。例如，石德坤（2009）研究得出总氮、硝态氮浓度在小雨强下产流开始时浓度较高，随着产流历时延长和产流量的增加逐渐降低；而在暴雨强下先快速降低，而后又缓慢上升；中雨强总氮浓度变化平缓。氨氮流失浓度及过程的陡峭度受雨强影响较大，在大雨强时下降趋势比较明显；小雨强时流失浓度过程相对于大雨强平缓，在稳定期内其浓度比大雨强大；中雨强时浓度保持在比较平缓的趋势。单保庆等（2001）研究得出表层无作物覆盖的土壤，总磷浓度曲线呈波浪状递减趋势，而有作物覆盖的土壤其曲线则呈均匀缓慢的递减趋势。张志玲等（2009）研究得出随着产流时间的延长，径流中磷素质量浓度呈递减趋势。高扬等（2006）研究得出地表径流总磷浓度输出变化受降雨强度影响较小。

两种坡面径流中总氮、氨氮、硝态氮、总磷、PO_4^{3-}与污染物浓度均显著正相关，即面源污染物的输出直接受初始输入浓度的影响，初始污染物输入浓度小，则输出浓度小，初始污染物输入浓度大，则输出浓度肯定大，说明在进行坡耕地种植施肥时必须科学施肥，在满足植物生长需要的情况下，尽量减少不必要的各种肥料的施用，以免增加面源污染输出负荷。

要掌握生态拦截草带的水土保持及控制氮磷输出作用与过程并非一项简单的工作，本书只对铺植草带后，相较于荒地，对地表径流及其土壤流失、氮磷流失及动态过程进行了对比研究。对于草带的削减机理，如草本的覆盖度、根系长度及其在土体中的分布、根系平均直径、表面积、体积对提高土壤抗侵蚀能力的有效性影响；坡度因子对草带减流减沙减污效益的影响；草带宽度对其削减作用的影响；草带草种选择对径流泥沙的不同削减效果研究；草带措施下垂直向壤中流及养分流失复杂过程的研究；草本覆盖改善土壤水分状况、养分状况；草本植物的栽植与田间管理等这些方面都有待进一步的研究。

本 章 小 结

1. 野外试验研究结论

2010 年产流降雨总量较 2007 年减少 4.31%，变化不大，但产流产沙量减少幅度巨大，其中径流总量减少了 71.95%、产沙量减少了 80.84%。地表径流量与降水量和最大 30min 降雨强度（I_{30}）呈直线显著相关，土壤流失量与地表径流量和 I_{30} 呈幂函数型显著相关。

次降雨下生态拦截草带对地表径流调控率为 2.76%～98.45%，总量上可削减地表径流 72.49%，产沙调控率为 49.02%～99.95%，总量上可减少土壤流失 82.12%。

在径流小区内铺植草带后，氮、磷养分随径流输出量明显减小，总氮输出量较原状坡面减少了 73.59%，氨氮输出量较原状坡面减少了 62.62%，总磷输出量较原状坡面减少了 42.30%。在径流小区内铺植草带后，氮、磷养分随泥沙输出量也明显减小，总氮输出量较原状坡面减少了 80.11%，水解氮输出量较原状坡面减少了 81.08%，总磷输出量较原状坡面减少了 85.64%，速效磷输出量较原状坡面减少了 7.66%。

2. 人工模拟降雨试验研究结论

雨强为 20mm/h 时，草带对地表径流的调控率平均可达 55.28%；对产沙的调控率平均可达 70.80%。雨强为 35mm/h 时，草带对地表径流的调控率平均可达 42.40%；对产沙的调控率平均可达 69.98%。雨强为 50mm/h 时，草带对地表径流的调控率平均可达 6.69%；对产沙的调控率平均可达 52.16%。

对照和草带小区，产流过程都大致为先逐渐增加，出现峰值后渐渐趋于稳定的态势。不同雨强的产流过程差异显著，雨强大产流亦大。不同污染物浓度下产流过程的差异相对不明显。草带与对照的产流动态过程的差别在于：相同情况下，对照的产流动态过程中各时间段的产流量较草带坡面的产流量大；在此动态过程中对照的产流量随雨强的变化程度基本一致，而草带却不同，其在雨强较大时（50mm/h）的产流量波动很大。

产沙的过程则较为复杂，有多峰多谷的特点。对照和草带小区，在高强度降雨条件下坡地侵蚀量都要明显大于低强度降雨条件下的侵蚀量，土壤侵蚀强度随雨强增大而迅速增大。产流初始由于土壤湿度小、土粒松散、黏结力小、易被溅蚀分离等，产沙过程线很快出现第 1 个峰值。但这时流量一般还较小，距产流高峰还有一段时间，所以在产沙第 1 高峰过后，产沙量便迅速减小并出现低谷。随着降雨时间的延长，产流量不断增大，水流的冲刷作用渐渐增强，待产流达到高峰前后，产沙过程又出现峰值。此后随着产流的渐渐稳定，产沙过程也逐渐平稳下来。

各坡面（草带、对照）的产流量与雨强的相关系数分别为 0.944 和 0.951，均呈显著正相关；产沙量与雨强的相关系数分别为 0.794 和 0.772，均呈显著正相关；

产流量与产沙量之间的相关系数分别为 0.903 和 0.893，均呈显著正相关；产流量与产流时间之间的相关系数分别为–0.927 和–0.881，均呈显著负相关；产沙量与产流时间之间的相关系数分别为–0.788 和–0.696，均显著负相关。

两种坡面小区总氮的浓度随时间动态变化过程明显不同，对照小区总氮浓度在产流前期有个明显下降的过程，总氮浓度输出是在产流一段时间后慢慢趋于稳定；而草带小区总氮浓度变化比较平稳，无大的波动。从不同降雨强度看，草带不同雨强下的总氮浓度输出变化无很大差异；对照小区在雨强为 20mm/h、35mm/h 时，变化幅度相似，在雨强为 50mm/h 时，初始浓度很高，而后迅速下降，再达到稳定。对照小区氨氮流失浓度变化比草带小区波动大，氨氮流失浓度及过程的陡峭度受雨强影响较大，在大雨强时下降趋势波动很大。小雨强、中雨强下相对平缓。两种坡面小区硝态氮流失浓度变化明显不同，草带小区硝态氮浓度变化比较平稳，无很大波动；而对照小区硝态氮浓度在产流前期较高，且波动幅度很大，随着时间推移硝态氮浓度曲线呈波浪状递减过程。

地表径流总磷浓度在雨强 20mm/h 和 50mm/h 时，两种坡面的输出浓度变化过程均处于小幅度波动状态；而在雨强 35mm/h 时，变化情况较复杂，草带小区总磷浓度产流前期较稳定，而后迅速增加，然后达到波动状态，而对照小区总磷浓度曲线是波动地缓慢递增，在产流后期突然下降再达到一个稳定状态。两种坡面地表径流 PO_4^{3-} 浓度输出过程变化与降雨强度没有明显的关系。

草带小区和对照小区径流中总氮的输出含量与降雨强度的相关系数分别为 0.2490 和–0.262，均不相关；氨氮输出含量与降雨强度的相关系数分别为 0.8432 和 0.8809，均呈显著正相关；硝态氮输出含量与降雨强度的相关系数分别为–0.1580 和–0.4837，均不相关；总氮输出含量与降雨强度的相关系数分别为 0.6534 和 0.6399，均呈显著正相关，与氨氮相比其相关系数要小一点；PO_4^{3-} 与降雨强度的相关性比较复杂，草带坡面二者的相关系数为 0.6414，呈显著正相关，但对照坡面二者的相关系数为 0.2652，不相关。

草带小区和对照小区径流中总氮输出含量与污染物浓度的相关系数分别为 0.8636 和 0.7819，均呈显著正相关；氨氮输出含量与污染物浓度的相关系数分别为 0.6772 和 0.9233，均呈显著正相关；硝态氮输出含量与污染物浓度的相关系数分别为 0.9404 和 0.8560，均呈显著正相关；总磷输出含量与污染物浓度的相关系数分别为 0.7118 和 0.9036，均呈显著正相关；PO_4^{3-} 与污染物浓度的相关系数分别为 0.7393 和 0.6454，均呈显著正相关。

第 9 章　坡耕地农田生态系统氮磷输出平衡特征

滇中高原是我国优质烤烟的主要生产地，但由于自然条件限制，大多数烤烟种植在坡耕地，种植过程导致坡耕地严重的水土流失，从而对山区农业的可持续发展构成了极大的威胁，其中随水土流失产生的氮、磷等面源污染物成为河流、湖泊富营养化的主要成因。虽然坡耕地在云南耕地面积中比例小，但它却是小流域面源污染物的主要策源地（王克勤等，2009）。本章对滇中澄江抚仙湖尖山河流域烤烟坡耕地由水土流失产生的氮磷流失特点以及施肥水平和施肥时间对烤烟坡耕地氮磷流失的影响进行分析，合理安排农作物施肥和小流域水土保持措施、为预防和控制抚仙湖流域非点源污染提供科学的依据成为当务之急。通过长期野外定位试验对农田生态系统的氮磷平衡特征进行研究。坡耕地农田生态系统中，氮磷平衡主要包括原有土壤含量、降雨径流泥沙氮磷流失量、施肥量、植物吸收量、土壤累积量之间的平衡。氮磷主要通过施用肥料进入农田生态系统中，在降雨条件下，氮磷随着径流、泥沙流失进入河流，进而可能造成河湖水体的富营养化，并造成一系列的环境问题。因此对滇中地区农田生态系统中氮磷主要输入、输出途径进行研究，明确此系统中氮磷的去向、数量特征以及对环境的影响，以期为该地区今后合理施肥、提高肥料利用率、减少环境污染提供科学的理论依据。

9.1　试验设计与研究方法

9.1.1　试验区设置

本章研究试验区设置与抚仙湖尖山河流域区域概况及标准径流小区的布设同第 3 章和第 4 章。试验小区在试验区选取坡度、坡向等自然条件基本一致的小区，布设 6 组面积为 1m×1m 的微型小区，各三个重复。每个微型小区均为独立的田面径流收集系统，各小区用铁板与周围土地分开，在小区的下坡方向设置塑料导流管，将降雨形成的地表径流导入位于小区末端的塑料桶内，收集每一场自然降雨后的径流样和泥沙样。

9.1.2 试验设计

6 组不同的微型小区，施用不同强度的肥料，标准径流小区施肥量与 4 号处理施肥量相同。化肥施用量以当地农民习惯为参考，施纯氮量为 105～135kg/hm^2（以氮计），氮磷钾比例为 1∶0.5～1∶3。基肥、提苗肥、追肥按照不同配比进行试验，各微型小区施肥浓度见表 9-1。根据《玉溪市优质烟标准化生产技术手册》，基肥采用定位定量精准深施肥法；提苗肥在烤烟移栽后浇湿两次，以促进烟株早生快发；追肥在移栽后 25 天内，将肥料结合培土环状施于烟株周围，以促进烟株的生长发育。基肥与追肥均施用复混肥，氮磷钾的比例为 12∶6∶24，施肥时间分别为 2009 年 5 月 4 日与 6 月 3 日；提苗肥在 5 月 16 日施用氮磷钾比例为 28∶0∶5 的肥料，8 月底 9 月初完成采收。供试土壤基本理化性质：土壤含水率 2.93%，pH 为 4.93，有机质含量 1.08%，总氮含量 370mg/kg，碱解氮含量 68.17mg/kg，总磷含量 940mg/kg，速效磷含量 350.97mg/kg。

表 9-1 各微型小区施肥处理 （单位：kg/hm^2）

处理	基肥	提苗肥	追肥	施用纯氮	施用纯磷
1 号	0.00	0.00	0.00	0.00	0.00
2 号	247.50	45.00	0.00	35.10	17.55
3 号	247.50	45.00	386.25	81.45	40.73
4 号	247.50	45.00	772.50	127.80	63.90
5 号	247.50	45.00	1158.75	174.15	87.08
6 号	247.50	45.00	1545.00	220.50	110.25

注：施用纯氮、施用纯磷为折合三种不同配比肥料所得的数值。

当地农民的经济作物类型为烤烟，属于茄科（Solanaceae）烟属（*Nicotiana*），故本试验选取烤烟作为供试植物，品种为 K326，由玉溪市烟草公司统一调入，种植密度为 16500 株/hm^2。该烤烟品种整齐度好，抗逆性强，耐肥，耐养，易烤，烟叶品质好；株高 90～110cm，采收叶数 19～22 片，叶呈长椭圆形，叶片较厚，花序繁茂，花色淡红，大田生育期为 110 天左右。

9.1.3　降雨观测与样品的采集

降水量、径流及泥沙样品的采集和观测：同 4.1.4 节和 4.1.5 节方法。

土壤样品的采集：于烤烟移栽前期 2009 年 3 月 26 日使用“对角线法”在各微型小区旁（50cm 范围内）五个点采集表层（0～20cm）土壤样品，将其混匀用于调查土壤养分背景值；于植物生长期 6 月 5 日、7 月 7 日，收获期 9 月 12 日分别采集各个微型小区不同土层厚度（0～20cm、20～40cm、40～60cm、60～80cm、80～100cm）土壤样品，然后风干、磨细，过 0.25mm 和 1mm 筛，测定土壤的总氮、碱解氮、总磷、速效磷含量，同时测定土壤含水量。

植物样品的采集：在烤烟收获期，采集烤烟样品，称取鲜重后，在 60℃烘干称干重，粉碎后测定烤烟根茎叶的总氮、硝态氮、总磷含量。

9.1.4　数据处理与计算

降水量、降雨历时采用翻斗式自记雨量计进行观测。径流量用 SW40 型日自记水位计进行观测，根据日自水位计记录记水池面积、三角堰出口高度，以次降雨过程为单位。径流量用体积法测定，泥沙含量用置换法测定。沉积泥沙在 105℃下烘干至恒重，称干泥沙样重量，将泥沙样重量换算成单位面积上的产沙量。

标准径流小区通过径流深度与沉沙池面积来计算产流量，微型小区通过桶内泥水重来计算产流量。利用置换法求泥沙含量，每种沙样重复测验三次，按式(9-1)计算各微型小区的泥沙重：

$$W_S=\gamma_S（W_{WS}-W_W）/（\gamma_S-\gamma_W） \tag{9-1}$$

式中，γ_S 为泥沙的比重；W_S 为烘干沙样重；γ_W 为水的比重；W_W 为清水重；W_{WS} 为泥水重；W 为泥沙重。

降雨因子：

$$R_i=-1.5527+0.1792P_i\text{（张玉珍，2003）} \tag{9-2}$$

式中，R_i 年降雨侵蚀力指标；P_i 为各月降雨总量（mm）。

$$\text{叶面积}=\text{叶长}\times\text{叶宽}\times0.6345\text{（谷海红等，2009）} \tag{9-3}$$

地上部分植株氮肥吸收利用率（%）=（施氮区地上部分氮积累量−不施氮区地上部分氮积累量）/施氮量×100%（石玉和于振文，2006）　(9-4)

氮肥生理利用率（%）（PE）=（施氮区产量−不施氮区产量）/吸氮量（张小莉等，2009）　(9-5)

氮肥农学利用率（%）（AE）=（施氮区产量–不施氮区产量）/施氮量（杨志平等，2007）
（9-6）

植物氮素累积量=植株干重×氮含量（陈祥等，2008）（9-7）

氮肥利用率（%）=（施氮区吸氮量–不施氮区吸氮量）/施氮量×100（9-8）

氮肥表观残留率（%）=（施氮区残留量–不施氮区残留量）/施氮量×100（9-9）

氮肥表观损失率（%）=100–氮肥利用率–氮肥表观残留率（9-10）

地上部分植株磷肥吸收利用率（%）=（施磷区地上部分磷积累量–不施磷区地上部分磷积累量）/施磷量×100%（石玉和于振文，2006）（9-11）

磷肥生理利用率（%）（PE）=（施磷区产量–不施磷区产量）/吸磷量（张小莉等，2009）
（9-12）

磷肥农学利用率（%）（AE）=（施磷区产量–不施磷区产量）/施磷量（杨志平等，2007）
（9-13）

植物磷素累积量=植株干重×磷含量（陈祥等，2008）（9-14）

磷肥利用率（%）=（施磷区吸氮量–不施磷区吸氮量）/施磷量×100（9-15）

磷肥表观残留率（%）=（施磷区残留量–不施磷区残留量）/施磷量×100（9-16）

磷肥表观损失率（%）=100–磷肥利用率–磷肥表观残留率（9-17）

农田生态系统中氮素平衡公式：

$$N_{sf}+N_{cf}+N_{str}+N_{man}+N_{fix}=N_{har} \quad (9\text{-}18)$$

养分输入包括单质化肥 N_{sf} 和复合肥 N_{cf}、作物秸秆还田 N_{str}、人畜排泄物有机肥 N_{man} 和豆科生物固氮 N_{fix}；养分输出包括作物收获输出 N_{har}。

以上测定各个指标均做三组平行试验，取平均值。数据与图表均采用统计分析软件 SPSS13.0 软件以及 Excel 2003 处理。

9.2 土壤背景值与氮磷储量

相对于其他土地利用类型，坡耕地氮磷随径流、泥沙的输出量均为最大（宋泽芬等，2008）。虽然坡耕地在云南耕地面积中比重小，但它却是小流域面源污染物的主要策源地（陈志良，2008）。滇中高原是我国优质烤烟的主要生产地，由于地形条件的限制，烤烟大多种植在坡耕地，而氮磷等随水土流失形成面源污染，对山区农业的可持续发展构成了极大的威胁。土壤流失是水土流失中降低土壤肥力的关键因素，它使耕作层减薄，土壤结构恶化，还挟带大量作物营养元素。本节着重研究不同化肥施用量对不同深度土壤氮磷分布规律的影响，从而为提高土壤肥力、减少土壤养分流失、提高植物对氮磷的利用率提供科学依据。

9.2.1　烤烟不同生育期表层土壤氮磷动态变化

土壤总氮包括所有形式的有机和无机态氮素，标志着土壤氮素总量和供应植物有效氮素的源和库，综合反映了土壤的氮素状况。从图 9-1 可以看出，土壤未施肥前到烤烟收获期，表层土壤含氮量呈逐渐增大又减小的过程，并在追肥后一个月左右达到最大值。未施肥时各处理土壤表层总氮含量较低，为 0.14～0.30g/kg。追肥后的第二天，各处理表层土壤含量均有少量增加。而 7 月 7 日，除 1 号处理外各处理表层土壤氮素含量达 0.40～1.28g/kg，均显著增加，较施肥前增加了 17.65%～80.95%，施肥与不施肥处理之间表层土壤含氮量差异显著（$P<0.05$）。在追肥后一个月达到最大值，说明施肥是改变土壤肥力、增加有效氮素的有效途径。从植物旺长期（7 月 7 日）到收获期（9 月 12 日）间，各处理土壤表层含氮量呈减小趋势。

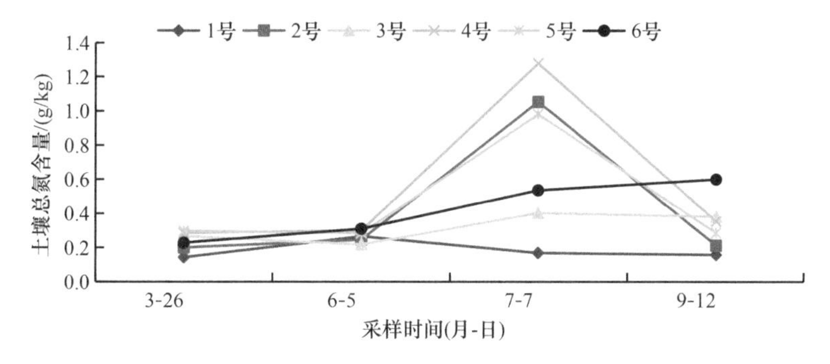

图 9-1　烤烟不同生育期表层土壤总氮含量

误差线代表平均值的标准误差，下同

磷素作为作物生长必需的大量营养元素之一，土壤中磷素水平及供应状况直接影响着作物的生产水平。而从图 9-2 可以看出，土壤总磷含量在未施肥时为 0.37～0.61g/kg，追肥后的 6 月 5 日除处理 6 号提高到 0.65g/kg 外，其他各处理磷素含量变化不明显。各处理随着施肥量的增加，磷素含量有所上升。

9.2.2　不同深度土层氮素含量

施肥前，4 号 、5 号、6 号处理的总氮含量在表层和 40～60cm 较其他土层出现峰值。在追肥后的几天，4 号、5 号、6 号总氮含量的变化范围为 0.11～0.32g/kg，0～60cm 土层呈上高下低的特点，即随土层深度的增加而降低，且不同土层之间的总氮含量差异显著，而 60～100cm 呈上低下高的特点，说明追肥后，当施肥量高于 127.80kg/hm^2 左右时，土壤中可被植物利用的氮素量增加，植物根系氮吸收量增加，土壤总氮含量在 40～60cm 处到达谷底。

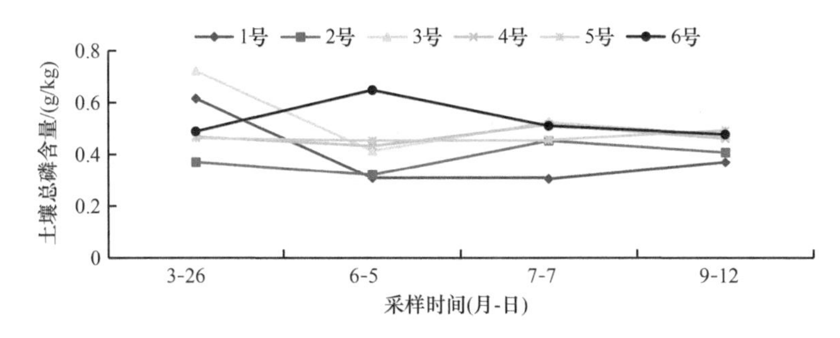

图 9-2　烤烟不同生育期表层土壤总磷含量

从图 9-3（a）、图 9-3（b）中可以看出，追肥后一个月，各处理表层土壤总氮含量显著高于其他各层，且 4 号处理表层土壤总氮含量最大，随着施肥量的增加，5 号、6 号总氮含量均以不同形式流失。4 号、5 号、6 号总氮含量总体上呈波浪式下降的趋势，5 号总氮含量在 40～60cm 处为三处理中最低。 4 号、5 号总氮含量在 0～60cm 土层厚度逐渐降低，后又逐渐升高。6 号总氮含量在 20～40cm 处较追肥后第二天降低了 53.00%，说明随着施肥量的增加，植物可利用的土壤氮素逐渐减小。在施肥量小于 127.8kg/hm^2 左右时，土壤总氮含量均表现为 0～60cm 逐渐降低。而 5 号、6 号 随着施肥量的增加，土层在 40～60cm 总氮含量达到第二个峰值，此时植物可吸收的养分有一定的限制，说明 4 号总氮含量为植物吸收最大土壤养分的临界值。1 号生长期间，土壤含量没有显著性差异，土壤中累计的养分供烤烟在生长期间吸收养分。6 月 5 日～7 月 7 日，土壤总氮含量整体趋势没有发生明显变化，说明追肥后一个月左右，各处理 0～60cm 土层总氮含量逐步降低，60～100cm 缓慢增加，并且不同施肥量上升的土壤深度不同。

在植物收获期，4 号 、5 号 、6 号处理土壤表层总氮含量骤减，后趋于平稳，仅为 7 月 7 日总氮含量的 24.24%～47.83%，且 4 号最小，说明与其他施肥处理相比较，施肥浓度为 127.80kg/hm^2 左右时，植物吸收量最高。5 号、6 号总氮含量在 20～100cm 均比 4 号高，说明植物生长过程中，不能吸收较大施肥量。土壤各层氮素含量处于动态变化中，而影响因素是多方面的。

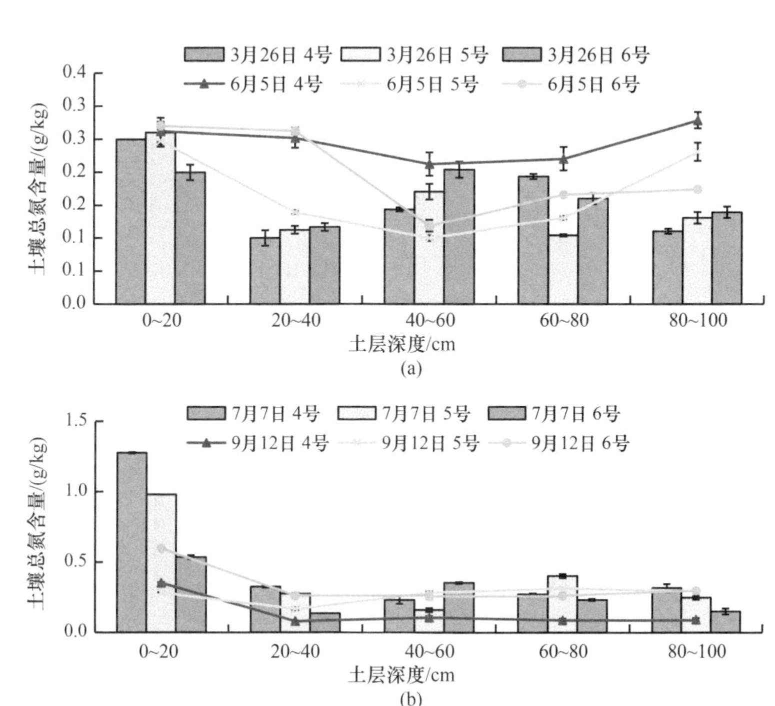

图 9-3　烤烟不同生育期 0～100cm 土层总氮含量

误差线代表平均值的标准误差，下同

9.2.3　不同深度土层磷素含量

从图 9-4（a）～图 9-4（d）可以看出，施肥前 3 月 26 日，4 号处理土壤总磷含量在 40～60cm 处出现峰值，达到 0.80g/kg，整体趋势表现为下降—上升—下降，根据中国土壤总磷含量分级标准（金继运等，2006）[Ⅰ级（>1.0g/kg），Ⅱ级（0.8～1.0g/kg），Ⅲ级（0.6～0.8g/kg），Ⅳ级（0.4～0.6g/kg）]，属于Ⅲ级；5 号、6 号为 0～20cm 最大，分别为 0.46g/kg、0.49g/kg，均属于Ⅳ级]而烤烟移栽后，6 月 5 日、7 月 7 日、9 月 12 日，4 号处理仍表现为在 40～60cm 处最大，分别达到 0.94 g/kg、0.72g/kg、0.81g/kg，且趋势相同；5 号、6 号也与 3 月 26 日的趋势相同，说明深层土壤中磷素迁移能力较弱，且土壤磷素含量与土壤背景值有很大关系。随着时间的推移，不同土层总磷含量有轻微下降的趋势，但表现不明显。

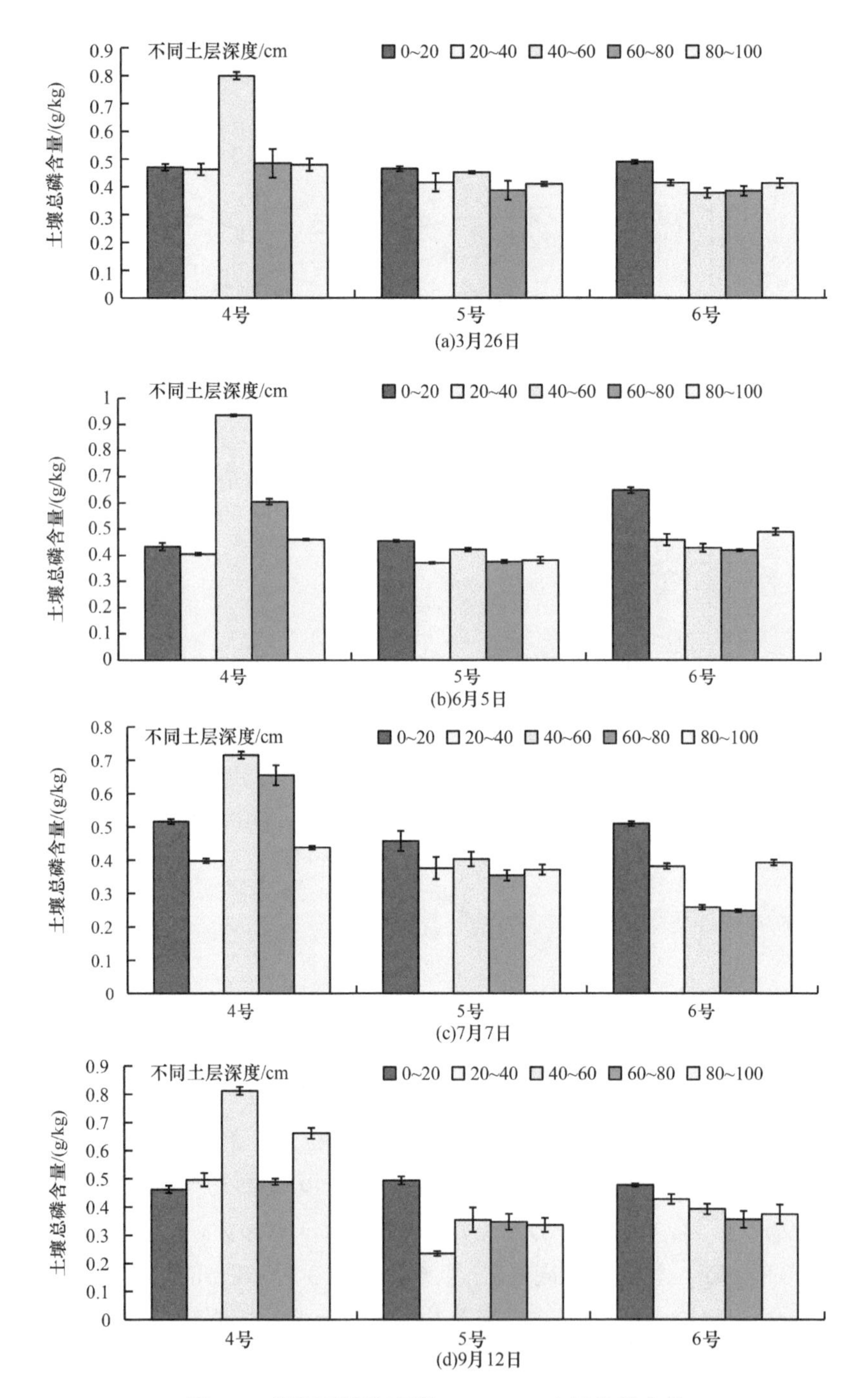

图 9-4　烤烟不同生育期 0～100cm 土层总磷含量

土壤速效磷含量是土壤供磷能力的重要指标，它是指植物在中短时期内能为植物吸收利用的那部分磷。从图 9-5 中可以看出，相同取样时间条件下，随着施肥量的增加，土壤表层速效磷含量呈现增加—降低的趋势，即处理 1 号～3 号逐渐增加，之后逐渐降低。而烤烟移栽后土壤速效磷不同土层趋势与移栽前 3 月 26 日不尽相同。

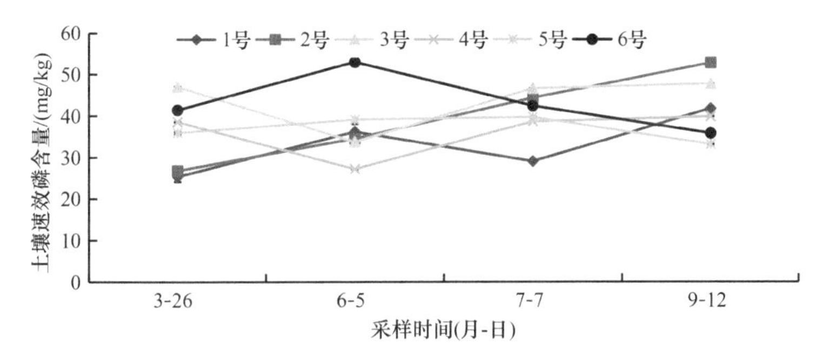

图 9-5　烤烟不同生育期表层土壤速效磷含量

从图 9-6（a）～图 9-6（d）中可以看出，3 月 26 日 4 号、5 号、6 号处理速效磷含量为 17.36～55.36mg/kg，烤烟收获期 9 月 12 日速效磷含量降低至 11.38～39.83mg/kg，说明土壤中速效磷较总磷易随水迁移，土壤背景值对于土壤速效磷的影响较轻。

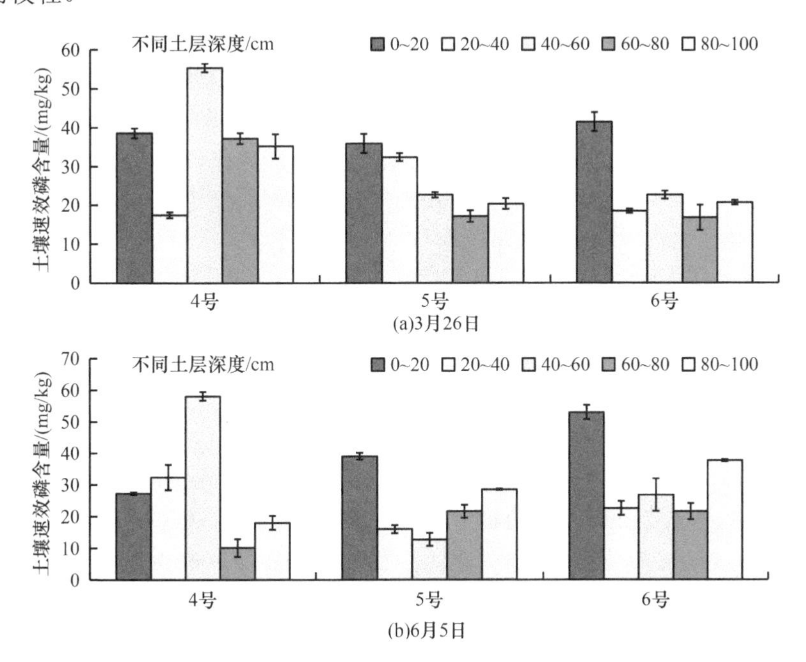

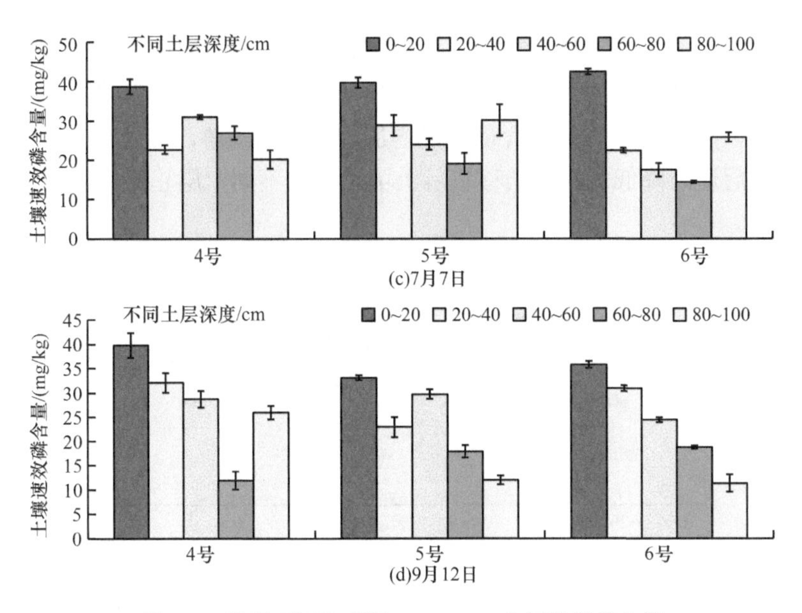

图 9-6　烤烟不同生育期 0～100cm 土层速效磷含量

9.3　坡耕地氮磷流失与富集特征

氮磷随着地表径流和泥沙输出是影响农田生态系统平衡的重要因素。降雨是形成地表径流的前提条件，当降雨满足植物的截留和地面的填挖下渗时，就会产生地表径流。土壤表面通过地表径流的作用形成土壤侵蚀，从而造成氮磷流失。本节以各微型小区次降雨径流流失、泥沙流失为研究对象，以研究氮磷输出特征。次降雨径流氮磷流失是指在一次产流和产沙过程中单位面积上所流失的氮磷量，即不同降雨事件条件下氮磷流失的强度。

9.3.1　氮磷随径流流失浓度及形态特征

1. 氮素随径流流失浓度特征

从图 9-7～图 9-9 中可以看出，地表径流总氮、硝态氮、铵态氮浓度随着时间的推移，总体上呈波浪式下降的趋势。相同降雨条件下，随着施肥量的增加，径流中氮素浓度增大，不同处理均值比较，总氮、硝态氮、铵态氮浓度变化一致，均表现为：1 号<2 号<3 号<4 号<5 号<6 号，差异性极显著（$P<0.01$），说明施肥

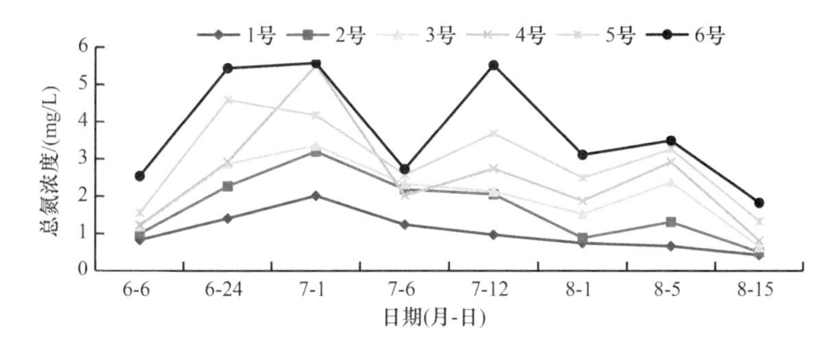

图 9-7　不同处理总氮浓度动态变化

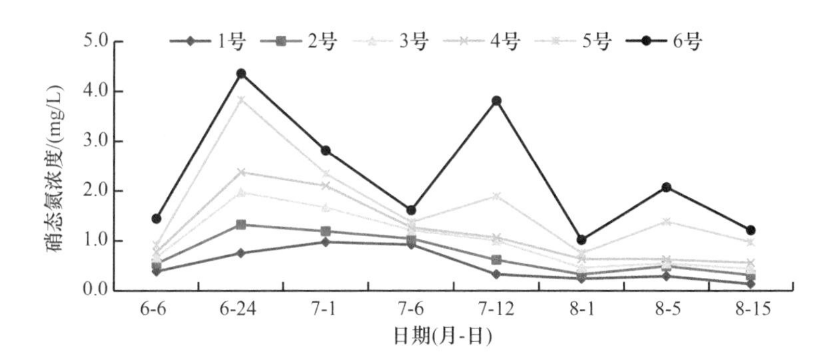

图 9-8　不同处理硝态氮浓度动态变化

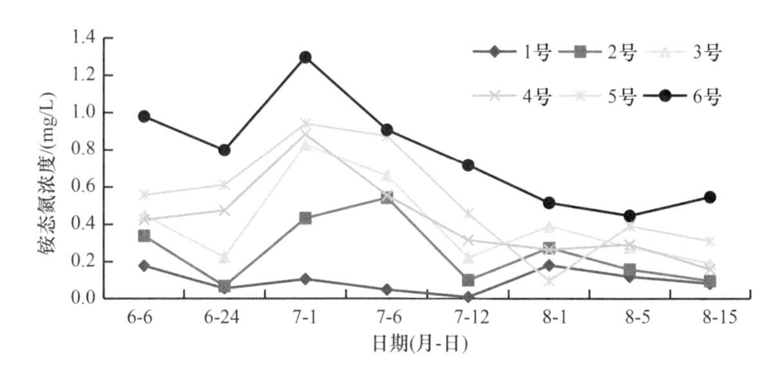

图 9-9　不同处理铵态氮浓度动态变化

显著增加了三氮的浓度，随着施肥量的增加，三氮浓度逐渐上升；同一处理在不同的降雨条件下，氮素浓度变化也较大。7 月 1 日各处理随径流流失的总氮、铵态氮浓度达到最大值，且有一定的波动，分别为 2.20～5.57mg/L、0.11～1.30mg/L，且随着降水量的不同差别较大；而硝态氮浓度则在 6 月 24 日达到最大值，随后的几场降雨都逐渐减小，说明相同降雨条件下，施肥是导致氮素流失浓度出现显著差异的主要原因。

在不同降雨条件下，总氮与硝态氮浓度变化趋势基本一致，追肥后的第一天径流总氮浓度并不是最大，18 天后的第二次产流 7 月 1 日和 7 月 12 日达到两个极值，6 号处理的总氮和硝态氮浓度分别达到 5.43mg/L、5.52mg/L 和 4.36mg/L、3.81mg/L，高出其他各处理的 2.85～4.69 倍和 4.73～10.45 倍，超过了《地表水环境质量标准》（GB3838—2002）中规定的总氮Ⅴ类标准 2mg/L，说明施肥后降雨条件是导致径流中氮素浓度出现差异的一个重要原因，同一处理在不同的降雨条件下，氮素浓度变化也较大。铵态氮和硝态氮在 8 月 1 日以后，浓度趋于平稳。硝态氮、铵态氮浓度分别介于 0.25～4.36mg/L 和 0.01～1.30mg/L。而铵态氮浓度也在 7 月 1 日达到极值 1.30mg/L，此时降水量在 8 场降雨事件中最大，说明降水量显著影响径流中铵态氮的浓度，施肥后一个月铵态氮浓度最大。

2. 氮素随径流流失形态特征

地表径流氮素的存在形式主要有可溶态氮、颗粒态氮。由于亚硝态氮在可溶态氮中所占比例很小，故用硝态氮和铵态氮来计算可溶态氮的比例，用差减法计算颗粒态氮。从图 9-10 可以看出，在各个降雨以及施肥条件下，可溶态氮中硝态氮占总氮浓度的比例为 21.02%～83.55%，其直接影响了径流氮素浓度；铵态氮仅占总氮的 1.02%～38.58%。各处理硝态氮的比例为铵态氮的 1.21～33.67 倍，说明滇中坡耕地地表径流输出以硝态氮为主。可溶态氮所占比例在施氮后前几周趋于稳定，并达到极值 98.07%，而后逐渐降低又缓慢回升；颗粒态氮所占比例极小。

硝态氮/总氮的比值在 6 月 24 日达到极值，此时距离施氮时间为 18 天，说明 18 天左右硝态氮在总氮中的比例最大。图 9-10 可以看出，在 6 月 6 日和 8 月 15

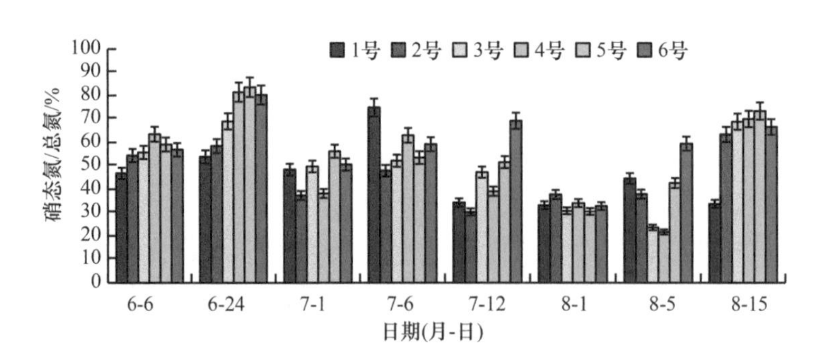

图 9-10　肥料施用量对地表径流硝态氮/总氮的影响

日分别出现了两个极大值，前者是因为肥料中有效成分转化为硝态氮形式，而后者是因为施氮后期其他形态的氮转化为硝态氮。除了少量极小值之外，硝态氮/总氮的比值大多在 40%～80%及其以上，说明硝态氮在整个降雨过程中起到至关重要的作用，是氮素存在的主要形式。所有比值的均值顺序为：3 号<1 号<2 号<4 号<5 号<6 号，处理 3 号硝态氮/总氮的比值最低，经过方差分析得出，施肥对于硝态氮/总氮比值的增加影响是极显著的。

铵态氮浓度是反映氮素转化与流失潜力相对水平的一个重要指标，故研究铵态氮占总氮的比例也是至关重要的。从图 9-11 中可以看出，施氮后第一天，铵态氮/总氮的比值达到最大，而后不同程度地逐渐减小，这说明随着时间的推移，铵态氮的流失逐渐减小，相对流失潜能也逐渐减小，而逐渐被硝态氮、总氮取代，这时监测铵态氮和总氮尤为重要。铵态氮/总氮的比值在 8 场降雨过程中出现两个极大值，一次在施氮后，一次在 7 月 6 日，两次分别因为肥料中的氮素转化为铵态氮和后期其他形态的氮转化为铵态氮。各个处理比例的均值顺序为：1 号<2 号<4 号<5 号<3 号<6 号，说明施氮量在 40.73kg/hm^2 时，氮素形态主要以铵态氮形式存在，流失风险较高，施肥的增加使得铵态氮在总氮中的比例增加。

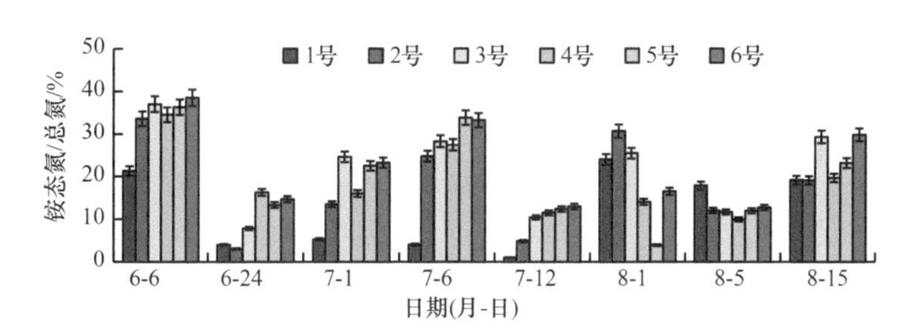

图 9-11　肥料施用量对地表径流铵态氮/总氮的影响

硝态氮和铵态氮是监测水体污染的重要指标，对于反应水体质量具有重要的意义。从图 9-12 中可以看出，施氮后一个月内，（硝态氮+铵态氮）/总氮的比值变化并无显著性差异，直到 7 月 12 日才有所降低，到 8 月 15 日又达到极值。除了少量极小值外，其比例为 48%～98.07%，最大值接近 1.00，说明硝态氮和铵态氮是水体中氮素的主要污染物。8 场自然降雨各个处理比例的均值顺序为：1 号<2 号<4 号<3 号<5 号<6 号，说明施氮能够显著提高两种氮素在总氮中所占的比例。这与硝态氮和铵态氮在总氮中所占的比例的研究结果一致。

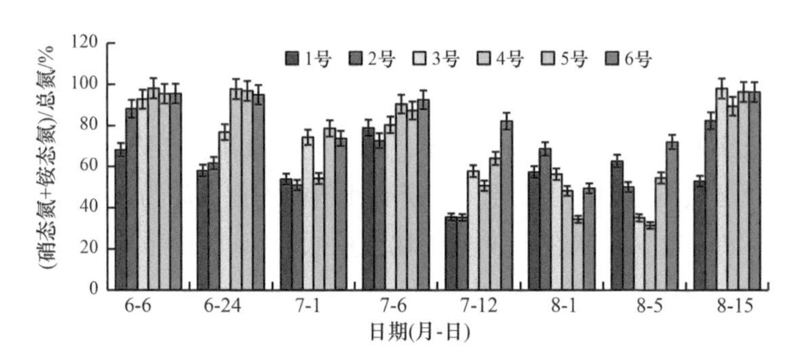

图 9-12　肥料施用量对地表径流（硝态氮+铵态氮 ）/总氮的影响

3. 磷素随径流流失浓度特征

经过相关分析，与氮素浓度变化趋势相同，径流中总磷和磷酸根的浓度均与施肥时间呈对数负相关关系，即总磷、磷酸根浓度也随着时间的推移，总体上呈下降趋势（图 9-13、图 9-14）。8 场降雨总磷浓度为 0.03～0.68mg/L，磷酸根浓度为 0.02～0.48mg/L，径流总磷浓度输出受降雨强度变化较大。从图 9-13 中可以看出，在相同降雨条件下，随着施肥量的增加，径流中总磷浓度明显增加，施肥处理总磷含量是不施肥处理的 4.50～5.98 倍，不同处理均值总磷、磷酸根浓度均表现为：1 号<2 号<3 号<4 号<5 号<6 号，差异性极显著（$P<0.01$），说明施肥处理显著提高了径流中总磷的含量。在不同降雨条件下，追肥后的第一天 6 月 6 日降雨强度较大时，6 号处理达到最大值 0.68mg/L，超过国家《地表水环境质量标准》（GB3838—2002）总磷Ⅴ类标准 0.4mg/L 的 70%。当降雨强度在 7 月 12 日达到最大时，各处理总磷浓度均较前三场降雨有所上升，说明当降雨强度提高时，随径流流失的土壤侵蚀加剧，总磷流失浓度增加。在追肥两个月后，8 月 5～15 日总磷和磷酸根浓度均较刚施肥后明显降低，且变化趋于平缓，分别为 0.03～0.18mg/L、0.02～0.06mg/L。磷酸根浓度与总磷浓度趋势基本相同，在不同降雨条件下输出浓度不同，空白处理 1 号浓度变化不大，磷酸根浓度均高于水体富营养化临界值（0.02mg/L），其排放至水体容易造成水体富营养化。

4. 磷素随径流流失形态特征

在 6～8 月监测期间，磷酸根浓度在总磷浓度中的占比见图 9-15。磷酸根浓度占总磷浓度的 30.43%～87.05%，各处理径流总磷输出以磷酸根为主。施肥后一个月 6 月 6 日磷酸根占总磷浓度的 44.83%～87.05%，施肥后两个月 8 月 5 日以后的

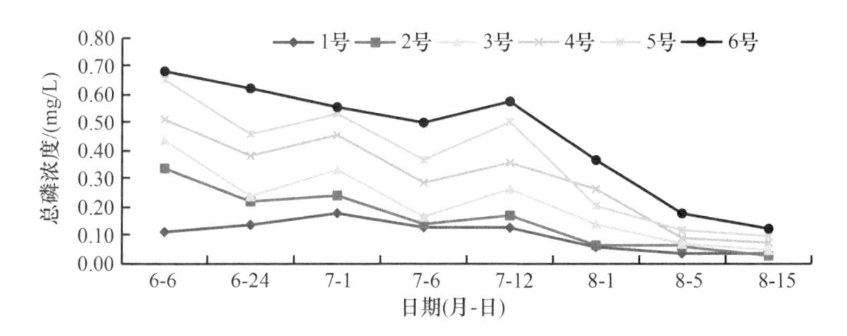

图 9-13　不同处理总磷浓度动态变化

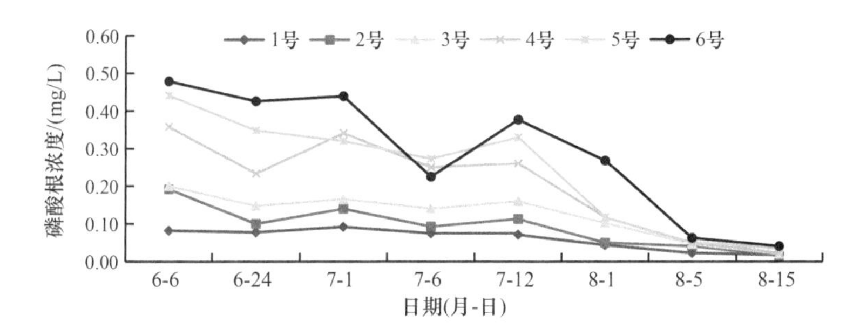

图 9-14　不同处理磷酸根浓度动态变化

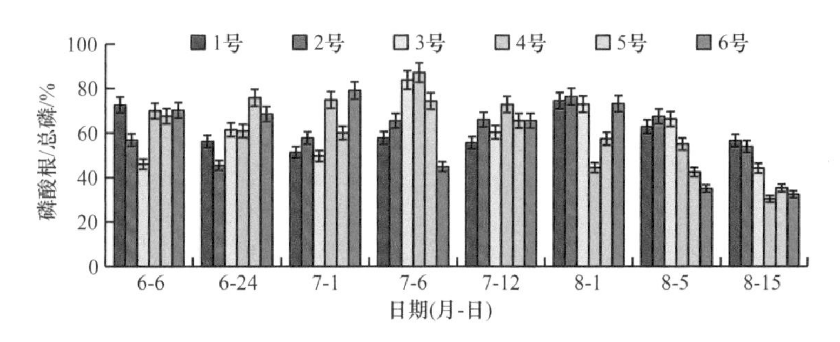

图 9-15　肥料施用量对地表径流磷酸根/总磷的影响

磷酸根占总磷浓度的 30.43%～67.35%。1 号、2 号、3 号处理在监测期磷酸根浓度占总磷浓度的比例均为 40%以上，说明在施肥量较小的情况下，磷酸根在总磷中占较大比例。而 4 号、5 号、6 号处理磷酸根浓度占总磷浓度的比例随着时间的推移逐渐降低，说明施肥量高的处理后期磷素流失主要以颗粒态存在，且比例呈现增大的趋势。

9.3.2 氮磷随泥沙流失量及富集率特征

1. 氮素随泥沙流失特征

从图 9-16 可知，在 8 场降雨过程中，每场降雨径流的产生均伴随着土壤侵蚀，径流中泥沙浓度的变化没有规律，泥沙中总氮流失量也呈不规则波动。当 7 月 12 日的降雨强度达到最大 17.90mm/h（平均值）时，各处理总氮泥沙流失量均达到最大值，且随着施肥量的增加，总氮流失量增加，6 号处理达到 407.32mg/km^2，高出其他各处理 0.03～47.53 倍。在 8 场降雨中，7 月 12 日各处理的平均氮流失量为其他次降雨的 1.06～8.23 倍。在相同降雨条件下，随着施肥量的增加泥沙流失量逐渐增加。经过方差分析，降雨强度对土壤侵蚀量的影响差异极显著（$P<0.01$）。

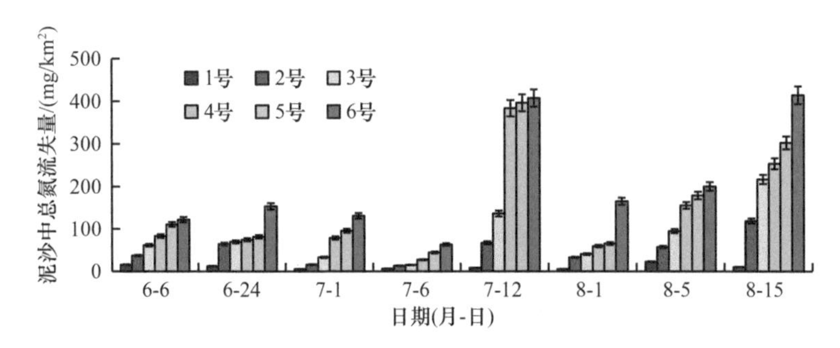

图 9-16 不同降雨条件下泥沙中总氮流失量

2. 磷素随泥沙流失特征

随着降雨时间的推移，磷的泥沙流失量也没有表现出规则的趋势，磷的流失量也与降雨强度有关，降雨强度在 7 月 12 日最大时，各处理的磷素流失量均较其他各降雨强度增大，6 号处理达到 458.16mg/km^2，且高于同一时间的氮的流失量。在同一降雨条件下，泥沙中总磷输出量均表现为 1 号<2 号<3 号<4 号<5 号<6 号，6 号处理为其他各处理的 1.05～24.75 倍。随着施肥量的增加泥沙流失量逐渐增加，且降雨强度对泥沙总磷流失量的影响极显著（$P<0.01$）（图 9-17）。

3. 泥沙中氮素富集特征

富集率是侵蚀泥沙养分含量与土壤养分含量的比值（王兴祥等，1999），是衡量土壤养分相对大小的重要指标。从表 9-2 可以看出，各处理总氮富集率在 1.02～

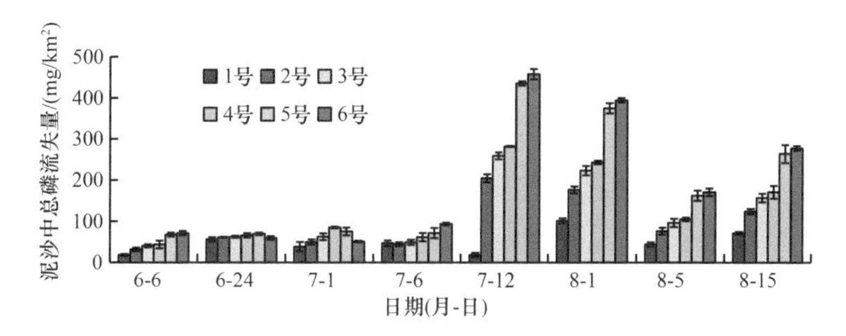

图 9-17　不同降雨条件下泥沙中总磷流失量

表 9-2　各处理侵蚀泥沙氮素养分富集率（ER）

处理	指标	6-24	7-1	7-6	7-12	8-1	8-5	8-15
1 号	富集率	1.33	1.46	1.26	1.23	1.08	1.03	1.02
	侵蚀泥沙总氮含量/原表土土壤总氮含量	0.52/0.39	0.57/0.39	0.49/0.39	0.48/0.39	0.42/0.39	0.40/0.39	0.40/0.39
2 号	富集率	1.58	1.53	1.37	1.53	1.34	1.11	1.14
	侵蚀泥沙总氮含量/原表土土壤总氮含量	0.60/0.38	0.58/0.38	0.52/0.38	0.58/0.38	0.51/0.38	0.42/0.38	0.43/0.38
3 号	富集率	1.49	1.49	1.37	1.50	1.31	1.14	1.22
	侵蚀泥沙总氮含量/原表土土壤总氮含量	0.54/0.36	0.54/0.36	0.49/0.36	0.54/0.36	0.47/0.36	0.41/0.36	0.44/0.36
4 号	富集率	1.43	1.46	1.30	1.43	1.22	1.08	1.16
	侵蚀泥沙总氮含量/原表土土壤总氮含量	0.53/0.37	0.54/0.37	0.48/0.37	0.53/0.37	0.45/0.37	0.40/0.37	0.43/0.37
5 号	富集率	1.39	1.39	1.18	1.39	1.20	1.05	1.05
	侵蚀泥沙总氮含量/原表土土壤总氮含量	0.53/0.38	0.53/0.38	0.45/0.38	0.53/0.38	0.46/0.38	0.40/0.38	0.40/0.38
6 号	富集率	1.37	1.38	1.29	1.30	1.10	1.03	1.04
	侵蚀泥沙总氮含量/原表土土壤总氮含量	0.47/0.34	0.47/0.34	0.44/0.34	0.44/0.34	0.37/0.34	0.35/0.34	0.35/0.34

1.58 变化。降雨强度最大时，富集率总体趋势最大，达到 1.23～1.53。在相同降雨条件下，随着施肥量的增加，总氮富集率整体上呈略微减小趋势，但差异不明显（$P<0.01$）。随着时间的推移，总氮富集率呈减小趋势，但均不低于 1.00。

9.3.3　径流与泥沙中氮磷输出量

图 9-18 为在 8 场降雨中不同处理的微型小区径流和泥沙总氮输出量。在相同降雨条件下，随着施肥量的增加，总氮输出量逐渐增加，各处理的总氮输出量差

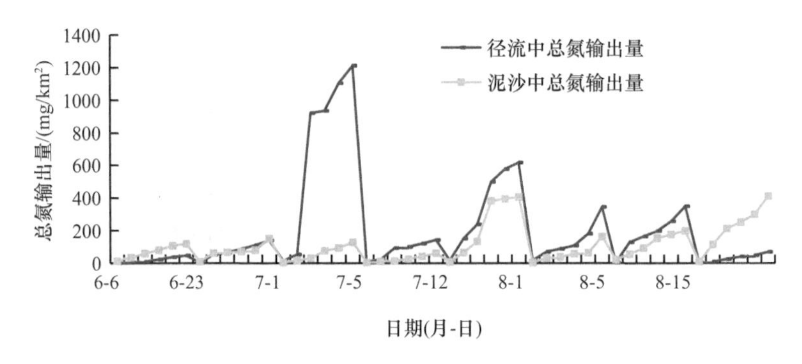

图 9-18　各微型小区总氮输出量

每个日期中径流和泥沙的六个点从左到右分别为 1 号、2 号、3 号、4 号、5 号、6 号处理

异极显著（$P<0.01$），均表现为：1 号<2 号<3 号<4 号<5 号<6 号，说明氮肥施用量较高造成农田氮素流失量较大。在不同降水量和雨强条件下，6～8 月坡耕地总氮输出以径流输出为主，占流失量的 64.86%。在降水量较少时，泥沙中总氮输出量略高于径流中总氮输出量。而当降水量低于 20.06mm 时，泥沙中总氮输出量维持在 5.41～199.61mg/km^2。空白处理 1 号总氮输出量均为最小。7 月 1 日 6 号处理径流中总氮输出量达到极值 1213.66mg/km^2，为空白处理的 13.75 倍，而此时径流中总氮输出量为泥沙中总氮输出量的 2.04～9.31 倍。7 月 1 日和 7 月 12 日的暴雨使总氮输出量达到最大，说明暴雨对氮素输出量的贡献率极大。

图 9-19 为在 8 场降雨中不同处理的微型小区径流和泥沙总磷输出量。在相同降雨条件下，总磷输出量随着施肥量的增加逐渐增加，但有一定的波动，空白处理 1 号总磷输出量均为最小。在 7 月 12 日降雨强度最大时，3 号处理泥沙总磷达到 976.10mg/km^2，远高于其他各处理。在不同降雨条件下，各处理总磷输出均以泥沙结合态为主，且总磷输出量大于总氮输出量。

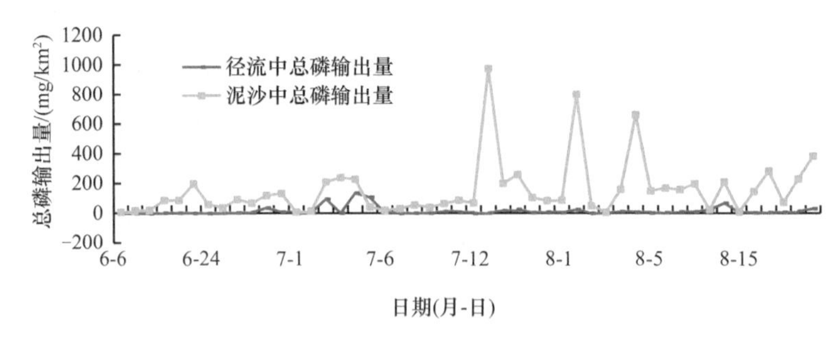

图 9-19　各微型小区总磷输出量

每个日期中径流和泥沙的六个点从左到右分别为 1 号、2 号、3 号、4 号、5 号、6 号处理

9.4　施肥量与作物吸收对氮磷输出的影响

烤烟作为我国一种重要的经济作物，其养分需要量较多，施肥量较大，肥料利用率较低。但由于受到土地制度的影响，我国烤烟难以实现轮作和休闲的栽培制度，长期连作将导致烤烟生产的施肥环境出现问题，使烤烟地土壤质量逐渐下降。而大量施肥是烤烟种植过程中普遍存在的问题，其造成肥料浪费、土壤养分不均衡、水体污染、烤烟产量质量降低、土壤物理结构被破坏等一系列问题。在烤烟生长过程中，如何提高肥料利用率、减少肥料施用量成为亟待解决的问题。氮磷作为大量营养元素，不但会对作物的产量品质产生重要的影响，而且还以各种方式直接或间接地影响植物的感病性和抗病性（张福锁，1993）。本节在当地农民传统施肥的基础上，设置不同梯度的施肥量，旨在为合理施肥、调控烟株的生长发育，找到当地肥料施用的最佳施肥量，以期增加农民收入，为减少肥料浪费、减少环境污染等问题提供重要的科学理论依据。

9.4.1　不同施肥量与烤烟生物量的关系

不同施肥处理的烤烟产量 2 号、3 号、6 号处理之间差异不显著，而 1 号 、2 号、4 号、5 号差异显著，说明氮肥施用量提高到 220.50kg/hm^2、磷肥提高到 110.25 kg/hm^2 时，并没有显著提高烤烟产量，与 3 号处理之间差异不显著。从表 9-3 可以看出，随着施肥量的增加，烤烟产量呈增加—减小趋势，4 号处理产量

表 9-3　施肥量对烤烟产量的影响

处理	施用纯氮 /（kg/hm^2）	施用纯磷 /（kg/hm^2）	产量（鲜重） /（t/hm^2）	产量（烘干重） /（t/hm^2）
1 号	0.00	0.00	7.71±0.40d	0.62±0.38d
2 号	35.10	17.55	20.50±0.19c	1.68±0.07c
3 号	81.45	40.73	21.05±0.28c	1.69±0.40c
4 号	127.80	63.90	50.10±0.70a*	3.88±0.41a*
5 号	174.15	87.08	37.82±0.32b	3.11±0.53b
6 号	220.50	110.25	21.43±0.41c	1.70±0.62c

注：各处理数值均为平均值±标准差，表中同一列不同字母表示 LSD 比较差异性显著，相同字母表示差异性不显著（$P<0.05$），*表示此处为最大值。

均为最大，烤烟产量（鲜重）为其他各处理的 1.32～6.50 倍，烤烟产量（干重）为其他各处理的 1.25～6.26 倍。在施用相同底肥的情况下，追肥在 1 号～3 号处理 0～386.25kg/hm^2 范围内，2 号、3 号的产量无显著差异，而土壤与肥料中的氮转变为植物吸收的氮差异较大。较不施肥处理，施肥处理干物质产量为其的 2.71～6.26 倍。

从表 9-4 中可以看出，4 号处理氮吸收量最大，为其他各处理的 1.83～19.26 倍，磷吸收量为其他各处理的 5.33～83.67 倍，差异性极显著，说明植物氮磷吸收量有一定的阈值范围。在本试验中，氮吸收量达到 103.62kg/hm^2 左右、磷吸收量达到 4.96kg/hm^2 左右将不再增加。植株地上部分含氮量 3 号处理达到峰值后随着施氮量的增加而逐渐减小。各处理施氮量与鲜重、干重、地上部分含氮量、吸氮量用二次方程来表示，相关系数分别达到 0.7265、0.738、0.6551、0.8188，均在 4 号出现最高点。而植株地上部分含磷量则不同，在不同处理条件下，差异均不显著。施肥水平对烟叶最大叶面积的影响差异显著，叶面积随着施肥量的增加产生波动，表现为 1 号<6 号<2 号<3 号<5 号<4 号 。施氮处理超过 4 号处理 127.8kg/hm^2 左右时，施磷处理超过 63.90kg/hm^2 左右时，不仅作物产量不会增加，吸氮量、吸磷量也达到饱和，且吸磷量较吸氮量低。

表 9-4　施肥量对烤烟养分吸收量的影响

处理	收获期最大叶面积/cm^2	植物地上部分含氮量/（g/kg）	植物地上部分含磷量/（g/kg）	吸氮量/（kg/hm^2）	吸磷量/（kg/hm^2）
1 号	119.92±40.11d	0.70±0.47f	0.04±0.00a	5.38±2.59e	0.06±0.01e
2 号	492.67±25.31c	1.23±0.08e	0.03±0.00a	19.79±3.85d	0.06±0.01e
3 号	605.31±38.91b	2.79±0.69a*	0.04±0.00a	53.43±8.17b	0.12±0.03d
4 号	774.39±98.44a*	2.18±0.17b	0.04±0.00a	103.62±27.02a*	4.96±0.03a*
5 号	749.71±28.05a	1.64±0.06d	0.04±0.00a	56.74±3.35b	0.93±0.02b
6 号	451.00±35.21c	1.89±0.38c	0.04±0.00a	35.21±7.11c	0.56±0.02c

注：各处理数值均为平均值±标准差，表中同一列不同字母表示 LSD 比较差异性显著，相同字母表示差异性不显著（P<0.05），*表示此处为最大值。

9.4.2　不同施肥处理的氮磷效率评价

氮效率评价主要从氮肥利用率、农学利用率和生理利用率 3 个指标来评定。氮肥利用率是指单位肥料中氮引起的作物对氮素回收的增量。农学利用率是指每投入单位肥料氮使作物产量的增量。生理利用率是指作物每吸收单位氮素引起的产量的增量。氮肥利用率主要反映作物对肥料氮的吸收情况，但并不能反映作物吸收的氮有多少转化成了经济产量。农学利用率代表肥料的增产效益，而生理利用率则表现了作物对吸收氮的利用情况，是土壤氮和肥料氮共同作用的结果（钟茜等，2006）。磷效率评价标准与氮相同。

随着肥料施用量的增加，氮肥、磷肥利用率均呈现“低—高—低”抛物线形的趋势。从表 9-5 和表 9-6 可以看出，当氮肥超过 4 号处理 127.80kg/hm^2 左右、磷肥超过 63.90kg/hm^2 左右时，随着施肥量的提高，氮肥利用率从 81.08%减小至 15.97%，磷肥利用率从 7.76%减小至 0.51%，氮磷利用率均在 4 号处理达到最高值。氮肥农学利用率平均变动在 4.88%～30.26%，其随施氮量的增加呈波浪式下降，且各处理对于氮的吸收率差异显著（$P<0.05$）。而磷肥农学利用率变动较大，在 13.87%～86.34%波动，施磷量相对施氮量较小，故磷肥农学利用率较大。

表 9-5　施肥量对烤烟氮磷效率的影响

处理	氮肥农学利用率/%	氮肥生理利用率/%	氮素累积量/（kg/hm^2）	磷肥农学利用率/%	磷素累积量/（kg/hm^2）
1 号	—	—	0.43	—	0.01
2 号	30.26	42.23	2.07	86.34	0.06
3 号	13.08	18.11	4.71	37.27	0.13
4 号	25.45	29.85	8.43	58.00	0.14
5 号	14.31	40.13	5.11	33.82	0.11
6 号	4.88	26.51	3.22	13.87	0.06

表 9-6　施肥量对烤烟氮磷利用率的影响

处理	氮肥利用率/%	氮肥表观残留率/%	氮肥表观损失率/%	磷肥利用率/%	磷肥表观残留率/%	磷肥表观损失率/%
1 号	—	—	—	—	—	—
2 号	56.37	1.56	42.07	0.33	0.22	99.45
3 号	65.6	3.97	30.43	0.29	0.25	99.46
4 号	81.08	2.92	16.00	7.76	0.19	92.05
5 号	32.58	0.97	66.45	1.07	0.12	98.81
6 号	15.97	0.74	83.29	0.51	0.1	99.39

4 号处理对氮磷回收的增量最高，可以更有效地将植株吸收的氮转化为植物生物量，说明当施肥量超过植物本身的吸收能力时，将直接降低肥料的利用率。本试验的最高施肥量 6 号处理的氮效率影响因素均为最低，施用的大量氮肥以各

种形式损失，对肥料造成极度浪费，且增产效益很低，并没有带来植物氮素的大量吸收，因此氮肥生理利用率也很低。而植物对磷素的吸收量较少，其生理利用率较大。1 号～4 号处理施用氮肥在 0～127.80kg/hm^2、施用磷肥在 0～63.90 kg/hm^2，提高氮磷的施肥量，氮磷农学利用率、植物累积量相应的会有所提高。从氮素农学利用率来看，4 号处理的肥料的增产效益是其他各处理的 1.08～5.22 倍。

9.4.3 作物对氮磷素吸收的影响

大量研究表明，氮磷是影响烤烟生长发育的最重要的矿质元素之一，且对烤烟产量和品质有着深远的影响（郭培国等，1996；袁秀云等，2002；汪耀富等，2004；刘卫群等，2004；李春俭等，2007），氮磷肥种类和形态对烤烟产量和质量都会产生不同的影响。国内外烟草专家曾就氮磷素形体对烟叶产量、质量影响做过大量研究，但自然环境和栽培条件不同而导致研究结果不一致。磷素作为烤烟生长的三要素之一，其在生长发育及代谢过程中同样具有重要的生理功能。

1. 植物对氮素的吸收量

图 9-20 表示烤烟在成熟期不同器官的氮素含量。4 号处理的根系供给叶片的氮素最多，茎、叶片氮素含量最高。在植物产量最大时，植物含氮量表现为叶片>茎>根，说明在烤烟成熟期，选择适宜的施氮量，植株中氮素的分配以叶片为主。施肥处理各植物器官的氮素含量均高于 1 号空白处理，但根系在三种器官中所占比例随着施肥量的增加而逐渐减小，说明低氮条件下氮素优先供应给近源处器官根系生长（Humphries，1968）。根系是吸收氮素的功能器官，烤烟将氮素尽可能地供应给根系促进根系发展，以提高根系的氮素吸收能力，缓解植株缺氮的状况（王树声等，2008）。而在施氮量较低时，根和茎吸收量较大，但是运往叶片的养分较少。而当施肥量高于 174.15kg/hm^2 时，植物养分茎含量高出叶片和根的 10%～60%。而根系的氮素含量随着施氮量增加而增加，3 号处理最高。而从图 9-21 可以看出，烤烟硝态氮含量除 3 号、6 号处理茎中含量较大以外，其他各处理硝态氮含量无显著差异（$P<0.05$），均在 352.77～487.25mg/kg，表现为茎>叶片>根。

2. 植物对磷素的吸收量

烤烟在成熟期各器官分配量与氮素表现不同，除空白处理 1 号外，其他各处理含磷量均表现为茎>根>叶片。烤烟体内吸收的磷素含量在 4 号处理达到最大值，而随着施肥量的增加，5 号、6 号处理烤烟吸收的磷素含量并没有增大趋势（图 9-22）。

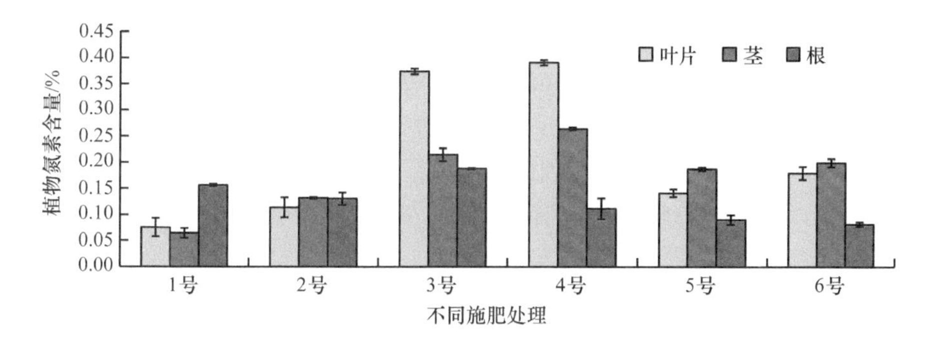

图 9-20　施肥量对成熟期烤烟各器官氮素分配量的影响

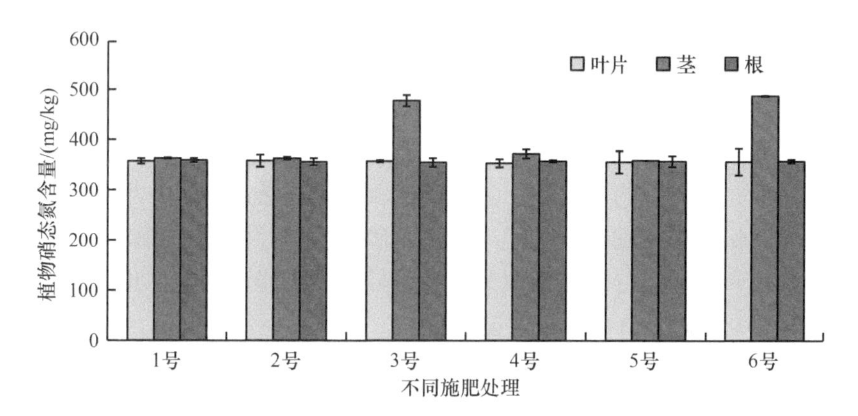

图 9-21　施肥量对成熟期烤烟各器官硝态氮分配量的影响

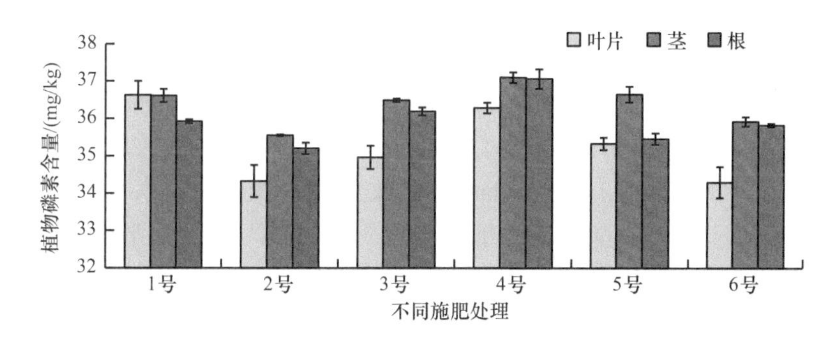

图 9-22　施肥量对成熟期烤烟各器官磷素分配量的影响

9.5 坡耕地农田生态系统中氮磷平衡关系

在农田生态系统中，氮磷是非常活跃的因子。坡耕地农田生态系统中氮磷平衡主要包括原有土壤含量、降雨径流泥沙氮磷流失量、施肥量、植物吸收量、土壤累积量之间的平衡、化肥供应不平衡、化肥施用量过高既降低了经济效益，又对生态环境产生了深远的危害。因此，本节重点找出滇中坡耕地农田生态系统氮磷平衡特征，以期为该地区提高肥料利用率、减小环境污染提供科学合理的依据。

9.5.1 氮磷输出平衡的主要影响因素分析

根据野外定位观测与室内试验分析数据，将降水量、产流量、径流氮素各形态浓度、径流磷素各形态浓度、施肥量、产流产沙量、土壤总氮含量、土壤总磷含量、植物吸氮量、植物吸磷量之间做回归分析，得出表 9-7。从表 9-7 可以看出，降水量（x）与产流量（y）之间存在显著的线性相关关系，y=225.99x+858.64，R^2=0.8641。以各个微型小区为例，氮素各形态浓度与施肥量之间、总氮浓度与氮素输出量之间、施肥量与氮素输出量之间的相关性显著；磷素各形态浓度与施肥量之间、施肥量与磷素输出量之间、径流总磷浓度与径流磷素输出之间的相关性显著，故降雨和施肥是导致氮磷流失浓度差异的主要影响因素，也是导致氮磷输出量差异性极显著（$P<0.01$）的主导因子。

9.5.2 坡耕地农田生态系统氮磷平衡关系

根据平衡公式（9-18）以及张学军等（2007）和赵营等（2006）的研究，氮肥输入+土壤初始无机氮=作物吸收+土壤残留无机氮+径流与泥沙流失，选取平衡体系重要部分得到表 9-8。在 6 个不同施肥水平下，1 号～6 号处理烤烟施氮肥分别为 0、35.1kg/hm^2、81.45kg/hm^2、127.8kg/hm^2、174.15kg/hm^2、220.5kg/hm^2，施磷肥分别为 0、17.55kg/hm^2、40.73kg/hm^2、63.9kg/hm^2、87.08kg/hm^2、110.25 kg/hm^2。氮素随径流泥沙流失的量占施肥量的 16%～83.28%。烤烟吸收量占施肥量的 15.97%～81.08%。而土壤残留量根据耕层土壤计算，残留量较低，占施肥量的 0.74%～3.97%，说明随着施氮量的增加，烤烟吸收氮的量逐渐上升但有一定的限制，而随径流泥沙流失的量最大，并呈明显的上升趋势，对生态平衡以及环境造成了很大的影响。土壤残留量有轻微上升趋势，长期施肥会导致土壤中氮素积累，过剩氮素会溶解在地表径流中而流失。

表 9-7 单因子相关分析

指标	直线方程	相关系数（R^2）	样本数	单位
降水量（x）与产流量（y）	$y = 225.99x + 858.04$	0.8641**	8	mm，m^3/m^2
径流总氮浓度（y）与施肥量（x）	$y = 0.0115x + 1.1174$	0.9832**	18	mg/L，kg/hm^2
径流硝态氮浓度（y）与施肥量（x）	$y = 0.0077x + 0.4214$	0.9537**	18	mg/L，kg/hm^2
径流铵态氮浓度（y）与施肥量（x）	$y = 0.0027x + 0.1269$	0.9412**	18	mg/L，kg/hm^2
径流总氮浓度（x）与径流氮素输出量（y）	$y = 138.6x - 123.97$	0.9375**	18	mg/L，mg/km^2
径流总氮浓度（x）与泥沙氮素输出量（y）	$y = 74.643x - 66.109$	0.9804**	18	mg/L，mg/km^2
施肥量（x）与氮素输出量（y）	$y = 2.4948x + 42.853$	0.9838**	18	kg/hm^2，mg/km^2
径流总磷浓度（x）与施肥量（y）	$y = 315.59x - 30.38$	0.9961**	18	mg/L，kg/hm^2
径流磷酸根浓度（x）与施肥量（y）	$y = 458.68x - 23.195$	0.9864**	18	mg/L，kg/hm^2
径流总磷浓度（x）与径流磷素输出量（y）	$y = 3.3744x - 0.1475$	0.5014	18	mg/L，kg/hm^2
径流总磷浓度（x）与泥沙磷素输出量（y）	$y = 307.79x - 30.245$	0.9923**	18	mg/L，kg/hm^2
施肥量（y）与磷素输出量（x）	$y = 0.9862x - 0.4498$	0.998**	18	kg/hm^2，kg/hm^2
径流总氮浓度（y）与径流总磷浓度（x）	$y = 7.2553x + 0.4157$	0.9847**	18	mg/L，mg/L
土壤总氮（y）与施肥量（x）	$y = 0.0096x + 3.3736$	0.2489	18	g/kg，kg/hm^2
土壤总磷（y）与施肥量（x）	$y = 0.001x + 0.4097$	0.504	18	g/kg，kg/hm^2
土壤总氮（y）与土壤总磷（x）	$y = 4.1639x + 1.9441$	0.1032	18	g/kg，g/kg
植物吸氮量（y）与施肥量（x）	$y = -0.0207x^2 + 2.6871x - 9.2$	0.8189*	18	kg/hm^2，kg/hm^2
植物吸磷量（y）与施肥量（x）	$y = -0.0008x^2 + 0.095x - 0.7298$	0.342	18	kg/hm^2，kg/hm^2
植物吸氮量（y）与植物吸磷量（x）	$y = 0.0464x - 0.9737$	0.7461*	18	kg/hm^2，kg/hm^2
植物吸氮量（y）与土壤总氮含量（x）	$y = 40.135x - 111.03$	0.8107*	18	kg/hm^2，g/kg
植物吸磷量（y）与土壤总磷含量（x）	$y = 3.4857x - 0.5179$	0.0126	18	kg/hm^2，g/kg

*表示显著水平，**表示极显著水平。

从表 9-9 可以看出，磷素占径流泥沙流失的量占施肥量的 92.02%～99.45%，烤烟吸收量占施肥量的 0.29%～7.76%，土壤残留量占施肥量的 0.10%～0.25%，说明随着施磷量的增加，烤烟吸收磷的量也受到有一定的限制。长期施用肥料，导致在暴雨季节磷素的大量流失，从而对水体造成很严重的污染。

表 9-8　坡耕地农田生态系统中氮素平衡关系

处理	施用纯氮/（kg/hm^2）	径流损失/（kg/hm^2）	径流量/施肥量/%	泥沙流失量/（kg/hm^2）	泥沙量/施肥量/%	总流失量/（kg/hm^2）	流失量/施肥量/%	吸收量/（kg/hm^2）	吸收量/施肥量/%	土壤残留量/（kg/hm^2）	残留量/施肥量/%
1 号	0	—	—	—	—	—	—	—	—	—	—
2 号	35.1	0.3	0.01	14.47	42.06	14.77	42.07	19.79	56.37	0.55	1.56
3 号	81.45	0.25	0	12.65	30.43	24.79	30.43	53.43	65.6	3.23	3.97
4 号	127.8	0.61	0	19.83	16	20.45	16.00	103.62	81.08	3.73	2.92
5 号	174.15	1.16	0.01	114.57	66.44	115.72	66.45	56.74	32.58	1.69	0.97
6 号	220.5	1.84	0.01	181.82	83.28	183.65	83.29	35.21	15.97	1.63	0.74

表 9-9　坡耕地农田生态系统中磷素平衡关系

处理	施用纯磷/（kg/hm^2）	径流损失/（kg/hm^2）	径流量/施肥量/%	泥沙流失量/（kg/hm^2）	泥沙量/施肥量/%	总流失量/（kg/hm^2）	流失量/施肥量/%	吸收量/（kg/hm^2）	吸收量/施肥量/%	土壤残留量/（kg/hm^2）	残留量/施肥量/%
1 号	0	—	—	—	—	—	—	—	—	—	—
2 号	17.55	0.35	0.02	17.1	99.43	17.45	99.45	0.06	0.33	0.04	0.22
3 号	40.73	0.41	0.01	40.1	99.45	40.51	99.46	0.12	0.29	0.1	0.25
4 号	63.9	1.76	0.03	57.06	92.02	58.82	92.05	4.96	7.76	0.12	0.19
5 号	87.08	0.86	0.01	85.18	98.8	86.04	98.81	0.93	1.07	0.1	0.12
6 号	110.25	1.10	0.01	108.48	99.38	109.58	99.39	0.56	0.51	0.11	0.10

9.6 讨 论

1. 土壤背景值与氮磷储量

在澄江抚仙湖尖山河流域，人为的耕作施肥是导致土壤氮素含量较高的主要原因，尤其是人们受到经济利益的驱动，为了提高产量和改善品质，盲目地提高施肥量，加重了氮磷随径流、泥沙的流失量，超出了作物的吸收能力和土壤固持能力，造成了资源浪费和环境污染。从植物旺长期到收获期间，各处理土壤表层含氮量呈减小趋势。这是由于植物生长期间，土壤表层的养分随径流、泥沙的流失占一定的比例，而植物在此期间有较好地吸收土壤养分的能力，两者共同作用导致土壤表层含氮量逐渐减小。各处理在植物生长期间，土层深度在 0～60cm，随着土层深度的增加，土壤总氮含量逐渐降低，主要是由于肥料表聚化、植物残渣等养分在土壤表层的残留率高（李海波等，2007）。施用氮肥能明显提高土壤 0～60cm 的总氮含量，这与杜建军等（1998）的研究结果一致。而土壤表层具有较高的氮素含量，有利于维持土壤肥力，有效补给植物所需，这与顾明华等（2009）的研究结果一致。施用氮肥对土壤总氮的影响是比较复杂的，且研究结果不尽相同。翟金良等（2001）认为，随着采样土层深度的增加，总氮含量逐渐降低，而本试验的研究结果在 0～100cm 土层土壤总氮含量呈双峰波动性下降趋势。土壤中的总氮含量不仅与土壤本身性质有关，而且与施肥及所种作物的种类密切相关。这在田秀萍等（2007）和高晓宁等（2009）的研究中也得到证实。

移栽烤烟之前，土壤养分的主要来源是植物根系及枯落物的分解，而植物根系和枯落物主要集中于土壤表层。随土层深度的增加，大多数土壤养分都表现出逐渐降低的趋势（刘良梧等，2000）。这是因为坡耕地烤烟活动区尤其是根系活动区（0～20cm）分布于土壤表层，这与曾从盛等（2009）对北固山湿地土壤的研究结果一致，相关文献也报道了土壤中的氮素 95%以上以有机氮的形式存在于土壤表层（王宏燕和曹志平，2008）。因此，合理调节土壤中的氮磷元素，既要有充足的有效氮磷供给作物需要，又不至于降低土壤肥力。施肥后，随着降水量的增加，有部分氮素随径流淋洗至进入土壤。坡耕地种植烤烟，人为活动影响较大，土壤颗粒的选择性作用小，因此泥沙的养分含量变化差异不大。随着时间的推移，土壤表层总氮含量逐渐降低，泥沙总氮含量也逐渐降低，富集率的整体趋势为逐渐降低。

而土壤磷素则不同，肥料进入土壤以后，只有极小部分在土壤中呈离子态的磷酸盐才能被植物吸收，其余大部分很快与土壤组分作用。土壤有效磷含量受多种因素的影响，一般土壤总磷量增多，有效磷也增多，两者之间呈一定的相关性。与氮素不同的是，植物所需磷素的唯一来源是通过根系从土壤中吸收的。张志剑（2001）也提出，土壤原有磷素及施肥土壤的磷肥是土壤磷素流失的最为直接的来源。因此土壤的理化性状势必影响土壤磷的形态、有效性及供应潜力。而土壤中有效磷含量较低，大多以无效态形式储备起来。作为储备态的磷溶解度低，虽然土壤理化环境的改变或作物的后效作用可产生部分活化放到土壤中被作物吸收利用，但其利用率通常很低，而且远远不能满足一般作物的生理需求。

2. 坡耕地氮磷流失与富集特征

王强等（2004）的试验结果表明，施肥后的最初一段时间是防止三氮大量流失的关键时期，同时张志剑等（2001a）对水稻田面水氮素的动态特征研究指出，施氮后一周水稻田面水氮素大量流失。本试验中，6 月 24 日的降水量仅为 10.60mm，而影响径流总氮、硝态氮浓度较大的关键因素为施肥时间。由于当地农民在施肥后的短期之内有大量灌溉的农事习惯，加之此期间有降雨产生，而大量养分还存在于土壤表面，氮素容易随着降雨形成地表径流，进入水体。此后随着时间的增加，植物对于氮素的吸收以及氮肥利用率的逐渐增加，使氮素浓度逐渐降低，随后趋于平稳。

吴希媛等（2007）的研究结果表明，径流有两种方式，“蓄满”和“超渗”，而这两种情况下的径流氮素流失均以可溶态氮素流失为主，其中有以硝态氮流失所占比例最大。这与本章研究结果一致，硝态氮为径流中的主要流失形态，水体中的氮素主要来自地表径流中的硝态氮。同时，地表径流挟带表土颗粒及其他有机物质进入水体，导致水体中氮素含量增加。段水旺等（2000）在长江下游氮磷输送量的估计中也得出相同结论。土壤由于矿化作用释放铵态氮，铵态氮氧化为硝态氮。而土壤胶体和硝态氮都带负电荷，硝态氮不易被土壤吸附，容易随径流流失，故径流中氮素以硝态氮形式存在。

地下水中铵态氮、亚硝态氮含量很低，朱波等（2006）的研究中亚硝态氮仅占 0.01%～1.0%，故本试验着重研究硝态氮、铵态氮占总氮的比例。本试验结果表明，硝态氮在氮素组成中所占比例最高，铵态氮较少，硝态氮是地表水氮素存在的主要形式，这与杨金玲等在皖南丘陵地区小流域的研究一致；另外，诸多学者研究表明，地表径流氮素迁移的主要载体为细颗粒物，颗粒物与之结合成为地表水氮素存在的主要形式之一。氮肥施入土壤后，在微生物作用下，通过硝化作用形成硝态氮。土壤胶体带负电荷，吸收较少的硝态氮，而硝态氮易随径流进入水体，对水体造成严重的污染。而铵态氮占总氮的比例在烤烟整个生育期间，含量总体呈减小趋势。这是因为在烤烟生长、吸收、氨挥发的作用下，施氮后径流中铵态氮流失潜能递减。同时，土壤颗粒和胶体对铵态氮具有很强的吸附作用，使得大部分铵态氮存在于土壤中。但当土壤的吸附量达到一定量时，铵态氮仍会随着径流进入水体，对水体造成污染。

径流氮素流失过程中，首先选择搬运细颗粒，而细颗粒会随着径流时间的延长逐渐减少。到次降雨后期，氮素流失主要因雨滴剥离分散土壤大团聚体，在土壤大团聚体被剥离开的瞬间会有相对较多的泥沙随径流流失（于国强等，2009），因此坡耕地不同施肥处理的产沙量波动程度很大，没有统一的规律。在试验中，在相同降雨条件下，泥沙总氮富集率随着施肥量的增加而逐渐减小。这是由于影响泥沙中养分富集现象的因素主要有植被覆盖和施肥，它是由表层土壤的侵蚀引起的。试验中各处理植被覆盖度相同，泥沙总氮富集率主要由施肥量决定。表层土壤养分含量往往高于下部土层，施肥量的增加使得土壤表层含量增加。在降雨条件不同的条件下，随着降水量的增大，雨水和径流对坡地的冲刷作用明显增强，氮素流失量也相应地显著增加，说明大量氮素随着降雨径流而流失，这与吕唤春等（2002）的研究结果一致。

降雨也是土壤磷流失发生的主要动力，因此流域内降雨时间决定着磷流失发生的时间特征。磷的径流流失量与土壤的物理结构、植被覆盖度、田间持水量、施肥量、降水量、灌溉方式等有密切的关系。磷通常以农田排水和地表径流的方式进入地表水体造成污染。随径流流失是农田土壤中的磷进入水体的主要途径（晏维金等，1999）。2009 年 6～8 月的 8 场降雨事件中，随着降雨强度的增大，雨水和径流对地表土壤的侵蚀和冲刷作用增强，泥沙流失量相应增大，同时单位面积磷的流失量也明显增加。研究已表明，水土流失将带来土壤磷素的大量流失（周俊等，2000；Fisher et al.，2000）。

在径流流失磷的形态方面，已有学者研究表明，表面径流中的磷迁移是壤中流的 3～4 倍，磷的输出以悬浮态总磷为主（78.5%～94.9%），溶解性总磷和正磷酸盐所占比例很小（Sharpley，1995；晏维金等，1999；单保庆等，2000，2001；杨志平等，2007）。梁新强等（2006）的研究表明，颗粒态磷在径流磷素流失中占到较大的比例。而本试验则表明在监测过程中磷酸根是径流总磷流失的主要形态。分析原因可能是磷肥在田表水中的纵深迁移能力较弱，磷素进入水体后主要吸附于土壤层表面，遇大雨后较强的冲击动能引起土壤吸附态磷的流失，而区域间土壤有效磷含量水平和土壤对磷素的吸附性能不同，随降雨和径流的发生以及施肥量和施肥种类的差异导致径流中磷的主要存在形态不同。

径流中各形态磷素在施肥后磷素浓度较高，随后经历急剧下降—缓慢下降的过程，其变化趋势与周萍等（2007）的研究结果一致。追肥后的 2 个月，磷酸根的浓度依然很高，在该时期内，烤烟坡耕地在管理上要特别注意水分管理，防止磷素通过径流或其他形式进入水体，否则经过长期影响会对水体富营养化造成一定影响。本试验中认为降雨强度对自然降雨条件下径流磷素浓度有较大影响，这与高扬等（2006）的研究结果一致。

农田径流污染的输出是服从水文学降雨产流规律的，所以径流污染的输出主要集中在汛期，研究区的汛期主要集中在 6～8 月，这段时间随地表径流迁移的氮磷占全年总径流氮磷输出的比例很高。而这段时期降雨强度大，且比较集中，控制这段时间养分输出量是减少环境问题的主要途径。

3. 施肥量与作物吸收对氮磷输出的影响

本试验的最佳施肥量为施氮 127.80kg/hm^2 左右，施磷 63.90kg/hm^2 左右，这只是一个范围，并不能精确到这个数值。如果提高本试验施肥处理的密度，得出的结论精确度将更高。同时，由于地形、降雨等因素的不同，各地烤烟生长的最佳施肥量有所不同。在评价肥料合理施用与否时，除了要考虑肥料的增产效益和肥料利用率外，还应考虑氮磷累积量的高低。

本试验结果表明，虽然施肥前原始土壤的氮磷水平不同，但是施氮量为 127.80kg/hm^2 左右、施磷量为 63.90kg/hm^2 左右时，施肥水平处于临界值。当高于此临界值时，氮磷肥料利用率、烤烟产量均显著下降。这是由于植物吸收的氮磷量有一定的限制，当氮磷利用率降低时，必然导致氮磷在土体内的累积，不能被作物吸收的冗余氮磷容易通过灌溉、降雨等途径流失，使流失浓度增大。徐志国等（2007）认为，随着氮施用量的增加，氮的吸收率逐渐下降。而本试验则认为，当施肥量超过一定量时，氮磷的吸收率才会逐渐下降。

植物和土壤是坡耕地农田生态系统中营养元素的主要储存库，植物体中含有大量的养分元素，径流挟带的溶解性氮磷，包括无机态的铵和硝酸根离子、磷酸根离子，以及少量有机态氮磷，它们都是能被植物吸收利用的有效养分。分析表明，在作物烤烟各器官中总氮的含量有着明显的差异，表现为茎>根>叶片。随着各个小区施肥量的增加，表层土壤总氮含量逐渐增加。此外，植物各个器官吸收的总氮量远高于土壤的含氮量，说明植物吸收的氮含量较高，而土壤的氮储量较低，而土壤中氮元素含量的高低是限制植物生长发育的重要因素。

氮素是植物生长必不可少的元素，而氮素的有效性是调节植物生产量的关键因素。过量施肥对烤烟的生长及其对营养物质的吸收产生明显的阻碍作用。植物生长期间土壤表层含氮量最高，这是土壤表层富集的结果。根系的氮素含量随着施氮量的增加而增加，3 号处理最高。这与王树声等（2008）的研究结果一致。各施肥量相比较，施氮量在 0～127.8kg/hm^2 时，随着施肥量的升高、烤烟产量、地上部分含氮量、植物氮吸收量逐渐升高，且有显著性差异，更能促进烤烟的生长发育，这主要表现在烤烟的叶面积上。而当施肥量高于 127.80kg/hm^2 左右时，烤烟的产量明显下降。本试验当施肥量高于 81.25kg/hm^2 时，氮素在根系中的分配比例随施氮量增加而降低。而 Hellriegel 早在 1883 年，就认为地上部潜在的生长与产量完全依赖于地下部根系的生长潜力。

作物吸收量随着施肥量的增加而增大，但对氮磷的吸收受到土壤肥力、气候和栽培条件以及品种特性等因子的影响（晏维金等，1999）。本研究表明，与施肥量增加量相比较，烤烟吸收量的增加量逐渐减小，并受到一定限制。而磷作为烟草营养的三要素之一，在烟草的生长发育及代谢过程中具有重要的生理功能（许子成等，2007）。缺磷会使烤烟生长发育受阻，叶片面积小，影响烟叶的质量（白万明等，2007）。从作物吸收量占施肥量的比例来看，要尽量减少氮磷径流与泥沙流失量，提高肥料利用率。本研究中氮肥利用率为 15%～81.08%，而磷肥利用率仅有 0.33%～7.76%，很大部分没有被作物吸收利用，造成很大浪费。因此，搞清氮磷在农田生态系统中的转化规律、平衡特征，以及防止氮磷损失、提高肥效，是合理施用肥料的基本前提。

磷作为烤烟生长的三大营养元素之一，缺磷会导致烤烟生长发育受阻，叶片窄小，推迟开花，成熟不正常，影响烟叶的质量。当施磷量为 63.90kg/hm^2 左右时，能使植株生长健壮，根系发达，促进烟株对氮的吸收和利用，从而提高烟叶的产量和品质。该地区土壤总磷含量较高，但烤烟所能直接吸收利用的有效磷的含量较低，且远低于能够吸收的有效氮含量。

4. 坡耕地农田生态系统中氮磷平衡关系

试验区在 2009 年 6～8 月的降水量为 394mm，其间降水量多，降雨强度大，易发生地表径流、土壤侵蚀和养分输出。虽然2009年与往年相比，属于干旱年份，但氮磷流失量并没有明显减小。试验结果表明，产流量与降水量之间具有显著的相关性，产流量随着降水量的增加而增加，这与李生等（2009）的研究结果一致。氮磷流失量主要取决于施肥量、降水量、植物生长过程等因素（晏维金等，1999），当地表径流在降水量超过入渗量时才会产生，降水量对于径流的产生起着重要的作用（袁东海等，2001；陈志良等，2008）。雨季频繁的农事活动对于加剧氮素的径流流失以及土壤表层中氮的流失也具有较大的影响。影响径流中氮磷浓度的因素主要有：降雨条件、植被覆盖度、坡度、坡向、坡位、土壤类型、施肥量等，在其他条件基本相同的情况下，造成径流中氮磷流失量具有显著性差异取决于不同施肥量。在植物–土壤系统中，植物的氮肥利用率很低，大部分被土壤吸附，而磷肥较多地随径流泥沙流失。化肥施用是导致降雨径流和泥沙排出农田生态系统的主要因素。

在本章研究中，坡耕地种植烤烟，人为扰动较大，表层的土壤有机质含量较低，土壤结构容易受到破坏，产生较多的地表径流，氮磷流失量随着施肥量的增加而增加。而无论降雨强度的大小，氮素流失的主要途径均为地表径流，这与罗春燕等（2009）的研究结果一致。而袁东海等（2003a）在红壤小流域对不同利用方式氮磷流失特征进行研究后提到，在坡地或旱地径流中，氮素流失中泥沙结合态流失的氮素是相当可观的，这是由于其植被覆盖度较低，并采取不同的水土保持措施。而本试验结果表明，磷素主要是以泥沙结合态流失。7月的两次降雨属于暴雨，暴雨的典型特征就是雨滴四溅很高，极易产生径流，产流量较大。暴雨对氮磷输出的贡献率最大，因此控制暴雨的降雨侵蚀能有效控制氮磷的地表径流输出。

土壤的含氮量在0.037%上下浮动，处于较低水平。含氮量不高的土壤表层随着地表径流的溶解和搬运是土壤氮素流失的主要途径，其使得肥料利用率低，土壤容易板结。径流易挟带土壤表层细颗粒，而氮磷富集在细粒黏土矿物和土壤有机质中，使得径流泥沙中的氮磷含量高于土壤表层。在土壤侵蚀过程中，土壤表层的氮磷含量降低，其随着地表径流进入水体，造成水体的富营养化。如何提高肥料利用率，更好地利用坡耕地，特别是因地制宜地采取水土保持措施，防止土壤质量退化，寻求减少水土流失、减少氮磷输出的途径，仍需进一步探寻。另外，由于降雨对于氮磷输出的显著影响，应当在雨季尽量减少或避免农事活动，这样既有利于提高肥料利用率，也可以适量减少氮磷的输出。

本章小结

本章在滇中抚仙湖尖山河流域选取坡度为15°的坡耕地，通过广泛的实地调查、查阅文献获得了大量的基础数据，并通过野外定位监测、室内分析和软件处理得出相关数据。试验观测了2009年全年降雨时间特征、产流产沙特征，在室内测定了径流氮磷含量、泥沙氮磷含量、土壤氮磷含量、植物氮磷含量等，对氮磷平衡特征进行了全面研究，在定量研究的基础上，探讨该地区农田生态系统中氮磷的迁移途径、环境效应以及平衡规律，为合理安排农作物施肥和小流域水土保持措施、预防和控制抚仙湖流域非点源污染提供科学依据。

（1）土壤背景值与氮磷储量关系研究方面，施肥与不施肥处理之间表层土壤氮磷量差异显著，追肥后一个月是控制土壤氮磷流失的最佳时期。施肥前至追肥后的一个月左右，土壤总氮含量在0～60cm土层呈上高下低特点，即随土层深度的增加而降低，且不同土层之间的总氮含量差异显著。追肥后一个月左右，各处理表层土壤总氮含量在植物整个生长期内达到最大值，较施肥前增加17.65%～80.95%。在植物收获期，4号、5号、6号处理土壤表层总氮含量骤减，后趋于平稳，仅为7月7日总氮含量的24.24%～47.83%。深层土壤中磷素迁移能力较弱，且土壤磷素含量与土壤背景值有很大关系。随着时间的推移，不同土层总磷含量有轻微下降的趋势。土壤总磷含量在未施肥时为0.37～0.61g/kg，追肥后的6月5日各处理磷素含量变化不明显。随着施肥量的增加，各处理磷素含量有所上升。土壤中速效磷较总磷易随水迁移，土壤背景值对于土壤速效磷的影响较轻。烤烟移栽后土壤速效磷不同土层趋势与移栽前3月26日差异较大。3月26日4号、5号、6号处理速效磷含量在17.36～55.36mg/kg，烤烟收获期9月12日速效磷含量降低至11.38～39.83mg/kg。

（2）围绕坡耕地氮磷流失与富集特征研究，径流中氮磷的浓度与施肥量呈现极显著相关关系，氮磷浓度随着施肥的增加而增加。在相同降雨条件下，不同处理均值总氮、硝态氮、铵态氮、总磷、磷酸根浓度总体均表现为：1号<2号<3号<4号<5号<6号，差异性极显著（$P<0.01$）。6号处理总氮和硝态氮浓度最高值达到5.52mg/L、4.36mg/L，高出其他各处理的2.85～4.69倍、4.73～10.45倍；而总磷和磷酸根浓度分别达到0.68mg/L、0.48mg/L，高出其他各处理的3.08～5.98倍、2.18～6.03倍。径流中氮磷的浓度均与施肥时间呈对数负相关关系，即总磷、

磷酸根浓度也随着时间的推移，总体上呈下降趋势。降雨条件不同，总氮、硝态氮、铵态氮各形态最高值达到 5.52mg/L、4.36mg/L、1.30mg/L；而总磷浓度为 0.03～0.68mg/L，磷酸根浓度为 0.02～0.48mg/L。地表径流氮素输出可溶态为主，可溶态氮中硝态氮占总氮浓度的21.02%～83.55%，铵态氮仅占总氮的1.02%～38.58%；而磷酸根为径流总磷输出的主要形态，占总磷浓度的 30.43%～87.05%。雨季中，氮素输出以径流为主，占流失量的 64.86%。而磷素输出量大于氮素输出量，各处理磷素输出均以泥沙结合态为主。降水量达到 46.60mm 时，径流中总氮输出量为泥沙输出量的 2.04～9.31 倍。当降水量低于 20.06mm 时，泥沙总氮输出量维持在 5.41～199.61mg/km^2。在相同降雨条件下，随着施肥量的增加，氮磷输出量逐渐增加，各处理的氮磷输出量差异极显著（$P<0.01$），均表现为：1 号<2 号<3 号<4 号<5 号<6 号，6 号处理泥沙总磷输出量为其他各处理的 1.05～24.75 倍。每次降雨径流的产生均伴随着土壤侵蚀，泥沙中总氮流失量呈不规则波动。各处理总氮富集率在 1.02～1.58 变化。降雨强度最大时，富集率总体趋势最大，达到 1.23～1.53。在相同降雨条件下，随着施肥量的增加，总氮富集率差异不明显，且随着时间的推移逐渐降低。

（3）开展施肥量与作物吸收对氮磷输出的影响研究，施肥处理干物质产量与不施肥处理差异显著，为其的 2.71～6.26 倍。烤烟的最佳施肥量为：施用氮肥在 127.80kg/hm^2 左右、施用磷肥在 63.90kg/hm^2 左右时，对植物生长最有益，烤烟产量最大，鲜重为其他各处理的 1.32～6.50 倍，干重为其他各处理的 1.25～6.26 倍，肥料的增产效益是其他各处理的 1.08～5.22 倍。当超过最佳施肥量时，施用量越高，氮肥利用率从 81.08%减小至 15.97%，磷肥利用率从 7.76%减小至 0.51%。植物氮磷吸收量有一定的阈值范围，4 号处理氮吸收量为其他各处理的 1.83～19.26 倍，磷吸收量为其他各处理的 5.33～83.67 倍。氮吸收量达到 109kg/hm^2 左右、磷吸收量达到 1.79kg/hm^2 左右时，将不再增加。施肥水平对烟叶最大叶面积的影响差异显著，4 号处理烟叶面积最大。随着施肥量的增加，烟株积累的氮磷含量增加，但施肥量较高时肥料对烟株生长发育的作用减小，氮肥、磷肥利用率呈现“低—高—低”抛物线型的趋势。4 号处理氮磷回收的增量最高，可以更有效地将植株吸收的氮磷转化为植物生物量。6 号处理的氮磷效率影响因素均为最低，施用的大量肥料以各种形式损失，造成了肥料的极度浪费。在烤烟成熟期，选择适宜的施肥量，植株中氮素的分配以产品器官叶片为主，表现为叶片>茎>根；磷素则不同，各处理含磷量均表现为茎>根>叶片。在施氮量较低时，叶片吸收的养分较少。而当施肥量高于 174.15kg/hm^2 左右时，植物养分茎含量高出叶和根的

10%～60%。烤烟硝态氮含量除 3 号、6 号处理茎中含量较大以外，其他各处理硝态氮含量无显著差异（$P<0.05$），均为 352.77～487.25mg/kg，表现为茎>叶片>根。

（4）降雨和施肥是导致氮磷流失浓度出现差异的主要影响因素，也是导致氮磷输出量差异性极显著（$P<0.01$）的主导因子。降水量（x）与产流量（y）之间存在显著的线性相关关系，$y=225.99x+858.64$，$R^2=0.8641$。以各个微型小区为例，氮素各形态浓度与施肥量之间、总氮浓度与氮素输出量之间、施肥量与氮素输出量之间的相关性显著；磷素各形态浓度与施肥量之间、施肥量与磷素输出量之间、径流总磷浓度与径流磷素输出之间的相关性显著。在 6 组不同施肥条件下，氮磷的输出与输入均达到平衡关系。氮素随径流泥沙流失的量占施肥量的 16%～83.28%，烤烟吸收量占 15.97%～81.08%，土壤残留量较低，占 0.74%～3.97%。而磷素随径流泥沙流失的量占施肥量的 92.02%～99.45%，烤烟吸收量占施肥量的 0.29%～7.76%，土壤残留量占施肥量的 0.10%～0.25%。随着施肥量的增加，流失量呈明显的上升趋势，严重影响了生态平衡以及对环境造成了很大的影响。而土壤残留量有轻微上升趋势，长期施肥会导致土壤中肥料积累，过量氮磷会溶解在地表径流中而流失，从而会加剧面源污染的发生。

参 考 文 献

白万明, 徐茜, 刘雪刚, 等. 2007. 福建南平烟区烤烟合理施磷研究. 中国烟草科学, 28(4): 25-28.

鲍全盛, 曹利军, 王华东. 1997. 密云水库非点源污染负荷研究. 水资源保护, (1): 8-11.

鲍全盛, 王华东. 1996. 我国水环境非点源污染研究与展望. 地理科学, 16(1): 66-77.

蔡崇法, 丁树文, 张光远, 等. 1996. 三峡库区紫色土坡地养分状况及养分流失. 地理研究, 15(3): 77-84.

蔡强国. 1998. 黄土高原侵蚀产沙过程与模拟. 北京: 科学出版社.

柴世伟, 裴晓梅. 2006. 农业面源污染及其控制技术研究. 水土保持学报, 20(6): 192-195.

常松果, 胡雪琴, 史东梅, 等. 2016. 不同土壤管理措施下坡耕地产流产沙和氮磷流失特征. 水土保持学报, 30(5): 34-40.

陈阜. 1998. 农业生态学教程. 北京: 气象出版社.

陈国军, 曹林奎. 2003. 稻田氮素流失规律测坑研究. 上海交通大学学报, 农业科学版, 21(4): 320-324.

陈国军, 陆贻通, 曹林奎, 等. 2004. 冬小麦氮素渗漏淋失规律测坑研究. 农业环境科学学报, 23(3): 494-498.

陈浩. 1992. 降雨特征和上坡来水对产沙的综合影响. 水土保持学报, 6(2): 17-23.

陈吉宁, 李广贺, 王洪涛. 2004. 滇池流域面源污染控制技术研究. 中国水利, 9: 47-50.

陈利顶, 傅伯杰. 2000. 农田生态系统管理与非点源污染控制. 环境科学, (2): 98-100.

陈玲. 2013. 香溪河流域典型坡耕地氮磷流失机理研究. 宜昌: 三峡大学.

陈玲, 刘德富, 宋林旭, 等. 2013. 不同雨强下黄棕壤坡耕地径流养分输出机制研究. 环境科学, 34(6): 2151-2158.

陈奇伯, 寸玉康, 刘芝芹, 等. 2005. 滇西高原不同地类坡面产流产沙规律研究. 水土保持研究, 12(2): 71-73.

陈祥, 同延安, 亢欢虎, 等. 2008. 氮肥后移对冬小麦产量、氮肥利用率及氮素吸收的影响. 植物营养与肥料学报, 14(3): 450-455.

陈效民, 邓建才, 柯用春, 等. 2003. 硝态氮垂直运移过程中的影响因素研究. 水土保持学报, 17(2): 12-15.

陈欣, 姜曙千, 张克中, 等. 1999. 红壤坡地磷素流失规律及其影响因素. 水土保持学报, 5(3): 38-41.

陈欣, 王兆骞, 杨武德, 等. 2000. 红壤小流域坡地不同利用方式对土壤磷素流失的影响. 生态学报, 20(3): 374-377.
陈英旭. 2007. 农业环境保护. 北京: 化学工业出版社.
陈永宗. 1989. 黄河粗泥沙来源及侵蚀产沙机理研究文集. 北京: 气象出版社.
陈源高, 李文朝, 李荫玺, 等. 2004. 云南抚仙湖窑泥沟复合湿地的除氮效果. 湖泊科学, 16(4): 331-337.
陈泽健. 2004. 明确目标同心协力搞好珠江上游石灰岩地区综合治理试点工程. 中国水土保持, (2): 4-5.
陈志良, 程炯, 刘平, 等. 2008. 暴雨径流对流域不同土地利用土壤氮磷流失的影响. 水土保持学报, 22(5): 30-33.
陈子元, 温贤芳, 胡国辉. 1983. 核技术及其在农业科学中的应用. 北京: 科学出版社.
程红光, 郝芳华, 任希岩, 等. 2006. 不同降雨条件下非点源污染氮负荷入河系数研究. 环境科学学报, 26(3): 392-397.
程声通. 2010. 水污染防治规划原理与方法. 北京: 化学工业出版社.
程甜甜, 张兴刚, 李亦然, 等. 2017. 鲁中南山丘区坡面产流产沙与降雨关系. 水土保持学报, 31(1): 12-16.
崔键, 马友华, 赵艳萍, 等. 2006. 农业面源污染的特性及防治对策. 中国农学通报, 22(1): 335-340.
邓雄. 2006. 农业面源污染的研究进展、存在的问题及发展. 中山大学学报(自然科学版), 46: 244-247.
邓阳春, 梁永红, 袁玲, 等. 2009. 烟地土壤养分淋失与利用研究. 水土保持学报, 23(2): 21-24.
东亚斌, 段志善. 2008. 灰色关联度分辨系数的一种新的确定方法. 西安建筑科技大学学报(自然科学版), 40(4): 589-592.
窦培谦, 王晓燕, 秦福来, 等. 2005. 农业非点源氮磷流失规律研究. 安徽农学通报, 11(4): 151-153.
杜建军, 李生秀, 李世清, 等. 1998. 不同肥水条件对旱地土壤供氮能力的影响. 西北农业大学学报, 26(6): 1-5.
段水旺, 章申, 陈喜保, 等. 2000. 长江下游氮、磷含量变化及其输送量的估计. 环境科学, 21(1): 53-56.
樊琳, 柴如山, 刘立娟, 等. 2013. 稻草和猪粪发酵残渣配施菌剂对大棚连作土壤的改良作用. 植物营养与肥料学报, 19(2): 437-444.
高超, 张桃林. 2001. 太湖地区丘陵旱地土壤磷的吸持解吸特征. 湖泊科学, 13(3): 255-260.
高超, 张桃林, 吴蔚东. 2001. 不同利用方式下农田土壤对磷的吸持与解吸特征. 环境科学, 22(4): 67-72.
高家合, 周清明, 晋艳. 2007. 烤烟根系研究进展. 中国农学通报, 23(7): 160-162.
高建恩. 2005. 地表径流调控与模拟试验研究. 北京: 中国科学院教育部水土保持与生态环境研究中心.
高晓宁, 韩晓日, 战秀梅, 等. 2009. 长期不同施肥处理对棕壤氮储量的影响. 植物营养与肥料学报, 15(3): 567-572.

高扬, 朱波, 王玉宽, 等. 2006. 自然和人工模拟降雨条件下紫色土坡地的磷素迁移. 水土保持学报, 20(5): 30-34.
耿海涛, 方振东, 王博. 2008. 农业面源污染的防治措施探讨. 环境科学导刊, 27(4): 41-43.
龚万涛, 何瑞银, 马建永, 等. 2012. 秸秆还田条件下不同种植方式对土壤养分的影响. 科学技术与工程, 12(8): 1737-1739.
龚子同. 1992. 红壤研究的土壤地球化学方向. 南京: 江苏科学技术出版社.
谷海红, 李志宏, 李天福, 等. 2009. 不同来源氮素在烤烟体内的累积分配及对烟叶品质的影响. 植物营养与肥料学报, 15(1): 183-190.
顾礼彬, 张兴奇, 杨光檄, 等. 2015. 黔西高原坡面次降雨产流产沙特征. 中国水土保持科学, 13(1): 23-28.
顾明华, 区惠平, 刘昔辉, 等. 2009. 不同耕作方式下稻田土壤的氮素形态及氮素转化菌特征. 应用生态学报, 20(6): 1362-1368.
关连珠, 张继宏, 严丽, 等. 1992. 天然沸石增产效果及对氮磷养分和某些肥力性质调控机制的研究. 土壤通报, 23(5): 205-208.
郭鸿鹏, 朱静雅, 杨印生. 2008. 农业面源污染防治技术的研究现状及进展. 农业工程学报, 24(4): 290-295.
郭培国, 陈建军, 郑艳玲, 等. 1996. 不同施氮水平条件下烤烟对氮素的利用研究. 土壤与环境, 5(3): 145-148.
郭胜利, 张文菊, 党廷辉, 等. 2003. 干旱半干旱地区农田土壤 NO_3^--N 深层积累及其影响因素. 地球科学进展, 18(4): 584-591.
郭旭东, 陈利顶, 傅伯杰. 1999. 土地利用/土地覆被变化对区域生态环境的影响. 环境科学进展, 7(6): 66-75.
郭亚芬, 张忠学, 许修宏. 1999. 菜园土壤氮磷钾硫养分状况的研究. 东北农业大学学报, 30(3): 221-224.
郭战玲, 沈阿林, 寇长林, 等. 2008. 河南省地下水硝态氮污染调查与监测. 农业环境与发展, 25(5): 125-128.
哈德逊. N. W. 1976. 土壤保持. 窦葆璋译. 北京: 科学出版社.
哈里森 A F. 1990. 土壤有机磷-文献述评. 土壤学进展, 18(4): 11-19.
郝芳华, 欧阳威. 2010. 北方平原农业非点源污染研究. 北京: 科学出版社.
何斌, 高登好. 2002. 大气环境质量综合评价加权灰色关联模型的建立与应用. 中国环境监测, 18(5): 52-54.
何承刚, 冯彦, 李运刚. 2006. 松华坝流域非点源污染关键源区识别. 安徽农业科学, 37(28): 13768-13771.
洪华生, 黄金良, 曹文志. 2008. 九龙江流域农业非点源污染机理与控制研究. 北京: 科学出版社.
洪顺山, 朱祖祥. 1979. 从磷酸盐位探讨土壤中磷的固定机制及其有效度问题. 土壤学报, 16(2): 94-108.
侯长定. 2002. 抚仙湖湖滨带的生态治理. 云南环境科学, 21(2): 51-53, 64.

侯长定, 莫绍周, 陈怀芬, 等. 2004. 抚仙湖富营养化与入湖河水处理研究. 云南环境科学, 23(s2): 98-100.

胡预生, 马友华, 周自默. 1995. 赤砂沸石对氮磷钾吸附与释放的研究. 安徽地质, 5(4): 51-54.

胡泽友, 郭朝晖, 周作明, 等. 2000. 湖南省稻田化肥施用与氮磷流失状况的研究. 湖南农业大学学报, 26(4): 264-266.

黄传伟, 牛德奎, 黄顶, 等. 2008. 草篱对坡耕地水土流失的影响. 水土保持学报, 22(6): 40-43.

黄晶晶, 林超文, 陈一兵, 等. 2006. 中国农业面源污染的现状及对策. 安徽农学通报, 12(12): 47-48.

黄满湘, 章申, 张国梁, 等. 2003. 北京地区农田氮素养分随地表径流流失机理. 地理学报, 58(1): 147-154.

黄新君, 陈尚洪, 刘定辉, 等. 2016. 秸秆覆盖和有机质输入对紫色土土壤可蚀性的影响. 中国农业气象, 37(3): 289-296.

江忠善, 王志强, 刘志. 1996. 应用地理信息系统评价黄土丘陵区小流域土壤侵蚀的研究. 水土保持研究, 3(2): 84-97.

蒋鸿昆, 高海鹰, 张奇. 2006. 农业面源污染最佳管理措施(BMPs)在我国的应用. 农业环境与发展, 23(4): 64-67.

蒋云舞, 王建新, 鲁耀, 等. 2013. 不同典型作物种植模式和土壤类型农田养分含量现状分析. 安徽农业科学, 41(5): 2063-2066.

焦平金, 许迪, 王少丽. 2009. 汛期不同作物种植模式下地表径流氮磷流失研究. 水土保持学报, 23(2): 15-20.

金继运, 白由路, 杨俐苹, 等. 2006. 高效土壤养分测试技术与设备. 北京: 中国农业出版社.

金洁, 杨京平. 2005. 从水环境角度探析农田氮素流失及控制对策. 应用生态学报, 1(3): 579-582.

金洁, 杨京平, 施洪鑫, 等. 2005. 水稻田面水中氮磷素的动态特征研究. 农业环境科学学报, 24(2): 357-361.

金轲, 汪德水, 蔡典雄, 等. 1999. 旱地农田肥水耦合效应及其模式研究. 中国农业科学, 32(5): 104-106.

金相灿, 辛玮光, 卢少勇, 等. 2007. 入湖污染河流对受纳湖湾水质的影响. 环境科学研究, 20(4): 52-56.

李春俭, 张福锁, 李文卿, 等. 2007. 我国烤烟生产中的氮素管理及其与烟叶品质的关系. 植物营养与肥料学报, 13(2): 331-337.

李定强, 王继增, 万洪富, 等. 1998. 广东省东江流域典型小流域非点源污染物流失规律研究. 土壤侵蚀与水土保持学报, (14)3: 12-18.

李贵桐, 赵紫娟, 黄元仿, 等. 2002. 秸秆还田对土壤氮素转化的影响. 植物营养与肥料学报, 8(2): 162-167.

李国栋, 胡正义, 杨林章, 等. 2006. 太湖典型菜地土壤氮磷向水体径流输出与生态草带拦截控制. 生态学杂志, 25(8): 905-910.

李海波, 韩晓增, 王风, 等. 2007. 长期施肥条件下土壤碳氮循环过程研究进展. 土壤通报, 38(2):

384-388.
李怀恩, 李家科. 2013. 流域非点源污染负荷定量化方法研究与应用. 北京: 科学出版社.
李俊波, 华珞, 冯琰. 2005. 坡地土壤养分流失研究概况. 土壤通报, 36(5): 753-759.
李俊然, 陈立顶, 郭旭东, 等. 2000. 土地利用结构对非点源污染的影响. 中国环境科学, 20(6): 506-510.
李乐, 刘常富. 2020. 三峡库区而源污染研究进展. 生态科学, 39(2): 215-226.
李娜, 单保庆, 尹澄清, 等. 2005. 六叉河小流域农田土壤中磷下渗迁移过程研究. 农业环境科学学报, 24(6): 1132-1138.
李清河, 李昌哲, 孙保平, 等. 1999. 土壤侵蚀与非点源污染预测控制. 水土保持通报, 19(4): 2-9.
李生, 任华东, 姚小华, 等. 2009. 典型石漠化地区不同植被类型地表水土流失特征研究. 水土保持学报, 23(2): 1-6.
李生秀, 寸待贵, 高亚军, 等. 1993. 黄土旱塬降水向土壤输入的氮素. 干旱地区农业研究, 11(增刊): 83-92.
李世清, 李生秀. 1999. 陕西关中湿沉降输入农田生态系统中的氮素. 农业环境保护, 18(3): 97-101.
李同杰, 刘晶晶, 刘春生, 等. 2006. 磷在棕壤中淋溶迁移特征研究. 水土保持学报, 20(4): 35-39.
李宪文, 史学正, Coen R. 2002. 四川紫色土区土壤养分径流和泥沙流失特征研究. 资源科学, 24(6): 22-28.
李香云, 王玉杰. 2007. 不同植被类型对地表径流影响的灰色关联分析. 水土保持通报, 27(2): 83-86.
李小磊. 2011. 微生物菌剂及耕作方式对小麦/玉米土壤生物化学特性的影响. 保定: 河北农业大学.
李小英. 2006. 滇池流域台地水土和氮磷流失及防控技术研究. 北京: 北京林业大学.
李荫玺, 刘红, 陆娅, 等. 2003. 抚仙湖富营养化初探. 湖泊科学, 15(3): 285-289.
李玉山, 刘国彬, 刘宝元, 等. 1993. 中美小流域治理和农业的对比研究. 水土保持通报, 13(1): 11-15.
李裕元. 2006. 坡地磷素迁移研究进展. 水土保持研究, 13(5): 1-3.
李裕元, 邵明安. 2002. 模拟降雨条件下施肥方法对坡面磷素流失的影响. 应用生态学报, 13(11): 1421-1424.
李裕元, 邵明安. 2004. 土壤翻耕影响坡地磷流失试验研究. 应用生态学报, 15(3): 443-448.
李韵珠, 陆锦文, 罗远培, 等. 1994. 土壤水和养分的有效利用. 北京: 北京农业大学出版社.
李兆富, 杨桂山, 李恒鹏. 2007. 西笤溪流域不同土地利用类型营养盐输出系数估算. 水土保持学报, 27(1): 1-4.
李志博, 王起超, 陈静. 2002. 农业生态系统的氮素循环研究进展. 土壤与环境, 11(4): 417-421.
李宗新, 董树亭, 王空军, 等. 2008. 不同施肥条件下玉米田土壤养分淋溶规律的原位研究. 应用生态学报, 19(1): 65-70.

李宗逊, 丁宏伟. 2008. 昆明市松华坝水库氮磷主要来源的间接证据. 西南农业学报, 28(4): 430-431.
李祚泳. 2004. 环境质量评价原理与方法. 北京: 化学工业出版社.
梁涛, 张秀梅, 章申, 等. 2002. 西苕溪流域不同土地类型下氮元素输移过程. 地理学报, 54(4): 389-396.
梁新强, 陈英旭, 李华, 等. 2006. 雨强及施肥降雨间隔对油菜田氮素径流流失的影响. 水土保持学报, 20(6): 14-17.
廖文华. 2000. 河北省菜园土壤养分状况. 保定: 河北农业大学.
林成谷. 1996. 土壤污染与防治. 北京: 中国农业出版社.
刘楚文. 2006. 松华坝水库水源区面源污染的防治. 水利规划与设计, 6: 12-14.
刘方, 黄昌勇, 何腾兵, 等. 2001. 不同类型黄壤旱地的磷素流失及其影响因素分析. 水土保持学报, 15(2): 37-40.
刘芳, 韩丹, 赵铭钦, 等. 2017. 微生物菌剂配施腐殖酸钾对植烟土壤改良及烤烟经济效益的影响. 浙江农业学报, 29(7): 1064-1069.
刘怀旭. 1987. 土壤肥料. 合肥: 安徽科学技术出版社.
刘卉芳, 朱清科, 孙中峰, 等. 2005. 黄土坡面不同土地利用与覆盖方式的产流产沙效应. 干旱地区农业研究, 23(2): 137-141.
刘建玲, 张福锁, 杨奋翮. 2000. 北方耕地和蔬菜保护地土壤磷素状况研究. 植物营养与肥料学报, 6(2): 179-186.
刘良梧, 周健民, 刘多森, 等. 2000. 半干旱农牧交错带栗钙土的发生与演变. 土壤学报, 37(2): 174-181.
刘青松, 李杨帆, 朱晓东. 2003. 江苏盐城自然保护区滨海湿地生态系统的特征与健康设计. 海洋学报, 25(3): 143-148.
刘卫群, 郭群召, 汪庆昌, 等. 2004. 不同施氮水平对烤烟干物质、氮素积累分配及产质的影响. 河南农业科学, (8): 25-28.
刘卫群, 王卫民, 陈良存, 等. 2004. 氮源对烤烟根系生长发育的影响. 烟草科技, (8): 41-43.
鲁如坤, 时正元. 2000. 磷在土壤中有效性的衰减. 土壤学报, 37(3): 325-327.
逯元堂, 王金南, 李云生. 2004. 可持续发展指标体系在中国的研究与应用. 环境保护, (11): 17-21.
吕唤春, 陈英旭, 方志发, 等. 2002. 千岛湖流域坡地利用结构对径流氮、磷流失量的影响. 水土保持学报, 16(2): 91-92.
吕家珑, 张一平, 张君常, 等. 1999. 土壤磷运移研究. 土壤学报, 36(1): 75-82.
吕甚悟, 李君莲. 1992. 降雨及土壤湿度对水土流失的影响. 土壤学报, 29(1): 94-103.
罗春燕, 涂仕华, 庞良玉, 等. 2009. 降雨强度对紫色土坡耕地养分流失的影响. 水土保持学报, 23(4): 24-27.
麻万诸, 章明奎. 2012. 改良剂降低富磷蔬菜地土壤磷和氮流失的作用. 水土保持学报, 26(2): 22-27.
马琨, 王兆骞, 陈欣, 等. 2002. 不同雨强条件下红壤坡地养分流失特征研究. 水土保持学报,

16(3): 16-19.
马立珊. 1992. 农田氮素管理与环境质量和作物品质. 南京: 江苏科技出版社.
马晓丽, 贾志宽, 肖恩时, 等. 2010. 渭北旱塬秸秆还田对土壤水分及作物水分利用效率的影响. 干旱地区农业研究, 28(5): 59-64.
马啸. 2014. 香溪河流域农业面源磷迁移转化及流失过程特征研究. 武汉: 武汉理工大学.
马啸. 2012. 三峡库区湖北段污染负荷分析及时空分布研究. 武汉: 武汉理工大学.
马星, 郑江坤, 王文武, 等. 2017. 不同雨型下紫色土区坡耕地产流产沙特征. 水土保持学报, 31(2): 17-21.
闵红, 和文祥, 李晓明, 等. 2007. 黄土丘陵区植被恢复过程中土壤微生物数量演变特征. 西北植物学报, 27(3): 588-593.
莫绍周, 侯长定. 2004. 抚仙湖污染防治与对策措施. 云南环境科学, 4(23): 106-109.
牛花朋, 李胜荣, 申俊峰, 等. 2006. 粉煤灰与若干有机固体废弃物配施改良土壤的研究进展. 地球与环境, 34(2): 27-34.
欧阳芳, 门兴元, 戈峰. 2014. 1991—2010 年中国主要粮食作物生物灾害发生特征分析. 生物灾害科学, (1): 1-6.
欧阳喜辉, 朱姝青, 崔晶. 1996. 北京市水源保护区施肥及对水体污染控制研究. 农业环境保护, 15(3): 107-110.
彭近新. 1988. 水质富营养化与防治. 北京: 中国环境科学出版社.
彭珂珊. 2000. 我国土壤侵蚀状况与主要影响因素分析. 洛阳农业高等专科学校学报, 20(2): 47-48.
彭琳, 彭祥林, 卢宗藩. 1981.（土娄）土旱地土壤硝态氮季节性变化与夏季休闲的培肥增产作用. 土壤学报, 18(3): 212-222.
彭琳, 王继增, 卢宗藩. 1994. 黄土高原旱作土壤养分剖面运行与坡面流失的研究. 西北农业学报, 3(1): 62-66.
戚启勋. 1984. 地球科学辞典. 台北: 季风出版社.
钱婧, 张丽萍, 王文艳, 等. 2016. 浙江红壤坡面菜地养分流失模拟试验及模型建立. 自然灾害学报, 25(3): 114-123.
秦瑞杰. 2011. 草本植物生长发育对土壤团聚体和养分动态变化的影响研究. 杨凌：西北农林科技大学.
秦伟, 左长清, 晏清洪, 等. 2015. 红壤裸露坡地次降雨土壤侵蚀规律. 农业工程学报, 31(2): 124-132.
全国土壤普查办公室. 1993. 中国土壤分类系统. 北京: 农业出版社.
单保庆, 尹澄清, 白颖, 等. 2000. 小流域磷污染物非点源输出的人工降雨模拟的研究. 环境科学学报, 20(1): 33-37.
单保庆, 尹澄清, 于静, 等. 2001. 降雨-径流过程中土壤表层磷迁移过程的模拟研究. 环境科学学报, 21(1): 7-12.
单艳红, 杨林章, 颜廷梅, 等. 2005. 水田土壤溶液磷氮的动态变化及潜在的环境影响. 生态学报, 25(1): 115-121.

邵玉翠, 张余良. 2005. 天然矿物改良剂在微咸水灌溉土壤中应用效果的研究. 水土保持学报, 19(4): 100-103.

沈善敏. 1998. 中国土壤肥料. 北京: 中国农业出版社.

石德坤. 2009. 模拟降雨条件下坡地氮流失特征研究. 水土保持通报, 29(5): 98-101.

石健, 郭小平, 孙艳红, 等. 2006. 森林植被对径流形成机制的影响. 水土保持应用技术, 2: 5-8.

石培礼, 李文华. 2001. 森林植被变化对水文过程和径流的影响效应. 自然资源学报, 16(5): 481-487.

石玉, 于振文. 2006. 施氮量及底追比例对小麦产量、土壤硝态氮含量和氮平衡的影响. 生态学报, 26 (11): 3661-3669.

时兴合, 秦宁生, 汪青春, 等. 2007. 黄河上游径流变化特征及其影响因素初步分析. 中国沙漠, 27(4): 341-350.

史瑞和, 鲍士旦, 等. 1983. 土壤农化分析. 北京: 农业出版社.

史伟达, 崔远来. 2009. 农业非点源污染及模型研究进展. 中国农村水利水电, (5): 60-64.

帅红, 夏北成. 2006. 广佛区域土地利用结构对非点源污染的影响. 热带地理, 26(3): 229-233.

宋玉芳, 任丽萍, 许华夏. 2001. 不同施肥条件下旱田养分淋溶规律实验研究. 生态学杂志, 20(6): 20-24.

宋泽芬, 王克勤, 孙孝龙, 等. 2008. 澄江尖山河流域不同土地利用类型地表径流氮、磷的流失特征. 环境科学研究, 21(4): 109-113.

苏德纯, 杨奋翮, 张福锁. 1999. 北京郊区蔬菜保护地土壤磷空间及形态分布特征. 中国蔬菜, (4): 7-11.

隋红建, 杨帮杰. 1996. 入渗条件下土壤中磷离子迁移的数值模拟. 环境科学学报, 16(3): 302-307.

隋媛媛. 2016. 东北黑土区典型小流域农业面源污染源解析及防控措施效果评估. 长春: 中国科学院研究生院(东北地理与农业生态研究所).

孙波, 王兴祥, 张桃. 2003. 红壤养分淋失的影响因子. 农业环境科学学报, 22(3): 257-262.

孙达, 张妙仙, 吴希媛, 等. 2008. 野外人工模拟降雨条件下荒草坡产流产污试验研究. 水土保持通报, 28(3): 121-123.

孙桂芳, 金继运, 石元亮. 2011. 土壤磷素形态及其生物有效性研究进展. 中国土壤与肥料, (2): 1-9.

唐莲, 白丹. 2003. 农业活动面源污染与水环境恶化. 环境保护, (3): 18-20.

唐佐芯, 王克勤, 李秋芳, 等. 2013. 等高反坡阶对坡耕地产流产沙和氮磷迁移的作用研究. 水土保持研究, 20(1): 1-8.

田秀平, 薛菁芳, 韩晓日, 等. 2007. 长期轮作和连作对白浆土中氮素的影响. 水土保持学报, 21(1): 185-187.

汪耀富, 孙德梅, 徐传快, 等. 2004. 干旱胁迫下氮用量对烤烟养分积累与分配及烟叶产量和品质的影响. 植物营养与肥料学报, 10(3): 306-311.

王超. 1997a. 氮类污染物在土壤中迁移转化规律试验研究. 水科学进展, 8(2): 176-182.

王超. 1997b. 磷肥污染物在非饱和土壤中迁移特性研究. 南京大学学报(自然科学版), 33: 253-255.

王福堂. 1988. 晋西黄土高原土壤侵蚀管理与地理信息系统研究. 北京: 科学出版社.

王海芹, 万晓红. 2006. 农业面源污染的立体防控. 农业环境与发展, 3: 69-72.
王宏燕, 曹志平. 2008. 农业生态学. 北京: 化学工业出版社.
王焕校. 2002. 污染生态学. 北京: 高等教育出版社.
王家玉, 王胜佳, 陈义, 等. 1996. 稻田土壤中氮素淋失的研究. 土壤学报, 33(2): 28-35.
王静. 2006. 丹江库区黑沟河流域农业非点源污染研究. 武汉: 华中农业大学.
王静, 郭熙盛, 吕国安, 等. 2016. 农业面源污染研究进展及其发展态势分析田. 江苏农业科学, 44(9): 21-24.
王珂, 朱荫湄, 汪人潮. 1996. 土壤耕作与农业非点源污染. 耕作与栽培, (2): 16-19.
王克勤, 陈亮, 胡秋龙, 等. 2015. 秸秆生物质处理方法的理论与技术问题. 江苏师范大学学报(自然科学版), 33(3): 36-39.
王克勤, 宋泽芬, 李太兴, 等. 2009. 抚仙湖一级支流尖山河流域的面源污染物贡献特征. 环境科学学报, 29(6): 1322-1323.
王强, 杨京平, 陈俊, 等. 2004. 非完全淹水条件下稻田表面水体中三氮的动态变化特征研究. 应用生态学报, 15(7): 1182-1186.
王清. 2008. 不同整地方式对樟子松造林成效的影响. 青海农林科技, (3): 65-67.
王少平. 2001. GIS 支持下的苏州河上游非点源污染研究. 上海: 华东师范大学.
王胜佳, 王家玉, 陈义. 1997. 稻田土壤氮素淋失的形态及其在剖面分布特征. 浙江农业学报, 9(2): 57-61.
王树会, 邵岩, 李天福, 等. 2006. 云南植烟突然有机质与氮含量的研究. 中国土壤与肥料, (5): 18-21.
王树声, 李春俭, 梁晓芳, 等. 2008. 施氮水平对烤烟根冠平衡及氮素积累与分配的影响. 植物营养与肥料学报, 14(5): 935-939.
王帅, 王楠, 陈殿元, 等. 2017. 菌糠搭载硫酸铝对盐碱地稻田养分状况的影响研究. 土壤通报, 48(2): 460-466.
王帅兵, 王克勤, 宋娅丽, 等. 2017. 等高反坡阶对昆明市松华坝水源区坡耕地氮、磷流失的影响. 水土保持学报, 31(6): 39-45.
王万忠, 焦菊英. 1996. 黄土高原沟道降雨产流产沙过程变化的统计分析. 水土保持通报, 6: 32-39.
王晓龙, 李辉信, 胡锋, 等. 2005. 红壤小流域不同土地利用方式下土壤 N, P 流失特征研究. 水土保持学报, 19(5): 31-35.
王晓南, 孟广涛, 姜培曦, 等. 2008. 浅谈植物措施在水土保持中的作用机理. 水土保持应用技术, (4): 25-26.
王晓燕. 1996. 非点源污染定量研究的理论与方法. 首都师范大学学报, 17(1): 91-95.
王晓燕. 2011. 非点源污染过程机理与控制管理——以北京密云水库流域为例. 北京: 科学出版社.
王晓燕, 王一峋. 2003. 密云水库小流域土地利用方式与氮磷流失规律. 环境科学研究, 16(1): 30-33.
王晓燕, 王一峋, 蔡新广, 等. 2002. 北京密云水库流域非点源污染现状研究. 环境科学与技术, 25(4): 1-3.
王晓燕, 王一峋, 王晓峰, 等. 2003. 密云水库小流域土地利用方式与氮磷流失规律. 环境科学研究, 16(1): 30-33.
王晓洋, 陈效民, 李孝良, 等. 2012. 不同改良剂与石膏配施对滨海盐渍土的改良效果研究. 水土保持通报, 32(3): 128-132.
王兴祥, 张桃林, 张斌. 1999. 红壤旱坡地农田生态系统养分循环和平衡. 生态学报, 19(3): 335-341.
王玉宽. 1990. 暴雨细沟侵蚀的调查研究. 水土保持研究, 2: 64-71.
韦鹤平. 1993. 环境系统工程. 上海: 同济大学出版社.
魏霞, 李勋贵, Huang C H. 2015. 玉米茎秆汁液防治坡面土壤侵蚀的室内模拟试验. 农业工程学报, 31(11): 173-178.
吴敦敖, 翁焕新, 樊哲文. 1988. 杭州市地下水氮污染类型及污染原因分析. 环境污染与防治, 3: 9.
吴钦孝. 2005. 森林保持水土机理及功能调控技术. 北京: 科学出版社.
吴希媛, 张丽萍, 张妙仙, 等. 2007. 不同雨强下坡地氮流失特征. 生态学报, 27(11): 4576-4582.
武军, 王克勤, 华锦欣. 2016. 松华坝水源区等高反坡阶对坡耕地雨季土壤水分空间分布的影响. 水土保持通报, 36(1): 57-60.
肖海涛, 沈波, 张银龙. 2004. 农业面源污染的控制与生态调节技术. 中国农村水利水电, (1): 15-22.
谢学俭, 陈晶中, 肖琼, 等. 2007. 不同磷水平处理对水稻田面水中磷氮浓度动态变化的影响. 安徽农业科学, 35(27): 8568-8570.
谢学俭, 冉炜, 沈其荣, 等. 2003. 田间条件下 32P 在淹水水稻土中的垂直运移. 南京农业大学学报, 26(3): 56-59.
谢云, 章文波, 刘宝元. 2001. 用日雨量和雨强计算降雨侵蚀力. 水土保持通报, 21(6): 53-56.
辛艳, 王瑄, 邱野, 等. 2012. 坡耕地不同耕作模式下土壤养分流失特征研究. 沈阳农业大学学报, 43(3): 346-350.
熊汉锋, 万细华. 2008. 农业面源氮磷污染对湖泊水体富营养化的影响. 环境科学与技术, 31(2): 25-27.
熊艳, 窦晓黎. 2004. 云南省主要农作物化肥施用现状调查. 云南农业科技, 1: 1-8.
徐红敏, 刘静, 毛红健, 等. 2010. 改进的灰色关联分析在地表水环境质量评价中的应用. 北京石油化工学院学报, 18(2): 55-58.
徐卫国, 田伟利, 张清宇, 等. 2006. 灰色关联分析模型在环境空气质量评价中的修正及应用研究. 中国环境监测, 22(3): 66-69.
徐志国, 何岩, 闫百兴, 等. 2007. 湿地植物对外源氮、磷输入的响应研究. 环境科学研究, 20(1): 64-68.
许子成, 王林, 肖汉乾. 2007. 湖南烟区烤烟磷含量与土壤磷素的分布特点及关系分析. 浙江大学学报, 33(3): 290-297.
薛立, 邝立刚, 陈红跃, 等. 2003. 不同林分土壤养分、微生物与酶活性的研究. 土壤学报, 40(2): 280-285.
闫俊华, 周国逸. 2000. 用灰色关联法分析森林生态系统植被状况对地表径流系数的影响. 应用与环境生物学报, 6(3): 197-200.

晏维金, 尹澄清, 孙濮, 等. 1999. 磷氮在水田湿地中的迁移转化及径流流失过程. 应用生态学报, 10(3): 312-316.
晏维金, 章申, 唐以剑. 2000. 模拟降雨条件下沉积物对磷的富集机理. 环境科学学报, 20(3): 332-337.
杨斌, 程巨元. 1999. 农业面源氮磷污染对水环境的影响研究. 江苏环境科技, 12(3): 16-19.
杨芳. 2006. 不同施肥条件下旱地红壤磷素固定及影响因素的研究. 土壤学报, 43(2): 267-270.
杨金玲, 张甘霖. 2005. 皖南低山丘陵地区流域氮磷径流输出特征. 农村生态环境, 21(3): 34-37.
杨金玲, 张甘霖, 周瑞荣. 2001. 皖南丘陵地区小流域氮素径流输出的动态变化. 农村生态环境, 17(3): 1-4.
杨士建. 2003. 灰色模型在确定关键污染因子中的应用. 中国环境监测, 19(1): 3-4.
杨珏, 阮晓红. 2001. 土壤磷素循环及其对土壤磷流失的影响. 土壤与环境, 10(3): 256-258.
杨志平, 陈明昌, 张强, 等. 2007. 不同施氮措施对保护地黄瓜养分利用效率及土壤氮素淋失影响. 水土保持学报, 21(2): 57-60.
易志刚. 2007. 农业面源污染及其防治策略研究. 安徽农业科学, 35(24): 7589-7590.
于国强, 李占斌, 张霞, 等. 2009. 野外模拟降雨条件下径流侵蚀产沙试验研究. 水土保持学报, 23(4): 10-14.
袁东海, 王兆骞, 陈欣, 等. 2001. 不同农作措施红壤坡耕地水土流失特征的研究. 水土保持学报, 15(4): 66-69.
袁东海, 王兆骞, 陈欣, 等. 2003a. 不同农作方式下红壤坡耕地磷流失特征. 应用生态学报, 14(10): 1661-1664.
袁东海, 王兆骞, 陈欣, 等. 2003b. 红壤小流域不同利用方式氮磷流失特征研究. 生态学报, 23(1): 189-199.
袁新民, 李晓林, 张福锁. 2000a. 粮田改种蔬菜后土壤剖面硝态氮的变化. 生态农业研究, 8(2): 31-33.
袁新民, 杨学云, 同延安, 等. 2000b. 不同施氮量对土壤 NO_3^--N 累积的影响. 干旱地区农业研究, 19(1): 8-13.
袁秀云, 张仙云. 2002. 不同肥料对烤烟根系发育及其生理活性的影响. 山西师范大学学报（自然科学版）, 16(8): 64-68.
苑韶峰, 吕军. 2004. 流域农业非点源污染研究概况. 土壤通报, 35(4): 507-509.
云南省烟草公司玉溪市公司, 玉溪市烟草专卖局. 2007. 玉溪市优质烟生产技术手册(2008 年普及版). 玉溪: 玉溪烟草专卖局.
曾从盛, 钟春棋, 仝川, 等. 2009. 闽江口湿地不同土地利用方式下表层土壤 N, P, K 含量研究. 水土保持学报, 23(3): 87-91.
翟金良, 何岩, 邓伟, 等. 2001. 向海洪泛湿地土壤总氮、总磷和有机质含量及相关性分析. 环境科学研究, 14(6): 40-43.
张超. 2008. 非点源污染模型研究及其在香溪河流域的应用. 北京: 清华大学.
张福锁. 1993. 植物营养生态生理学和遗传学. 北京: 中国科学技术出版社.

张福珠, 熊先哲, 戴同顺. 1984. 应用 15N 研究土壤-植物系统中氮素淋失动态. 环境科学, 5(1): 21-24.
张国梁, 章申. 1998. 农田氮素淋失研究进展. 土壤, 6: 291-297.
张和喜, 袁友波, 舒贤坤, 等. 2008. 降雨对烟地地表径流和土壤渗透性能的影响. 广东农业科学, (2): 40-42.
张晶晶, 王力. 2011. 坡面产流产沙影响因素的灰色关联法分析. 水土保持通报, 31(2): 159-162.
张千千, 王效科, 郝丽岭, 等. 2012. 重庆市路面降雨径流特征及污染源解析. 环境科学, 33(1): 76-82.
张庆利, 张民, 田维彬. 2001. 包膜控释和常用氮肥淋溶特征及其对土水质量的影响. 土壤与环境, 10(2): 98-103.
张水铭, 马杏法, 汪祖强. 1993. 农田排水中磷素对苏南太湖水系的污染. 环境科学, 14(6): 24-29.
张维理, 冀宏杰, Kolbe H, 等. 2004a. 中国农业面源污染形势估计及控制对策Ⅱ. 欧美国家农业面源污染状况及控制. 中国农业科学, 37(7): 1018-1025.
张维理, 武淑霞, 冀宏杰, 等. 2004b. 中国农业面源污染形势估计及控制对策Ⅰ. 21 世纪初期中国农业面源污染的形势估计. 中国农业科学, 37(7): 1008-1017.
张小莉, 孟琳, 王秋君, 等. 2009. 不同有机无机复混肥对水稻产量和氮素利用率的影响. 应用生态学报, 20(3): 624-630.
张兴昌. 2002. 耕作及轮作对土壤氮素径流流失的影响. 农业工程学报, 18(1): 70-74.
张兴昌, 刘国彬, 付会芳. 2000a. 不同植被覆盖度对流域氮素径流流失的影响. 环境科学, 6(11): 16-19.
张兴昌, 邵明安. 2000b. 黄土丘陵区小流域土壤氮素流失规律. 地理学报, 55(5): 617-626.
张兴昌, 邵明安, 黄占斌, 等. 2000b. 不同植被对土壤侵蚀和氮素流失的影响. 生态学报, 20(6): 1038-1044.
张旭昇, 薛天柱, 马灿, 等. 2012. 雨强和植被覆盖度对典型坡面产流产沙的影响. 干旱区资源与环境, 6(26): 68.
张学军, 陈晓群, 罗建航, 等. 2007. 不同水氮管理对氮素利用与平衡的影响. 灌溉排水学报, 26(3): 6-10.
张宇. 2006. 滇池沿岸台地水土流失特征与控制对策分析. 云南环境科学, 25(1): 31-34.
张玉珍. 2003. 九龙江上游五川流域农业非典源污染研究. 厦门: 厦门大学.
张志剑. 2001. 水士土壤磷素流失的数量潜能及控制途径的研究. 杭州: 浙江大学.
张志剑, 董亮, 朱荫湄. 2001a. 水稻田面水氮素的动态特征、模式表征及排水流失研究. 环境科学学报, 21(4): 475-480.
张志剑, 王珂, 朱荫湄, 等. 2000. 水稻田表水磷素的动态特征及其潜在环境效应的研究. 中国水稻科学, 14(1): 55-57.
张志剑, 朱荫湄, 王珂, 等. 2001b. 水稻田土-水系统中磷素行为及其环境影响研究. 应用生态学报, 12(2): 229-232.
张志玲, 郭成久, 范昊明. 2009. 模拟降雨条件下坡面径流、泥沙与磷素质量浓度变化特征. 辽宁工程技术大学学报(自然科学版), 28(增刊): 245-247.

章明奎, 王丽平. 2007. 旱耕地土壤磷垂直迁移机理的研究. 农业环境科学学报, 26(1): 282-285.

赵璟. 2006. 昆明市松华坝水源保护区生态补偿机制与政策建议. 西南林学院学报, (6): 137-138.

赵敏慧, 杨树华, 王宝荣. 2006. 不同植被类型对土壤总氮随降雨径流流失的控制研究——以抚仙湖流域磷矿开采区为例. 云南地理研究, 18(4): 20-26.

赵营, 同延安, 赵护兵. 2006. 不同施氮量对夏玉米产量、氮肥利用率及氮平衡的影响. 土壤肥料, (2): 30-33.

郑粉莉, 唐克丽, 白红英, 等. 1994. 子午岭林区不同地形部位开垦裸露地降雨侵蚀力的研究. 水土保持学报, 8(1): 26-32.

郑剑英, 吴瑞俊, 翟连宁. 1999. 氮磷配施对坡地谷子吸 N, P 量及土壤养分流失的影响. 土壤侵蚀与水土保持学报, 5(5): 94-98.

郑应茂, 张兴广, 赵星, 等. 2001. 不同整地方法蓄水保土效益的研究. 山东林业科技, (2): 17-19.

中华人民共和国国家发展和改革委员会, 水利部. 2017.《全国坡耕地水土流失综合治理“十三五”专项建设方案》.

钟茜, 巨晓棠, 张福锁. 2006. 华北平原冬小麦/夏玉米轮作体系对氮素环境承受力分析. 植物营养与肥力学报, 12(3): 285-293.

周福健. 2016. 不同成土母岩的坡耕地土壤侵蚀对比. 水利科技与经济, 22(1): 85-86, 102.

周璟, 张旭东, 何丹, 等. 2010. 湘西北小流域坡面尺度地表径流与侵蚀产沙特征及其影响因素. 水土保持学报, 24(3): 18-22.

周俊, 朱红, 蔡俊. 2000. 合肥近郊旱地土肥流失与降雨强度的关系. 水土保持学报, 14(3): 85-92.

周利. 2006. 农业面源污染迁移转化机理及规律研究. 南京: 河海大学.

周萍, 范先鹏, 何丙辉, 等. 2007. 江汉平原地区潮土水稻田面水磷素流失风险研究. 水土保持学报, 21(4): 47-51.

周勇, 刘凡, 贺纪正, 等. 1999. 回归分析与灰色系统耦合用于水环境预测研究. 中国环境监测, (5): 43-64.

周志红. 1996. 农业生态系统中磷循环的研究进展. 生态学杂志, 15(5): 62-66.

周祖澄, 金振玉, 王洪玉, 等. 1985. 固体氮肥施入旱田土壤中去向的研究. 环境科学, 6(6): 2-7.

朱波, 汪涛, 徐泰平, 等. 2006. 紫色丘陵区典型小流域氮素迁移及其环境效应. 山地学报, 24(5): 601-606.

朱兆良. 1992. 我国农业生态系统中氮素的循环和平衡. 南京: 江苏科学技术出版社.

朱兆良. 2008. 中国土壤氮素研究. 土壤学报, 45(5): 778-783.

朱兆良, 文启孝. 1990. 中国土壤氮素. 南京: 江苏科学技术出版社.

朱祖祥. 1983. 土壤学. 北京: 农业出版社.

ARS, NRCS, AnnAGNPS Version 4. 00: User Documentation, 26 October 2007. http://www.wsi.nrcs.usda.gov/products/w2q/h&h/tools_ models/agnps/downloads.html. 2007. 5.19.

Bergstrom L, Brink N. 1986. Effects of differentiated applications of fertilizer N on leaching losses and distribution of inorganic N in soil. Plant and Soil, 93(3): 333-345.

Binger R L, Murphree C E, Murphree C K. 1989. Comparison of sediment yield models on watershed

in Mississippi. Transactions of the Asae, 32(2): 529-534.
Boersp C M. 1996. Nutrient emissions from agriculture in the Netherlands: causes and remedies. Water Science and Technology, 33(1): 183-190.
Cammeraa L H. 2004. Scale dependent thresholds in hydrological and erosion response of a semi-arid catchment in southeast Spain. Agriculture, Ecosystems and Environment, 104: 317-332.
Cammeraat L H, Imeson A C. 1998. Deriving indicators of soil degradation from soil aggregation studies in southeastern Spain and southern France. Geomorphology, 23: 307-321.
Cammeraat L H, Imeson A C. 1999. The evolution and significance of soil vegetation patterns following land abandonment and fire in Spain. Catena, 37: 107-127.
Cogger C, Duxbury J M. 1984. Factors affecting phosphorus losses from cultivated organic soils. Journal of Environment Quality, (13): 111-114.
David M N, Halliwell D J. 1999. Fertilizers and phosphorus loss from productive grazing systems. Australian Journal of Soil Research, 37: 403-429.
European Environment Agency. 2003. Europe's Water Quality Generally Improving but Agriculture Still the Main Challenge. http://www.eea.eu.int. 2003. 6. 20.
Fisher D S, Steiner J L, Endale D M, et al. 2000. The relationship of land use practices to surface water quality in the Upper Oconee Watershed of Georgia. Forest Ecology and Management, 128: 39-48.
Foy R H, Withers P J A. 1995. The contribution of agricultural phosphorus to eutrophication. Proceedings of Fertilizer Society, 356, 1-12.
Gaynor J D, Findlayw I. 1995. Soil and phosphorus loss from conservation and conventional tillage in corn production. Journal of Environment Quality, (24): 299-304.
Hans H, Kebede T, Gete Z. 2005. The implication of changes in population, land use, and land management for surface runoff in the upper nile basin area of Ethiopia. Mountain Research and Development, 25(2): 147-154.
Harrison A F. 1990. 土壤有机磷-文献述评. 土壤学进展, 18(4):11-19.
Havens K E, James R T, East T L, et al. 2003. N: P ratios, light limitation, and cyanobacterial dominance in a subtropical lake impacted by non-point source nutrient pollution. Environmental Pollution, 122(3): 379-390.
Haynes R J. 1986. Origin, distribution and cycling of nitrogen in terrestrial ecosystems//Haynes R J. Mineral Nitrogen in Plant-Soil System. New York: Aeademie Press: 1-51.
Hesketh N, Brookes P C. 2000. Development of an indicator for risk of phosphorus leaching. Journal of Environmental Quality, 29: 105-110.
Hibbert A R. 1969. Water yield changes after converting a forested catchment to grass. Water Resources Research, 5: 634-640.
Hiseock k M, Lloyd I W, Nerner D N. 1991. Review and artifieial denitrifieation of ground water. WatRes, 25(9): 1090-1111.
Hudson N W. 1975. Soil Conservation. Beijing: China Scientific Press.
Humphries E C. 1968. Effects of removal of part of a root system on subsequent growth of the root and shoot. Annals of Botany, 22: 251-257.
Imeson A C, Prinsen H A M. 2004. Vegetation patterns as biological indicators for identifying runoff and sediment source and sink areas for semi-arid landscapes in Spain. Agriculture, Ecosystems and Environment, 104: 333-342.

Jameison D G, Fedra K. 1996. The"waterware"decision support system for river basin planning: conceptual design of hydrology. Journal of Hydrology, (177): 163-175.

Jaynor J D, Findlay W I. 1995. Soil and phosphorus loss from conservation and conventional tillage in corn production. Journal of Environmental Quality, 24: 734-741.

Jia G D, Chen F J. 2010. Monthly variations in nitrogen isotopes of ammonium and nitrate in wet deposition at Guangzhou, south China. Atmospheric Environment, 44(19): 2309-2315.

Johnes P J, Foy R, Butterfield D, et al. 2007. Land use scenarios for England and Wales: evaluation of management options to support 'good ecological status' in surface freshwaters. Soil Use and Management, 23(s1): 176-194.

Jonathan D K. 2003. An information-theoretical analysis of budget-constrained non-point source pollution control. Journal of Environmental Economics and Management, 46: 106-130.

Kazuo S. 1988. Estimation of nitrate leaching in vegetable field in relation to precipitation. JARQ, 22(3): 189-194.

Kengni L, Vachaud G, Thony J L, et al. 1994. Field measurements of water and nitrogen losses under irrigated maiz. Journal of Hydrology, 162: 23-46.

Kronvang G B. 1996. Diffuse nutrient losses in Denmark. Water Science and Technology, 33(1): 81-88.

Kronvang G B, Bruhn A J. 1996. Choice of sampling strategy and estimation method for calculating nitrogen and phosphorus transport in small lowland streams. Hydrological Processes, 10(11): 1483-1501.

Larkin R P. 2007. Relative effects of biological amendment sand crop Rotations on soil microbial communities and soil borne diseases of potato. Soil Biology and Biochemistry, 03: 005.

Lena B V. 1994. Nutrient preserving in riverine transitional strip. Journal of Human Environment, 3(6): 342-347.

Lepisto A. 1995. Increased leaching of nitrate at two forested catchments in Finland over a period of 25 years. Hydrology, 171: 103.

Li J K, Li H E, Shen B, et al. 2011. Effect of non-point source pollution on water quality of the Weihe River. International Journal of Sediment Research, 26(1): 50-61.

Li Q, Cheng L D, Qi X, et al. 2007. Assessing field vulnerability to phosphorus in Beijing agricultural area using revised field phosphorus ranking scheme. Journal of Enviroment Sciences(china), 19(8): 977-985.

Liang T, Wang H, Kung H, et al. 2004. Agriculture land-use effects on nutrient losses in west TiaoXi watershed, China. Agriculture Journals, 40(6): 1499-1510.

Ma X B, Wang Z Y, Yin Z G, et al. 2008. Nitrogen flow analysis in Huizhou, south China. Environmental Management, 41(3): 378-388.

Ma X, Li Y, Zhang M, et al. 2011. Assessment and analysis of non-point source nitrogen and phosphorus loads in the Three Gorges Reservoir Area of Hubei Province, China. Science of the Total Environment, 412: 154-161.

Mautizio B, Monica V, Francesco M, et al. 2005. Effectiveness of buffer strips in removing pollutants in runoff from a cultivated field in north-east Italy. Agriculture Ecosystems & Environment, 102(1-2): 101-114.

Mcdowell R W, Sharply AN. 2002. Land use and flow regime effects on phosphorus chemical dynamics in the fluvial sediment of the Winooski River, Vermont. Ecological Engineering, (18): 477-487.

Ministry of the Environment of Finland. 2003. Processes and Effects of Water Pollution: Nutrient Load on Watercourses. http://www.vyh.fi/eng/environ/sustdev/indicat/inditaul.html. 2003.6.20.

Mishra S K, Jain M K, Singh V P. 2004. Evaluation of the SCS-CN-Based Model Incorporating Antecedent Moisture. Water Resources Management,18, 567-589.

Moore P A, Daniel T C, Edwards D R. 2000. Reducing phosphorus runoff and inhibiting ammonia loss from poultry manure with aluminum sulfate. Journal of Environmental Quality, 29: 37-49.

Mulligan M. 1996. Modelling the complexity of land surface response to climatic variability in Mediterranean environments//Anderson M G, Brooks S M. Advances in Hillslope Processes. London: Wiley: 1099-1150.

Nash J E, Sutcliffe V. 1970. River flow forecasting through conceptual models: A discussion of principles.Journal of Hydrology, 10: 280-292.

Nigussie H, Fekadu Y. 2003. Testing and evaluation of the agricultural non-point source pollution model (AGNPS) on Augucho catchment, western Hararghe, Ethiopia. Agriculture, Ecosystems and Environment, 99: 201-212.

Ning S K, Chang N B, Jeng K Y, et al. 2006. Soil erosion and non-point source pollution impacts assessment with the aid of multi-temporal remote sensing image. Journal of Environmental Management, 79: 88-101.

Novotny V. 1999. Diffuse pollution from agriculture-aworldwide outlook. Water Science and Technology, 39(3): 1-13.

Ongley E D. 1996. Control of Water Pollution from Agriculture. Rome: FAO Irrigation and Drainage.

Ongley E D, Zhang X L, Yu T. 2010. Current status of agricultural and rural non-point source pollution assessment in China. Environmental Pollution, 158(5): 1159-1168.

Puigdefabregas J , Sanchez G. 1996. Geomorphological implications of vegetation patchiness on semi-arid slopes//Anderson M G, Brooks S M. Advances in Hillslope Processes. London: Wiley: 1027-1060.

Rey F. 2003. Influence of vegetation distribution on sediment yield in forested marly gullies. Catena, 50: 549-562.

Robert D, Ronald L. 2007. Bingner, AGNPS. Input Data Preparation Model Technical Reference, Version 4. 00, January. http://www.wsi.nrcs.usda.gov/products/w2q/h&h/tools_models/agnps/input. html. 2007.5.19.

Sánchez G P J. 1994. Interactions of plant growth and sediment movement on slopes in a semi-arid environment. Geomorphology, 9: 243-260.

Sanchez L A, Ataroff M, Lopez R. 2002. Soil erosion under different vegetation covers in the Venezuelan Andes. The Environmenta List, 22: 161-172.

Scheller E, Vogtmann H. 1995. Case-studies on nitrate leading in Arabia fields of organic farms. Biological Agriculture & Horticulture, 11:1-4.

Schwab A P, Kulying Y S. 1989. Changes in phosphate activities and availability indexes with depth after 40 years of fertilization. Soil Science, 147(3): 179-186.

Sharpley A N. 1985. The selective erosion of plant nutrients in runoff. Soil Science Society of America Journal, 49: 1527-1534.

Sharpley A N. 1993. Assessing phosphorus bioavailability in agricultural soils and runoff. Fertilizing Research, 36: 259-272.

Sharpley A N. 1995. Identifying sites vulnerable to phosphorus loss in agricultural runoff. Journal of Environmental Quality, 24: 947-951.

Sharpley A N, Chapra S C R, Wedepohl R, et al. 1994. Managing agricultural phosphorus for protection of surface waters, issues and options. Journal of Environmental Quality, 23: 427-451.

Sharpley A N, Withers P J A. 1994. The environmentally-soundmanagement of agricultural phosphoru. Fertilizer Research, 39: 133-146.

Shen Z Y, Chen L, Liao Q, et al. 2012a. Impact of spatial rainfall variability on hydrology and nonpoint source pollution modeling. Journal of Hydrology, 472: 205-215.

Shen Z Y, Liao Q, Hong Q, et al. 2012b. An overview of research on agricultural non-point source pollution modelling in China. Separation and Purification Technology, 84: 104-111.

Siddique M T, Robinson J S, Alloway B J. 2000. Phosphorus reactions and leaching potential in soil amended with sewage sludge. Journal of Environmental Quality, 29: 1931-1938.

Smith R A, Alexander R B, Wolman M G. 1995. Water quality trends in the nation's river. Science, 235: 1607-1615.

Solberg S O, Kristensen L, Stopes C, et al. 1995. Influence and crops and cultivation management on the nitrogen leaching potential on ecological farms in South East Norway. Nitrogen Leaching in Ecological Agriculture Royal Veterinary and Agricultural University, Copenhagen, Denmark. Bicester: Veterinary and Agrieultural University.

Sovan L, Mrritxu G, Jeanluc G. 1999. Predicting stream nitrogen concentration from watershed features using neural networks. Water Research, 33(16): 3469-3478.

Stevenson F. 1986. Cycles of soil. New York: John Wiley and Sons.

Stout W L, Gburek W J, Schnabel R R, et al. 1998a. Soil-climate effects on nitrate leaching from cattle excreta. Journal of Environmental Quality, 27: 992-998.

Stout W L, Sharpley A N, Pionke H B. 1998b. Reducing soil phosphorus solubility with coal combustion by-products. Journal of Environmental Quality, 27: 111-118.

Theurer F D. Bingner R L. 2001. AnnAGNPS Technical Processes Documentation Version 4, December. http://www.wsi.nrcs.usda.gov/products/w2q/h&h/tools_models/agnps/downloads.html. 2003.6-20.

Tim U S, Jolly R. 1994. Evaluating agricultural nonpoint-source pollution using integrated geographic information systems and hydrologic/water quality model. Journal of Environmental Quality, 23(1): 25-35.

Tongway D, Hindley N. 1999. Assessing and monitoring desertification with soil indicators//Arnalds O, Archer S. Advances in Vegetation Science 19: Rangeland Desertification. Dordrecht: Kluwer Academic Publishers: 89-98.

Tzanava V P. 1984. Balance of fertilizer nitrogen under tea related to varying levels of nitrogen. Subtropical Crops, 6: 30-38.

US Environmental Protection Agency. 2003. Non-Point Source Pollution from Agriculture. http: //www. epa. gov/region8/water/nps/npsurb. html. 2003.6.20.

USDA. 1994. Water erosion prediction project//(ed.)Erosio Prediction Model Version94, 3 User Summary NSERL Report. No. 8, d. c. Indiana: National Soil Erosion Research Laboratory,

USDA-ARS West Lafavette.

USDA ARS, NRCS, 2007. AnnAGNPS Version 4.00: User Documentation, 26 October 2007, available through internet at: http://www.wsi.nrcs.usda.gov/products/w2q/h&h/tools_models/agnps/downloads.html.2007.10.26.

USDA NRCS, Fact sheet: Watershed-Scale Pollutant Loading Model-AnnAGNPS v4. 00. http://www.wsi.nrcs.usda.gov/products/w2q/h&h/tools_models/agnps/downloads.html.USDA.2003.4.16.

USEPA. 1995. National Water Quality Inventory. Report to Congress Executive Summary. Washington DC: USEPA.

Uunk E J B. 1991. Eutrophication of surface waters and the contribution of agriculture. Proceeding of the Fertilizer Society, 303: 55.

Vighi M, Chiaudani G. 1987. Eutrophication in Europe, the role of agricultural activities//Hodgson E. Reviews of Environmental Toxicology. Amsterdam: Elsevier: 213-257.

Wang W T, Yin S Q, Xie Y et al. 2016. Effects of four storm patterns on soil loss from five soils under natural rainfall. Catena, 141: 56-65.

Weed D A J, Kanwar R S. 1996. Nitrate and water present in and flowing from root-zone soil. Journal of Environmental Quality, 25: 709-719.

Winlge W L, Poeter E P, et al. 1999. UNCERT: geostatistics, uncertainty analysis and visualization software applied to groundwater flow and contaminant transport modeling. Computers& Geosciences, 25 (4): 365-376.

Wischmeier W H, Smith D D. 1965. Predicting Rainfall Erosion Losses from Cropland East of the Rocky Mountains. USDA Agricultural Handbook, Washington D C.

Withers P F A, Stepher D C, Victor G. 2001. Phosphorus transfer in runoff following application of fertilizer, manure, and sewage sludge. Journal of Environmental Quality, (30): 180-188.

Wolfem L. 2000. Hydrology//Ritterw F, Shirmohammadi A. Agricultural Nonpoint Source Pollution. London: LEWIS Publishers: 1-28.

Yang W J, Cheng H G, Hao F H, et al. 2013. Phosphorus sorption and its relation to soil physiochemical properties in the albic black soil of Northeastern China. Journal of Food, Agriculture & Environment, 11(2): 1093-1097.

Zhang B, Fang F, Guo J S, et al. 2012. Phosphorus fractions and phosphate sorption-release characteristics relevant to the soil composition of water-level-fluctuating zone of Three Gorges Reservoir. Ecological Engineering, 40: 153-159.

Zhang M K, He Z L, Stoffella P J, et al. 2002. Use of muck sediments to immobilize phosphorus in Florida sandy soils. Soil Science, 167: 759-770.